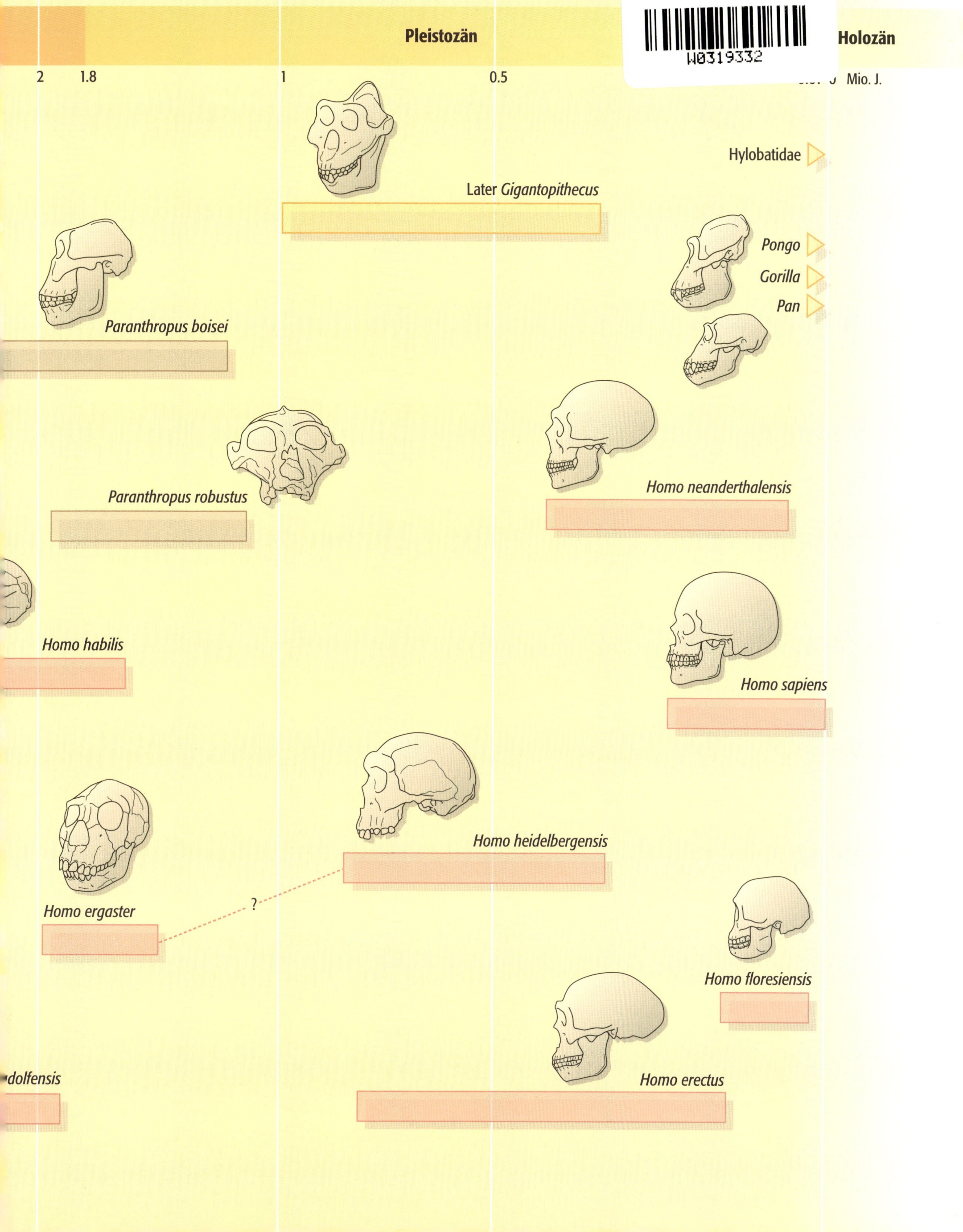
Pleistozän
Holozän
2
1.8
1
0.5
0 Mio. J.
Hylobatidae
Later Gigantopithecus
Pongo
Gorilla
Pan
Paranthropus boisei
Paranthropus robustus
Homo neanderthalensis
Homo habilis
Homo sapiens
Homo heidelbergensis
Homo ergaster
?
Homo floresiensis
Homo erectus
dolfensis

DIE URSPRÜNGE DES MENSCHEN

DIE URSPRÜNGE DES MENSCHEN

DOUGLAS PALMER

Eine illustrierte Geschichte

der menschlichen Evolution

BUCHER

Impressum

Erstveröffentlichung:

Deutsche Lizenzausgabe: C.J. Bucher Verlag GmbH, München

Produktion der englischen Originalausgabe:

Editorial Director: Jo Hemmings
Commissioning Editor: Simon Pooley
Senior Editor: Charlotte Judet
Layout: Peter Crump
Herstellung: Marion Storz
Kartografie: Martin Sanders and William Smuts
Illustrations: Debbie Maizels

Produktion der deutschen Ausgabe:

Übersetzung ins Deutsche: Erwin Tivig, Böblingen
Redaktion der deutschen Ausgabe: Erwin Tivig, Böblingen;
Dr. Anne Lagally, München; Dr. Birgit Kneip
Produktmanagement: Dr. Birgit Kneip

Satz und Bearbeitung der Karten: Agnes Meyer-Wilmes, München,
Thomas Fischer
Herstellung: Thomas Fischer
Reproduction by Modern Age Repro House Ltd, Hong Kong
Printed and bound in Singapore by Tien Wah Press (Pte) Ltd

Die Deutsche Bibliothek – CIP-Einheitsaufnahme
Ein Titeldatensatz für diese Publikation ist bei der
Deutschen Bibliothek erhältlich.

ISBN 978-3-7658-1641-3

Fotos

Umschlag-Vorderseite: Übersichtskarte der Auswanderung aus Afrika
Umschlag-Rücken: Fußabdrücke von Laetoli
Umschlag-Rückseite: Unsere Vettern, die Schimpansen (links)
Karte der afrikanischen Menschenaffen (Mitte)
Ein Schauspieler in Neandertalermaske (rechts)
Seite 3: Ureinwohner von Papua-Neuguinea
Seite 4–5: Neandertaler auf der Jagd, Rekonstruktion
Seite 6: Rekonstruktion eines Neandertal-Speers mit steinerner Blattspitze

Danksagung des Autors

Der Dank des Autors richtet sich an Simon Pooley für die Anregung zu diesem Projekt, an Paul Bahn (Berater) und Roy Baker (Redakteur) für die hilfreichen Hinweise und insbesondere an Charlotte Judet (Projektredakteurin) für die Durchsicht und Betreuung, unterstützt von Peter Crump (Grafik), William Smuts und Martin Sanders (Kartografie). Besonderer Dank gebührt Debbie Maizels für die grafische Gestaltung, die wesentlich zur übersichtlichen Präsentation komplexer Zusammenhänge beitrug.

Widmung des Autors

Für Tamsy, für 25 Jahre im Dienst der Steine und Knochen

Inhalt

Einführung

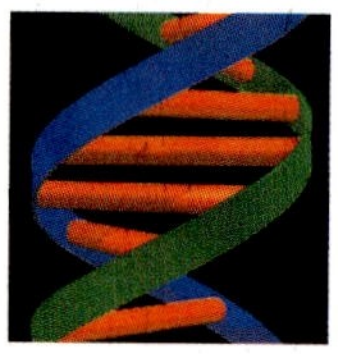

Knapp sechs Milliarden Menschen bevölkern heute die Erde und alle gehören derselben Art *Homo sapiens* an. Den Beweis dafür liefert jede kosmopolitische Metropole, in der Menschen unterschiedlichster Herkunft leben und Kinder zeugen. Biologisch betrachtet zeichnet sich eine Art durch die Fähigkeit aus, Nachkommen zu erzeugen, die ihrerseits in der Lage sind, sich zu vermehren. Es ist unerheblich, welche der etwa 6000 Sprachen wir sprechen und ob ein Partner ein Inuit aus dem hohen Norden Kanadas ist und der andere von einer tropischen Südseeinsel im Pazifik stammt. Obwohl die Wiege des Menschen in den Tropen liegt, machen unsere Anpassungsfähigkeit und unser technologisches Knowhow es möglich, dass wir heute eine größere Bandbreite an Lebensräumen besiedeln als jedes andere Lebewesen. Die Geschichte der Spezies Mensch ist überaus verblüffend.

Wenn heute ein Mann und eine Frau sich hinreichend zueinander hingezogen fühlen, besteht die Chance, dass sie Kinder zeugen; dies ist aber nur möglich, weil wir genetisch einander so ähnlich sind. Da sich auch die Gene im Laufe der Zeit entwickeln, setzt diese Verwandtschaft voraus, dass alle Menschen einen gemeinsamen Vorfahren haben, der vor einigen hunderttausend Jahren gelebt haben muss. Wie schon von Darwin vorausgesagt, steht heute fest, dass unser gemeinsamer Urahn in Afrika lebte und vor sechs bis sieben Millionen Jahren aus einem affenähnlichen Vorfahren hervorging.

Noch in den späten 1850er Jahren, als Darwin sein Hauptwerk *Die Entstehung der Arten* schrieb, war die Frage der Evolution der Menschheit ein Tabuthema. Er wollte lediglich etwas »Licht bringen« in unsere Herkunft, doch dies genügte, um einen Sturm der Entrüstung zu entfachen.

Neuland betreten und alte Hürden überwinden

Als Darwin 1831 seine Reise an Bord der Beagle antrat, war eine solche Auffassung von der Abstammung des Menschen weitgehend unvorstellbar. Im frühen 19. Jahrhundert unternahmen die Gelehrten erste Schritte zur Überwindung jener kulturellen, religiösen und begrifflichen Hürden, welche ihre Kenntnis von der Vergangenheit des Menschen behinderten. Biologen begannen die Idee der Unveränderlichkeit der Arten infrage zu stellen. Je größer die Vielfalt der lebend oder als Fossilien entdeckten und klassifizierten Pflanzen und Tiere wurde, desto häufiger erkannten sie, dass die Kluft zwischen verschiedenen Lebewesen oft durch enger verwandte Lebensformen geschlossen wurde. Und als die vorgeschichtlichen Veränderungen in den Lebensbedingungen, so wie sie durch Fossilien zutage traten, mit ihrem zeitli-

Wegen seiner Ansichten zur Herkunft des Menschen wurde Darwin von seinen Zeitgenossen oft als Affe dargestellt. Diese Karikatur aus dem späten 19. Jahrhundert zeigt ihn als Zirkusaffen, der zur Verblüffung eines Clowns in Menschengestalt durch den Reifen von »Leichtgläubigkeit«, »Aberglauben« und »Ignoranz« springt. Der andere Affe in der Manege, der den Reifen hält, steht für den französischen Denker Émile Littré (1801–1881), der die »unreligiösen« Ansichten von Auguste Comte, dem Begründer des Positivismus, teilte. Auf dem Sterbebett fand Littré wieder zum Katholizismus zurück.

chen Vorkommen in den Gesteinsschichten verglichen wurden, zeigte sich ein weiteres Muster. Je tiefer die Geologen in die Schichten der Erdkruste vordrangen, desto deutlicher offenbarte sich dieses Muster mit seinen Veränderungen, die in ganzen Organismusgruppen sichtbar werden. Vor allem schien eine Verbindung zu bestehen zwischen primitiven Lebensformen und den ältesten bekannten Gesteinsschichten einerseits und entwicklungsmäßig höher stehenden Lebewesen wie Säugetieren und Vögeln andererseits, die erst viel später auftraten. Aber wie ließ sich dies erklären?

Heute, da die Darwin-Wallace-Evolutionstheorie unbestritten gilt, scheint uns alles selbstverständlich, aber in den 1830ern war dies keineswegs der Fall. Sogar namhafte Geologen wie Charles Lyell erwarteten, Fossilien der am höchsten entwickelten Lebewesen selbst in geologisch sehr alten Schichten zu

Die Abfolge der Gesteinsschichten und die darin enthaltenen Fossilien wurden kartografisch erstmals im frühen 19. Jahrhundert von Forschern wie dem Autodidakten William Smith, einem britischen Landvermesser und Geologen, erfasst. Oberflächennahe Ablagerungen aus dem Diluvium (lat. Überschwemmung), die vor allem im Flachland von Südengland vorkamen, waren bekannt für die Funde von fossilen Riesensäugern wie Mammuts und Nashornarten. Ihr Vorkommen blieb unerklärlich und wurde sogar mit der Sintflut in Verbindung gebracht. Mitte des 19. Jahrhunderts setzte sich aber die Erkenntnis durch, dass diese Ablagerungsschichten und die darin eingeschlossenen Fossilien aus einer geologisch jungen Epoche, dem quartären Eiszeitalter, dem Pleistozän, stammten, als eine dicke Eisschicht weite Teile Nord- und Mitteleuropas bedeckte.

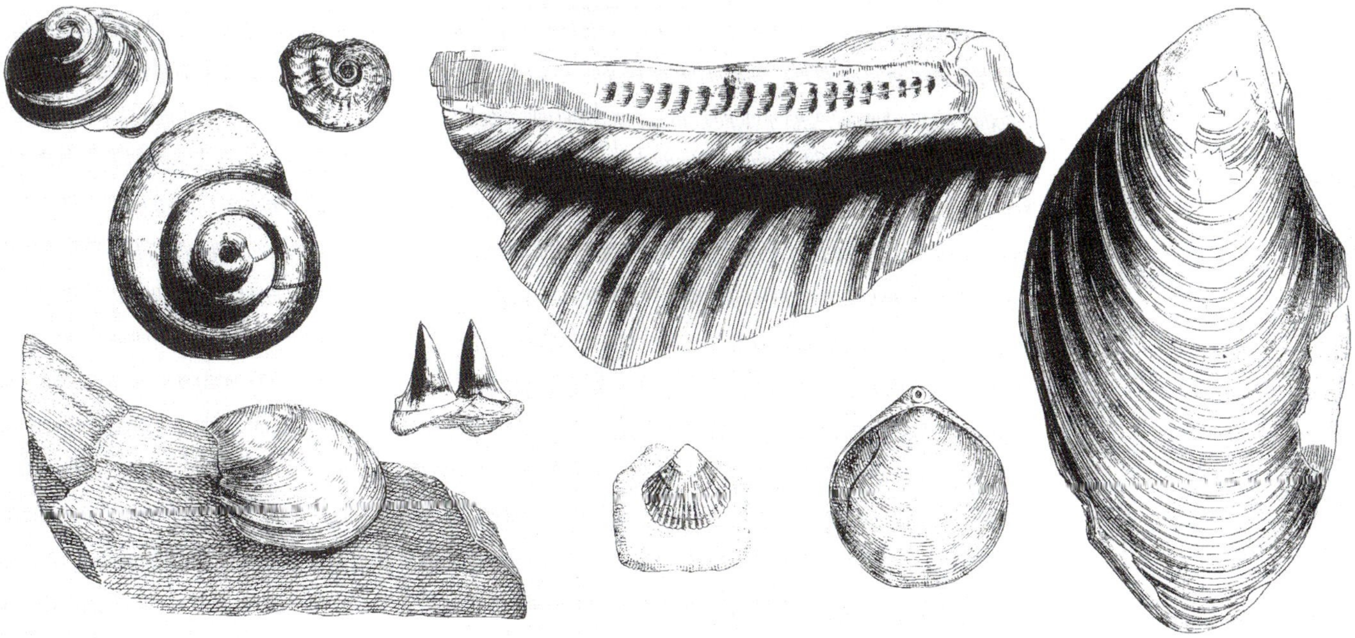

William Smith erkannte als einer der Ersten, dass die einzelnen Ablagerungsschichten anhand der darin eingeschlossenen Fossilien, die sich im Laufe der Zeit verändern, bestimmt werden können. Diese von Smith angefertigte Illustration zeigt die Leitfossilien der Kreidezeit. Das Fehlen jeglicher menschlicher Überreste in den Ablagerungsschichten dieser Epoche schien die Schöpfungsthese zu erhärten.

finden, da ihrer Ansicht nach alles Leben auf einmal, aufgrund eines göttlichen Schöpfungsakts, entstanden war. Lyell und andere theologisch beeinflussten Forscher mussten jedoch den Rückzug antreten, nachdem Funde immer deutlicher belegten, dass Tiere und Pflanzen sich nach und nach entwickelten und in aufeinander folgenden Schichten und damit Epochen auftraten.

Deutung der Funde in den Ablagerungen

Darwin vermied es, seine Theorie auf Gesteine und Fossilienfunde zu gründen, da das entsprechende Wissen seiner Zeit noch zu dürftig war. Auch war ihm bewusst, dass Forscher wie Professor Adam Sedgwick, der führende Geologe in Oxford, gründlichere Kenntnisse über Sedimente und Fossilien als er besaßen. Selbst Sedgwick und seinen Zeitgenossen bereitete die Interpretation der Fundschichten Probleme. Sie hatten erwartet, dass die Funde in den Ablagerungen die Schöpfungsgeschichte und die Sintflut bestätigen würden; ihre Entdeckungen erwiesen sich aber als viel komplexer und verwirrender.

Die Fundschichten waren oft einige Kilometer dick und konnten daher unmöglich das Ergebnis selbst mehrerer Sintfluten sein. Das Verständnis der geologischen Prozesse legte nahe, dass so mächtige Gesteinsschichten nur in Millionen von Jahren entstanden sein konnten. Sie konnten somit nicht durch die auf die Bibel gestützte Chronologie der Schöpfungsgeschichte der Erde erklärt werden, die etwa 6000 Jahre umfasste. Niemand konnte eine wissenschaftlich akzeptable Methode zur Altersbestimmung der Sedimente und der darin eingeschlossenen Fossilien anbieten. Man besaß nur eine relative Chronologie, gestützt auf die Kartierung aufeinander folgender Sedimentschichten mit ihren Leitfossilien. Wegbereiter auf diesem Gebiet waren in Großbritannien der Landvermesser und autodidaktische Geologe William Smith und in Frankreich der Anatom Georges Cuvier (1769–1832) sowie der Geologe Alexandre Brongniart (1770–1847).

Archaeopteryx – der entscheidende Fund

In den 1860er-Jahren waren die meisten großen Erdzeitalter samt den für sie charakteristischen Leitfossilien bereits bekannt. Dennoch scheute sich Darwin zur Untermauerung seiner These auf Fossilien zurückzugreifen und erläuterte seinen Standpunkt auch eingehend. Er erkannte, dass Gesteinsfunde Lücken aufwiesen und daher auch der Nachweis früheren Lebens lückenhaft war. Wenn seine Evolutionstheorie durch fossile Funde bestätigt werden sollte, so müsste man Sedimente mit Fossilien finden, die die gemeinsame Herkunft sowie die unterschiedlichen Entwicklungslinien belegten.

Heute so verschiedene Lebewesen wie Menschen und Affen, Primaten und Insektenfresser oder Säugetiere und Reptilien müssen einst in ihrer Entwick-

Das 1861 in Deutschland entdeckte Fossil eines aus dem Jura stammenden Urvogels untermauerte die Darwin-Wallace-Evolutionstheorie. Der Urvogel weist noch Merkmale auf, die für Reptilien charakteristisch sind, wie mit Zähnen besetzten Kiefer.

Die Entdeckung der Radioaktivität durch das Ehepaar Curie im späten 19. Jahrhundert schuf die Voraussetzungen für die radiometrische Altersbestimmung von Gesteinen und Mineralen.

lungslinie einen gemeinsamen Vorfahren besessen haben. Das Problem war, dass Mitte des 19. Jahrhunderts solche Zeugnisse fehlten. Ein Zufall kam Darwin jedoch zu Hilfe: 1861 wurde der Archaeopteryx entdeckt, einer der ersten und spektakulärsten Funde, der die gemeinsame Abstammung von Vögeln und Reptilien belegte. Vergeblich versuchte der Anatom Richard Owen, den Fund gegen Darwin einzusetzen. Thomas Henry Huxley, ein Anhänger des Evolutionsgedankens, nutzte Owens Scheitern und wies nach, dass dieser Fund eines der überzeugendsten Beispiele eines evolutionären Bindegliedes zwischen zwei großen Gruppen von Lebewesen ist – in diesem Fall Reptilien und Vögeln.

Nach wie vor fehlten jedoch die entscheidenden fossilen Zeugnisse, die belegt hätten, dass der Mensch eine ähnliche Entwicklung erfuhr und nicht das Ergebnis göttlicher Schöpfung war. Wir werden noch sehen, dass die ersten entsprechenden Funde im frühen 19. Jahrhundert zunächst noch nicht als solche erkannt wurden. Die Entdeckung, dass auch der Mensch eine Evolution als Spezies durchlaufen hat, und warum diese so lange nicht akzeptiert wurde, ist wesentlicher Teil der Geschichte, die dieses Buch erzählt.

Die Beweise werden anerkannt

Eine Methode, das Alter der geologischen Erdschichten genau zu bestimmen, wurde jedoch viel später gefunden. Die radiometrische Datierung war erst mit der Entdeckung der radioaktiven Isotope Anfang des 20. Jahrhunderts möglich geworden. Dennoch dauerte es noch Jahrzehnte, bis das Verfahren und die für solche Messungen nötige technische Ausstattung so weit ausgereift waren, dass man sie auch auf die Vorgeschichte des Menschen anwenden konnte.

Wir werden sehen, dass erst spät im 20. Jahrhundert fossile und archäologische Beweise für die Evolution des Menschen allgemein anerkannt wurden.

Zunächst sah es aus, als würden diese Beweise Darwins Theorie nicht untermauern, wonach der Ursprung der Menschheit in Afrika liege. Die ersten fossilen Funde schienen anfangs die These von Ernst Haeckel, einem überzeugten Anhänger von Darwins Evolutionstheorie, zu bestätigen, dem zufolge unser Garten Eden eher in Asien lag. Erst in den 1920er-Jahren wendete sich das Blatt zugunsten von Afrika.

Afrika als Wiege der Menschheit bestätigt

Heute jedoch sind die Beweise für Afrika als »Garten Eden« der Menschheit überwältigend. Fossilienfunde belegen, dass die meisten unserer frühen Vorfahren hier lebten, wobei die radiometrische Datierung der Fundschichten eine Zeitschiene ergibt, die sechs bis sieben Millionen Jahre zurückreicht, als der gemeinsame Vorfahre von Mensch und Schimpanse lebte. Dieses Zeitfenster ergibt sich aus der Methode der molekularen Uhr, die auch Fossilienfunde zu bestätigen scheinen. Die kürzlich im Tschad entdeckte ausgestorbene affenähnliche Spezies *Sahelanthropus tchadensis,* auch Toumaï (»Lebensmut«) genannt, liegt nahe an jenem Zeitpunkt, an dem sich die Entwicklung von Mensch und Schimpanse spaltete.

Eine der wichtigsten neuen Erkenntnisse ist die Tatsache, dass die Evolution durch die Wechselwirkung von inneren genetischen Veränderungen und dem äußeren Wandel des Lebensraums bestimmt werden kann. Im letzten Jahrhundert hatten Forscher entdeckt, dass das, was zunächst als geologische Bestätigung der biblischen Sintflut erschien, in Wirklichkeit der Beweis für wiederholte dramatische Klimaveränderungen innerhalb der letzten 2,5 Millionen Jahre war, die wir heute als quartäres Eiszeitalter bezeichnen.

Der Klimawandel und seine Folgen

Angesichts der globalen Klimaverschlechterung vor rund fünf Millionen Jahren kam es selbst in den Tropen zu einem Wandel der Vegetation und damit auch zu Veränderungen bei den Pflanzenfressern, darunter unseren fernen affenähnlichen Urahnen. Die Auswirkungen zeigten sich in der gesamten Nahrungskette bis zu den Raubtieren, zu denen vor etwa zwei Millionen Jahren auch unsere jüngeren Vorfahren zählten, die Pflanzen fressendes Großwild wie etwa Elefanten jagten.

Der sieben Millionen Jahre alte *Sahelanthropus tchadensis* aus dem zentralafrikanischen Tschad gilt als unser ältester Vorläufer in der Entwicklungskette, nachdem sich der Evolutionsstrang von Menschen und Schimpansen geteilt hatte.

Erst in den 1840er-Jahren setzte sich die Erkenntnis durch, dass weite Teile von Nordwesteuropa und Nordamerika einst nicht von der biblischen Sintflut, sondern von einem mächtigen Eispanzer bedeckt waren.

In den hohen Breiten der Nordhalbkugel wirkten sich die oft raschen Klimaschwankungen dramatisch auf das Überleben unserer Urahnen aus, die einst aus dem tropischen Afrika aufgebrochen waren. Noch ist nicht völlig geklärt, welche Folgen das Klima für sie hatte, aber es mehren sich die Hinweise darauf, dass der Klimawandel eine wesentliche Rolle in den Wanderzügen unserer Vorfahren vor allem in den letzten Hunderttausenden von Jahren gespielt hat.

Mendels bahnbrechender Beitrag

Die zweite für unsere Geschichte der Evolution folgenreiche wissenschaftliche Revolution ist die Genetik. Darwin verfügte nicht einmal über Grundkenntnisse der Genetik, um damit seine Evolutionstheorie zu untermauern. Obwohl der österreichische Mönch Gregor Mendel (1822–1884) bereits 1865 seine bahnbrechenden Erkenntnisse veröffentlicht hatte, blieben sie weitgehend unbeachtet. Erst 1900 fanden die Mendel'schen Gesetze der Vererbung allgemeine Anerkennung. Es sollte noch 53 Jahre dauern, bis der Schlüssel der Vererbung entdeckt wurde – die Doppelhelixstruktur der Desoxyribonukleinsäure (DNS, engl. DNA für deoxyribonucleic acid). 1953 stellten Francis Crick (1916–2004) und James Watson (*1928) ein Modell vor, an dem sie zeigten, wie die Verdoppelung (Replikation) eines Moleküls durch »Entschraubung« der beiden Stränge der Doppelhelix erfolgt, von denen jeder eine Kopie der Erbinformation enthält. Diese ist verschlüsselt durch

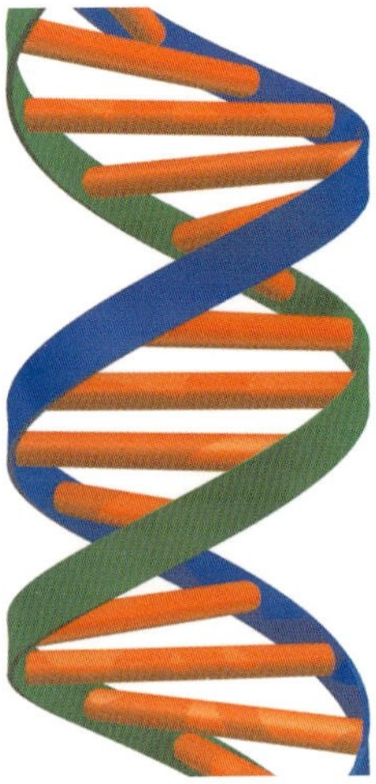

Die Entdeckung der Doppelhelixstruktur der Desoxyribonukleinsäure (DNA) durch James Watson und Francis Crick im Jahr 1953 lieferte den Schlüssel zum Verständnis des Vererbungsprozesses, bei dem der genetische Code dupliziert wird.

eine Sequenz von Enzymen, dargestellt durch die Buchstaben A, C, G, T.

Es ist ein digitaler, jedoch kein binärer Code, bestehend aus vier Bausteinen, wobei die Erbinformation durch die bestimmte Folge (Sequenz) der vier Basen Adenin, Cytosin, Guanin und Thymin verschlüsselt ist; daher auch die Verwendung der Buchstaben A, C, G und T. Diese vier Substanzen sind die fundamentalen Bausteine oder »Bits« der Erbinformation im genetischen Code und treten stets als »Basenpaare« auf, da auf jedes Bit zwei dieser chemischen Buchstaben entfallen. Alles Weitere gründet auf diesen vier DNA-Bestandteilen.

Die Genomkarte des Menschen

Zwar wurde ein fundamentaler Schritt getan, doch vergingen weitere 50 Jahre, bis man über die Technik und das Wissen verfügte, einen Lageplan des Erbguts beim Menschen zu erstellen. Heute, da die Kartierung fast abgeschlossen ist, können wir beginnen, diese »verschlüsselte« biomolekulare Geschichte unserer Evolution und unserer Beziehung zu anderen Organismen zu lesen. In den letzten Jahren gewannen wir dabei grundlegende neue Erkenntnisse über uns selbst.

Unsere überaus enge genetische Verwandtschaft konnte nur überleben, weil wir eine sehr junge Spezies sind. Unweigerlich bestehen zwischen den Individuen kleine genetische Unterschiede, die sich im Laufe der letzten 100 000 Jahre angesammelt haben; die meisten finden sich jedoch innerhalb einer Bevölkerungsgruppe und nur eine Minderheit betrifft die Unterschiede zwischen Bevölkerungsgruppen. Keiner ist aber so groß, dass er die Fortpflanzung zwischen Individuen verschiedener Bevölkerungsgruppen verhindern würde.

DNS – der empfindliche Schlüssel

Die biomolekularen Beweise unterstreichen nicht nur die enge Verwandtschaft aller Menschen und dass wir eine sehr junge Spezies sind, sondern sprechen eindeutig für Afrika als Wiege der Menschheit. Dennoch sind wir weit davon entfernt, die gesamte Evolutionsgeschichte zu kennen. Leider ist es kaum möglich, biomolekulares Material aus fossilen Funden zu gewinnen. Die DNS ist ein sehr empfindliches Molekül, und selbst unter sehr günstigen Konservierungsbedingungen der Funde, wie im Eis oder in dunklen, trockenen Höhlen, können hieraus nur Bruchstücke der DNS gewonnen und vermehrt werden. Das einzige bisher verfügbare frühgeschichtliche DNS-Material stammt aus Knochen des Neandertalers, die man in Höhlen nördlicher Breiten fand. Es besteht jedoch kaum Hoffnung, DNS-Material von Vorfahren aus den Tropen zu finden. Selbst im Fall des kleinwüchsigen *Homo floresiensis*, der jüngst in Höhlen auf der indonesischen Insel Flores entdeckt wurde, ist es äußerst unwahrscheinlich, dass DNS-Spuren erhalten blieben.

Von der Entschlüsselung des Schimpansen-Genoms erhofft man sich neue Erkenntnisse zum Unterschied zwischen diesem Primaten und dem Menschen, doch werden die Antworten darauf ebenso zahlreich sein wie die neuen Fragen. Die künftige Kartierung des Gorilla-Genoms wird eine vordringliche Aufgabe, da dadurch die genetischen Unterschiede in der Evolution von Schimpansen in einer neuen Perspektive erscheinen werden.

Inzwischen geht die Jagd nach Knochenfunden unserer Vorfahren weiter und wirft eine Vielzahl neuer Fragen auf. Man darf nicht vergessen, dass die bisher etwa 20 bekannten ausgestorbenen Vorläufer des Menschen in den letzten 50 Jahren entdeckt wurden, und dass die Funde sich nicht selten auf ein paar spärliche Knochen beschränken. Es gibt kaum komplette Skelette, und die Fossilienfunde sind im Allgemeinen dürftig und unvollständig. Daher bleibt noch viel zu tun für all jene, die sich mit Ausdauer, Wissen und auch Glück dieser Aufgabe widmen.

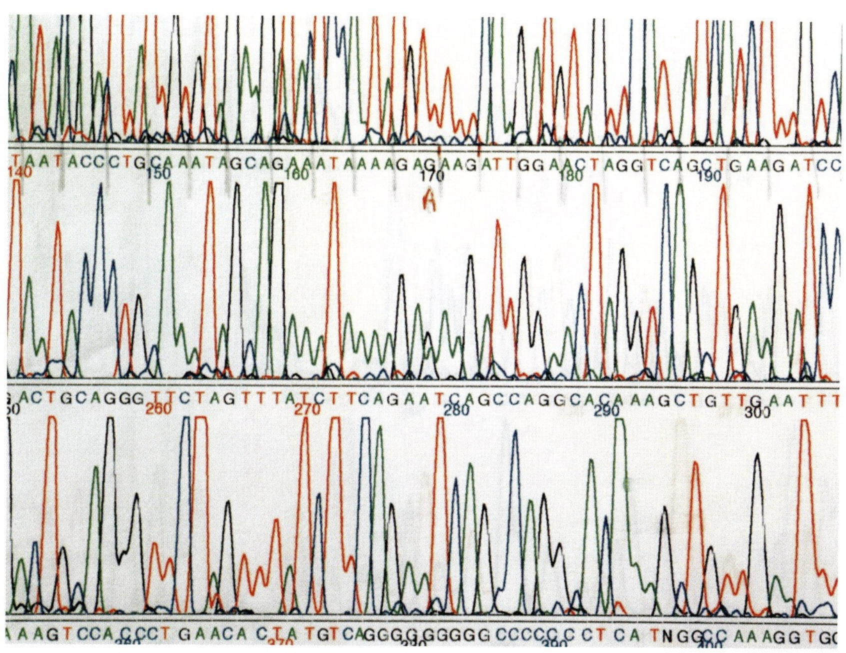

Computerdarstellung der DNA-Sequenz der Basen, aus denen sich das menschliche Gen zusammensetzt. Die Sequenz ist grafisch (oben) sowie (darunter) mit den Anfangsbuchstaben der vier Basen dargestellt, welche den DNA-Code bilden. Dabei steht G für Guanin, C für Cytosin, T für Thymin und A für Adenin.

Von Fußballfans bis zu den Ureinwohnern Papuas – Gesichtsbemalung und Gesichtsschmuck werden auch heute noch zu besonderen Anlässen wie Spielen oder rituellen Zeremonien eingesetzt.
Das Pulver roter Ockerfarbe wurde vom modernen Menschen seit mindestens 70 000 Jahren verwendet und scheint ein spezifisches »Make-up« des *Homo sapiens* zu sein.

Teil I

Dieser Abschnitt beschreibt den Rahmen unserer Untersuchung über uns als biologische Spezies, deren Entwicklungsgeschichte sechs Millionen Jahre zurückreicht. Über welche Beweise verfügen wir? Wie stichhaltig sind sie? Und wie lassen sich die oft verwirrenden Informationen deuten? Unsere Sicht auf uns erfuhr in den letzten Jahrhunderten einen grundlegenden Wandel. Während der Mensch in der Hierarchie der Schöpfung einst unmittelbar auf die Engel folgte, gelten wir heute als Verwandte der Schimpansen.

KAPITEL EINS

Der Mensch – eine globale Spezies

Biologisch gesehen sind wir Menschen eine durchaus interessante Art. Zum einen sind wir (bisher) äußerst erfolgreich, da wir einer stetig wachsenden und weltweit verbreiteten Population angehören, die sich an unterschiedlichste Lebensweisen, Umweltbedingungen und Lebensräume bestens angepasst hat. Zugleich nehmen wir unter allen anderen uns bisher bekannten Lebewesen dieser Erde auch eine Ausnahmestellung ein, weil wir fähig zur Selbstreflexion sind und vor allem eine Vorstellung vom Tod und von einem Leben nach dem Tod besitzen. Wir haben eine Vielzahl von Techniken entwickelt, mit deren Hilfe wir uns selbst sowie unsere Beziehungen untereinander und zu anderen Lebensformen sowie zur anorganischen Welt um uns erforschen.

Ähnlich den Menschen verwenden auch Schimpansen bei der Nahrungssuche Werkzeuge. Auf diesem Foto benutzt ein in Gefangenschaft lebender Schimpanse einen Stock; in der Wildnis »fischen« Schimpansen mit einem dünnen Stock nach Termiten. Außerdem verwenden sie Blätter, um Wasser zu transportieren, und Steine, um Nüsse aufzubrechen.

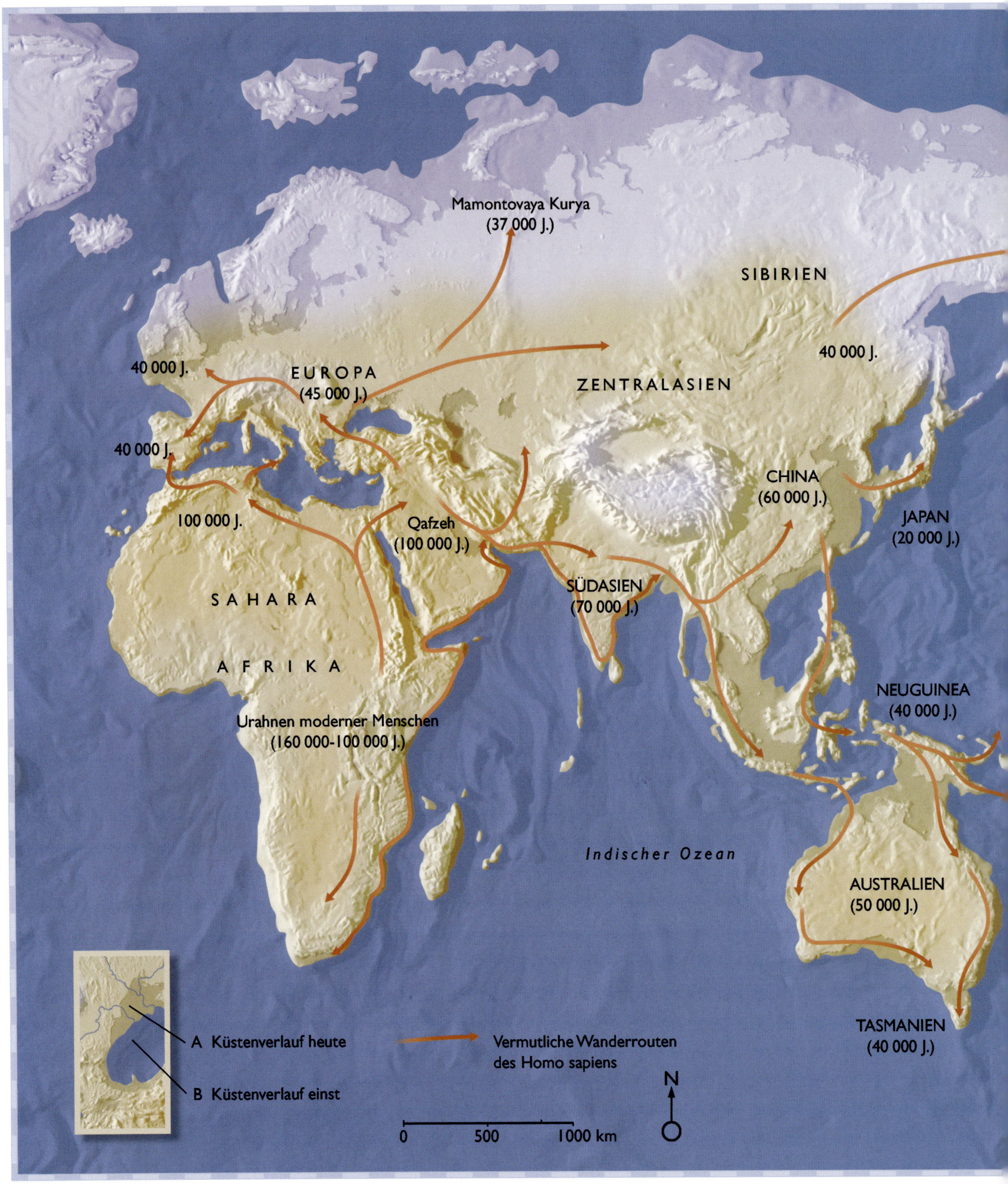
Mamontovaya Kurya
(37 000 J.)
SIBIRIEN
40 000 J.
40 000 J.
EUROPA
(45 000 J.)
ZENTRALASIEN
40 000 J.
CHINA
(60 000 J.)
JAPAN
(20 000 J.)
100 000 J.
Qafzeh
(100 000 J.)
SÜDASIEN
(70 000 J.)
SAHARA
AFRIKA
NEUGUINEA
(40 000 J.)
Urahnen moderner Menschen
(160 000-100 000 J.)
Indischer Ozean
AUSTRALIEN
(50 000 J.)
TASMANIEN
(40 000 J.)
A Küstenverlauf heute
B Küstenverlauf einst
Vermutliche Wanderrouten
des Homo sapiens
0
500
1000 km
N

Unsere globale Diaspora

Es dauerte eine verblüffend kurze Zeit, bis der moderne Mensch von Afrika aus die ganze Welt besiedelte. In knapp 50 000 Jahren gelangte er nach Australien und in nur 37 000 Jahren erreichte er die Arktis. Weitaus schwieriger erwies sich die Besiedlung des Pazifikraums; in Neuseeland zum Beispiel ließen sich die ersten Einwohner erst vor rund 1000 Jahren nieder.

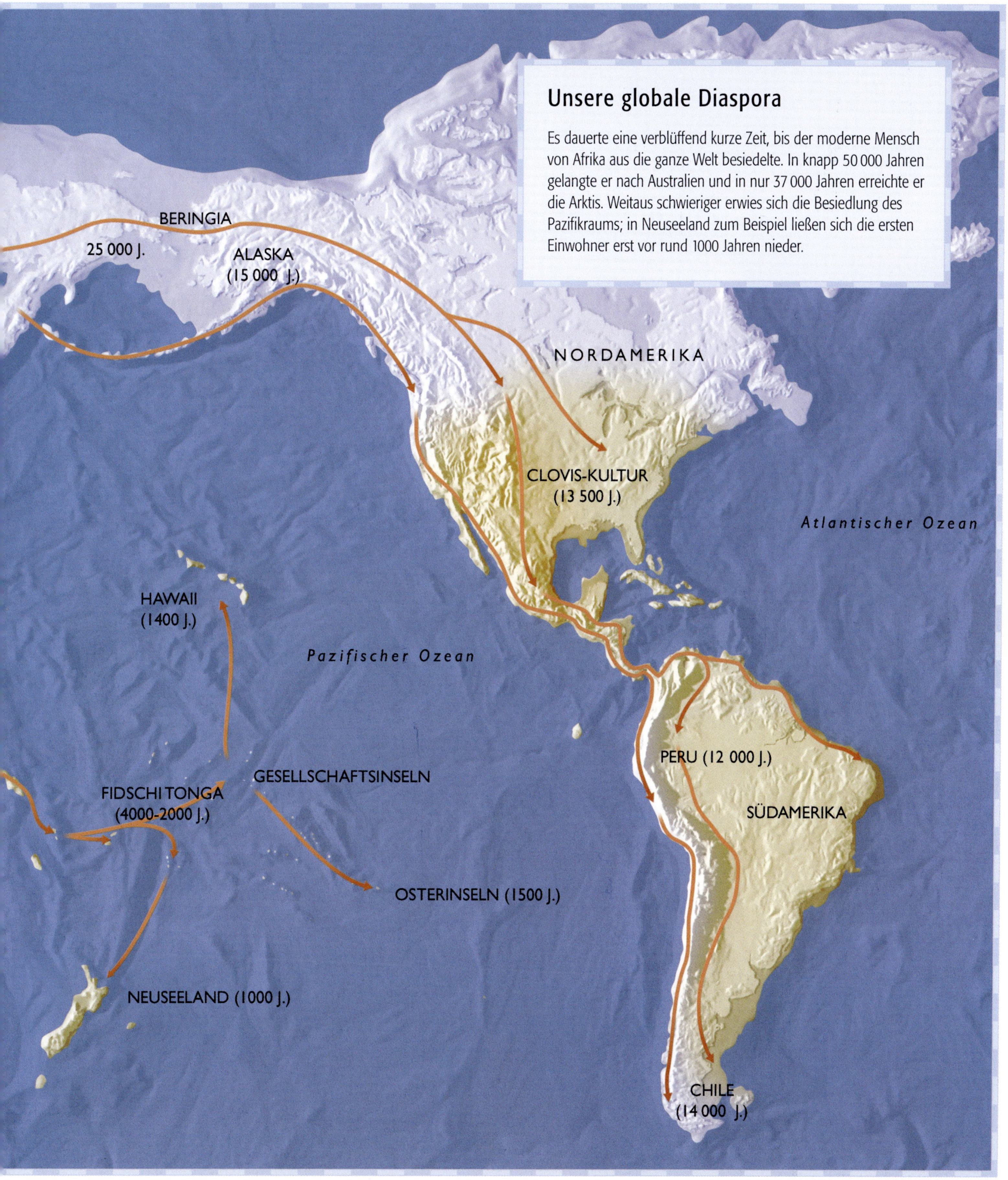

Fossilienfunde belegen, dass die meisten Populationen und Arten Zeiten von Aufschwung und Krisen durchlaufen. Warum sollte gerade der Mensch eine Ausnahme bilden?

Als Linné in der 10. Auflage seines 1758 erschienenen Werkes *Systema naturae* als Erster der Spezies Mensch ihren wissenschaftlichen Namen vergab, entschied er sich für die Bezeichnung *Homo sapiens*, d.h. »einsichtsvoller Mensch«. Zugleich führte er vier von ihm so genannte Varietäten an: Europaeus »albus«, Americanus »rufescens«, Asiaticus »fuscus« und Africanus »niger«. Dabei war diese grobe Einteilung nach der Hautfarbe typisch für jene Epoche, als man noch nicht wusste, wie die Individuen untereinander verwandt waren.

Heute wissen wir, dass wir einer einzigen Art angehören und dass Linnés Varietäten auf Artebene keine Rolle spielen. Als prägendes Merkmal unserer Spezies führte Linné die Fähigkeit des Menschen zur Reflexion und Selbsterkenntnis an *(nosce te ipsum, lat. für »kenne dich selbst«)*. Tausende Jahre schon dauert unser Ringen, uns mithilfe verschiedener Methoden und Fachrichtungen besser kennen zu lernen. Dazu zählen heute etwa Philosophie, Psychologie und zahlreiche naturwissenschaftliche Bereiche, insbesondere die Biologie und Anthropologie.

Die Besiedlung der Erde

Zweifellos sind wir eine überaus erfolgreiche, wenn auch, entwicklungsgeschichtlich gesehen, sehr junge Spezies. Innerhalb der letzten 100 000 Jahre wuchs die Bevölkerungszahl von wenigen hunderttausend Individuen auf heute über 6,5 Milliarden Erdbewohnern.

Dabei verzeichnete die Weltbevölkerung erst seit ein paar tausend Jahren einen prozentual explosionsartigen Anstieg. Anfangs war das Wachstum noch relativ verhalten, weil die Menschen weit verstreut als Jäger und Sammler lebten. Der erste »Bevölkerungsboom« setzte erst ein, als die Menschen sesshaft wurden und in den fruchtbaren Ebenen der Alten Welt entlang bedeutender Wasserläufe wie Tigris und Euphrat in Mesopotamien, dem Nil in Ägypten, am Indus und Ganges in Indien sowie am Huangho in China zur Landwirtschaft übergingen und Viehzucht und Ackerbau betrieben.

Wir können hoffen, dass sich die Wachstumsrate verlangsamt, denn immer mehr Staaten verfolgen eine Politik der Geburtenkontrolle. Andernfalls

Unsere enge Verwandtschaft mit den Menschenaffen ist seit fast 300 Jahren anerkannt. Der schwedische Naturforscher Carl von Linné (1707–1778) stellte in seiner Abhandlung *Systema naturae (»Natursystem«)* 1766 als Erster den Menschen unter der wissenschaftlichen Bezeichnung *Homo sapiens* neben den Schimpansen und den Orang-Utan in die Ordnung der Primaten.

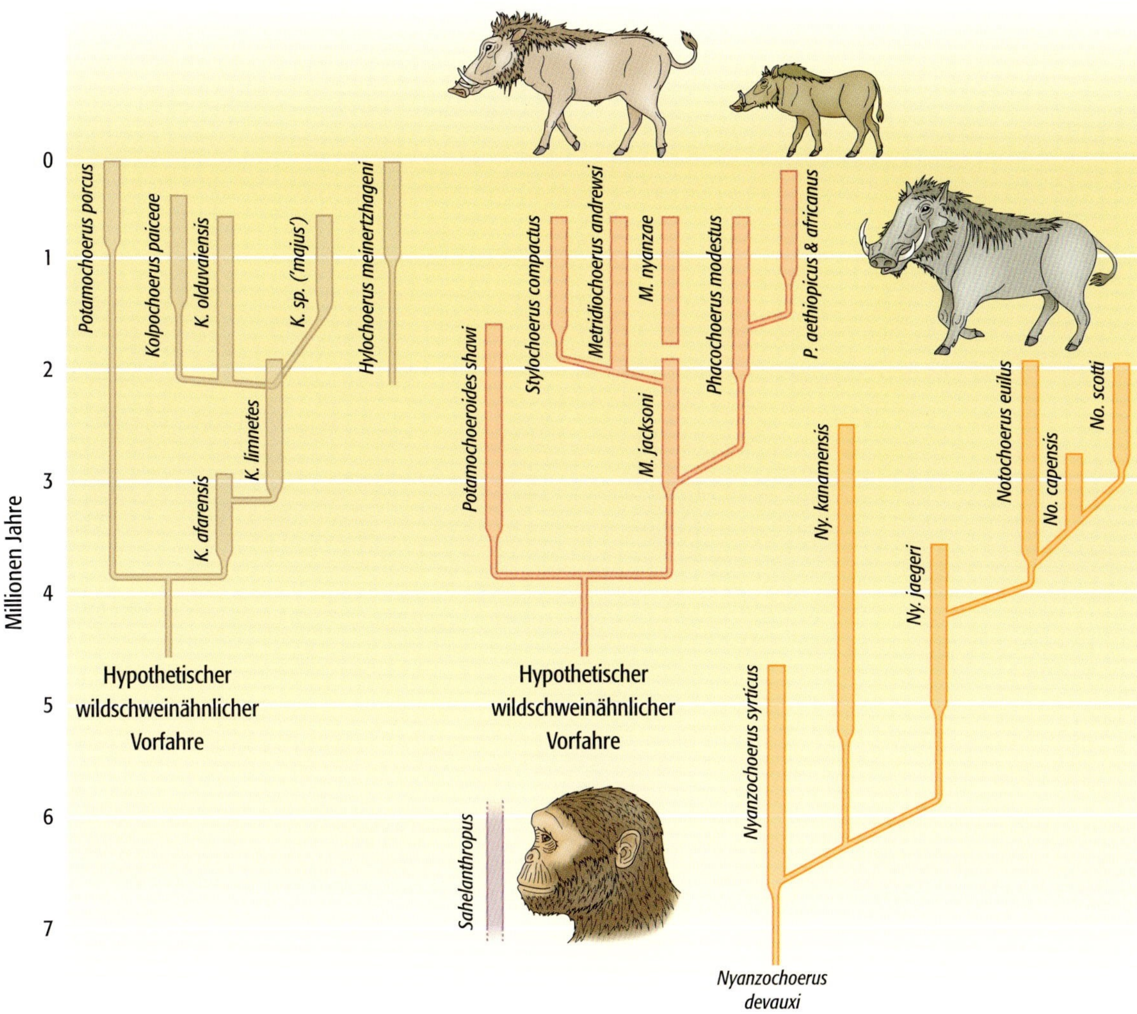

Wildschweine gehören zur Familie der Borstentiere (Suidae) und waren einst in Afrika eine verbreitete Gattung, deren rapide Evolution durch zahlreiche fossile Funde belegt wird. Diese erweisen sich heute als wertvolle Hilfe für die Datierung von Überresten der Vorfahren des Menschen vor allem dort, wo radiometrische Messungen nicht möglich sind. Dies ist auch der Fall beim *Sahelanthropus tchadensis,* dessen Alter von 6–7 Millionen Jahren durch Vergleich mit Wildschweinfossilien bestimmt wurde.

droht dieser »Boom«, wenn wir unsere Ressourcen an Nahrungsmitteln, Wasser und Energie restlos ausbeuten, in einer Katastrophe unvorstellbaren Ausmaßes zu enden. Dieser Zyklus von »Aufschwung« und »Niedergang« ist keine singuläre Erscheinung; er kam in den letzten 3,5 Milliarden Jahren der Erdgeschichte, in denen sich das Leben entwickelte, mehrfach vor. Auch dürfen wir nicht vergessen, dass die weitaus meisten Lebewesen, die es bisher gab, heute ausgestorben sind.

Warum sollten wir da eine Ausnahme bilden? Führen wir uns eine Tatsache vor Augen: Nach Schätzungen der UNO wird die Weltbevölkerung im Jahr 2050 auf rund 9,5 Milliarden Einwohner ansteigen. Die durchschnittliche Geburtenrate lag 2005 bei 3,9 Babys *pro Sekunde,* die Sterberate weltweit aber nur bei 1,7 Einwohner *pro Sekunde* – somit kommen statistisch jede Sekunde etwa 2,2 neue Erdenbürger hinzu. Verglichen mit vielen anderen Arten, darunter auch unseren ausgestorbenen Vorfahren, ist die Spezies Mensch noch sehr jung. Etliche Säugetierarten hatten einen Lebenszyklus von bis zu einer Million Jahren, bevor sie verschwanden oder sich zu einer anderen Art weiterentwickelten. Unsere Kenntnis von unseren Urahnen der letzten sechs Millionen Jahre ist weiterhin äußerst lückenhaft, und von einigen Arten besitzen wir nicht viel mehr als eine Hand voll Knochen. Einige der bestbekannten Arten (wie der Neandertaler) überlebten nur wenige hunderttausend Jahre, andere (wie der *Homo erectus*) mehr als eine Million Jahre. Insgesamt war ihre Anzahl aber geringer als die der heutigen Bevölkerung.

Die Erdbevölkerung ist gegenwärtig so zahlreich, dass wir in naher Zukunft wohl kaum in Gefahr geraten auszusterben. Selbst im Fall einer schweren Katastrophe, wie dem Einschlag eines Asteroiden, der auch das Ende der Dinosaurier besiegelte, oder einer Pandemie gäbe es in geschützteren oder entlegeneren Gegenden, wie etwa fernen Inseln, eine recht hohe Zahl an Überlebenden. In diesem Fall stellt sich die Frage, ob die Zahl der Überlebenden ausreichen würde, um den Fortbestand des Menschen zu sichern. Könnten sie sich erneut so stark vermehren, um die Erde wieder zu besiedeln?

Sehr wahrscheinlich standen die Neandertaler vor etwa 35 000 Jahren einem ähnlichen Furcht erregenden Szenario gegenüber. Damals, in der letzten Kaltzeit des Pleistozäns, sank die Temperatur etwa in Zentralfrankreich auf einen Jahresdurchschnitt von fast null Grad, sodass sich die Neandertaler aus den von ihnen bewohnten Gebieten Nordeuropas nach Süden in die Mittelmeerregion zurückziehen mussten. In jener Epoche reichte das Grasland der Tundra bis nach Spanien und Griechenland.

Obwohl danach eine Warmzeit folgte, war die Zahl der Neandertaler so stark geschrumpft und sie lebten so verstreut, dass sich ihr Bestand nicht erholte und sie vor etwa 28 000 Jahren ausstarben. Anders der so genannte Jetztmensch, der *Homo sapiens:* Auch er hatte sich wegen der zunehmenden Vergletscherung nach Süden zurückgezogen; er überlebte aber, weil der Populationsbestand und damit die Zahl der Überlebenden größer war und weil er wohl entwickeltere soziale und kulturelle Fähigkeiten besaß.

Welche Merkmale »besitzen die Menschen«, die ihre weltweite Verbreitung ermöglichte?

Die Wanderungen der Frühmenschen

Einer der bemerkenswertesten Aspekte unserer Vergangenheit ist die Besiedlung der Erde durch die Gattung Mensch, ein globaler Prozess, der recht zügig ablief, wenn auch nicht wesentlich schneller als die Verbreitung anderer Tiere oder Pflanzen im Lauf der neueren Evolutionsgeschichte.

Tatsache ist, dass alles Leben dem Opportunitätsprinzip folgt: Unter günstigen Bedingungen vermehrt es sich zahlenmäßig und breitet sich auch geographisch innerhalb der artspezifischen Toleranzgrenzen aus. Wenn also ein Organismus für seine Entwicklung geeignete Rahmenbedingungen vorfindet, wird er sie maximal nutzen: Er wird so stark wachsen und sich so vermehren, wie es seine Art erlaubt.

Vor etwa 120 000 Jahren begannen unsere ans warme Klima Afrikas angepassten Urahnen, sich innerhalb Afrikas, aber auch jenseits von dessen Grenzen auszubreiten. Vor etwa 60 000 Jahren hatten sie bereits den Malaiischen Archipel und vor 20 000 Jahren Amerika erreicht. Der letzte große, noch unbewohnte geographische Raum war die Inselwelt des Pazifiks, der knapp ein Fünftel der Erdoberfläche bedeckt. Um die endlose Weite dieses Ozeans zu überqueren, bedurfte es besonderer Schiffbau- und Navigationskenntnisse; erst vor rund 1000 Jahren erfolgte dann die Besiedlung des pazifischen Raumes.

Der einzige noch zu erobernde Erdteil und Lebensraum war die Antarktis. Wegen des extremen Polarklimas wurde sie erst im 20. Jahrhundert »kolonisiert«, und auch dies nur dank der Fortschritte der modernen Technologie im Bereich Bekleidung, Energiegewinnung und Nahrungslieferung.

Unsere biologische Reiseausstattung

Es lohnt sich zu fragen, über welche Merkmale unsere Spezies verfügt, um sich global verbreiten zu können. Die Grundvoraussetzung dafür sind eine Wirbelsäule und vier Gliedmaßen. Erstere besteht aus miteinander verbundenen Wirbeln und ist ein allen Wirbeltieren gemeinsames Merkmal. Seit dem Karbon vor 300 Millionen Jahren zeichnen sich die Wirbeltiere durch eine enorme Vielfalt aus, wobei ihre Ursprünge bis ins Kambrium 540 Millionen Jahre zurückreichen. Im Zuge dieser langen Evolution traten nach den Fischen und Amphibien durch Diversifikation die Dinosaurier, Vögel und Wale auf. Dennoch bleiben die wirbellosen Gliederfüßer (Arthropoden), allen voran die Insekten, weitaus zahlreicher und artenreicher als die Wirbeltiere. Übrigens ist die Biomasse (das Gewicht) der Gliederfüßer und Insekten größer als das Gesamtgewicht aller Wirbeltiere, die die Erde bevölkern.

Superschnelle Viren

Viren können sich äußerst schnell verbreiten, indem sie die Wirtszellen von beispielsweise Zugvögeln oder Touristen besiedeln und so »huckepack« rund um den Globus reisen. Dies geschah auch im Fall der Pestepidemie, die Europa 1348 erreichte und sich als bis dahin schlimmste Seuche erwies.
Auslöser dieser schweren bakteriellen Infektionskrankheit ist der Erreger *Yersinia pestis*, der von Nagetieren (meist Ratten) und den auf ihnen schmarotzenden Flöhen übertragen wird. Es dauerte nur drei Jahre, bis der schwarze Tod ganz Europa erfasst hatte und rund 25 Millionen Menschen dahinraffte. Diese Pestseuche ist das klassische Beispiel für die Fähigkeit eines Krankheitserregers, sich extrem schnell auszubreiten.
Heute sind Aids, SARS, die Vogelgrippe oder andere Erreger durchaus in der Lage, unter günstigen Bedingungen rasend schnell zum Ausbruch einer Pandemie, einer weltweiten Epidemie, zu führen.

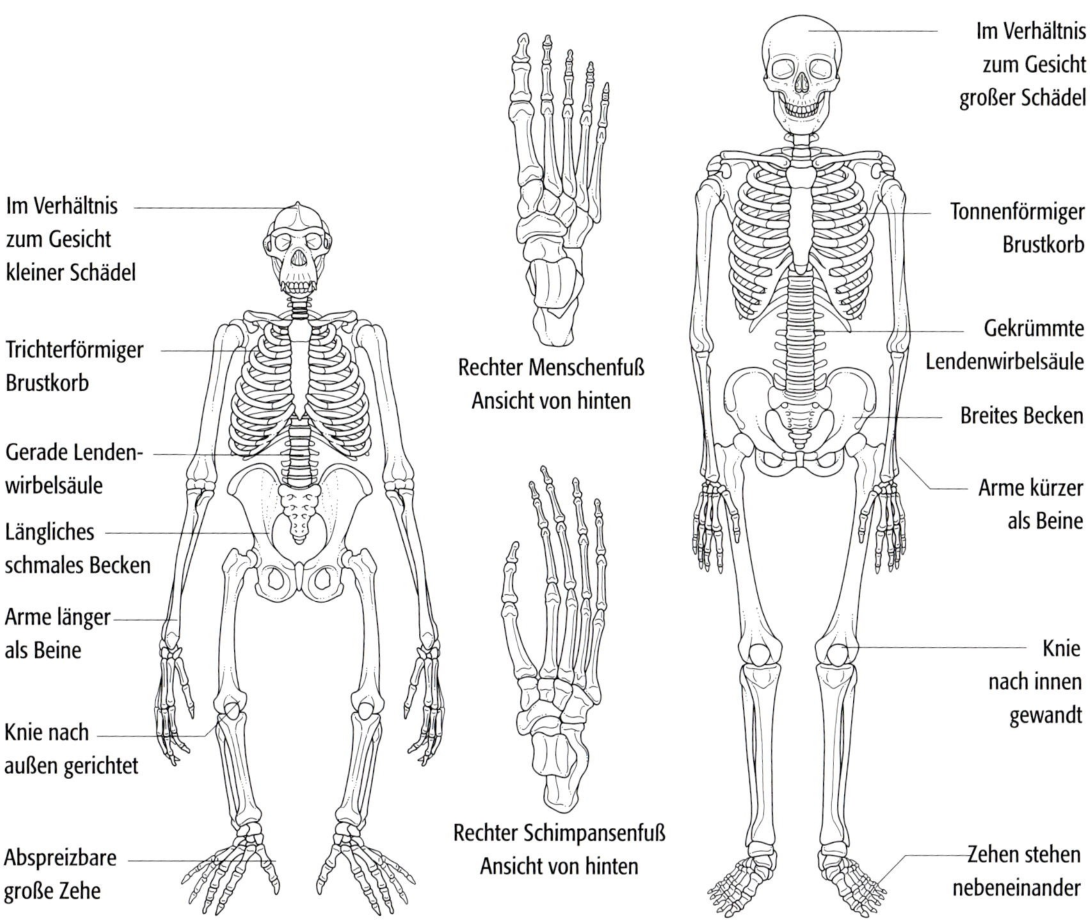

Der Vergleich zwischen dem Skelett eines Schimpansen und dem des Menschen verdeutlicht einerseits ihre weitgehende Ähnlichkeit im Knochenbau, andererseits aber auch die Unterschiede hinsichtlich der relativen Proportionen der Knochen, ein Ergebnis der Anpassung an unterschiedliche Lebensweisen. Schimpansen haben lange, kräftige Arme und Füße mit langen, gespreizten Zehen, die bestens für das Klettern auf Bäumen geeignet sind, während der Mensch sich an den aufrechten Gang angepasst hat. Selbst der Brustkorb belegt die unterschiedlichen Essgewohnheiten: Beim Schimpansen ist er an die mächtige Bauchhöhle eines Pflanzenfressers angepasst, während der Mensch eine Taille und den kleinen Bauch eines Fleischfressers hat.

Die Wirbelsäule schützt das Rückenmark als Teil des Zentralnervensystems und bildet zugleich eine lebenswichtige elastische Längsstruktur, an der zahlreiche wichtige Knochen sowie Muskelgruppen befestigt sind. Die Vierbeiner, zu denen Amphibien, Reptilien, Vögel und Säugetiere zählen, haben einen Schultergürtel und einen Beckengürtel, an denen sich die Gelenke für die Arme (oder Vorderbeine und Flügel) bzw. Beine (oder Hinterbeine) befinden.

Der Schädel stützt sich auf das obere, vordere Ende der Wirbelsäule und schützt mit seiner knöchernen Schädelhöhle die Sinnesorgane des Seh-, Hör- und Geruchsinns sowie das Gehirn, den Abschnitt des Zentralnervensystems mit den wichtigsten Schalt- und Steuerungsfunktionen des Körpers. Der Brustkorb seinerseits umschließt Lungen, Herz, Leber sowie andere Organe.

Bei den meisten Vierbeinern nimmt die Wirbelsäule eine Position ein, die parallel zum Boden (oder zur Wasseroberfläche) verläuft, wobei Gliedmaßen und innere Organe nach unten hängen. Die Landbewohner stützen den Körper mithilfe der Gliedmaßen ab, um dessen Kontakt mit dem Erdboden zu vermeiden oder während der Fortbewegung die Reibung mit dem Boden zu verringern. Wie erwähnt, sind die Gliedmaßen über Schulter- und Beckengelenke mit der Wirbelsäule verbunden, sodass die Wirbelsäule zwischen diesen beiden Stützzonen ähnlich einer Hängebrücke »durchhängt«. Mithilfe von Kopf und Schwanz wird jedoch dieses Ungleichgewicht vor allem bei Tieren mit großen Eingeweiden ausbalanciert.

Die ersten Säugetiere

Unter den Vierfüßern interessieren uns hier vorrangig die Säugetiere, die in einer primitiven Form bereits in der oberen Trias (vor 251 bis 200 Millionen Jahren) auftraten. Im Jura, vor 200 bis 145 Millionen Jahren, entwickelten sich die Plazentatiere, höhere Säugetiere von der Größe einer Spitzmaus. Von anderen Vierfüßern wie Reptilien und Amphibien unterschieden sie sich dadurch, dass sie Warmblüter waren und eine behaarte Haut hatten, die dem Schutz und der Wärmeregulierung diente. Gemeinsam ist allen Säugern die innere Befruchtung,

Wie alle Primaten ist auch der Mensch ein Säugetier und bringt daher lebende Nachkommen zur Welt. Unser Erbe als Primat zeigt sich auch in der Fortpflanzungsstrategie: Im Regelfall wird nur ein Baby geboren – Mehrlingsschwangerschaften sind viel seltener –, das verhältnismäßig groß ist, aber recht lange gestillt, umsorgt und beschützt werden muss.

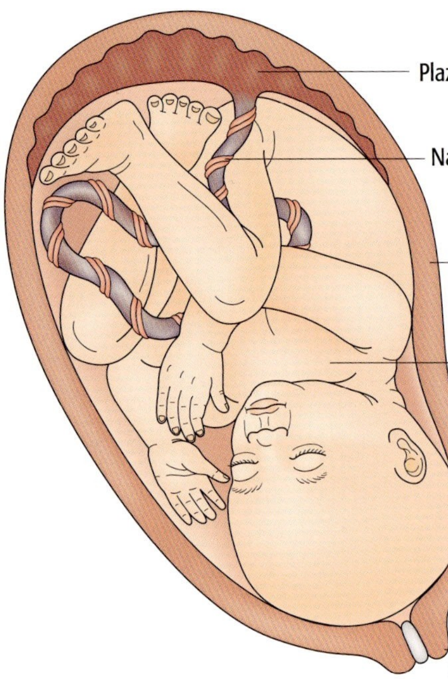

die zur Heranbildung der Embryonen in der Gebärmutter des mütterlichen Körpers führt, wo sie über eine Plazenta ernährt werden.

Nach der Geburt werden die Jungen mit Milch gesäugt, die von den Milchdrüsen des Muttertiers erzeugt wird. Durch Verschmelzung zweier Kieferknochen entstand ein sekundäres Kiefergelenk, während das ursprüngliche Kiefergelenk sich zu den drei Gehörknöchelchen im Mittelohr – Hammer (Malleus), Amboss (Incus) und Steigbügel (Stapes) – umwandelte. Das Gebiss der Säugetiere ist nach der Funktion der Zähne und Nahrungsspezialisierung in Schneide-, Eck-, vordere Backen- und Backenzähne unterteilt. Die vorne, mittig im Kiefer platzierten Schneidezähne besitzen eine scharfe Schneidkante und dienen dem Abbeißen und Festhalten der Nahrung. Die scharfen, zugespitzten Eckzähne bohren sich in die Beute und halten die Nahrung fest, während die kräftigen Backenzähne die Nahrung zermahlen und zermalmen.

Heute gibt es noch rund 230 Primatenarten, von den 180 kg schweren Gorillamännchen bis zu den nur 100g wiegenden Koboldmakis. Die meisten davon, wenn auch nicht alle, leben in tropischen Waldlandschaften und Wäldern.

Diese Merkmale weisen darauf hin, dass die behaarten, warmblütigen Säuger im Allgemeinen jederzeit, auch nachts und bei Kälte, aktiv sein können. Sie benötigen dafür aber regelmäßige Nahrung. Kaltblütige Reptilien wie Krokodile können monatelang »fasten«, und manche Schlangen, wie etwa der Python, fressen nur einmal jährlich. Warmblütige Säuger sind viel häufiger auf eine »Energiezufuhr« angewiesen; so etwa muss der Löwe, um überleben zu können, täglich einige Kilogramm an proteinhaltigem rohem Fleisch verzehren. Säugetiere müssen mit ihrer Nahrung tierischer oder pflanzlicher Herkunft möglichst viel Energie aufnehmen; dazu bereiten sie sie auf, bevor sie den Magen erreicht. Dies geschieht mithilfe der Zähne, die die Nahrung zerkleinern.

Da die Säugetiere lebend gebären – die Nachkommen entwickeln sich im Mutterleib, wo sie über die Plazenta von der Mutter mit Nährstoffen versorgt werden –, ist auch der Fortpflanzungsprozess nicht mehr so stark vom Zufall abhängig wie bei den Reptilien, die viele Eier legen und ausbrüten müssen, in der Hoffnung, dass einige Jungen überleben. Zudem beschleunigt das Säugen der Jungen deren rasche Entwicklung. Andererseits haben die warmblütigen Vögel das den Reptilien eigene Ausbrüten der Eier übernommen und so weiterentwickelt, dass ihre Fortpflanzung ähnlich erfolgreich wie die der Säugetiere ist. Von den etwa 5400 Arten von Säugetieren interessiert uns vor allem die systematische Reihe der Primaten (Herrentiere) und hier insbesondere die kleine Überfamilie der Menschenartigen (Hominoidea).

Primaten und ihre Hauptmerkmale

Zu den Primaten zählen Halbaffen und Affen, zu Letzteren die Hominoidea, zu denen heute neben Gibbons und Menschenaffen auch die Hominiden (Großen Menschenaffen) gehören. Insgesamt gibt es heute rund 230 Arten von Primaten, die mehrheitlich, aber nicht ausschließlich in tropischen Wäldern und Baumsavannen leben. Sie weisen eine große Vielfalt auf: vom 180 Kilogramm schweren Gorillamännchen bis zu den 100 Gramm leichten Koboldmakis, den zu den Halbaffen zählenden kleinen Lemuren und Galagos (Buschbabies). Gemeinsam sind den Primaten bestimmte Grundmerkmale, wie etwa nach vorn gerichtete Augen, die zum räumlichen Sehen befähigen, Nägel statt Krallen, fünf Finger bzw. Zehen, wobei Daumen bzw. die große Zehe abspreizbar (opponierbar) sind, eine ausgeprägte Ferse, ein relativ großes Gehirn und eine lange Kindheitsphase. Die meisten dieser Merkmale entstanden durch Anpassung ans Baumleben, eine Lebensweise, die sie von ihren kleinen, Insekten fressenden und baumbewohnenden Vorfahren erbten, welche vor rund 70 Millionen Jahren gelebt haben.

Zu den Menschenartigen (Hominoidea) zählen neben unseren fossilen Urahnen die heutigen Gibbons, Menschenaffen (Schimpansen, Gorillas, Orang-Utans) und der Mensch. Wie wir in Kapitel 3 sehen werden, entbrannte im 19. Jahrhundert eine heftige Debatte darüber, welche Affenart dem Menschen am nächsten stünde. Nach Haeckel waren es die Gibbons aus Südostasien; Darwin gab den afrikanischen Menschenaffen den Vorzug und hatte damit Recht. Doch welche Merkmale sind den Menschenartigen gemeinsam? Vielen fehlt ein äußerlich erkennbarer Schwanz, die Arme sind meist länger als die Beine infolge der Anpassung an das Leben auf Bäumen; insbesondere die Gibbons sind darauf spezialisiert, sich durch die Baumkronen zu schwingen. Erleichtert wird das Hangeln von Ast zu Ast auch durch die überaus beweglichen Hände und Finger. Die übrigen Menschenaffen aus Afrika (Schimpansen und Gorillas) und Südostasien (Orang-Utans) werden neben dem Menschen und dessen ausgestorbenen Vorfahren zu den Hominiden gestellt.

Eine ihrer Besonderheiten ist die Fähigkeit, auf zwei Beinen laufen zu können. Sie sind überwiegend Pflanzenfresser, ergänzen aber gelegentlich ihre Nahrung durch tierische Proteine. So verzehren sie Termiten und Ameisen, für deren Fang sie Werkzeuge benutzen, aber auch rohes Fleisch. Letzteres beschaffen sie sich, indem die Männchen in Gruppen kleinere Affen, Hirsche und Schweine erlegen. Damit soll nicht nur der Speiseplan ergänzt werden, die gemeinsame Jagd erfüllt auch eine soziale und sexuelle Funktion. Das Fleisch wird mit den anderen Angehörigen des Verbands geteilt und soll auch helfen, die Zuneigung der Weibchen zu gewinnen.

Über die Homininen lässt sich zusammenfassend sagen, dass sie alle Warmblüter sind, einen behaarten Körper haben, auf allen Vieren gehen, obwohl sie sich, wenn nötig, auf zwei Beinen aufrichten können und somit die Hände frei haben, um damit andere Aufgaben zu verrichten. Ursprünglich waren sie Pflanzenfresser, wobei Suche, Sammeln und Verzehr dieser energiearmen Nahrung sich überaus zeitaufwändig gestalteten.

Der Vergleich von Gesicht und Unterkiefer eines Schimpansen, eines Australopithecus und des Menschen zeigt, dass das Gesicht des Australopithecus dem des Schimpansen ähnlicher sieht als dem des Menschen. Hingegen besteht eine größere Ähnlichkeit hinsichtlich der Zahngröße und -form zwischen Mensch und Australopithecus, die darauf hinweist, dass Pflanzen nicht mehr die alleinige Nahrungsquelle bildeten und dass die Zähne in geringerem Maß als Waffen gebraucht wurden.

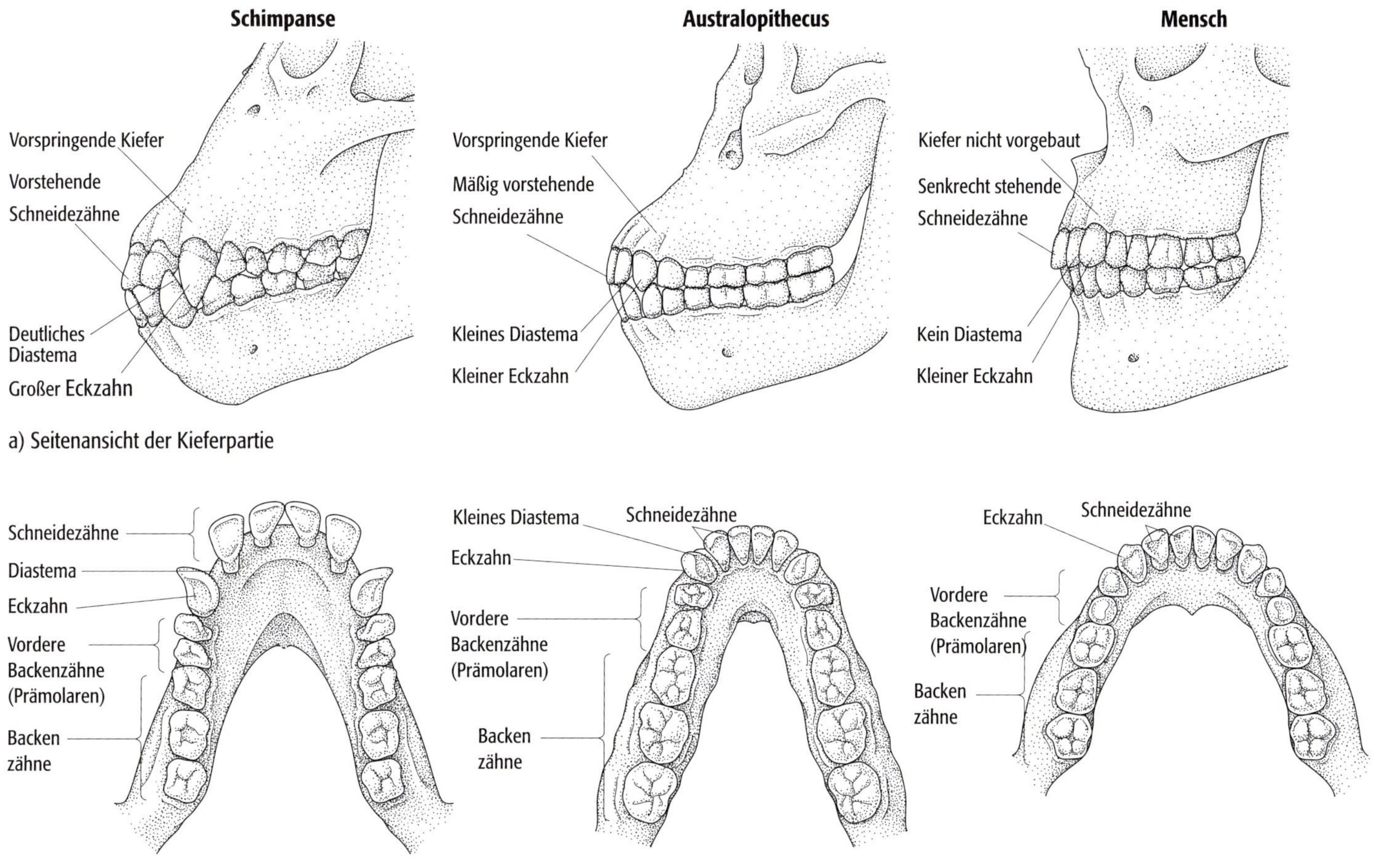

(b) Ansicht des Unterkiefers von unten

Damit pflanzliche Nahrung bestmöglich verwertet werden kann, muss sie vor allem gründlich gekaut werden; dann muss sie in einem großen Magen gespeichert werden, wo sie schließlich mithilfe der Darmflora verdaut und die nötige Energie freigesetzt wird. Als Ergebnis des voluminösen Magens wandelte sich auch der Brustkorb: Er weitete sich im unteren Teil und verengte sich zu den Schultern hin. Außerdem bestehen zwischen Männchen und Weibchen bedeutende Größen- und Gewichtsunterschiede (sexueller Dimorphismus), die am ausgeprägtesten bei den Gorillas (und den Orang-Utans) sind, bei denen die Männchen mitunter doppelt so viel wiegen wie die Weibchen. Außerdem setzen die Männchen die starken Eckzähne als Waffen ein, mit denen sie ihren Gegnern schwere Wunden zufügen können oder auf der Jagd ihre Beute erlegen.

Die Bedeutung von Sex

Schimpansen und Gorillas haben die primitive Fortpflanzungsweise beibehalten, wonach die Weibchen nur zu festen Zeiten brünstig sind, sodass die Männchen untereinander um die Dominanz und um die Gunst der Weibchen buhlen. Ganz anders ist die Situation beim Zwergschimpansen (*Pan paniscus*), auch als Bonobo bekannt, der trotz seines Namens nicht kleiner ist als sein Verwandter, der Schimpanse (*Pan troglodytes*).

Der Geruchssinn der Affen ist so gut ausgebildet, dass Männchen, die bei der Aufzucht der Nachkommen kaum eine Rolle spielen, die Jungen an ihrem Geruch erkennen. Hör- und Sehsinn sind ähnlich wie bei uns entwickelt.

Bei den Bonobos erfüllt der Sex weitgehend auch eine soziale Funktion. Alle Arten kennen Hierarchien und Gruppenbildungen, deren Zusammensetzung sich aber bei Schimpansen und Gorillas unterscheidet. Die Gruppen beider Arten stecken ihre Territorien ab und verteidigen deren Grenzen. Treffen benachbarte Gruppen aufeinander, kommt es zu lautem Geschrei und Drohgebärden; Kämpfe enden jedoch nie tödlich.

Der Fortpflanzungsprozess von Menschenaffen und Menschen verläuft sehr ähnlich. Beide bringen ein bis zwei lebende, aber zunächst völlig hilflose Jungen zur Welt, die recht lange gesäugt werden und etwa drei Jahre in der Obhut der Mutter bleiben. Das Stillen trägt dazu bei, dass beim Weibchen der Eisprung verhindert wird, sodass sie ein weiteres Junges erst zur Welt bringen, wenn das bereits geborene selbstständig ist. Dies gilt aber nicht für die Bonobos und die Menschen.

Jungaffen entwickeln sich schneller als Menschenkinder, sind schon von Geburt an sehr mobil und werden von Letzteren erst etwa ab dem vierten Lebensjahr überholt. Menschenaffen wachsen bis zum achten oder neunten Lebensjahr heran, wenn die Weibchen geschlechtsreif werden, doch vergehen weitere zwei bis drei Jahre, bis sie zum ersten Mal trächtig werden. Wenn sie heranwachsen, treten deutliche geschlechtsspezifische Unterschiede hervor. So entwickeln die Männchen kräftige Brauenwülste und beim Gorilla wächst am Hinterschädel ein hoher Knochenkamm als Ansatz für die kräftige Kaumuskulatur heran.

Seh-, Geruchs- und Hörsinn der Menschenaffen ähneln denen des Menschen. Sie haben ein gutes räumliches Sehvermögen und unterscheiden Farben, so dass sie reife Früchte erkennen können. Erheblich besser als beim Menschen ist ihr Geruchssinn entwickelt; Männchen erkennen ihre Jungen am Geruch, obwohl sie sich kaum oder gar nicht um sie kümmern. Die dominanten Männchen einer Gruppe neigen dazu, die Nachkommen ihrer Vorgänger zu töten, und greifen nicht selten in Konflikte ein, um die eigenen Jungen zu schützen. Das relativ große Gehirn entspricht ihren sozialen Leistungen. Tests haben ergeben, dass Menschenaffen über ein viel höheres kognitives und Lernpotenzial verfügen, als sie in der Wildnis zu brauchen scheinen. Dies könnte aber auch auf unserer mangelnden Kenntnis von den sozialen Beziehungen und Denkvorgängen der Menschenaffen basieren.

Interaktion und Kommunikation

Dank der energiereichen Früchte und jungen Blätter müssen Schimpansen für den Verzehr von Nahrung nicht so lange Zeit aufwenden wie die Gorillas. Auf dem Speiseplan stehen täglich etwa 20 verschiedene Pflanzen aus insgesamt rund 300 Arten. Den Großteil des Tages streunen sie in ihrem Territorium umher und halten Ausschau nach reifen Früchten, jungen Blättern und Trieben. Wenn sie fündig werden, verzehren sie diese sofort, ruhen sich dann ein bis zwei Stunden aus und begeben sich danach erneut auf Nahrungssuche. Innerhalb der hierarchisch geordneten Gruppe bestehen vielfältige soziale Beziehungen. Jeder Schimpanse baut sich für die Nachtruhe täglich ein neues Schlafnest in den Bäumen, vermutlich um sich vor Parasitenbefall und Raubtieren zu schützen.

Schimpansen verständigen sich durch vielerlei Gesten und Laute – sie erkennen etwa 13 verschiedene Rufe –,

Wie beim Menschen wird auch bei den Schimpansen die Entwicklung von der Nachahmung des elterlichen Verhaltens geprägt. Dies ermöglicht ihnen, sich komplexe Verhaltensmuster, wie etwa den Gebrauch von Werkzeugen, anzueignen.

besitzen aber keine »Sprache« und können auch keine Worte wiedergeben. Ursache dafür ist die Beschaffenheit ihrer Stimmbänder sowie die fehlende Koordination von Zunge und Atmung, die nötig ist, um komplexe Lautgebilde zu produzieren. Weitaus besser als ihr Sprechvermögen ist ihre Fähigkeit ausgebildet, die Bedeutung von Zeichen und Wörtern zu erlernen. Sie können sogar mehrere einfache Befehle in Zusammenhang bringen, wenn auch keine grammatischen Strukturen bilden. Ein in Gefangenschaft gehaltener Gorilla namens Koko soll rund 2000 gesprochene Wörter und 1000 Handzeichen der American Sign Language (ASL) erkannt haben. Aber selbst ein trainierter Schwertwal kann solche Handzeichen erlernen und den Unterschied zwischen einfachen syntaktischen Strukturen wie »fauchen und wegschwimmen!« oder »wegschwimmen und fauchen!« erkennen.

Schimpansen besitzen ein nach dem Menschen höchstentwickeltes Bewusstsein ihrer selbst. Sie können, wenn auch beschränkt, vorausschauend handeln, indem sie das wahrscheinliche Verhalten des Gegenübers in einer bestimmten Situation antizipieren. Die Debatte über die Entwicklungsstufe des Bewusstseins bei Menschenaffen und vor allem Schimpansen dauert an, denn die meisten bisherigen Tests fanden an Tieren statt, die in Gefangenschaft lebten, also schon einen erheblichen »Vermenschlichungsprozess« durchlaufen hatten.

Unser Wissen von den biologischen Prozessen und dem Verhalten der Menschenaffen nahm im letzten Jahrzehnt aufgrund intensiver Feldstudien in der Wildnis entscheidend zu, wir können hier diese Aspekte jedoch nur im Ansatz erwähnen. Ein Hauptproblem der Primatologen war bisher die Frage der tatsächlichen genetischen Verwandtschaft zwischen den Angehörigen der untersuchten Schimpansengruppen. So etwa hatte man angenommen, dass eine Gruppe heranwachsender Männchen eine Art »Bruderschaft« von blutsverwandten Halbbrüdern und leiblichen »Brüdern« sei. DNA-Analysen von Kotproben ergaben jedoch, dass die sozialen Beziehungen viel flexibler waren, da diesen Gruppen auch nicht miteinander verwandte junge Männchen, »Freunde« sozusagen, angehörten.

Welches ist das bestgeeignete Modell?

Die Frage ist: Welcher der heute lebenden Artverwandten eignet sich am besten als Modell für unsere

Schimpansen können voraussehen, wie sich ein Artgenosse in einer bestimmten Situation verhalten würde, und entsprechend agieren.

Der Vergleich zweier Arten von ausgestorbenen Hominiden zeigt, wie sich innerhalb weniger Millionen von Jahren entscheidende evolutionäre Veränderungen vollzogen. Der kleinwüchsige *Australopithecus afarensis* (»Lucy« und ihre Verwandten) steht trotz seines aufrechten Gangs den Affen viel ähnlicher. In Gegensatz dazu steht das Skelett des vergleichsweise schlanken, großen *Homo ergaster;* es ähnelt weitgehend dem des Jetztmenschen, aber sein Hirn hatte nur ein Drittel von dessen Größe.

Fehlende Fossilien

Die Tatsache, dass fossile Überreste afrikanischer Menschenaffen fast völlig fehlen, ist eines der Hauptprobleme in der Erforschung der Evolution dieser Säugetiere. Bis 2005 gab es nicht ein einziges derartiges Zeugnis. Dies änderte sich jedoch, als in einer 500 000 Jahre alten Sedimentschicht in den Tugen Hills im Kenianischen Tal des Ostafrikanischen Grabens drei Zähne gefunden wurden.
Die US-Anthropologinnen Sally McBrearty und Nina Jablonski beschrieben die Fundstücke und den Fundort, der 600 km östlich des jetzigen Verbreitungsgebietes der Schimpansen liegt. Diese siedeln heute in den Wäldern des zentralen und westlichen Äquatorialafrika. An derselben Stätte in den Tugen Hills fanden sich auch fossile Überreste unseres direkten Vorfahren Homo, der also ein Zeitgenosse dieser Vorläufer heutiger Schimpansen war.
Damals erstreckten sich hier dichte Wälder, ein See, Flüsse und aktive Vulkane. Die Tierwelt umfasste Fische, Schildkröten, Krokodile, Nagetiere, Flusspferde, Wildschweine sowie Elefanten und eine Spezies von Schlankaffen.
Die gefundenen drei Schimpansenzähne erweitern zwar nicht wesentlich unser Wissen von der Evolution der Schimpansen.
Dennoch ist der Fund bedeutsam, denn er weist darauf hin, dass in dieser Region weitere Überreste von Schimpansenfossilien vorhanden sein könnten.

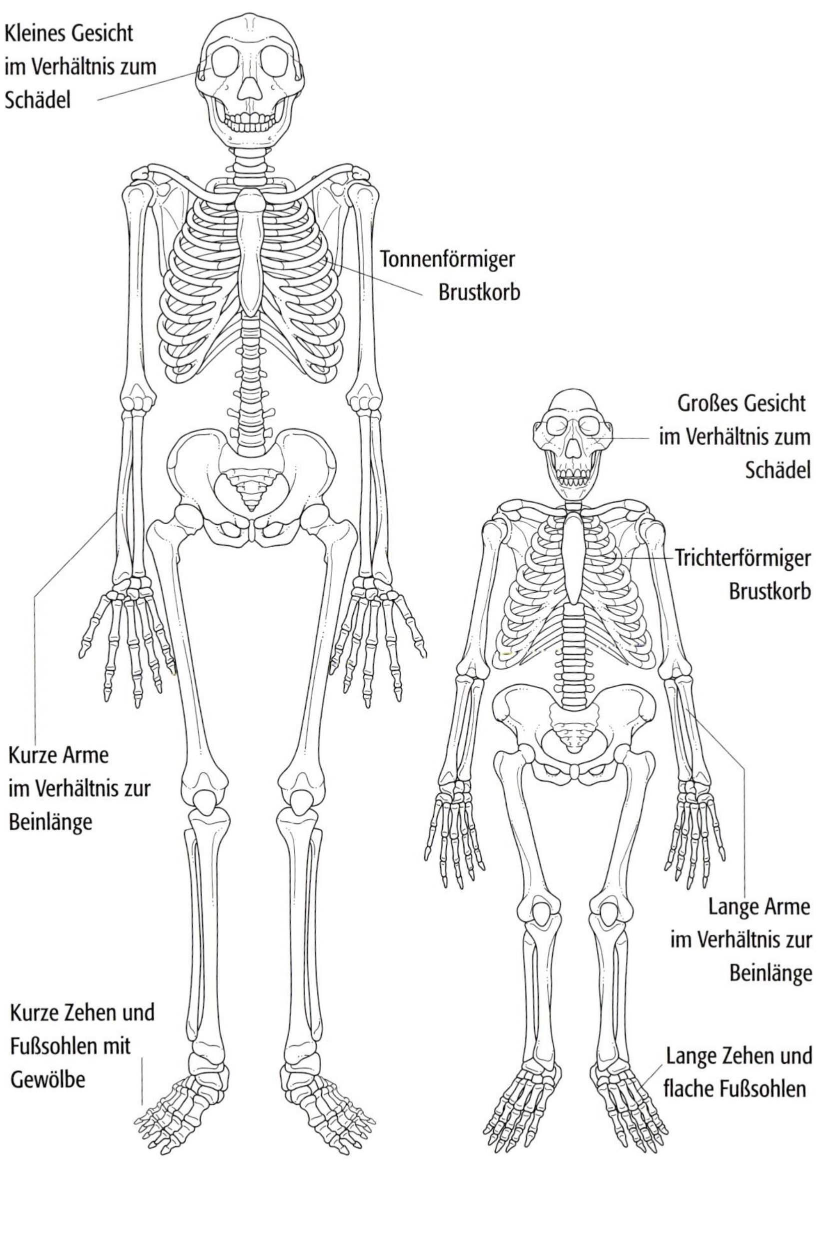

ausgestorbenen affenähnlichen Vorfahren? Genetisch steht der Mensch den Schimpansen zwar am nächsten – 98 Prozent seines genetischen Bauplans ist identisch mit dem der Schimpansen –, aber ausgehend von der molekularen Uhr, wonach ein zweiprozentiger Unterschied einer getrennten Entwicklung von sechs Millionen Jahren entspricht, müssen wir einen gemeinsamen Vorfahren gehabt haben.

Evolutionsmäßig ist dies eine lange Zeit für eine sich schnell verändernde Spezies wie wir. Zudem haben wir im Grunde fast keine Belege über die Entwicklung, die die Schimpansen oder Gorillas in den sechs Millionen Jahren seit der Abspaltung von unserem gemeinsamen Urahnen durchgemacht haben. Die Erklärung dafür: Fossilien von Tieren, die in Waldgebieten wohnen, bleiben in den Sedimenten kaum erhalten, weil der Waldboden biologisch gesehen extrem aktiv ist, denn wirbellose Lebewesen sowie Mikroorganismen zersetzen fast gänzlich das organische Material.

Wir wissen zwar nicht, wie stark sich Schimpansen oder Gorillas in dieser Zeitspanne verändert haben. Dennoch darf man annehmen, dass der Wandel nur gering war, da sie sich an ihren Lebensraum bestens angepasst hatten und dieser einst viel ausgedehnter war.

Einige Forscher sind sogar der Ansicht, dass die ans Waldleben bestens angepassten Schimpansen von einem aufrecht gehenden Vorfahren abstammen könnten. Die genetische Karte der Schimpansen, mit deren Erstellung jüngst begonnen wurde, wird sicher viele der noch offenen Fragen klären.

Anders verhält es sich mit dem Menschen: Dessen Evolution verlief sehr rasch und keineswegs linear, denn sein verzweigter Stammbaum weist auch heute ausgestorbene Seitenlinien auf. Daher ist Vorsicht geboten bei den Hypothesen zu unseren affenähnlichen Vorfahren und Verwandten. Bisherige Funde weisen auf einen zweibeinigen Urahnen hin, der vor mindestens fünf Millionen Jahren, wenn nicht schon früher, zum aufrechten Gang übergegangen war. Der endgültige Nachweis dafür steht allerdings noch aus.

Sicher ist, dass die frühesten Australopithecinen, als sie sich vor rund vier Millionen Jahren entwickelten, die Fähigkeit zum aufrechten Gang hatten – wenn auch nicht so wie der moderne Mensch, aber auch noch recht gut ans Baumleben und Klettern angepasst waren – wenn auch nicht in demselben Maß wie ihre affenähnlichen Vorfahren. Somit waren sie das Beispiel eines evolutionären Kompromisses. Natürlich überwogen die Vorteile des aufrechten Gangs den Nachteil, nicht mehr so gut klettern zu können, weil sie die vorderen Gliedmaßen, die Arme, nicht mehr zum Hangeln von Ast zu Ast brauchten, sondern für andere Aktivitäten einsetzen konnten.

Der Übergang zum aufrechten Gang brachte etliche anatomische Veränderungen mit sich. Wirbelsäule und hintere Gliedmaßen mussten fortan das ganze Körpergewicht tragen – eine Belastung, die beim Gehen durch das Auftreten auf der Ferse verstärkt wurde und sich über Beine, Becken, Wirbelsäule bis zur Basis des recht schweren Schädels übertrug. Um diese Belastung auszugleichen, musste die Wirbelsäule diesen Druck abfedern können. Möglich wurde dies durch die S-förmige Krümmung der Wirbelsäule und die zwischen den Wirbeln liegenden Bandscheiben, die aus einer äußeren Knorpelstruktur und einem inneren Gallertkern bestehen und als elastische Puffer wirken. Der Druck auf die Beine wurde gemindert durch Veränderungen an Fußknochen, Ferse, Knie und Gewölbe der Fußsohle. Änderungen gab es auch an den Oberschenkelknochen: Sie wurden länger und waren über große Gelenkköpfe mit dem Becken verbunden, während sich ihr unteres Ende durch die Schrägstellung des Knochenschaftes unmittelbar unter dem Körper befand, was zu einem gleichmäßigen Gang ohne seitliches Kippen führte. Schimpansen und Menschenbabys haben einen »watschelnden« Gang, weil ihre Beine noch stark auseinander liegen und der Körper bei jedem Schritt schwankt, um im Gleichgewicht zu bleiben.

Vor- und Nachteile des aufrechten Gangs

Die Änderungen am Becken wirkten sich auch auf die Fortpflanzung unserer Vorfahren aus, denn die Entbindung wurde schwieriger und für Mutter und Kind auch gefährlicher. Der aufrechte Gang erlaubte es der Mutter, das Baby zu tragen und zu stillen, während sie anderen Arbeiten wie etwa der Nahrungssuche nachging. Da durch den aufrechten Gang die äußeren weiblichen Genitalien nicht mehr sichtbar waren, konnte deren Anschwellen und Färbung den Männchen nicht mehr die Paarungsbereitschaft des Weibchen signalisieren, wie dies der Fall bei den Menschenaffen ist. Vermutlich deshalb erlangten ein sexualspezifisches Verhalten und die nonverbale Kommunikation eine besondere Bedeutung.

Die Zweibeinigkeit bewirkte auch, dass der Schädel viel intensiver der tropischen Sonne ausgesetzt war als bei den in Bäumen lebenden Affen. Das Gehirn ist ein überaus empfindliches Organ, das leicht überhitzt und so dauerhaften oder gar tödlichen Schaden nehmen kann. Deshalb ist die Herausbildung einer dichten Kopfbehaarung ein wirkungsvoller Schutz vor der Sonneneinstrahlung. Andererseits erweist sich die für die Affen typische Körperbehaarung bei den Zweibeinern als eher nachteilig.

Durch Schwitzen wird der Körper effizient abgekühlt, wobei sich der Wasserverlust durch Trinken leicht ersetzen lässt. Schwieriger ist jedoch die Versorgung mit Flüssigkeit in halbtrockenen oder tropischen Regionen. Die Alternative dafür: der Rückgang der Körperbehaarung und der Schutz der Haut durch eine verstärkte natürliche Pigmentierung mithilfe von Pigmentzellen, die sich in der Haut befinden.

Die Hautfarbe – ein evolutionärer Kompromiss

Die Hautfarbe stand hinter vielen rassistischen Theorien und führt immer noch vielerorts zu Diskriminierungen aller Art. Die Beschreibung der diversen Hautfarben der Erdbewohner durch meist weiße europäische Forscher hat ihren Ursprung in der Antike. Der Rückgriff auf die Hautfarbe oder andere »rassische« oder ethnische Merkmale war unlösbar verbunden mit der Notwendigkeit, bestimmte ethnische

Albinismus in einer ansonsten dunkelhäutigen Population wurde fälschlicherweise als Indiz dafür betrachtet, dass helle Haut natürlich war, während die dunkle Haut als degenerierte Form galt.

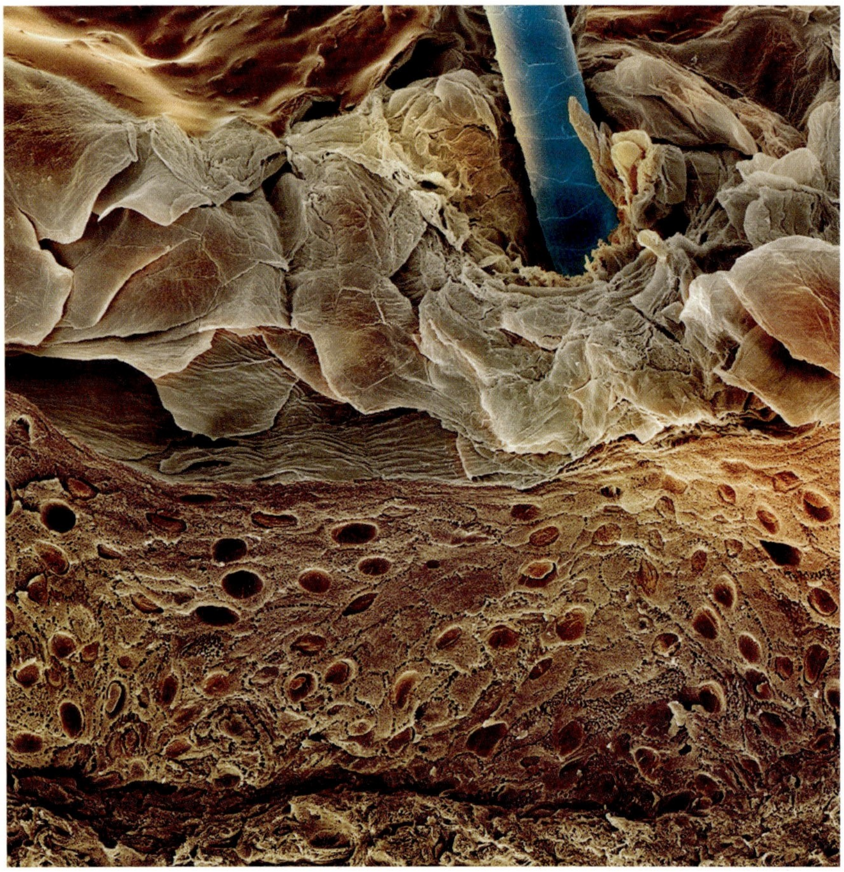

Die menschliche Haut enthält Melanozyten (hier dunkelbraun gefärbt) genannte Zellen, die das Hautpigment Melanin erzeugen. Es bewirkt die Färbung der Haut, wenn diese den Sonnenstrahlen ausgesetzt ist, und dient als Lichtschutz vor der gefährlichen UV-Strahlung, die Hautkrebs erzeugen kann.

Gemeinschaften als minderwertig zu betrachten, um so deren Versklavung rechtfertigen zu können. Mitunter wurde die Forschung dazu missbraucht, dieses unsägliche Geschäft »wissenschaftlich« zu untermauern.

Als Fälle von Albinismus, dem genetisch bedingten Fehlen des Farbstoffs (Pigments) Melanin in Augen, Haaren und Haut, in einer ansonsten dunkelhäutigen Bevölkerung entdeckt wurden, führte man diese fälschlicherweise als Beweis dafür an, dass Weiß die natürliche Hautfarbe sei und die dunkle Hautfarbe auf eine gewisse Entartung hinweise.

Hautfarbe, Klima und Sonne

Es ist allbekannt, dass die Sonnenstrahlen wohltuend sein können, aber auch Risiken bergen. Licht ist Voraussetzung für die Synthese von Vitamin D, das für das Knochenwachstum unerlässlich ist; andererseits zerstören die Sonnenstrahlen die im Körper vorhandene Folsäure aus dem Vitamin-B-Komplex, was zu Anämie führen kann. Durch Langzeiteinwirkung der UV-Strahlen wächst auch das Hautkrebsrisiko.

Gefährlich ist nicht das Sonnenlicht an sich, sondern die UV-Strahlung und ihre Intensität. Die von ihr ausgehende Gefahr wird durch eine Reihe von Faktoren beeinflusst.

Die Aktivierung der Hautpigmente ist ein Potenzial, das uns allen gegeben ist. Sie schützt die Haut vor Schädigungen durch die Sonnenstrahlen, kann aber auch nachteilig sein. So etwa besteht bei dunkelhäutigen Personen in Skandinavien und vor allem bei jenen, die seit ihrer Kindheit dort leben, ein erhöhtes Risiko auf einen Mangel an Vitamin D. Dieser lässt sich nur durch die Einnahme von Vitamintabletten vermeiden. Umgekehrt sind hellhäutige Personen in tropischen Regionen besonders gefährdet, an Hautkrebs zu erkranken, oder weisen einen Mangel an Folsäure auf.

Zunächst glaubte man, dass zwischen der Hautfarbe und den Breitengraden, in denen man lebt, eine direkte Beziehung herrsche. In der Tat gibt es eine Verbindung; sie ist aber sehr lose und kennt zahlreiche Ausnahmen. Die Schwierigkeit besteht darin, dass nicht das Sonnenlicht an sich das Problem ist. Schädigend sind vielmehr die UV-Strahlen. Deren Intensität und Verteilung hängt außer von der geographischen Breite von weiteren Faktoren ab, darunter von Meereshöhe, Wolkenhimmel und Feuchtigkeit. Der Zusammenhang zwischen UV-Strahlen und Hautfarbe bestätigte sich in etwa 70 Prozent der Fälle von untersuchten ethnischen Gruppen, und für einige auffallende Ausnahmen finden sich plausible Erklärungen.

Zum Beispiel finden sich fünf der zwölf verblüffendsten Ausnahmen, bei denen die Hautfarbe im Verhältnis zur geographischen Lage ungewöhnlich dunkel ist, bei südafrikanischen Bantuvölkern, von denen bekannt ist, dass sie im Lauf der letzten Tausenden von Jahren aus Äquatorialafrika südwärts gewandert sind. Ein anderer Fall sind die Inuits aus Grönland. Dafür, dass sie so hoch im Norden leben, ist ihre Hautfarbe ungewöhnlich dunkel. Und trotz des Mangels an Licht fanden sie einen Weg, sich mit Vitamin D zu versorgen: Es war in ihrer eiweißreichen Nahrung tierischer Herkunft enthalten. Seitdem die Inuit ihre herkömmliche Lebensweise weitgehend aufgegeben und westliche Ernährungsgewohnheiten angenommen haben, leiden heute viele Inuitkinder an einem ernsthaften Vitamin-D-Mangel.

Von den neun nennenswerten Fällen von besonders heller Haut sind drei bei Völkern aus Südostasien (Kambodscha, Vietnam und die Philippinen) zu finden, die in den letzten Jahrtausenden aus nördlichen Breiten hin zu Äquatorialregionen gewandert sind und eigentlich dunklere Haut haben müssten.

Aufgrund von solchen Ausnahmen wurde behauptet, dass die Neandertaler, die etwa 300 000 Jahre lang

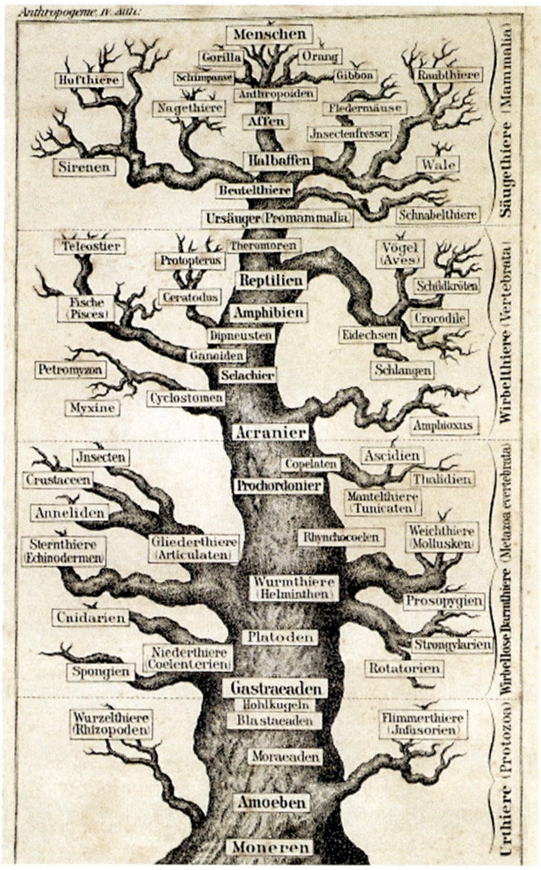

Der deutsche Zoologe Ernst Haeckel (1834–1919), ein namhafter Vertreter der Evolutionstheorie, stellte die Entwicklung der Lebewesen und ihre Klassifizierung allgemein verständlich als Stammbaum dar. Basis waren die Einzeller, während der Mensch sich an der Spitze befand.

den eurasischen Raum besiedelt hatten, hellhäutig gewesen sein müssen, während die nachfolgenden Populationen, die aus Afrika eingewandert waren, wohl dunkelhäutig waren. Die afrikanischen Vorfahren aller modernen Menschen besaßen sicher eine dunkle Hautfarbe, man weiß aber nicht, wie lange es dauerte, bis die starke Pigmentierung zurückging.

Ein weiteres – tragisches – Beispiel sind die Ureinwohner Tasmaniens, die von den europäischen Siedlern und durch Krankheiten ausgelöscht wurden. Obwohl die Ureinwohner die Insel seit über 10 000 Jahren besiedelt hatten, blieb ihre Haut unverändert stark pigmentiert. Und dies, obwohl Tasmanien am 42. südlichen Breitengrad liegt, also auf gleicher Höhe wie Nordpatagonien in Südamerika oder Barcelona und New York auf der Nordhalbkugel.

Auch die sexuelle Selektion erschwert die Klärung. Bei den meisten Völkern haben die Frauen eine hellere Hautfarbe als die Männer, was sich bei den Babys günstig auf das Knochenwachstum auswirken kann. Aber dieses »Fitness-Merkmal« bei den Müttern dürfte auch bei der männlichen Bevölkerung zunehmend erstrebenswerter geworden sein. So wie das Federkleid Rückschlüsse auf die Gesundheit der Vögel erlaubt, so gilt bei den Menschen die Haut allgemein als Fitness-Indikator. Darüber hinaus haben Männer traditionell ihren Körper aus Gründen sexueller Attraktivität bemalt – vergleichbar dem farbenprächtigeren Gefieder bei Vogelmännchen, mit dem diese die Weibchen zur Paarungszeit anlocken. Erst in den letzten etwa 200 Jahren ging dieser Brauch bei Männer in gewissem Grad zurück, es sei denn, sie wollen damit eine bestimmte Zugehörigkeit demonstrieren.

Interessanterweise haben Gorillas und Schimpansen unter ihrem dunklen Haarkleid helle Haut, während auf dem unbehaarten Gesicht die Haut dunkel ist; die Jungen haben bei der Geburt allerdings noch rosa Haut, die mit der Zeit nachdunkelt. Im Gegensatz dazu ist die Haut der im Wald lebenden Orang-Utan relativ hell und das Haarkleid rot.

Wachstum und Funktion des Gehirns setzen eine hohe Energiemenge voraus; das findet seinen Ausdruck auch in dem Ausspruch »Mir raucht der Kopf«.

Erben zweibeinige Affenmenschen die Erde?

Im späten Pliozän, vor 1,8 Millionen Jahren, lebten in Zentralafrika mindestens drei verschiedene aufrecht gehende, kleinwüchsige, Pflanzen essende Populationen affenähnlicher Vorfahren des Menschen. Sie hatten einen kleinen Schädel, waren weder sehr zahlreich oder kräftig, noch konnten sie sich rasch fortbewegen und besaßen auch keine effizienten natürliche »Waffen« wie scharfe Zähne.

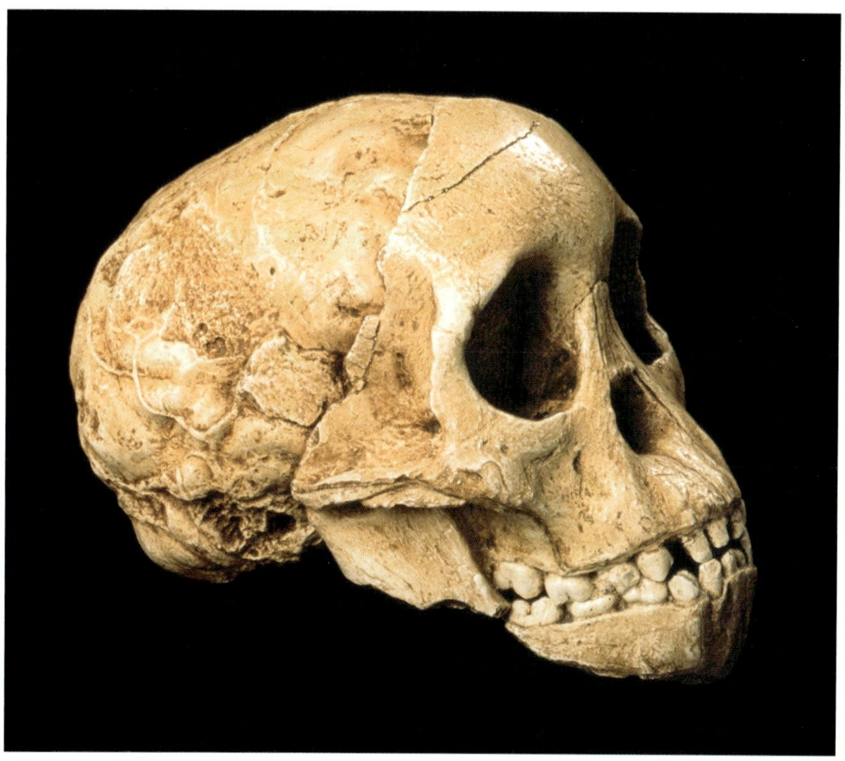

Fossilien kleiner affenähnlicher Hominiden, wie etwa Raymond Darts berühmter Schädel des Kindes von Taung, zeigen gut erhaltene Zähne und Einkerbungen und Krallenspuren, die darauf hinweisen, dass unsere Vorfahren oft Raubtieren zum Opfer fielen.

Es ist daher gut möglich, dass sie für Großkatzen, Hyänen und große Raubvögel eine leichte Beute waren. So etwa weist das Kind von Taung, ein Australopithecus africanus (vgl. S. 137), auf dem Schädel tiefe Einkerbungen auf, die darauf hindeuten, dass es einem Adler zum Opfer fiel. Große Raubvögel pflegen ihre Beute mit den Krallen zu töten und den Kadaver dann in ihren Horst zu verschleppen. Andere Schädelfunde weisen Löcherpaare auf, die genau zu den messerscharfen Zähnen von Raubkatzen passen. Aus diesen verwundbaren kleinen affenähnlichen Wesen sollte sich eine höchst erfolgreiche Gattung mit einer Reihe von Arten entwickeln – aber wie kam es dazu und warum?

Eine der frühesten Erklärungen lieferte Dr. Raymond Dart; seiner Ansicht nach waren unsere Urahnen deshalb so erfolgreich, weil sie sich als aggressive »Killer-Affen« verhielten. Diese Vorstellung fand schnell zahlreiche Anhänger; als man aber erkannte, dass der Australopithecus (auch »Frühmensch« genannt) ein Pflanzenesser war, verabschiedete man sich rasch von dieser Hypothese. Wir wissen aber, dass fast von Beginn an die Angehörigen der Gattung Homo sich durch anatomische und Verhaltensmerkmale von den älteren Australopithecinen unterschieden. Schon vor 2,6 Millionen Jahren wies der früheste Vertreter der Gattung *Homo* einen größeren Körperbau und ein größeres Schädelvolumen auf – aber wie kam es dazu und warum?

Zunächst dürfen wir nicht vergessen, dass die Entwicklung und das Funktionieren des Gehirns extrem energieintensive Prozesse sind. Ein größeres Gehirn und eine entsprechend größere Schädelhöhle erschweren bereits die Geburt, zumal der Kopf eines Neugeborenen schwer ist und das Baby keine Kontrolle darüber hat. Wenn solche Veränderungen bei einem Vorläufer des Menschen auftraten, der noch ein Pflanzenesser war, kam das Problem eines kräftigen Kiefers und der Muskulatur hinzu, die dessen Funktionieren gewährleisten musste.

Überhaupt musste sich die Muskulatur erheblich verändern, um eine Vergrößerung des Schädels zu ermöglichen. Auch die Schläfenmuskeln, die wesentlich am Kauprozess beteiligt sind, müssen sich verändert haben. Außerdem muss unser Vorfahr die meiste Zeit mit der Suche und dem Verzehr von Nahrung verbracht haben, um Körper und Gehirn mit Energie zu versorgen. Ein derartiges Szenario eines Pflanzenessers mit einem großen Hirn ist in dieser Phase der menschlichen Evolution unwahrscheinlich. Der aufrechte Gang der Australopithecinen führte dazu, dass sie allmählich die Fähigkeit zu klettern verloren, und es dürfte ihnen nicht leicht gefallen sein, sich nur von Früchten, Trieben und dem Mark von Bäumen zu ernähren. Was lieferte dann die Energie für die Entwicklung eines größeren Gehirns?

Bekannt ist, dass sich bei einigen Arten wie *Australopithecus afarensis* die Größe der Zähne und des Kiefers verringerte, noch bevor das Gehirn so stark zunahm. Auch ist bekannt, dass die ältesten Werkzeuge vor 2,6 Millionen Jahren entstanden, obwohl nicht gesichert ist, welchem unserer Urahnen wir deren Erfindung verdanken. Zwar erfordert das Sammeln essbarer Wurzeln und Knollen keine Kletterkünste, deren Fasern aber sind zäh und benötigen langes Kauen und kräftige Kiefer.

Weitaus energiereicher sind Proteine tierischer Herkunft, die sich unsere Vorfahren vor allem auf zwei Wegen beschaffen konnten: durch Aufnahme von Aas und durch Jagen. Viele Raubtiere scheuen nicht davor zurück, gelegentlich Aas oder die Reste eines Opfers zu verspeisen, das sie einem kleineren Raubtier gestohlen haben. Zu den Aasfressen gehören auch Geier und Hyänen, obwohl letztere durchaus in der Lage sind, selbst zu jagen, wenn ihnen nichts anderes übrig bleibt.

Wir wissen, dass spätere, höher entwickelte Artverwandten, wie der *Homo erectus,* sehr geschickte Jäger waren, aber vermutlich geht die Jagd auf das Aufspüren von Aas zurück. Hyänen können oft dank ihrer zahlenmäßigen Überlegenheit größere Raubtiere wie Löwen von ihrer Beute vertreiben; dann zerkleinern sie mit ihren kräftigen Kiefern die Beute, tragen die Teile fort und verstecken sie an einem sichereren Ort, um sie dort zu verzehren. Nicht immer lassen sich die Löwen aber unterkriegen; wenn sie zu mehreren sind, können sie ihrerseits den Hyänen die Beute streitig machen. Wie wir sehen, gehört eine kräftige Kaumuskulatur nicht zu den Merkmalen unserer frühen Vorfahren; doch Steinwerkzeuge sind ein ebenso effizientes Mittel, um Kadaver zu zerlegen oder Röhrenknochen zu zertrümmen, um an das nahrhafte Mark zu gelangen.

Out of Africa! Die Menschen, die Afrika ursprünglich bewohnten, brachen zu einer globalen Wanderung auf. Sie waren die ersten großen Abenteurer.

Stark in großer Zahl

Unserem Modell zufolge ist es durchaus möglich, dass selbst Australopithecinen in Gruppen aktiv waren, um anderen Raubtieren die Beute streitig zu machen, indem sie diese durch ihre zahlenmäßige Überlegenheit oder mithilfe von Steinen und Waffen vertrieben, dann damit die Kadaver zerkleinerten, Teile davon wegschafften und an einem Ort versteckten, wo sie sie später ungestört verzehren konnten. Die proteinreiche Nahrung tierischer Herkunft unterstützte die Gehirnzunahme, eine Entwicklung, die die Voraussetzung für komplexere kognitive Fähigkeiten schuf. Die Notwendigkeit, gemeinsam zu handeln, förderte auch gewisse soziale Kontakte untereinander, die sich günstig auf die gesamte Aktivität der Nahrungssuche auswirkten.

Sie waren als Individuen zwar kleinwüchsig und relativ schwach, ein Wandel trat aber ein, als sich die Frühmenschen zu Gruppen sozialisierter Aassammler zusammenrotteten und zielgerichteter agierten. Als Gruppe waren sie stark und durch das gemeinsame Handeln erreichten sie mehr als ein Einzelner.

Vor etwa 1,5 Millionen Jahren, als der afrikanische *Homo erectus/ergaster* aufkam, führte die zunehmend fleischhaltige Ernährung dazu, dass der für Pflanzenfresser typische voluminöse Magen und der große Bauchraum nicht mehr nötig waren. Notwendig wurde ein größeres Lungenvolumen, was zu einer Veränderung auch des Brustkorbs führte. Bei den affenähnlichen Pflanzenfressern war er noch grob trichterförmig, während er bei den Jetztmenschen eher tonnenförmig war, mit der Folge, dass sich allmählich zwischen Brustkorb und Becken eine Taille herausbildete.

Die Beine wurden länger, die Arme dagegen kürzer, wobei der Körper insgesamt schlanker und gestreckter wurde. Die größere Körperfläche trug dazu bei, dass die Körpertemperatur unter den Bedingungen des Äquatorialklimas besser reguliert werden konnte. Umgekehrt wurde das Gesicht im Verhältnis zum gewölbten Schädel (ca. 850 ccm) kleiner, erhalten blieben die knochigen Brauenwülste und der robuste Unterkiefer, obwohl die Backenzähne kleiner waren. So waren die ersten Menschen, die sich in und jenseits von Afrika ausbreiteten – die ersten großen Abenteurer der Menschheit.

Abenteurer, Vertriebene oder Wirtschaftsflüchtlinge?

Die Ausbreitung spielt eine Schlüsselrolle im Überleben aller Arten – von den Viren über die Lachse bis zu den Menschen. Manche Organismen und ihre Fortpflanzungszellen wandern höchstens ein bis zwei Meter, aber für die meisten Arten bilden Nachkommen, die ihr »Heim« nicht verlassen, ein Problem, zumal wenn ihre örtlichen Ressourcen nur begrenzt sind.

Es gibt eine Vielzahl von Strategien, um sich auszubreiten. Selbst bei den Primaten hängt der Weggang der Jungen aus der Gruppe, innerhalb der sie geboren wurden, von den sozialen Strukturen der Gemeinschaft ab, von der Umwelt, dem Territorium, das sie bewohnen, und von ihrer Lebensweise. Während die Schimpansen als Modell für unsere frühesten menschenähnlichen Verwandten gelten könnten, sind sie im Hinblick auf die frühen

Im frühen Miozän, vor rund 17 Millionen Jahren, war Afrika noch weitgehend bewaldet. Mit der verstärkt einsetzenden Trockenheit gingen die Waldflächen zurück und es entstanden ausgedehnte Grassavannen. Frühe Primaten, wie etwa der *Proconsul* waren menschenartige Baumbewohner. Bäume lieferten ihnen die Nahrung, boten ihnen aber auch Schutz vor räuberischen Fleischfressern wie dem *Machairodus.* Diese heute ausgestorbene Großkatze jagte auch andere Säuger, darunter Schweine und Nashörner.

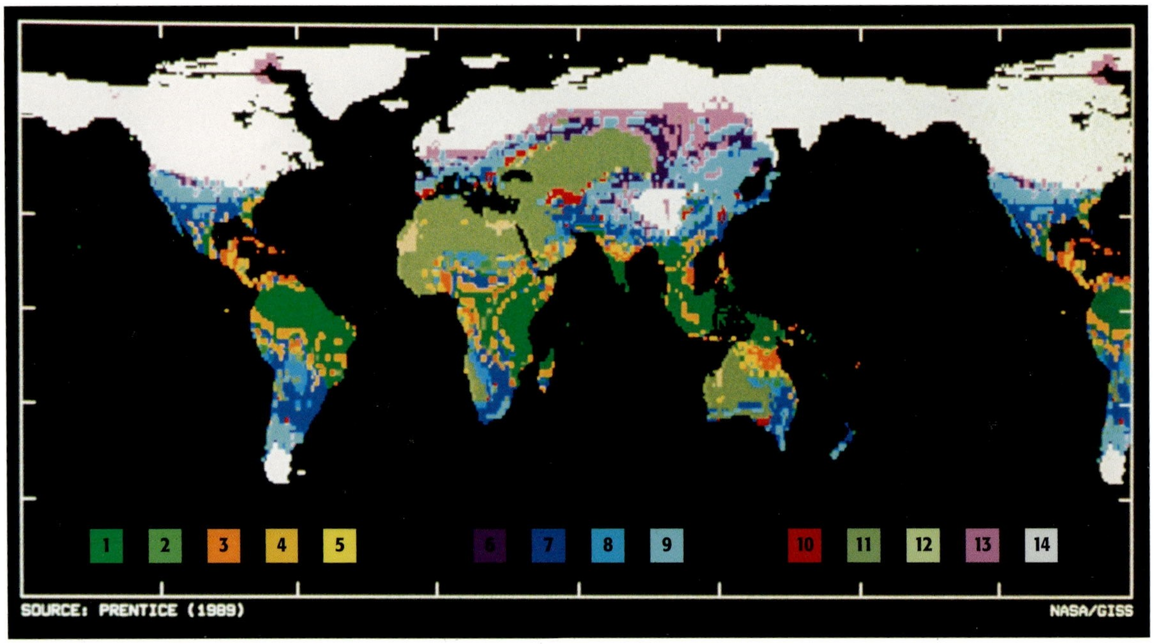

Verteilung der Vegetation vor 18 000 Jahren

1 TROPISCHE REGENWÄLDER
2 SOMMERGRÜNE LAUBWÄLDER UND JAHRESZEITLICH BEDINGTE TROCKENWÄLDER
3 TROCKENWÄLDER
4 GEMÄSSIGTE IMMERGRÜNE UND LAUBWÄLDER
5 SAVANNEN

6 BOREALE LAUB- UND NADELWÄLDER UND WALDUNGEN
7 BOREALE LAUBWÄLDER
8 MEDITERRANE WÄLDER
9 IMMERGRÜNE NADELWÄLDER UND WALDUNGEN

10 GRASLAND
11 STEPPEN UND DORNSTRAUCHSAVANNEN
12 WÜSTE
13 TUNDRA
14 POLARWÜSTE UND EIS

Zur Rekonstruktion vergangener Klimaverhältnisse und der eingetretenen Veränderungen muss eine Reihe von Faktoren herangezogen werden. Dazu zählen direkte Spuren von Vergletscherung und ähnlichen Vorgängen, die dokumentiert sind in Sedimenten und Landschaftsformen, außerdem Fossilienfunde von Tieren und Pflanzen, die Klimaschwankungen überlebt haben. In Kombination mit anderen Temperaturindikatoren und mathematischen Klimamodellen ist es möglich, das Klima und die Vegetationsformen bestimmter Zeiträume der Vergangenheit zu bestimmen.

Vertreter der Gattung *Homo*, die in Zentralafrika im frühen Pleistozän vor etwa zwei Millionen Jahren gelebt haben, weniger relevant.

Der erste Wettlauf

Aus biologischer und sozialer Sicht hatten sich die afrikanischen *Homo erectus/ergaster*-Populationen von ihren affenähnlichen Vorfahren stark entfernt und auch das Klima begann sich deutlich zu verändern. Die Anfänge eines globalen Klimawandels reichen bis ins frühe Miozän zurück.

Geologische Prozesse wie die Faltung des Himalaya, die in Südostasien zur Entstehung des Monsuns führte, wirkten sich auch auf Zentralafrika aus, wo die Dürre stetig zunahm. Im späten Miozän, vor rund sieben Millionen Jahren, gingen im Zuge der globalen Abkühlung und immer längerer Trockenzeiten die tropischen Wälder zum Teil zurück, während sich in Amerika, Asien und Afrika Grassavannen bildeten, die von Pflanzen fressenden Säugern besiedelt waren. Mit Beginn des Pleistozäns vor etwa zwei Millionen Jahren führten die Kaltzeiten zum Vordringen eines mächtigen Eispanzers bis weit jenseits der Polarregionen. In Zentralafrika hatte die Zunahme der Grassavannen eine größere landschaftliche Vielfalt zur Folge. Begleitet wurde sie durch die Verbreitung neuer Arten von Pflanzenfressern wie Büffel, Rind, Antilope, zebraähnliche Pferdevorfahren und Nashorn.

Zwischen diesen umherziehenden Pflanzenfressern und ihren Feinden wie Großkatzen und Hyänen fand ein ständiger Überlebenskampf statt. Erstere hatten sich erfolgreich angepasst, indem sie in großen Rudeln und Herden weideten und sich über lange Strecken fortbewegen konnten. Diese Strategie hatte zwei Nachteile: Magenvolumen und Körpergewicht mussten möglichst gering gehalten werden, um schnell flüchten zu können, und der Fortbestand war stark gefährdet, es sei denn, die Nachkommen konnten schon wenige Augenblicke nach der Geburt auf eigenen Beinen stehen und sich fortbewegen.

Große Herden hatten zudem den Nachteil, dass die für sie lebensnotwendigen Grasflächen oft rasch überweidet waren, wenn sich die Tiere längere Zeit am selben Ort aufhielten. Hinzu kommt, dass jahreszeitlich bedingt viele Weiden nicht immer ausreichend Nahrung boten und die Wanderung zu neuen Weideflächen überlebenswichtig war. In dem Maß, in dem diese »mobilen Nahrungsquellen« weiterzogen, wanderten auch ihre Feinde, die Fleisch fressenden Raubtiere, mit.

Vermutlich ging der *Homo erectus/ergaster* damals schon der Jagd nach und sammelte Aas, und vermutlich erwies er sich als am anpassungsfähigsten. Angesichts der unterschiedlichen geschlechtsspezifischen Körpergröße und Kraft dürfte unser Urahn in hierarchisch geprägten Gruppen von etwa höchstens 20 männlichen Individuen gejagt haben.

Was den *Homo erectus/ergaster* aber letztlich bewog, die große Wanderung anzutreten, bleibt ungeklärt. Vielleicht waren es der Klimawandel und eine starke

Bevölkerungszunahme, die zu einer Verknappung der Nahrungsreserven geführt haben. Nachdem unsere Vorfahren aber nicht wissen konnten, was sie dabei erwartete, ist es höchst unwahrscheinlich, dass sie bloße Neugierde oder »Abenteurertum« trieb – eher dürfte es die blanke Not gewesen sein. Dabei scheinen sie über eine wichtige neue Errungenschaft verfügt zu haben – nämlich Feuer zu machen.

Der Nutzen des Feuers

Die Fertigkeit, Feuer zu erzeugen, war eine Errungenschaft von besonderer Tragweite. In den kalten Nächten sorgte das Feuer für Wärme, es hielt wilde Tiere fern und machte die Zubereitung von Fleisch möglich. Letzteres half, die Proteine schneller verdaulich zu machen, sodass der Körper rascher mit Energie versorgt wurde. Gleichzeitig wurden im Fleisch enthaltene potenziell schädliche Bakterien und Parasiten abgetötet.

Eindeutige Belege für die früheste Nutzung des Feuers sind spärlich, Funde in der Swartkrans-Höhle (Südafrika) und am Turkanasee in Kenia brachten neben Überresten des *Homo erectus/ergaster* auch etwa 1,6 Millionen Jahre alte Spuren von Feuerbenutzung zutage. Heftige Kontroversen lösten die Funde aus der Zhoukoudian-Höhle bei Peking aus, in der Spuren von Feuerstellen mit den *Homo-erectus*-Überresten in Bezug gebracht und auf ein Alter von 500 000 Jahren geschätzt wurden.

Verlässlichere Belege für den frühen Gebrauch von Feuer bieten jüngste Funde aus Israel, deren Alter auf 790 000 Jahre geschätzt wird. Diese Daten untermauern die These, dass der Gebrauch des Feuers ein wichtiges »Werkzeug« unserer frühen Vorfahren war, die Afrika verlassen haben.

Archäologische Funde legen nahe, dass *Homo-erectus/ergaster*-ähnliche Individuen bereits vor etwa 1,8 Millionen Jahren das tropische Afrika verlassen haben und nördlich bis zum 40. Breitengrad nach Georgien vordrangen. Mit ihnen anatomisch verwandte Populationen zogen weiter ostwärts bis Indien und Südostasien.

Ausgerüstet mit einfachsten Steinwerkzeugen wie Hacksteinen, scharfkantigen Abschlägen und Faustkeilen und im Besitz der Fertigkeit, Feuer zu machen, begannen sie ihre großen Wanderungen und besiedelten unterschiedlichste Landschaftsformen. Möglicherweise folgten sie zunächst dem Küstenverlauf, wir wissen aber nicht, auf welchen Routen. Fest steht, dass sie beim Übersetzen auf die indonesische Inselwelt über gewisse seefahrerische Kenntnisse verfügt haben müssen. Denn selbst bei niedrigerem Wasserstand ist das Meer zwischen einigen Inseln so tief, dass es nur mittels irgendeiner schwimmfähigen Vorrichtung überquert werden kann.

Funde von frühen Steinwerkzeugen belegen, dass deren Herstellungstechnologie fast eine Million Jahre, bis ins späte Pleistozän vor rund 100 000 Jahren, unverändert blieb. Die Besiedlung Asiens durch den Homo erectus ist geographisch, aber auch zeitlich eine eindrucksvolle Erfolgsgeschichte: In Indonesien überlebte er noch bis vor rund 100 000 Jahren. Außerdem wurden dort jüngst auf der Insel Flores die Fossilien eines weiteren Urahns entdeckt. *Homo florensis*, wie Forscher den kleinwüchsigen Nachfahren des *Homo erectus* nannten, überlebte hier noch bis vor etwa 18 000 Jahren, also lange, nachdem der Neandertaler (vor etwa 28 000 Jahren) in Europa ausgestorben war und nachdem die ersten modernen Menschen über Südostasien (vor 50 000 Jahren) Australien erreicht hatten. Der Kleinwuchs von Säugetierpopulationen, die auf Inseln verschlagen wurden, ist kein seltenes Phänomen im späten Pleistozän, als das für die Eiszeiten typische Großwild, wie etwa die Mammute, allmählich ausstarb.

Bewaffnet mit einfachem Steinwerkzeug und fähig, Feuer zu machen, konnten sie sich über viele verschiedene Landschaften verbreiten.

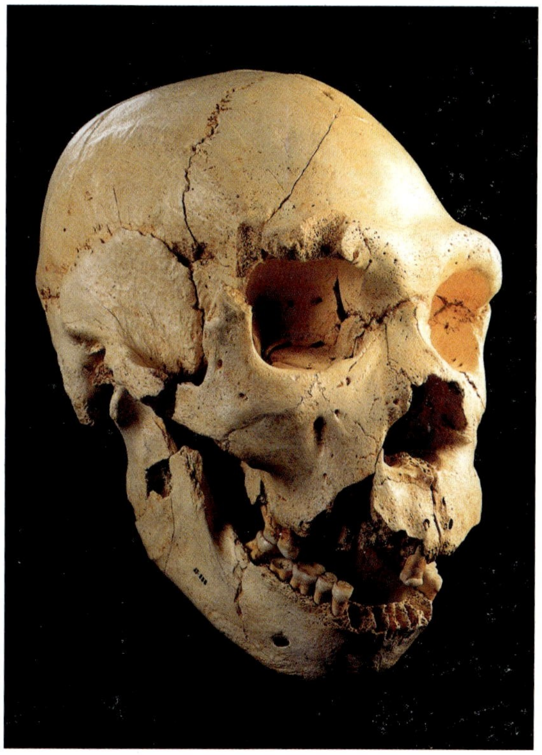

Dieser gut erhaltene Schädel von Sima de los Huesos bei Atapuerca in Spanien gehört einem 400 000 Jahre alten *Homo heidelbergiensis*, eine Species, die sowohl Vorfahre des Neandertalers als auch des *Homo sapiens* gewesen sein könnte. Die Zähne dieses älteren Inidviduums sind sehr abgenutzt und schadhaft.

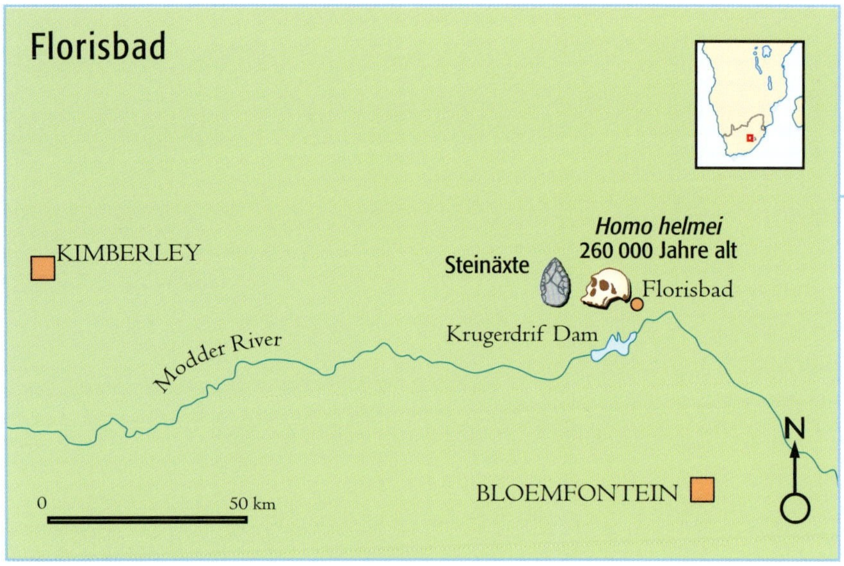

Florisbad – Neben Steinäxten wurden 1932 Teile eines Schädels gefunden, deren Alter man zunächst auf nur 50 000 Jahre schätzte. Sie wurden einem neandertalerähnlichen Individuum zugeordnet und erhielten den Namen *Homo helmei*. Neueren Datierungen zufolge ist der Fund aber viel älter, etwa 260 000 Jahre, und gehörte zu einer archaischen Population aus der Entwicklungslinie des *Homo sapiens*.

Eurasische Komplikationen

Während der *Homo erectus* in Asien unverändert überlebte, entwickelte sich in Afrika der *Homo erectus* dank des wachsenden Gehirnvolumens weiter. Funde in Zentralafrika, auf dem europäischen Festland und in England belegen, dass hier vor etwa 900 000 Jahren eine neue Homo-Art lebte – der *Homo heidelbergensis*, auch *Homo antecessor* genannt. Dessen genaue Stellung im Evolutionsstammbaum ist noch vielfach ungeklärt, vermutlich aber gingen aus ihm vor rund 400 000 Jahren in Eurasien die Neandertaler hervor. In Westeuropa erwiesen sie sich über 350 000 Jahre hinweg als erfolgreiche Spezies, die kulturell und im Verhalten über bemerkenswerte Errungenschaften verfügte. Sie verwendeten das Feuer zur Zubereitung von Fleisch, zum Härten der Spitzen hölzerner Speere und setzten Birkenharz als Leim ein (vgl. auch S. 63).

Einige setzten die Toten in der Erde bei und fertigten Schmuck für den persönlichen Gebrauch an – Merkmale, die sonst mit *Homo sapiens* assoziiert werden. Die Neandertaler lebten noch, als im westlichen Eurasien vor etwa 32 000 Jahren die ersten Vertreter des modernen *Homo sapiens* auftauchten. Eine Zeit lang hatte man angenommen, dass die neuzeitlichen Europäer aus den Neandertalern hervorgingen. Anatomische und genetische Studien ergaben aber zweifelsfrei, dass dies nicht der Fall ist. Die Ursprünge des modernen Menschen liegen in Afrika.

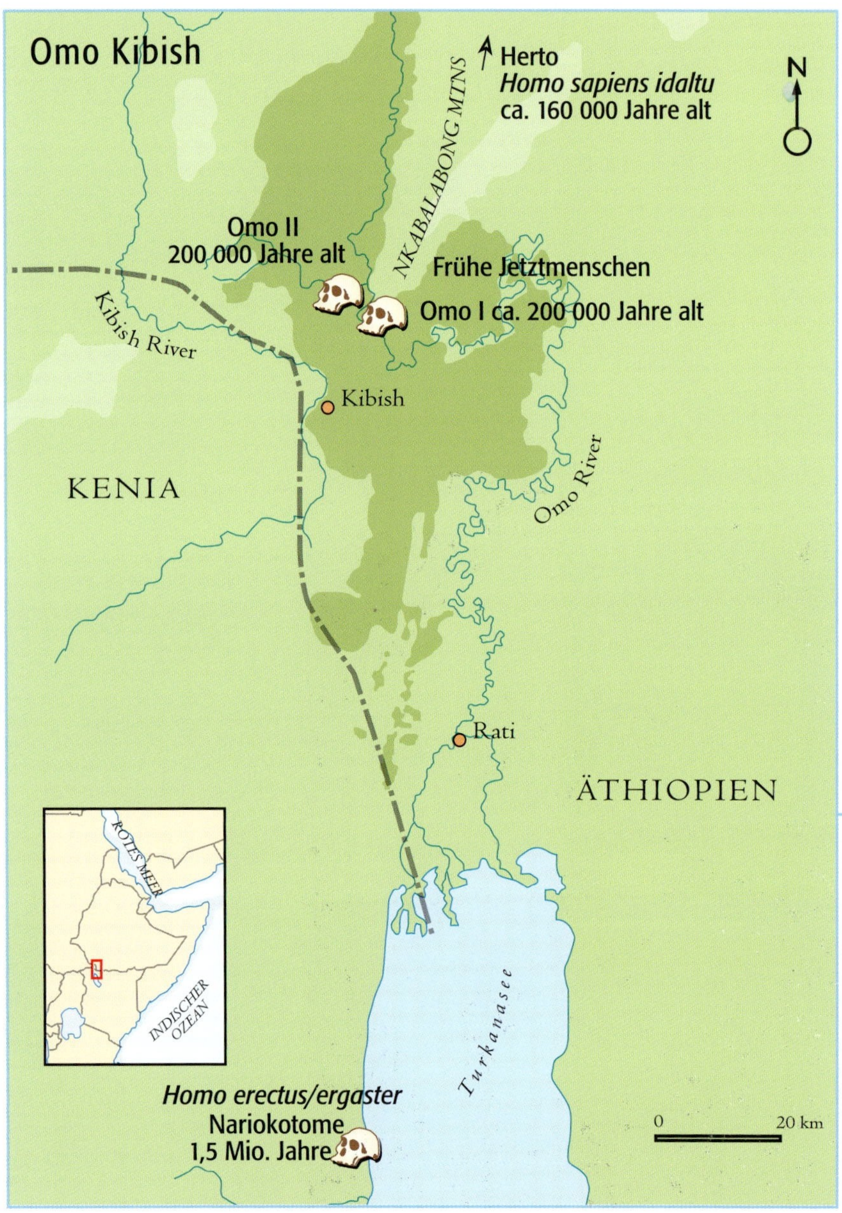

Omo Kibish – 1967 fand Richard Leakeys Team im äthiopischen Omo Kibish drei Teilskelette. Omo I (130 000 Jahre alt) weist Merkmale des Jetztmenschen auf: Lange, gewölbte Scheitelbeine, der ausgeprägte Brauenwulst ist kein einheitlich dicker Balken, sondern läuft seitlich aus, und der Unterkiefer hat ein Kinn. Omo II ist mit 200 000 Jahren etwas älter und besitzt eine archaischere Anatomie. In Herto, nördlich von Omo, wurde ein gut erhaltenes, etwa 160 000 Jahre altes Skelett freigelegt, das als bisher ältester eindeutiger Beleg des Jetztmenschen *Homo sapiens* gilt. Es wurde der neuen Unterart *Homo sapiens idaltu* zugeordnet, eine Auffassung, die nicht alle Forscher teilen. Unweit vom Turkanasee fand man 1984 eines der besterhaltenen Skelette. Es stammt von einem hoch gewachsenen, achtjährigen Jungen der afrikanischen Spezies *Homo ergaster* (in Asien als *Homo erectus* bezeichnet).

Archäologische Funde belegen: Wir alle sind Afrikaner

Vor etwa 400 000 Jahren setzten beim afrikanischen *Homo heidelbergensis* erste Veränderungen, vor allem in der Schädelform ein, die in Richtung des modernen *Homo sapiens* führten. Der Übergang scheint über 250 000 Jahre gedauert zu haben und ist, wenn auch lückenhaft, durch Skelettfunde in Afrika belegt. 1932 wurden in Florisbad (Südafrika) neben spätsteinzeitlichen Äxten Bruchstücke eines Schädels gefunden, der zunächst den Namen *Homo helmei* erhielt. Aus dem späten mittleren Pleistozän (vor 195 000 Jahren) stammen einzelne afrikanische Fundstellen mit bedeutenden Skelettresten und Zeugnissen entwickelter Werkzeugherstellung. Die ältesten Belege finden sich zum Beispiel in Omo Kibish (Äthiopien) und wurden 1967 von Richard Leakeys Team freigelegt. Sie umfassen drei Teilskelette, darunter das Schädelfragment eines hoch gewachsenen Mannes mit einem typisch modernen Merkmal, dem Unterkiefer mit ausgeprägtem Kinn.

Unter Berücksichtigung in der Nähe gefundener Muschelschalen und Tierknochen wurden die Knochen zunächst auf etwa 130 000 Jahre geschätzt. Spätere Untersuchungen der vulkanischen Asche aus den Sedimenten der Fundstelle ergaben jedoch ein weit höheres Alter, rund 195 000 Jahre, sodass diese Funde aus dem Omo-Becken heute als älteste Belege archaischer Formen des modernen *Homo sapiens* gelten.

Bis zu dieser jüngsten Neudatierung der Omo Kibish-Funde galt als ältester Nachweis für einen Jetztmenschen der Skelettfund von Herto in Äthiopien. Mit seinen rund 160 000 Jahren gilt er als ältester eindeutiger Nachweis eines frühen *Homo sapiens* überhaupt. Der Herto-Fund umfasst die Teilschädel eines Jungen und zweier Erwachsener sowie Steinwerkzeuge, die aufgrund ihrer Merkmale dem Acheuléen der Altsteinzeit sowie der Mittelsteinzeit zugeordnet werden. Auch fand man hier die Überreste eines zerlegten Flusspferds.

Der besterhaltene Erwachsenenschädel hat ein Volumen von etwa 1450 Kubikzentimetern, wobei alle Schädelknochen auf Tötungspraktiken hinweisen. Man findet darauf Schnittspuren, die eindeutig zeigen, dass mit Steinwerkzeugen das Fleisch losgelöst wurde, dass der Unterkiefer getrennt und von Blutgefäßen, Muskeln und Nerven gesäubert wurde. Tim White und andere Forscher, die als Erste den Herto-Fund 2003 beschrieben, glauben, dass die anatomischen Unterschiede zum Jetztmenschen ausreichen, um die Herto-Skelette einer neuen Unterart, *Homo sapiens idaltu* genannt, zuzuordnen. Wie so oft teilen nicht alle Forscher diese Ansicht und berufen sich dabei auf die Neudatierung der Funde von Omo Kibish, mit denen die Herto-Skelette etliche Gemeinsamkeiten aufweisen.

Auch in Nordafrika fand man mit dem *Homo sapiens* verwandte Teilschädel, so die etwa 150 000 Jahre alten Schädelknochen zweier Erwachsener aus Jebel Irhoud in Marokko. Das Vorhandensein mittelsteinzeitlicher Werkzeuge in Zentral- und Westafrika lässt darauf schließen, dass hier auch frühe Vertreter des Jetztmenschen lebten, doch leider fehlen Knochenreste, die Rückschlüsse auf deren anatomischen Bau erlaubten. Es gibt somit ausreichende archäologische Funde, die belegen, dass der Ursprung der modernen

Der levantinische Korridor
Nachweise für die Wanderungen des modernen Menschen (M) aus Afrika in neue Gebiete finden sich entlang dem so genannten levantinischen Korridor in den Fundstätten Qafzeh, Tabun und Skhul. Deren Alter wurde zunächst auf rund 40 000 Jahre geschätzt, nach neueren Untersuchungen beträgt es aber 80 000 bis 120 000 Jahre. Jüngere Überreste aus den Fundstätten Amud und Kebara wurden dem Neandertaler (N) zugeordnet und sind 50 000 bis 60 000 Jahre alt. Dabei scheinen Neandertaler und frühe Jetztmenschen einige Jahre gleichzeitig gelebt zu haben.

Menschen in Afrika vor rund 195 000 Jahren liegt und dass eine Verbindung zum etwa 400 000 Jahre alten Heidelbergmenschen besteht.

Der levantinische Korridor

Die Wanderroute von Afrika nordwärts war alles andere denn einfach. Sie führte durch die von extremen Temperaturschwankungen geprägte Sahara und Nubische Wüste, an die im Osten das Rote Meer grenzt. Natürlich hätte man entlang des Niltals nordwärts ziehen können. Bisherige archäologische Funde deuten aber auf einen küstennahen Verlauf der Wanderroute hin, da das Rote Meer die Menschen mit ausreichend Nahrung hätte versorgen können.

Im äthiopischen Abdu an der Küste des Roten Meeres finden sich Abfallhaufen mit Schalen essbarer Muscheln und den zerlegten Knochen von Kleinwild sowie mittelsteinzeitliche Werkzeuge, deren Alter auf 125 000 Jahre datiert wurde. Menschliche Knochenreste fehlen jedoch völlig. Weiter nördlich von Abdu liegt die Landenge, die das heutige Ägypten mit der Sinai-Halbinsel verbindet und über die man die levantinische Küste (des heutigen Israel, Libanon und Syrien) erreicht.

Östlich davon erstrecken sich in Syrien und Saudi-Arabien lebensfeindliche Wüstenlandschaften. Die schmale Küstenebene fällt im Westen zum Mittelmeer ab und wird im Osten von einer Gebirgs- und Hügelkette begrenzt. Stellenweise sind die Kalksteinformationen mit Höhlen durchsetzt, die den frühen Jetztmenschen und ihren fernen Verwandten, den Neandertalern, ideale Möglichkeiten als Behausungen und Aussichtspunkte boten.

In den 1930ern Jahren durchgeführte Grabungskampagnen im wüstenartigen Wadi el-Mughara unweit des Karmelgebirges in Israel brachten gut erhaltene menschliche Überreste und Steinwerkzeuge zutage. Ein britisch-amerikanisches Team legte in Skhul die Skelette von etwa zehn Männern, Frauen und Kindern frei, die alle offensichtlich unter einer mehr als ein Meter dicken Sedimentschicht bestattet worden waren. Im nahen Tabun fand man lediglich das Teilskelett einer Frau. Knochen von Gazellen und Damhirschen wurden in tieferen Schichten freigelegt. Die in beiden Fällen entdeckten Steinartefakte gehören der mittleren Altsteinzeit (Lavallois-Moustérien) an, sodass man zunächst annahm, dass alle menschlichen Überreste vermutlich von zeitgleich lebenden Individuen derselben Population dieser Region stammten.

Genauere anatomische Untersuchungen ergaben erhebliche Unterschiede. Die Toten von Skhul zeigen eindeutig die Merkmale moderner Menschen, während die Frau von Tabun einen dem Neandertaler ähnlichen Schädel hatte, obwohl das Gesicht recht fein geformt war. Somit schienen diese Toten eine Übergangsform zwischen Neandertalern und frühen modernen Menschen gewesen zu sein; das Hauptproblem war aber, dass die Datierung nur anhand der vorgefundenen Steinwerkzeuge möglich war, die aber aus der mittleren Altsteinzeit stammten.

Dann wurden jedoch in einer Höhle von Qafzeh bei Nazareth zunächst sieben Skelette gefunden und nach 1945 weitere 14 Individuen. Alle wiesen die Merkmale des modernen Menschen auf und waren

In der Höhle von Kebara, einer von mehreren Stätten am »Levantinischen Korridor«, wurde eines der besterhaltenen Neandertaler Skelette freigelegt. Es ist zugleich das einzige seiner Art, das ein fast vollständiges Becken aufweist. Die Knochen und Rippen sind robust und lassen auf einen Erwachsenen von kräftigem Körperbau schließen. Von dem Skelett fehlen lediglich der Schädel und die Knochen der unteren Gliedmaße.

begraben worden, aber die bei ihnen entdeckten Werkzeuge stammten aus dem Moustérien, das üblicherweise mit dem Neandertaler assoziiert wird. Weitere Neandertaler-Funde kamen in benachbarten Höhlen zutage: in Amud ein Skelett genau an der Grenze einer Sediment- und Werkzeugschicht aus dem mittleren Paläolithikum, und in Kebara eines der vollständigsten Neandertal-Skelette, dem nur der Schädel fehlte.

Eine verworrene Geschichte

Schließlich ergab der Vergleich der Knochen von Tabun, Kebara und Amud, dass alle typisch für den Neandertaler waren, während die Funde von Skhul und Qafzeh dem modernen Menschen nahe standen. Folglich mussten Erstere älter und Letztere jünger sein. In den Gräbern dieser Skelette gefundene Tierknochen deuteten aber auf einen komplexeren Sachverhalt hin. Zur Zeit der Ausgrabungen war eine Radiokarbon-(C-14-)Datierung (vgl. Box S. 182) unmöglich, da das zu untersuchende Material zu alt war.

Die herkömmliche C-14-Datierung war nur für Objekte, die jünger als 40 000 Jahre waren, geeignet und selbst die Analyse mittels Beschleuniger-Massenspektrometer ist auf höchstens 70 000 Jahre alte Materialien beschränkt. Mitte der 1980er-Jahre wurden auch die Methoden der Thermolumineszenz (TL) und die Elektronenspinresonanz (ESR) (vgl. S. 182) verfügbar. Mit ihrer Hilfe datierte Feuersteine und Tierzähne aus der Kebara-Höhle ergaben nun ein Alter von etwa 60 000 Jahren.

Ungläubig nahmen die Forscher die Ergebnisse der mittels TL untersuchten Skelette der frühen Jetztmenschen aus Qafzeh zur Kenntnis: Die Messungen hatten ein Alter von 92 000 Jahren ergeben. Die Überreste waren somit dreimal älter als die ältesten Zeugnisse früher Jetztmenschen aus Europa und 32 000 Jahre älter als die der Neandertaler aus Kebara. Doch damit nicht genug: Durch Vergleich mit den Messungen von Tierzähnen, die in den Gräbern von Skhul lagen, wurden die Knochenreste des dortigen frühen Jetztmenschen mithilfe der ESR auf 100 000 bis 80 000 Jahre datiert.

Schließlich wurde auch die Neandertalerin von Tabun auf ein Alter von 80 000 bis 200 000 Jahre neu datiert und dürfte somit eine Zeitgenossin der frühen Jetztmenschen von Qafzeh und Skhul gewesen sein. Mit anderen Worten: Die bisherige Chronologie war nun im Grunde auf den Kopf gestellt.

Natürlich besiedelten ständig ein Strom von Neandertalern und frühen Jetztmenschen diese Region, wobei der moderne *Homo sapiens* aus Afrika auszog und sich hier vor rund 90 000 Jahren niederließ. Der Aus- bzw. Einzug dieser frühen Populationen war vermutlich von Klimaänderungen bestimmt. Vor etwa 200 000 bis vor 120 000 Jahren folgte auf eine Kaltzeit eine Warmzeit, die bis vor rund 75 000 Jahren anhielt, als eine neue Eiszeit einsetzte.

Aufbruch nach Europa und Asien

Es gibt eine Fülle an Funden – Knochen und Steinartefakte –, die die Präsenz des frühen Jetztmenschen in Europa belegen. Obwohl einige bereits im frühen 19. Jahrhundert freigelegt wurden, wie das Paviland-Grab in Wales (vgl. S. 72 ff.), erkannte man ihre tatsächliche Bedeutung lange Zeit nicht. Grund hierfür war die vorherrschende, zu wörtliche Auslegung der alttestamentarischen Schöpfungsgeschichte.

Im Lauf der Jahrhunderte wurde vielfach versucht, biblische Ereignisse wie die Sintflut mit der Arche Noahs und andere Berichte in eine schlüssige zeitliche Abfolge zu bringen. Danach galt als allgemein akzeptiertes Schöpfungsdatum die Zeit um 4004 v. Chr., aber viele Geologen stellten bereits die älteren Theorien über das Alter der Erde infrage.

1868 wurden in der französischen Region Dordogne, in dem Cro Magnon genannten Felsüberhang, der sich über der Kleinstadt Les Eyzies erhebt, bei Bauarbeiten die Skelette von drei erwachsenen Männern, einer Frau und einem Säugling entdeckt. Bei den in einem Grab bestatteten Körpern lagen Steinwerkzeuge der oberen Altsteinzeit, Körperschmuck wie durchbohrte Muschelschalen und Tierzähne sowie Mammut- und Rentierknochen. Die Grabungen leitete der Archäologe Louis Lartet (1840–1899). Er erkannte, dass dies der unbestreitbare Beweis für das Zusammenleben des Menschen mit heute ausgestorbenen »vorsintflutlichen« Tieren war. Heute wissen wir, dass die Funde an dieser Stätte etwa 30 000 Jahre alt sind.

Seither folgten zahllose weitere Funde, darunter auch in der Vogelherdhöhle bei Stetten ob Lontal in Süddeutschland, wo neben rund 32 000 Jahre alten Menschenskeletten auch aus Elfenbein gefertigte Tierfiguren geborgen wurden. In den letzten Jahren erkannte man, dass die mittels C-14-Methode ermittelten Datierungen recht ungenau sind.

Die Cro-Magnon-Menschen waren körperlich nicht so stark, glichen dies aber durch ihre fortgeschrittene Werkzeugtechnik aus. Sie entwickelten eine größere Vielfalt an Werkzeugen, indem sie verstärkt Knochen und Elfenbein einsetzten.

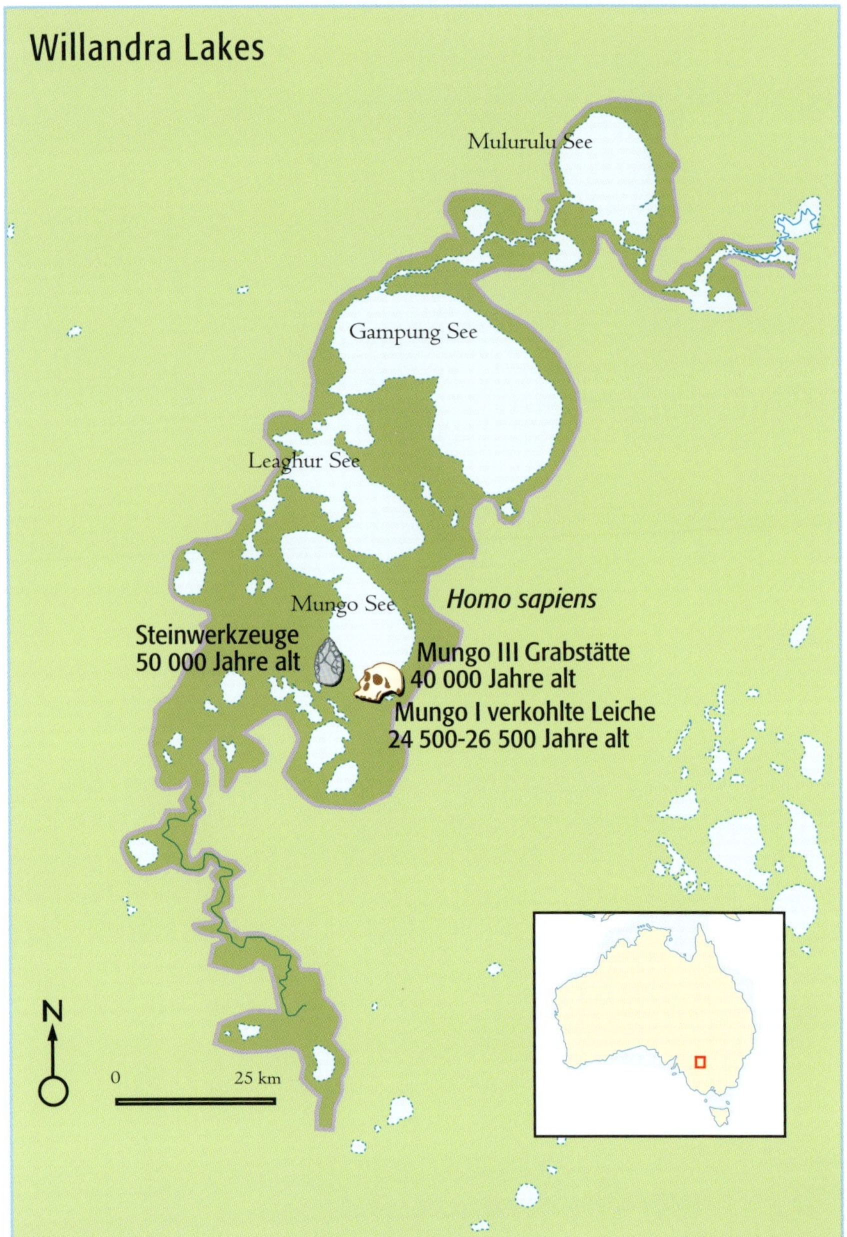

Willandra Lakes – Am Lake Munro, einem von 17 Seen innerhalb des Seengebiets Willandra Lakes World Heritage Area, das 987 km westlich von Sydney liegt, wurden 1968 die verkohlten Überreste einer Frau geborgen. Sie werden auf 24 500 bis 26 500 Jahre geschätzt und sind die ältesten bisher bekannten Spuren von Feuerbestattung. 1974 wurde nicht weit davon das männliche Skelett eines modernen Menschen freigelegt, das mit rotem Ockerpulver bestreut war und offensichtlich absichtlich in einem flachen Grab beigesetzt worden war. Das Alter des Skeletts wurde auf rund 40 000 Jahre geschätzt, während in der Nähe gefundene Steinwerkzeuge sogar auf 50 000 Jahre datiert wurden. Diese Funde belegen, dass der aus Afrika stammende Jetztmensch etwa zu jener Zeit Australien erreicht haben muss. Einst waren die Willandra-Seen etwa 10 m tief und hatten reiche Fischbestände. In der Umgebung wurden Knochenreste heute verschwundener Beuteltiere, wie etwa von Riesenkängurus und dem »Tasmanischen Teufel«, ausgegraben.

Die Mungo-Männer

Am Lake Mungo (Bundesstaat New South Wales) wurden mit Mungo III die ältesten Menschenspuren in Australien gehoben. Aus dessen Überresten, die in einem Flachgrab lagen, gelang es, die ältesten Mitochondrien-DNA-Proben zu entnehmen. Unweit davon fand man – mit Mungo I – die Spuren der weltweit frühesten Feuerbestattung.

Kurz nach der Entdeckung von Mungo I (1969) begann die Kontroverse um dessen Alter. C-14-Messungen ergaben ein Alter von rund 20 000–26 000 Jahre, während Datierungen von Mungo III Werte von 30 000, 42 000–45 000 und sogar 62 000 Jahre ergaben. Da die letzten zwei Altersangaben außerhalb des üblichen Messbereichs der C-14-Datierung liegen, griff man auf andere Methoden zurück, um verlässlichere Daten zu gewinnen.

2003 wurden dieselben Sedimentproben aus der unmittelbaren Umgebung der Funde in vier unabhängigen Labors mithilfe der optischen stimulierten Lumineszenz (OSL) untersucht. Diesmal kam man zu sehr ähnlichen Ergebnissen. Aus 25 optischen Altern ging hervor, dass Mungo I und II um dieselbe Zeit, d. h. vor 40 000 Jahren (± 2000 Jahre) beigesetzt wurden. Es gibt auch Hinweise dafür, dass der Mensch dieses Gebiet vor 50 000–46 000 Jahren besiedelte, also zur selben Zeit etwa, als er Nord- und Westaustralien erreichte und als die ersten Großwildarten Australiens verschwanden. Die Sedimentproben belegen auch eine Klimaverschlechterung vor etwa 50 000 bis 40 000 Jahren, als der Wasserspiegel des einst wasserreichen Sees stark sank.

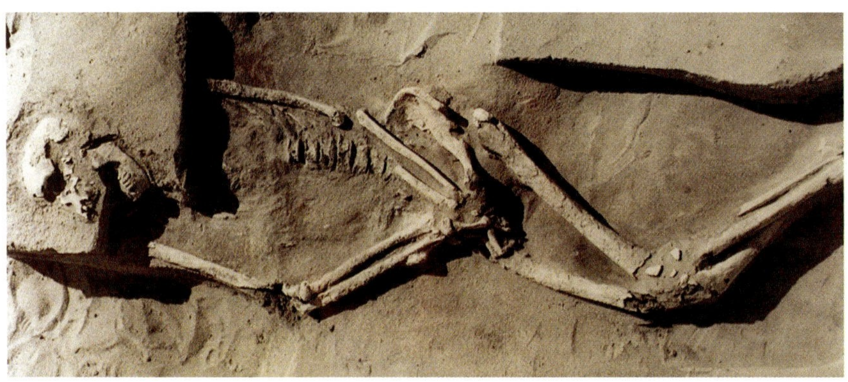

Der »Mungo-Mann« wurde vor etwa 40 000 Jahren beigesetzt, als der Mensch schon seit über 10 000 Jahren in der Umgebung der Willandra Lakes lebte. Die Entdeckung und Datierung dieses Skeletts trug zur Untermauerung der Out-of-Africa-Theorie bei.

Die Neudatierungen vieler europäischer Skelettfunde führten dazu, dass sie nun als jünger als bisher angenommen gelten und nicht älter als 32 000 Jahre sind. Die Skelette dieser frühesten europäischen Jetztmenschen, oft als Cro-Magnon-Menschen bezeichnet, weisen wesentliche Unterschiede zu den damals vorherrschenden Neandertalern auf. Die Neuankömmlinge hatten typisch nordafrikanische Merkmale wie lange Gliedmaßen, kurzes Gesicht, hohe, nach oben verlaufende Stirn. Die Neandertaler hingegen hatten kürzere, kräftigere Gliedmaßen, ein großes Gesicht, eine fliehende Stirn und knöcherne Überaugenbögen.

Was den Cro-Magnons an körperlicher Robustheit fehlte, kompensierten sie durch neue Techniken. Sie entwickelten eine größere Vielfalt an Werkzeugen, indem sie verstärkt Knochen und Elfenbein einsetzten. Dazu zählen Harpunen, Speere, Lanzen, Nadeln sowie Körperschmuck.

Sie bestatteten die Toten, erzeugten Kunstobjekte, konnten zählen und kannten vermutlich auch Kalendersysteme. Wesentlich ältere Spuren des Cro-Magnon-Menschen finden sich in Osteuropa. Sie belegen, dass diese aus Afrika eingewanderten modernen Jetztmenschen sich leichter im subtropischen Klima zurechtfanden und hier schon früher siedelten. Einige der bemerkenswertesten Belege für diese Wanderbewegungen früher Jetztmenschen stammen aus Australien. Im Gebiet der Willandra Lakes in New South Wales wurden mehrere Stätten mit Lagerplätzen freigelegt, darunter die Mungo III genannte Fundstelle.

Hier fand man ein fast komplettes, etwa 40 000 Jahre altes männliches Skelett, das mit rotem Ocker bestreut war, also vermutlich rituell bestattet wurde. Einst war diese halbwüstenartige Gegend eine fruchtbare Seen- und Sumpflandschaft mit reichem Tierbestand, darunter Kängurus, Fisch und essbare Muscheln, die eine sichere Nahrungsquelle bildeten. Wenn die Menschen bereits vor 40000 Jahren im Südosten Australiens siedelten, müssen sie den Kontinent schon erheblich früher erreicht haben, indem sie von Nordwesten über den indonesischen Archipel einwanderten. Dies setzt aber voraus, dass sie selbst bei niedrigerem Wasserstand auf einige Inseln, die durch tieferes Wasser voneinander getrennt waren, nur mit floßähnlichen Konstruktionen übersetzen konnten. Leider gibt es dafür keine archäologischen Belege.

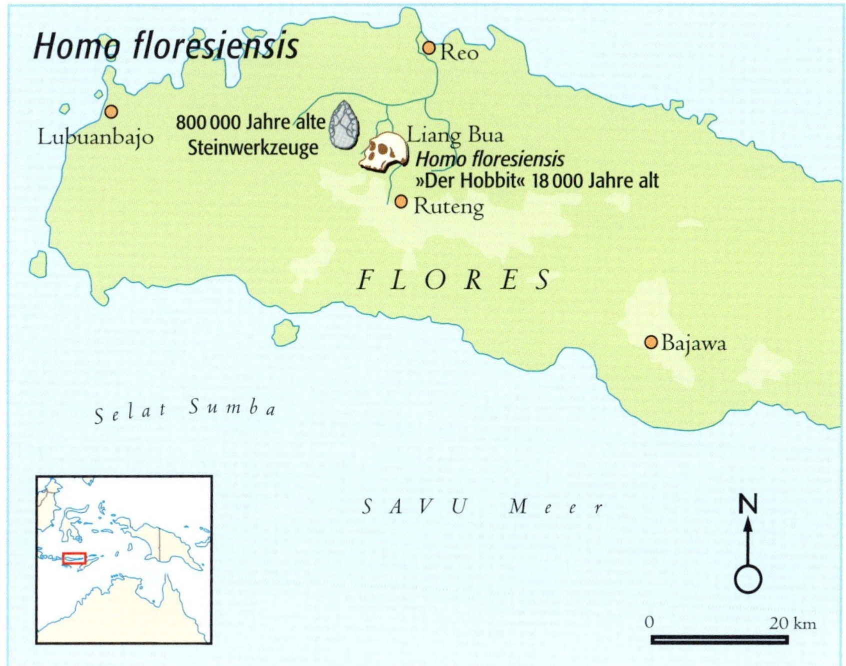

Homo floresiensis – Auf der indonesischen Insel Flores wurde 2003 das Skelett eines 18 000 Jahre alten, nur ein Meter hohen Vorfahren des heutigen Menschen entdeckt. Der Fund erhielt den Namen *Homo floresiensis* und entfachte von neuem die Diskussion um die Definition »Mensch«. Die Überreste stammen von mehreren Individuen einer kleinwüchsigen Art, die vielleicht auf den *Homo erectus* zurückgeht, der diese Region vor etwa 1,5 Millionen Jahren besiedelte. Der Zwergwuchs ist nicht neu bei Tiergemeinschaften, die auf Inseln mit knappen Nahrungsressourcen überleben müssen. Die 800 000 bis 12 000 Jahre alten Steinwerkzeuge weisen keinerlei Veränderung auf und könnten von den *Homo-floresiensis*-Populationen angefertigt worden sein.

Die ungewöhnlichen Zwergwesen von Flores

Es ist faszinierend sich vorzustellen, dass die Jetztmenschen auf ihrer Wanderung durch die Inselwelt Indonesiens einer anderen menschenähnlichen Art, dem *Homo floresiensis*, begegnet sein könnten. Man vermutet, dass die kleinwüchsige, knapp 1 Meter große Spezies eng verwandt war mit den *Homo-erectus*-Populationen, die als Erste vor fast zwei Millionen Jahren Afrika verließen und sich weltweit ausbreiteten. Dem *Homo floresiensis* dürfte es vor etwa 1,8 Millionen Jahren gelungen sein, Indonesien zu erreichen, wo er wohl bis vor etwa 55 000 Jahren überlebt hat.

Seit der Entdeckung des *Homo floresiensis* durch ein indonesisch-australisches Team im Jahr 2004 steht fest, dass diese außergewöhnlichen, zwergenhaften Individuen noch lebten, als die frühen Jetztmenschen durch diese Region zogen. Sie müssen eine zahlenmäßig recht große und lebensfähige Population gebildet haben, da es ihnen gelang, noch bis vor 18 000 Jahren zu überleben – so alt sind nämlich die »jüngsten« Belege über sie.

Einige Forscher hielten dagegen, bei den Funden handle es sich lediglich um eine Pygmäenform oder Mutation eines modernen Kindes, das an Mikrozephalie litt, einer genetisch bedingten abnormen Kleinheit des Schädels, die ein normales Wachstum des Gehirns unmöglich macht. Computertomografische Aufnahmen des Gehirns, das ein Volumen von nur 400 Kubikzentimeter hat, ließen Merkmale erkennen, wie

Mit einem Hirnvolumen von 400 ccm bleibt *H. floresiensis* unter den Grenzwerten, die die Zuordnung zur Gattung *Homo* rechtfertigen.

Bluefish Caves
(15 570 J.)
ALASKA
NORDAMERIKA
Pazifischer Ozean
Clovis-Kultur siehe Ausschnitt
Meadowcroft Rockshelter
(?1900 J.)
Lehner
Küstenverlauf heute
Küstenverlauf zur Eiszeit
Atlantischer Ozean
Puebla(?40 000 J.)
N
0
0 500 1000 km
Anzick MONTANA
Mill Iron MONTANA
Hanson F WYOMING
Goshen F WYOMING
Colby C WYOMING
SOUTH DAKOTA
Agate Basin F WYOMING
Casper F WYOMING
Hell Gap F WYOMING
Lindenmeier F COLORADO
Dent C COLORADO
Cattle Guard F COLORADO
Folsom F NEW MEXICO
Domebo OKLAHOMA
Blackwater Draw C F NEW MEXICO
C Clovis-Kultur
F Folsom-Kultur
SÜDAMERIKA
Pedra Furada
(?48 000-32 000 J.)
Pazifischer Ozean
Monte Verde
(ca.14 000 J.)

Die ersten Amerikaner

Die Besiedlung des amerikanischen Kontinents durch den *Homo sapiens* zählt zu den umstrittensten Themen der Archäologie überhaupt. Während der letzten Eiszeit bedeckte ein mächtiger Eispanzer weite Teile Nordamerikas und reichte bis südlich der Großen Seen, die im Zuge der Klimaerwärmung und des Eisrückgangs entstanden. Die gängige Theorie geht davon aus, dass die ersten Menschen aus Asien nach Nordamerika über eine Landbrücke in der Beringstraße einwanderten, die infolge der Kaltzeit und des niedrigeren Meeresspiegels entstanden war. Genetisch und sprachlich sind die Ureinwohner Amerikas mit den ostasiatischen Populationen verwandt, die dort vermutlich seit 40 000 Jahren siedelten.

Ein weiteres Vordringen auf dem amerikanischen Kontinent war infolge der riesigen Eismassen nicht möglich; es dürfte aber einen eisfreien Korridor unmittelbar östlich der Rocky Mountains oder eine Route entlang der Küste gegeben haben, die ein Vorankommen gestattete. Im Mittleren Westen wurden zahlreiche Funde von sorgfältig gearbeiteten Artefakten der jüngeren Altsteinzeit, darunter steinerne Speerspitzen, gehoben. Diese sind unter dem Sammelbegriff Clovis-Kultur bekannt.

In den letzten Jahrzehnten wurden zahlreiche andere Fundstätten zwischen Alaska und Südchile entdeckt, die einer Prä-Clovis-Epoche zugeordnet werden, die 19 000 Jahre (Meadowcroft) zurückreichen. Gelegentlich wird ihr Alter sogar auf 35 000 Jahre (Pedra Furada, Brasilien) oder gar 40 000 (Puebla, Mexiko) geschätzt, was jedoch umstritten ist. Die freigelegten Funde bestätigen aber insgesamt eine viel frühere Besiedlung Amerikas, als bisher angenommen.

sie sonst beim *Homo erectus* auftreten. Außerdem wies der Schädelbau Elemente auf, die eher auf den *Homo erectus* als auf den modernen Menschen verweisen. Übrigens lebten hier auch die heute ausgestorbenen Zwergelefanten (*Stegodon*) sowie Komodowarane.

Man weiß, dass Tierpopulationen, die auf Inseln mit begrenzten Nahrungsressourcen gelangen, sich den neuen Bedingungen anpassen, indem sie mitunter Zwergwuchs entwickeln, um mit weniger Nahrung überleben zu können. So hatten sich die einst auf Malta und Sizilien lebenden, nur einen Meter hohen Zwergelefanten und -flusspferde innerhalb von etwa 5000 Jahren seit der letzten Eiszeit als Nachkömmlinge vier Meter hoher Vorfahren entwickelt.

Der Umstand, dass eine solche zwergwüchsige Population so lange überlebt hat, wirft eine Reihe von Fragen auf. Dabei geht es um das Hirnvolumen als Kriterium für die Zugehörigkeit zur Spezies Mensch. Als Grenzwert galt dafür lange Zeit galt ein Hirnvolumen von 700 Kubikzentimetern. Der Anthropologe Louis Leakey senkte ihn auf 600 Kubikzentimeter, um seine Spezies *Homo habilis* in die Gattung Mensch aufnehmen zu können. Dies überzeugte aber nicht alle Forscher, denn manche rechneten den *Homo habilis* immer noch zum weniger entwickelten *Australopithecus*. Mit einem Hirnvolumen von nur 400 Kubikzentimetern befindet sich der *Homo floresiensis* aber weit darunter.

Welche Auswirkungen hatte ein so kleines Hirnvolumen auf das Verhalten und die Lebensweise dieser frühen Populationen? Prägte es entscheidend deren kognitive Fähigkeiten? Wenn nicht, was waren die Ursachen dafür? Neueste Untersuchungen zur Gehirnform und vor allem zur Größe und Position von Stirn- und Schläfenlappen deuten darauf hin, dass der *Homo floresiensis* trotz seines Zwergwuchses zu höheren kognitiven Leistungen, vergleichbar denen des Jetztmenschen, fähig war.

Auf dem Weg nach Amerika

Eine der umstrittensten Fragen in der Geschichte der weltweiten Ausbreitung des Menschen bleibt die der Besiedlung Amerikas. Schon bald nachdem die ersten Europäer auf dem neu entdeckten Kontinent den Eingeborenen begegnet waren, fragten sie sich, wann und auf welchem Weg diese Amerika erreicht hatten.

Anfang des 20. Jahrhunderts gab es nur eine einzige plausible Antwort: Sie waren aus Sibirien über die Beringstraße nach Alaska eingewandert. Heute ist die

Beringstraße eine unwirtliche Meeresenge, aber während der Eiszeiten war der Meeresspiegel mehrfach so niedrig, dass eine Landverbindung zwischen Sibirien und Alaska bestand, die als Beringia bekannt ist. Sie wurde sowohl von Vierbeinern als auch von Zweibeinern, den frühen Menschen, genutzt, die diese Route vermutlich entdeckten, indem sie Wild verfolgten. Ohne diese Landverbindung würde die Tierwelt Amerikas nur viel ältere Formen aufweisen und von Beuteltieren beherrscht sein, wie es in Australien der Fall ist. Aber wann wanderte der moderne Mensch nach Nord- und Südamerika ein?

Neue Beweise belegen eine deutlich frühere Einwanderung und möglicherweise eine eisfreie Küstenroute ins Landesinnere.

Es gibt archäologische Belege, die aus praktisch unverwüstlichen und meist nur schwer datierbaren Steinwerkzeugen bestehen. Um deren Alter bestimmen zu können, müssen sie am Fundort neben anderem datierbaren Material liegen, wie etwa Knochen, deren Alter mittels C-14-Datierung ermittelt werden kann, oder sie müssen in vulkanischen Sedimenten eingeschlossen sein, die durch andere radiometrische Methoden datierbar sind. Fehlen diese Voraussetzungen, muss man auf die herkömmliche vergleichende stratigraphische Methode und Fossilien zurückgreifen (vgl. S. 86). Erst in den 1930ern entdeckte man pfeilspitzenförmige Steinwerkzeuge, die mit den Knochenresten ausgestorbener Säugetiere wie Bisons in Bezug gebracht wurden. Sie gehörten der Clovis- und Folsom-Kultur an. Deren Angehörige waren umherziehende Jäger, die Großwild, wie etwa Mammut, Bison und Pferd, jagten. Diese Erkenntnisse ließen auf eine Besiedlung Nordamerikas gegen Ende der letzten Eiszeit schließen. Dennoch tut sich ein Problem auf: Damals war der nördliche Teil des Kontinents von einem mächtigen Eispanzer bedeckt, der sich entlang der heutigen Grenze zwischen Kanada und den USA bis zu den großen Seen dahinzog. Im Westen begrenzten die Rocky Mountains mit ihren Gletschern diese Eisschicht. Wie gelang es diesen Jägern, den ausgedehnten Eisschild zu durchqueren?

In den 1960ern, als das Alter der Clovis-Artefakte noch auf etwa 13 500 Jahre geschätzt wurde, gelang es den Forschern, präzisere Karten vom Klimawandel während der Eiszeit und dem damit einhergehenden Anwachsen und Rückgang des Eispanzers anzufertigen. Diese ergaben, dass es durchaus einen eisfreien Korridor zwischen den vergletscherten Rockies und dem kontinentalen Eisschild gegeben haben könnte – allerdings nicht in der Zeit vor 22 000 bis 13 500 Jahren. Wie drangen dann die ersten Amerikaner auf dem Kontinent weiter vor?

Neue Beweise

Die letzten Jahrzehnte erbrachten neue Belege, die auf eine weit frühere Besiedlung und auf eine eisfreie küstennahe Route hinweisen, auf der frühe Einwanderer ins Innere des Kontinents vordrangen. In der Bluefish Cave im Yukon Territory fand man Mikrolithe – winzige Feuersteinartefakte, meist Spitzen und Klingen an Waffen und Werkzeugen –, die neben Mammut-, Bison-, Pferd- und Karibuknochen lagen und 15 750 Jahre alt sein könnten. Die Knochen weisen Spuren auf, die darauf hindeuten, dass sie von Tieren abgenagt wurden.

Einige Knochen könnten auch von Menschen bearbeitet worden sein, und es ist denkbar, dass die Höhle auch von umherziehenden Einwanderern benutzt wurde. Auch im Inneren des Kontinents gibt es ähnliche Fundstätten, etwa Meadowcroft in Pennsylvania, die sogar älter als die Clovis-Kultur sein könnten.

Weiter südlich gelegene Fundorte scheinen die gängige Chronologie zu sprengen und waren Gegenstand heftiger Kontroversen. Insbesondere geht es um Monte Verde in Südchile an der Küstenebene zwischen den Anden und dem Pazifik. In den späten 1970ern untersuchte der US-Archäologe Tom Dillehay eine Fundstelle mit Knochenresten und erkannte schon bald, dass er vor einer außergewöhnlichen Stätte stand. Die nachfolgenden Grabungen sollten über 20 Jahre dauern. In den Torfschichten dieser Stätte fand man die Überreste eines kleinen Lagerplatzes mit holzverkleideten Hütten, die einst mit Tierhäuten überzogen waren, von denen einige Reste sogar erhalten geblieben waren. Am Fundort hob man auch die Reste von Herdstellen, Nahrungsabfälle, Holzwerkzeuge, Mikrolithen sowie Tierknochen, darunter auch solche des Mastodons, aus. Das Überraschende dabei: Das Alter dieser Funde wurde auf 14 500 bis 13 800 Jahre datiert und die Stätte liegt 15 000 Kilometer vom nördlichen Polarkreis entfernt! Und: auch die Einwohner von Monte Verde müssen einst über Beringia von Norden nach Süden vorgedrungen sein.

Sie waren zwar nomadisch lebende Jäger, aber um als Gemeinschaft überleben zu können, mussten sie mit Frauen und Kindern unterwegs gewesen sein und stießen daher wohl kaum mehr als einige wenige Kilometer jährlich weiter nach Süden vor. Wenn sie pro Jahr jeweils um 5 Kilometer weiterzogen, ergibt sich ein Zeitraum von 3000 Jahren, in dem sie Monte Verde erreicht haben könnten. Somit müssten sie vor 17 500 bis 16 800 Jahren aus Beringia ausgezogen sein. Aber Beringia war damals, während der Eiszeit von Eis und Schnee bedeckt, sodass es äußerst unwahrscheinlich ist, dass jene Menschen diese Region passiert haben. Die einzige plausible Lösung des Rätsels: Die Menschen müssen den Kontinent noch vor dem Einsetzen der Eiszeit erreicht haben, also vor 22 000 Jahren. Interessanterweise fanden sich in Monte Verde sogar Spuren einer noch älteren Siedlung, deren Alter von rund 33 000 Jahren anhand verstreuter, mittels C-14-Methode untersuchter Holzkohlereste bestimmt wurde. Allerdings hegen selbst Dillehay und seine Kollegen Zweifel an diesen Ergebnissen.

Es existieren jedoch zwei weitere Stätten, deren Untersuchung ergab, dass Amerika bereits vor etwa 40 000 Jahren besiedelt worden sein muss: Pedra Furada im Nordosten Brasiliens und Puebla in Mexiko. Pedra Furada rückte 1968 ins Rampenlicht der Öffentlichkeit, als die Archäologin Niede Guidon in der renommierten Fachzeitschrift *Nature* einen Artikel veröffentlichte, in dem sie behauptete, dass einige Hundert der in Pedra Furada gefundenen Steinwerkzeuge die ältesten in ganz Amerika seien. Aufgrund der mittels der Radiokarbon-Methode datierten Feuerreste ergab sich ein Alter von 48 000 bis 32 000 Jahren. An derselben Grabungsstätte fand man auch Zeugnisse für eine Abfolge mehrerer jüngerer Siedlungsspuren, darunter zwei 32 000 Jahre alte Herdsteine, eine mindestens 12 000 Jahre alte Felsmalerei sowie Reste menschlicher Knochen.

Angesichts einer möglichen Kontamination der zu untersuchenden Proben verwendeten die Experten empfindlichere Datierungsmethoden, so auch die Beschleuniger-Massenspektrometrie. Die Kohlereste aus Pedra Furada wurden in den Labors der Australian National University von Canberra mehrfach untersucht. Bei fünf Proben ergab sich sogar ein noch höheres Alter von 56 000 Jahren, das an die Grenzen dieser Methode reicht. Zwei weitere Proben wurden auf 53 000 und 55 000 Jahre datiert. Daraus schlossen die Experten, dass die Menschen hier bereits vor 60 000 Jahren gelebt haben. Die Entdeckung weiterer, mehr als 20 000 Jahre alter Stätten wird sicherlich zu einer Neubewertung der Funde von Pedra Furada führen. Dazu zählt auch der Fundort Puebla in Mexiko.

Die Fußabdrücke von Puebla

Die Entdeckung menschlicher Fußabdrücke versetzte all jene in Aufruhr, die sich mit der Vorgeschichte Amerikas beschäftigten. Britische Forscher hatten die Abdrücke im September 2003 auf dem Boden eines aufgelassenen Steinbruchs unweit von Puebla in Zentralmexiko entdeckt.
Im Laufe der Grabungen fanden sich insgesamt 270 Fußabdrücke, von denen zwei Drittel von Menschen und der Rest von Tieren stammen, darunter Mammuts und ausgestobene Unterarten von Kamel, Hirsch und Rind. Es besteht kein Zweifel, dass die menschlichen Abdrücke von Individuen des modernen, aufrecht gehenden Menschen stammen. Aufgrund ihrer unterschiedlichen Größe lassen sie sich Erwachsenen, aber auch fünf- bis sechsjährigen Kindern zuordnen. Die Analyse der Schrittweite und der Größe der Fußabdrücke ergab, dass diese Menschen zwischen 1,14 und 1,83 m groß waren.
Die Fußabdrücke fand man in vulkanischer Asche, die in der Nähe eines Seeufers nach einem Vulkanausbruch niedergegangen war. Chemische Reaktionen bewirkten die Aushärtung der Asche und damit auch die der Abdrücke (ähnlich wie im Fall der Abdrücke von Laetoli, vgl. S. 149), wobei der Hohlraum später mit üblichen Sedimenten aus Ufernähe aufgefüllt wurde. Infolge späterer Witterungseinflüsse wurden die jüngeren und weicheren Ablagerungen wieder entfernt, sodass die Fußabdrücke zutage traten.
Das gleichzeitige Vorkommen von menschlichen Abdrücken neben jenen von heute ausgestorbenen Tieren zeigt, dass Erstere mindestens 10 000 Jahre alt sind, denn damals verschwanden die Mammuts auf dem amerikanischen Festland. Genauere Datierungen mittels optisch stimulierter Lumineszenz (OSL) und Radioisotopen wurden an der Oxford University vorgenommen – und ergaben das erstaunliche Alter von rund 40 000 Jahren.
Sollten diese Messungen stimmen und durch andere Laboruntersuchungen bestätigt werden, so muss die Geschichte der Besiedlung Amerikas definitiv neu geschrieben werden. Wie wir gesehen haben, gilt als allgemein angenommenes Datum der ersten Besiedlung die Zeit vor etwa 13 500 Jahren. Sollte die Datierung der Funde aus dem chilenischen Monte Verde allgemein akzeptiert werden, müsste die Kolonisierung auf etwa 14 500 Jahre vorverlegt werden. Dies ist schon umstritten genug, aber dass die Besiedlung noch 25 500 Jahre früher, also vor insgesamt 40 000 Jahren stattgefunden haben könnte, scheint tatsächlich kaum vorstellbar.
US-Geochronologen haben die Sedimentschicht, in der man die Fußabdrücke fand, mit einer anderen Methode untersucht und ihr Alter auf etwa 1,3 Millionen Jahre angesetzt. Dies wirft ein erhebliches Problem auf: Haben wir es tatsächlich mit menschlichen Fußabdrücken zu tun? Stimmt die Datierung etwa nicht oder breitete sich der *Homo erectus* schon sehr früh jenseits von Südostasien aus?

KAPITEL ZWEI

Zeugnisse unserer Vorgeschichte – was uns die archäologische Forschung erzählt

Die heutigen Kenntnisse über unsere frühen Vorfahren gründen auf Relikten von Knochen, Zähnen und Artefakten wie Steinwerkzeugen, Speerspitzen und dergleichen. Warum unser Wissen zum weitaus größten Teil nur äußerst lückenhaft ist, kann von der Wissenschaft heute gut erklärt werden: Komplexe chemische, biologische und geologische Prozesse beeinflussen stark Einbettung und Konservierung aller Zeugnisse einstigen Lebens. Denn alles Leben ist dem »wirtschaftlichen Prinzip der Natur« unterworfen, deren Aasfresser und Mikroorganismen jegliches organische Material recyceln, das einer Lebensform als Energielieferant dienen könnte.

Ein Archäologe bei der Freilegung menschlicher Fossilien in der Fundstätte Gran Dolina in der spanischen Sierra de Atapuerca. Die hier entdeckten Artefakte und Knochenreste sind über 400 000 Jahre alt.

Heutiger Küstenverlauf
Eiszeitlicher Küstenverlauf
Eisschild
Permafrost
Tundrasteppe
Lichter Nadelwald
Laubwald
Mittelmeer
Halbwüste
0 250 500 km
0 300 miles
N
Mammut
Löwe

Die Megafauna der Eiszeit

Heute kann man es sich kaum mehr vorstellen, aber noch bis vor etwa 12 000 Jahren zog durch die Weiten Europas und Asiens eine Vielzahl von großen Säugetieren, darunter Mammute, Nashörner, Pferde und Flusspferde. Sie werden gewöhnlich unter dem Sammelbegriff »Megafauna der Eiszeit« zusammengefasst und sind heute fast gänzlich ausgestorben. Überlebt haben lediglich Rentier, Wildpferd, einige wenige Auerochsen in Europa, Bär und Sibirischer Tiger. Es gibt zwar Überlegungen, in Sibirien einen »Wildpark der Eiszeit« einzurichten, doch könnte dieser keineswegs ein getreues Bild der damaligen Wirklichkeit vermitteln. Unsere entfernten Vorfahren waren gewissermaßen auch mit der eurasischen Form eines afrikanischen Wildparks konfrontiert. Umstritten sind nach wie vor die genauen Ursachen, die zum Verschwinden der eiszeitlichen Megafauna geführt haben: War es der Klimawandel? Oder die Bejagung durch den Menschen? Oder ein Zusammenwirken beider Faktoren? Gegenwärtig ist man der Ansicht, dass unsere fernen Vorfahren wesentlichen Anteil am Aussterben der eiszeitlichen Tierwelt hatten, wobei ihnen in gewissem Maß auch Klimaveränderungen »zu Hilfe« kamen.

Der typischste Vertreter der ausgestorbenen eiszeitlichen Säugetiere ist das Kältesteppenmammut (*Mammuthus primigenius*), auch als Wollhaarmammut bekannt. Es hatte die Größe der heutigen Elefanten, besaß aber eindrucksvolle, bis zu 5 m lange, gebogene oder eingerollte Stoßzähne und war mit seinem dichten, langen Fell bestens an das kalte Klima der eurasischen Steppenregionen angepasst. Dank seiner Größe hatte es kaum natürliche Feinde, außer möglicherweise Löwen, bis unsere Vorfahren, die vor allem von der Jagd lebten, auftraten. Obwohl die meisten Mammute vor rund 11 000 Jahren ausstarben, überlebten einige auf der Wrangelinsel in der Ostsibirischen See bis vor etwa 4000 Jahren.

Die Entnahme und Vervielfältigung von Bruchstücken der Mammut-DNA zeigte, dass das Mammut dem asiatischen Elefanten am nächsten steht und sich ihre Entwicklung vor rund sechs Millionen Jahren trennte.

Es sind im Allgemeinen die widerstandsfähigsten Teile des menschlichen Körpers, die über viele tausend Jahre erhalten bleiben, also Zähne und Knochen mit dichter Masse, sowie – natürlich – Steinartefakte aller Art. Dennoch sind sie alle, während sie noch auf der Bodenoberfläche liegen, der natürlichen Verwitterung, einem Zerfallsprozess, ausgesetzt, verursacht vor allem durch Wind, Regen und die Kraft der Flussläufe. Erst wenn die Artefakte durch Ablagerungen bedeckt werden und unter die Erdoberfläche gelangen, sind sie vor diesen Erosionsfaktoren geschützt.

Damit eine Chance besteht, dass diese Überreste dauerhaft konserviert werden, müssen sie somit entweder auf natürliche Weise schnellstens in den Boden gelangen oder von Menschenhand begraben werden. Wie wir noch sehen werden, ist die Bestattung ein kultureller Akt, der einhergeht mit der Entstehung von Identität und dem Bewusstsein von Tod sowie der Vorstellung von einem Leben nach dem Tod, das seinen Ausdruck in der Religion findet. Zwar weiß man von einzelnen Bestattungen zur Zeit des Neandertalers, der Brauch der Bestattung wird aber gemeinhin erst als Merkmal der Spezies *Homo sapiens* angesehen und begleitet die letzten 80 000 Jahre unserer Geschichte.

Die meisten in Bezug zum Menschen stehenden vorgeschichtlichen Artefakte sind Steinwerkzeuge und Stein- oder Felsritzungen, da diese anorganischen Materialien dauerhafter sind. Im Vergleich dazu sind Materialien organischer Herkunft, zum Beispiel Kleidung aus Tierhäuten und -fell, Holzobjekte und sogar Elfenbein, viel vergänglicher; sie zerfallen nach wenigen tausend Jahren und blieben daher nur selten erhalten.

Es gibt aber durchaus bestimmte natürliche Bedingungen, unter denen selbst empfindliches organisches Material über lange Zeiträume hinweg erhalten bleibt. Dazu zählt insbesondere das Körpergewebe mit der darin enthaltenen DNA. Die Hoffnung, extrem alte DNA-Proben isolieren zu können, wie sie etwa der Film *Jurassic Park* vermittelte, konnten die Forscher leider nicht erfüllen. In der Presse – und selbst in Fachpublikationen – erschienen Berichte über die DNA-Isolierung aus Millionen Jahre alten, in Bernstein eingeschlossenen Insekten. Es stellte sich aber heraus, dass jene Fälle einer wissenschaftlichen Überprüfung nicht standhielten und dass alle Ergebnisse verfälscht waren. Die Isolierung und Vervielfältigung von DNA-Bruchstücken ist extrem aufwändig und setzt modernste Technik voraus. Heute lassen sich selbst winzige DNA-Spuren identifizieren, weshalb dieses Verfahren zu einem unerlässlichen Instrument der Gerichtsmedizin wurde, aber Wunder darf man nicht erwarten.

Zur Isolierung von uraltem DNA-Material griff man seit den 1960ern vor allem auf Museumsbestände zurück. Dabei handelte es sich vorwiegend um ausgetrocknetes, nur wenige tausend Jahre altes Gewebe, etwa aus der Haut eines Quagga (einer ausgestorbenen Zebra-Art) und einer ägyptischen Mumie. In den letzten Jahren machte die Technik der DNA-Isolierung rasante Fortschritte; sie ging einher mit einem besseren Verständnis von den natürlichen Grenzen, die dem Erhalt der DNA gesetzt sind. Ideale Voraussetzungen dafür sind Kühle, Dunkelheit und Trockenheit – Faktoren, die eine Tätigkeit der Mikroorganismen unterbinden. Leider treffen sie nur allzu selten zusammen. Deshalb kann man selbst aus Knochen, die auf dem Boden liegen oder die knapp unter der Oberfläche vergraben sind, nach längerer Zeit keine DNA mehr isolieren. Hinzu kommt, dass ein äquatoriales, tropisches oder sogar gemäßigtes Klima die Zerstörung der DNA begünstigt.

Daher ist es äußerst unwahrscheinlich, von unseren afrikanischen Vorfahren je DNA-Material isolieren zu können. Dass dies dennoch unter extremer Trockenheit gelingen kann, das zeigt die Isolierung von mitochondrialer DNA beim australischen Mungo III-Fund. Andererseits scheinen selbst relativ junge Knochen, wie jene des 18000 Jahre alten *Homo floresiensis,* keine verwertbaren DNA-Spuren mehr zu enthalten, obwohl sie in einer Höhle lagen. Nur in kühlen Verhältnissen oder – in den Tropen – in großer Höhe, etwa in den Anden, scheinen Bedingungen vorzuherrschen, die dem Erhalt der DNA förderlich sind. In Peru entdeckte mumifizierte Leichen von Kindern, die als Opfer dargebracht wurden, waren ungewöhnlich gut erhalten, weil sie oberhalb der Regenzone, auf der windabgewandten Seite der Berge, in großer Höhe beigesetzt und durch den kalten, trockenen Wind »gefriergetrocknet« worden waren.

Die ältesten bisher isolierten DNA-Bruchstücke sind etwa 80000 Jahre alt und stammen von Mammuts, die im sibirischen Bodeneis (Permafrost)

Die Chancen, überhaupt eine DNA-Probe von unseren fernen afrikanischen Vorfahren wiederherzustellen, sind äußerst gering.

Sibirische Jäger fanden als Erste vor Jahrhunderten im Bodeneis konservierte Exemplare des Kältesteppenmammuts. Dieses eher an ein Schwein erinnernde Mammutjunge, dessen Rüssel fehlt, wurde 1988 entdeckt. Die im 19. Jahrhundert entstandene recht fantasievolle Darstellung eines Mammuts (Abb. oben) zeigt ihn als behaarten Elefanten, was jedoch nicht stimmt. Erst die Funde der frühen 1920er Jahre ermöglichten genaue Erkenntnisse über ihr Aussehen. Zugleich erkannte man, dass die Zehntausende Jahre alten Felsmalereien unserer altsteinzeitlichen Vorfahren, die lebende Mammuts gesehen hatten, weit naturgetreuer waren als obiger Stich aus dem 19. Jahrhundert.

eingeschlossen waren. Leider sind die Chancen, gefrorene Überreste mehrerer zehntausend Jahre alter moderner Menschen zu finden, sehr gering, auch wenn wir wissen, dass sich unsere Vorfahren schon seit mindestens 37 000 Jahren in große Höhen vorwagten, wenn auch nur vorübergehend, um zu jagen.

Es wäre somit theoretisch möglich, dass einer von ihnen auf der Jagd oder aus sonst einem Grund starb, aber da sich in diesen Regionen wohl nur wenige Individuen aufhielten, ist es eher unwahrscheinlich, auf einen solchen Fund zu stoßen. Weit häufiger sind die Funde von Mammut, Vielfraß, Nashorn und Wildpferd, da sie während der Kaltzeit im arktischen Sibirien verbreitet waren und die Chance, ihre Überreste zu finden, daher ungleich größer ist.

Wie wir sehen werden, stammen die ältesten menschlichen DNA-Proben von Neandertalern, deren Knochen in kühlen, dunklen und trockenen Höhlen erhalten blieben. Betrachten wir dennoch zunächst die Informationen, die sich uns aus Funden erschließen, welche im trockenen Gletschereis eingeschlossen waren. In den letzten Jahren wurden mehrere ungewöhnlich gut erhaltene menschliche Überreste aus alpinen Höhen geborgen. Dazu zählt die Leiche des berühmten britischen Bergsteigers George Mallory, der 1924 versucht hatte, den Mount Everest zu besteigen und seitdem verschollen war. 1999 wurde der Tote in 8 230 Meter Höhe entdeckt. Den unbestreitbaren Höhepunkt bildet jedoch der Fall von Ötzi, dem Jäger der Jungsteinzeit und ältesten im Eis konservierten Menschen.

Ötzi – der 5200 Jahre alte Jäger aus dem Eis

Am 19. September 1991 entdeckte das Nürnberger Bergsteigerehepaar Erika und Helmut Simon die gefrorene und vom Gletschereis teilweise freigelegte Leiche eines Mannes. Sie befanden sich in 3 210 Meter Höhe am Hauslabjoch auf dem Similaungletscher, an der Grenze zwischen Österreich und Italien. Der ungewöhnlich gut erhaltene Körper, der schon bald den Spitznamen Ötzi erhielt und auch als »Mann aus dem Eis«, »Gletschermann« oder *Homo tyrolensis* bekannt ist, wirkte auf den ersten Blick wie ausgezehrt, aber dennoch so frisch, dass zunächst die örtliche Gendarmerie eingeschaltet wurde, da man einen Fall für die Polizei vermutete. Als seine Bekleidung und einige Habseligkeiten jedoch näher untersucht wurden, erkannte man, dass der Fund weitaus älter war – rund 5 200 Jahre. Unter den Gegenständen, die der Tote bei sich trug, waren eine Kupferaxt und ein Köcher. Das trockene Gletschereis hatte zwar den Körper von einst etwa 50 auf nunmehr 20 Kilo schrumpfen lassen, ihn aber ansonsten so hervorragend erhalten, dass die Forscher eine nie da gewesene Fülle von Erkenntnissen über Ötzi selbst als auch über das Leben in der Jungsteinzeit erhielten. Heute wird Ötzi bei –6 °C und einer Luftfeuchtigkeit von 98 Prozent, also unter denselben Bedingungen, wie er einst im Gletschereis lag, in einem speziell für ihn angefertigten Raum im Bozener Museum für Archäologie aufbewahrt.

Vom Körperbau her war Ötzi eher schmächtig, nur 1,59 Meter groß, und nach der Analyse seiner Knochen und Zähne zum Zeitpunkt seines Todes

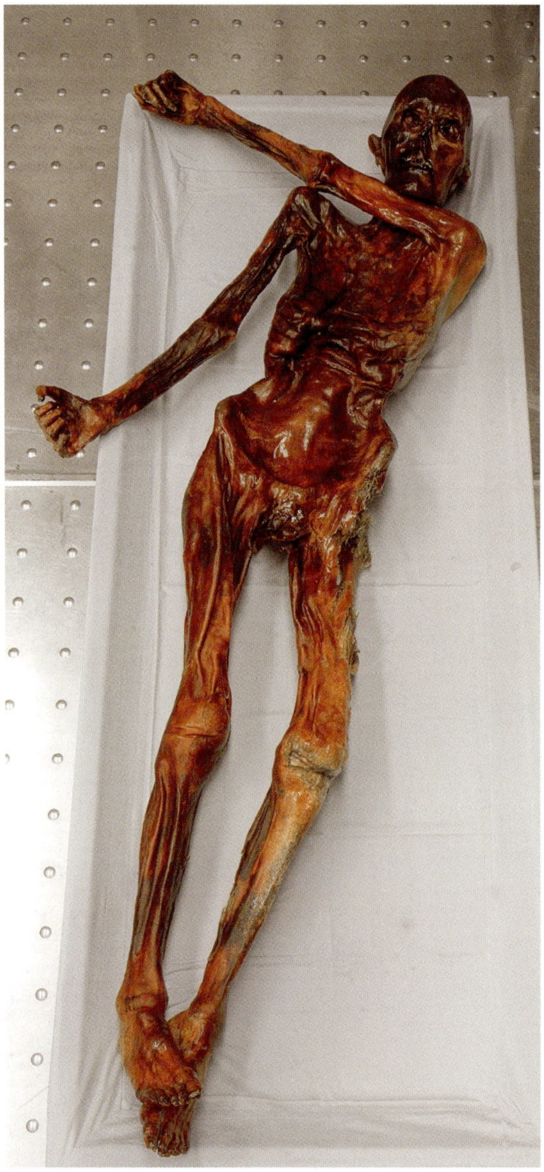

Ötzi, so genannt nach der Fundstelle, den Ötztaler Alpen, ist einer der am besten erhaltenen frühgeschichtlichen menschlichen Funde. Entscheidend für den außergewöhnlich guten Erhaltungszustand war, dass der Leichnam unmittelbar nach dem Tod des Mannes vor etwa 5200 Jahren auf natürliche Weise im Gletschereis sofort tiefgefroren wurde. Die exakte Fundstelle von Ötzi liegt auf der italienischen Seite der Grenze zu Österreich. Forscher konnten eine Reihe von Details klären, so etwa die Frage, woraus Ötzis letzte Mahlzeit bestand und wo seine Heimat war. Zugleich gelang es ihnen, sogar DNA-Proben von Ötzi zu isolieren.

etwa 46 Jahre alt. Die Röntgenaufnahmen seines Skeletts ergaben, dass ihm von Geburt an das 12. Rippenpaar fehlte – und die fünfte bis neunte Rippe Spuren einer noch zu Lebzeiten verheilten Fraktur aufwiesen. Man stellte noch weitere Knochenbrüche fest, die aber vermutlich durch den nach dem Tod eingetretenen Druck des Gletschereises auf den Körper verursacht sein dürften. Auch Ötzis genaue Todesursache war heftig umstritten, wobei die Medien nicht zuletzt aus Sensationslust die Version eines schauerlichen, gewaltsamen Todes verbreiteten. Sicher ist, dass er vor seinem Tod unter starken Schmerzen gelitten hat.

Der eine erhaltene Fingernagel – Nägel können sich, ebenso wie das Haar, nach dem Tod leicht loslösen – wies in seinen Wachstumslinien drei signifikante Störungen auf, die darauf hindeuten, dass der Mann in den letzten Monaten vor seinem Tod schwer erkrankt sein muss. So stellten die Forscher bei Ötzi ein Darmleiden fest. Er war vom Peitschenwurm befallen, eine Erkrankung, die zu häufigen Durchfällen führt. Der Grad des Wurmbefalls ließ sich allerdings nicht feststellen. Tätowierungen unweit von Akupunkturpunkten an der Lendenwirbelsäule, am rechten Knie und an den Fußknöcheln lassen vermuten, dass er gegen Schmerzen behandelt wurde, obwohl die Röntgenbilder keinen Hinweis auf eine Arthritis ergaben, die am ehesten infrage gekommen wäre. Man stellte auch kleinere Beschwerden fest, wie etwa Frostbeulen an der linken kleinen Zehe, und sogar, dass er Flöhe hatte, was für damalige Zeiten nicht ungewöhnlich gewesen sein dürfte.

Eine Röntgenbild von 2001 brachte ein verblüffendes Detail zutage: In der linken Schulter steckte eine durch den Rücken eingedrungene steinerne Pfeilspitze. Es lässt sich nicht sagen, wie schwer die Verletzung war und ob auch Arterien getroffen wurden. Die Schwere der Verletzung ließe sich nur bestimmen, wenn man die betreffende Körperpartie auftauen und Proben aus tiefem Gewebe entnehmen würde; davor schrecken die Experten jedoch zurück. Außerdem fand sich an der rechten Hand zwischen Daumen und Zeigefinger eine 3,7 Zentimeter tiefe Schnittwunde. Pathologische Untersuchungen des zerstörten Gewebes zeigen, dass sie etwa drei bis acht Tage vor Ötzis Tod entstanden sein musste, vielleicht sogar zeitgleich mit dem Pfeileinschuss, sodass er vermutlich wenige Tage später an seinen Verletzungen verstarb. Einige Experten meinten, an Ötzis Kleidung Spuren fremden Blutes zu erkennen, doch wurde dies noch nicht eindeutig bestätigt. Wie dem auch sei: Ötzi scheint eines gewaltsamen Todes gestorben zu sein, wofür es etliche Belege gibt. Unklar ist aber, zu welcher Jahreszeit der Gletschermann starb.

Es könnte im Herbst gewesen sein, wofür die Schlehdornfrüchte sprechen, die er bei sich trug, und die zwei Getreidekörner, die an seinem Umhang hafteten, könnten noch vom Dreschen stammen. Bei mikroskopischen Untersuchungen der Nahrungsreste aus dem Dickdarm fanden sich darin gut erhaltene Hopfenbuchenpollen. Die Hopfenbuche wächst nur in Höhen bis etwa 1200 Meter und blüht im Spätfrühling und Frühsommer. Somit muss Ötzi um diese Zeit unterwegs gewesen sein und Wasser aus Gebirgsbächen getrunken haben, auf das die Pollen gefallen waren. Die Schlehdornfrüchte, die man bei ihm fand, dürfte er als Trockenfrüchte mit sich geführt haben; sie könnten aus dem Vorjahr gestammt haben. Auch die Getreidekörner an seinem Umhang hafteten dort möglicherweise schon längere Zeit.

Ötzi – der Mann aus dem Eis. 1991 wurden in den Ötztaler Alpen, in Südtirol, unweit der österreichischen Grenze, die ungewöhnlich gut erhaltenen gefrorenen Überreste eines Mannes gefunden, der vor 5 200 Jahren lebte. Glücklicherweise blieb der Leichnam nach der Bergung gefroren, was eine Vielzahl von Untersuchungen aller Art ermöglichte. Eine Mitochondrien-DNA-Probe ergab, dass er aus der nächsten Umgebung stammte. Isotopen-Analysen seiner Zähne lassen vermuten, dass er bei Feldthurns im Eisacktal aufwuchs und später in den Vintschgau, ins Etschtal, zog, bevor er sich schließlich im Schnalstal niederließ. Unweit von hier ereilte ihn in über 3 200 m Höhe dann der Tod.

Ötzis Kleidung und Ausstattung zeigen, dass er für das raue Klima bestens ausgerüstet war. Tests ergaben, dass seine »Bergschuhe« ebenso hochgebirgstauglich wie bequem waren.

Der außergewöhnliche Erhaltungszustand von Ötzis Schuhwerk, Kleidung und Ausrüstung war ein Glücksfall für die Wissenschaft. Er zeigte, dass die Menschen der Jungsteinzeit sehr wohl in der Lage waren, sich an die Bedingungen im Hochgebirge anzupassen. Kleidung und Schuhwerk sind aus natürlichen Materialien aus der Umgebung gefertigt und fallen durch ihre besondere Bearbeitung auf. Auch seine Ausrüstung war für umherziehende Jäger typisch. Verletzungsspuren deuten darauf hin, dass er eines gewaltsamen Todes starb.

Somit ist nicht sicher, ob Ötzi im Spätfrühling oder im Herbst starb. Berücksichtigt man die Hopfenbuchenpollen, dann starb er sehr wahrscheinlich im Spätfrühling oder Frühsommer.

Ein zäher, selbstsicherer Jäger

Ein Jahr nach der Entdeckung der Leiche untersuchten Experten erneut die Fundstelle und die Umgebung und bargen aus dem Gletschereis eine Fülle weiterer Objekte. Überraschend gut erhalten waren Ötzis Kleidung und Ausrüstung, die eindeutig beweisen, dass er als Jäger bestens ausgestattet war und auch die hochalpinen Bedingungen nicht fürchten musste. Er trug leggingähnliche Beinlinge aus Fell sowie drei Schichten von Kleidung: einen Lendenschurz, ein Obergewand aus Hirschleder und Ziegenfell und einen Grasmantel sowie eine Bärenfellmütze. Sein Schuhwerk bestand aus einem Schnurgeflecht, auf das Hirschleder aufgenäht war, während die Sohle aus Bärenleder gefertigt war. Zum Schutz gegen die Kälte waren die »Bergschuhe« mit Gras ausgestopft. Eine Rekonstruktion seines Schuhwerks zeigte, dass es hochgebirgstauglich und dazu auch noch bequem war.

Zu seiner Jagdausrüstung gehörte ein Beil mit 80 Zentimeter langem Eibenholzstiel und 9 Zentimeter breiter Kupferklinge, ein Dolch mit Feuersteinklinge und Eschenholzgriff, ein 1,8 Meter langer Bogenstab sowie ein Lederköcher mit 14 Pfeilen von je 85 Zentimeter Länge. Allerdings waren nur zwei Pfeile schussfertig, nämlich mit Feuersteinklingen und Befiederung versehen. Außerdem führte er einen Lederbeutel mit sich, in dem er Feuersteinklingen, Spuren von Pyrit und Zunderschwamm zum Entfachen des Feuers aufbewahrte.

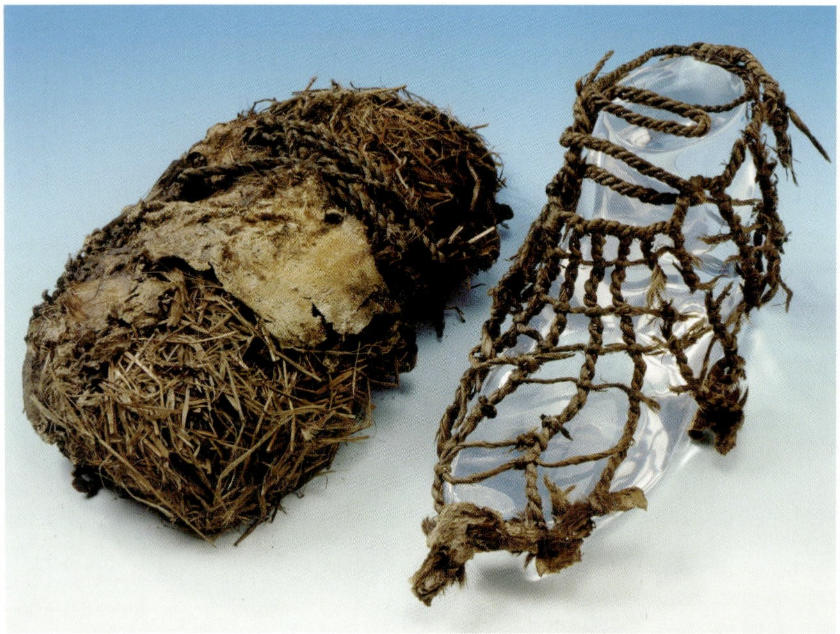

Ferner fand man bei ihm eine Urform des Rucksacks, eine so genannte Kraxe, ein mit Leder überzogenes Holzgestell. Darin bewahrte er vermutlich ein Netz aus Grasschnüren, mehrere Lederriemen sowie zwei Gefäße aus Birkenrinde auf. In einem davon barg er wahrscheinlich die Glut des letzten Lagerfeuers, denn darin fand man Blätter des Spitzahorns, in die Fichten- und Wacholdernadeln mit Holzkohlefragmenten gewickelt waren. Schließlich trug Ötzi noch eine kalbslederne Gürteltasche, in der man einen Dorn aus Hirschgeweih zum Abhäuten von Tieren, einen Bohrer sowie eine Knochenahle fand. Der Gletschermann präsentiert sich uns somit als erfahrener, bestens ausgerüsteter Jäger, der eine Vielzahl von Gerätschaften aus natürlichen Materialien mit sich führte.

Komplexe geochemische Analysen seiner Zähne, Knochen und Eingeweide weisen Reste von Spurenelementen und Isotopen auf, wie sie in der Umgebung, vor allem im Boden und Wasser, auch vorkommen. Dies legt nahe, dass er aus Südtirol, aus dem Eisacktal unweit des heutigen Ortes Feldthurns stammt; seine Jugend verbrachte er jedoch etwas nördlicher, in der Gegend des Etschtals oder Schnalstals. Vermutlich hatte er sich zeitlebens nie weiter als in einem Umkreis von 60 Kilometer von seinem Geburtsort fortbewegt. Die DNA-Proben ergaben, dass er genetisch einer typisch nordmitteleuropäischen Population angehörte und nicht mediterraner Herkunft war.

Die Knochen wurden auch auf das Mengenverhältnis stabiler Isotopen (vor allem Kohlenstoff-13 und Stickstoff-15) untersucht, die Aufschluss über seine Ernährungsweise geben. Stickstoff-15 zeigt das Verhältnis von tierischen zu pflanzlichen Proteinen in der Ernährung; im Fall Ötzis machen Erstere rund 30 Prozent seiner Ernährung aus. Kohlenstoff-13 gibt Aufschluss über die Art der verzehrten Pflanzen und ob auch Meeresfrüchte auf seinem Speiseplan standen. Es überrascht also nicht, dass Letztere fehlten, denn er ernährte sich vor allem von Getreide sowie Pilzen, Früchten, Nüssen, die er durchaus auch getrocknet verzehrt haben könnte. Bestätigt wurde diese Annahme durch die Untersuchung des Magen- und Darminhalts. Sie zeigte, dass seine letzte Mahlzeit aus Getreide und Wild (Steinbock- und Hirschfleisch) bestand.

Die Fülle an Detailinformationen, die die Wissenschaft durch Ötzi gewann, ist absolut ungewöhnlich. Die Geschichte von Ötzi zeigt eindrucksvoll, wie reich die Ausbeute an Erkenntnissen sein kann, wenn die Hightech-Methoden in den Dienst der Archäologie gestellt werden und die zu untersuchenden Überreste gut erhalten sind. Sie lehrt uns aber auch etwas, das heute ebenso wie damals vor 5000 Jahren von Bedeutung war: Alles Leben passt sich an die bestehende Umgebung und das vorherrschende Klima an.

Wir sollten auch nicht vergessen, dass unser Leben selbst heute noch weitaus enger von den vorhandenen Umweltbedingungen geprägt wird, als viele glauben. Trotz des technologischen Fortschritts, der es möglich macht, vom Äquator bis zu den Polen zu reisen und dort mit entsprechender Ausrüstung, Kleidung, Nahrung und Wasser zu überleben, sind wir von der natürlichen Umgebung höchst abhängig. Sobald sich nämlich Klima und Umwelt schnell ändern und wir unsere Ernährung, Wohnweise oder Schutzvorkehrungen gegenüber den Naturgewalten nicht entsprechend ändern, ist unser Leben gefährdet.

Dass sich das Klima in der Vergangenheit geändert hat und sich in Zukunft erneut wandeln wird, steht fest und muss auch das Leben unserer Vorfahren geprägt haben. Um die frühen Auswirkungen des Klimas deuten zu können, müssen wir verstehen, wie Klimawandel und Veränderungen der Umwelt ablaufen.

Harte Zeiten durch Klimawandel

Wohl haben wir allen Grund, besorgt zu sein über die Klimaänderungen und die sich daraus für uns und unsere Umwelt ergebenden Auswirkungen; allerdings zeichneten sich die letzten 10 000 Jahre gegenüber den vorangehenden Epochen durch ein ungewöhnlich stabiles Klima aus. Heute wissen wir, dass in den letzten 2,5 Millionen Jahren, also während des Quartärs, Klimaschwankungen dramatische Ausmaße hatten: Auf Warmzeiten, in denen es wärmer war als heute, folgten Kaltzeiten, in denen es erheblich kälter war als in unseren Tagen.

Auf dem Höhepunkt der Vereisungszeiten ragte ein mächtiger Eisschild von den Polen bis weit in die niedrigeren Breitengrade hinein, sodass Gletscher sogar ehemals tropische Gebiete überzogen. Eine der Hauptquellen für unser Verständnis vom Klimawandel mag ungewöhnlich erscheinen: Es sind die Kalkschalen der Foraminiferen, marinen Urtierchen, die auch wichtige Leitfossilien für die Klimaveränderungen ferner Erdzeitalter sind. Eine weitere Quelle sind die vergangenen Eis- und Schneeschichten im viele hundert Meter dicken Eispanzer, der heute Grönland und die Antarktis bedeckt.

Auf den Kontinenten der Nordhalbkugel machte sich das Vordringen des Inlandeises während der Eiszeiten am stärksten bemerkbar. Der riesige arktische Eispanzer bedeckte fast ganz Kanada und reichte in den USA bis jenseits der Großen Seen. Die Vereisung Nordamerikas war vermutlich entscheidend für die späte Besiedlung durch den Menschen. Es bleibt nämlich immer noch umstritten, wie und wann die ersten Menschen von Sibirien nach Nordamerika einwanderten. Bis vor kurzem nahm man an, dass eine Besiedlung erst möglich wurde, als mit dem Beginn einer Warmzeit ein Rückgang der Gletscher einsetzte. Es mehren sich jedoch die Hinweise dafür, dass die ersten Menschen weit früher, vermutlich während einer Interglazialzeit, also einer Warmzeit zwischen zwei Eiszeiten, einwanderten.

Auch die viel früher, vor rund zwei Millionen Jahren erfolgte Besiedlung Eurasiens durch unsere Vorfahren war durch Klimaschwankungen und Umweltveränderungen bestimmt.

Heute wissen wir, dass der arktische Eispanzer in Nordasien nicht so ausgedehnt war wie allgemein angenommen. Bis vor kurzem ging man davon aus, dass ähnlich wie in Nordamerika auch hier das

Wie im Fall von Ötzi ist auch unser Dasein abhängig von den uns umgebenden Bedingungen, und zwar stärker, als viele von uns heute glauben.

Nachweise klimatischer Veränderungen

Die letzten 160 Jahre erbrachten den Beweis, dass viele Regionen der nördlichen Breitengrade in der jüngsten geologischen Vergangenheit von einer mächtigen Schicht von Inlandeis bedeckt waren. Landschaftsformen, Ablagerungen und Fossilien belegen einen starken Klimawandel mit einer Abfolge von mehreren Warm- und Kaltzeiten. Jüngste Daten aus diversen Quellen wie Eisbohrkernen der Polkappen, See- und Meeresbodenproben haben unser Wissen über die letzte Eiszeit bereichert und die Bestimmung einzelner Klimaphasen ermöglicht. Die Bohrkerne aus dem Polareis und vom Meeresboden geben Aufschluss über mit dem Klima zusammenhängende Phänomene, wie die Frischwasserzufuhr in den Meeren und die Tiefseetemperaturen. Die erzielten Daten trugen wesentlich zur Erarbeitung paläoklimatischer Übersichten bei. Aus Seebodenproben gewann man Fossilien von Pollen und anderen Organismen, die empfindlich auf klimatische Veränderungen reagieren. All diese Daten finden heute Eingang in komplexe Klimamodelle, die ein besseres Verständnis vom Klimawandel und der Geschwindigkeit, mit der er sich vollzieht, liefern.

Die Kenntnis der eiszeitlichen Klimaverhältnisse ist überaus wichtig für die Vorhersage möglicher Klimaveränderungen in nächster Zukunft. Die Analysen von Sauerstoffisotopen, die in den Bohrkernen von Polareis enthalten sind, und von Mikrofossilien aus den Meeresbodenkernen belegen, dass mitunter innerhalb eines einzigen Jahrhunderts Schwankungen von mehreren Grad Celsius verzeichnet werden. Gegenwärtig leben wir in einer warmen Zwischeneiszeit.
Die Diagramme veranschaulichen, wie komplex und detailreich sich in den letzten Jahrzehnten unser Wissen über die Klimaveränderungen der Erdvergangenheit entwickelt hat. Das oberste Diagramm deckt den gesamten zeitlichen Rahmen des Eiszeitalters des Quartärs ab. Die nächstfolgenden Schautafeln enthalten jeweils immer weitere Ausschnitte bis hin zum Intervall der letzten 120 000 Jahre. Die Spitzen im Histogramm (der grafischen Darstellung der Häufigkeitsverteilung von Messwerten) stehen für die Kaltzeiten (gerade Zahlen), während die Talwerte die Warmzeiten (ungerade Zahlen) am Beispiel der letzten 100 000 Jahre darstellen. Der Polaritätsablauf stellt die periodischen Richtungsänderungen des erdmagnetischen Feldes dar.

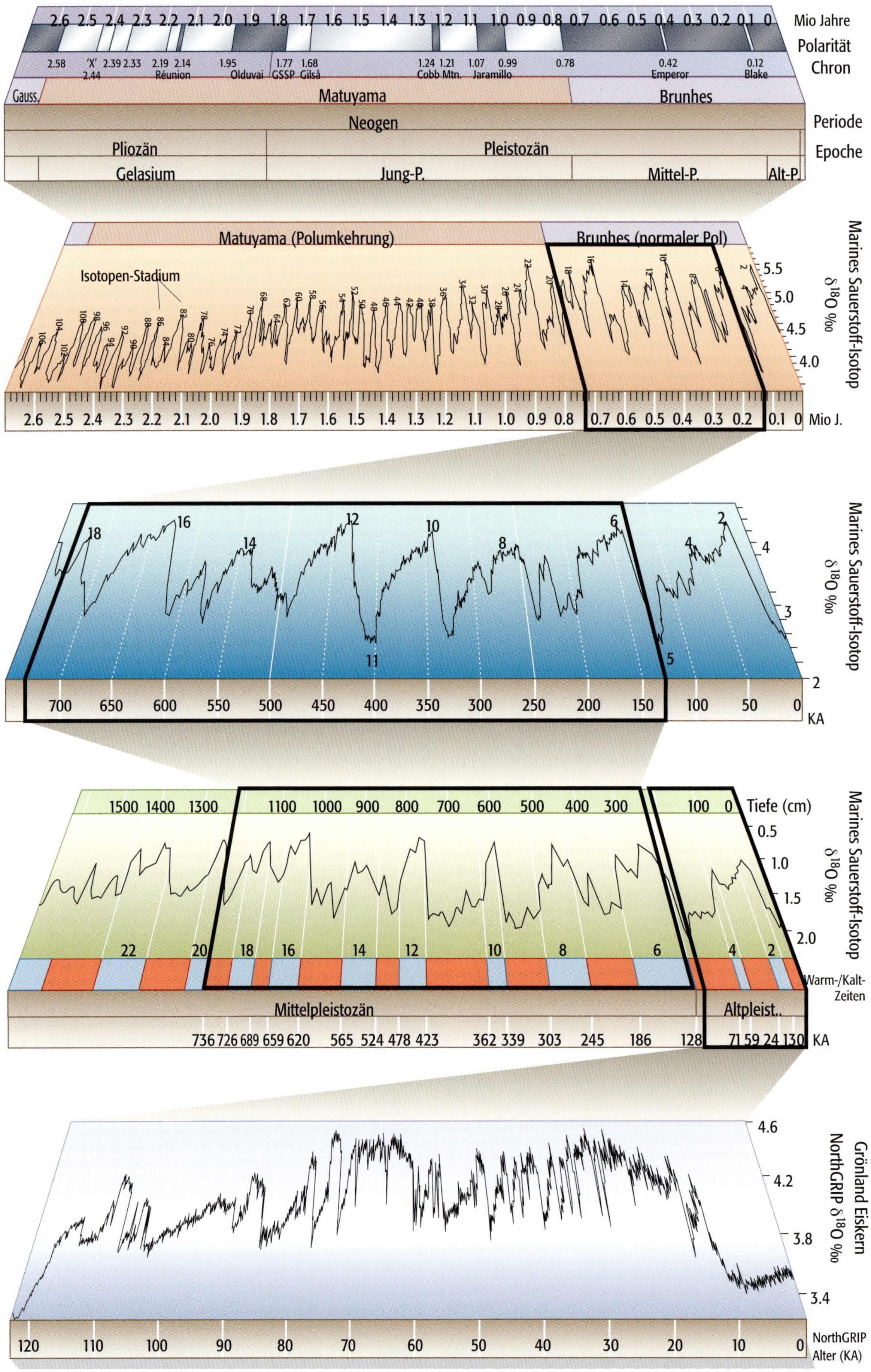

Inlandeis weite Teile Sibiriens bedeckte, die damit praktisch unbewohnbar gewesen wären. Fossilienfunde belegen aber genau das Gegenteil: Dieses Gebiet war von riesigen Herden Pflanzen fressender Säugetiere der Eiszeit, wie Mammut, Wisent, Karibu und Wildpferd, bewohnt. Diese Tiere waren auf weite grasbedeckte Steppen angewiesen, sodass ihr Vorkommen in diesen Breitengraden zu der Theorie eines von mächtigem Eis bedeckten Eurasien in Widerspruch steht. Außerdem scheinen Pollenspuren an mehreren Fundstellen sowie der Mageninhalt von im Eis eingeschlossenen Mammuts die Existenz von Graslandschaften zu bestätigen, die einst viel größere Flächen als heute bedeckten.

Den modernen Klimamodellen zufolge beschränkte sich das eurasische Inlandeis vor allem auf Skandinavien, Nordwesteuropa und die Gebirge von Zentralasien. Der Grund hierfür war nicht etwa, dass es in Sibirien nicht ausreichend kalt gewesen wäre; vielmehr war die Luft viel zu trocken, um Niederschläge in Form von Schnee entstehen zu lassen. Weder der an die Kälte so gut angepasste Neandertaler noch unsere modernen Verwandten aus Afrika konnten in solch extremen Klimaverhältnissen überleben. Umso verblüffender ist es, dass sie sich dennoch so weit nach Norden vorwagten.

Südlich dieser Inlandeisdecke war der Boden bis in fast 100 Meter Tiefe gefroren (Permafrost). Nur die obersten etwa 10 Zentimeter erlebten einen kurzen »Sommer«, der aber ausreichte, um eine Tundravegetation aus Gras, Zwergsträuchern, Flechten und Moosen entstehen zu lassen. In diesen Kältesteppen weideten große Herden von Wildpferden, Mammuts, Wisents und Hirschen neben Einzelgängern wie dem Pflanzen fressenden, dicht behaarten Wollnashorn.

In den Genuss dieser »wandernden Fleischressourcen« kamen die Jäger der Steinzeit erst, als sie über entsprechende Jagdtechniken, Waffen, vor Kälte schützende Kleidung und alles Notwendige zum Überleben in der Kältesteppe verfügten. Noch vor kurzem nahm man an, dass die ersten Menschen den hohen Norden erst vor 14 000 bis 13 000 Jahren, also gegen Ende der letzten Eiszeit, erreichten. Jüngste archäologische Funde belegen jedoch eindeutig, dass einige Jäger bereits vor etwa 40 000 Jahren, während der letzten Eiszeit, bis zum Nordpolarkreis vordrangen. Allerdings dürfte ihr Vorstoß in einer jener kurzen »Warmzeiten« zwischen zwei Kaltzeiten erfolgt sein. Paläoklimatische Indikatoren lassen erkennen, dass in Mamontovaya Kurya am 66. nördlichen Breitengrad im Winter die Temperatur auf -30 °C und mehr sank.

Das Rätsel von Mamontovaya Kurya

An der Fundstelle Mamontovaya Kurya, unweit der Nordausläufer des Ural-Gebirges am Fluss Usa, wurden aus einer 12 Meter tiefen Erdschicht eines Steilufers Steinwerkzeuge sowie eine Unzahl von Tierknochen geborgen. Bei den meisten handelt es sich um Mammutknochen, von denen viele Schnittspuren aufweisen, wie sie beim Zerlegen mit scharfen Steinwerkzeugen auftreten. Bedeutendster Fund war ein Mammutstoßzahn mit tiefen Einkerbungen; man vermutet, dass er als eine Art Unterlage diente, auf der andere Materialien zerhackt oder durch Schnitte zerlegt wurden. Unter den Steinartefakten befanden sich eine kleine, beidseitig bearbeitete Steinklinge und ein großer Schaber, wie sie in der Mousterien-Kulturstufe (Mittleres Paläolithikum) oder im frühen Jungpaläolithikum auftreten.

Solche Artefakte zeugen von einer Technik der Werkzeugherstellung, wie man sie beim späten Neandertaler und beim frühen modernen eurasischen Menschen antrifft. Man weiß nicht, ob jene

Die »wandernden Fleischressourcen« in den Kältesteppen blieben für die Jäger unerreichbar, bis sie entsprechende Jagdausrüstung und warme Kleidung besaßen.

Erste Jäger der Arktis
Der älteste Nachweis für das Vordringen unserer Vorfahren bis zum Nordpolarkreis findet sich in Mamontovaya Kurya am Südufer des Flusses Usa in den nördlichen Ausläufern des Urals. Vor etwa 37 000 Jahren, während einer Warmzeit innerhalb der letzten Eiszeit, nutzten Jäger – Neandertaler oder moderne Menschen – diese Stätte als Zwischenlager. Hier zerlegten sie ihre Beute, vor allem Ren, Pferd und Wolf, und entnahmen verendeten Mammuts die Stoßzähne, um das Elfenbein zu nutzen. Byzovaya, die zweitnördlichste Fundstelle, ist 28 000 Jahre alt und stammt eindeutig vom modernen Menschen.

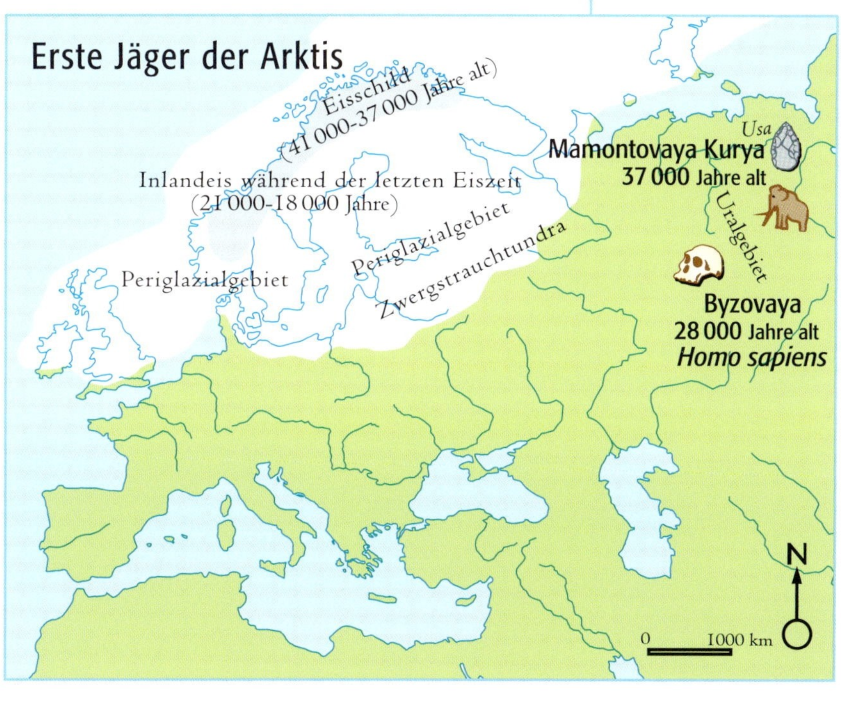

Wenn die Pflanzenfossilien aus einer archäologischen Fundstelle zu identifizieren sind, kann man daraus ableiten, welche Klimaverhältnisse einst dort herrschten.

Jäger Neandertaler oder moderne Menschen waren, da menschliche Knochenreste völlig fehlen. Sollten die Artefakte von Neandertalern stammen, müssten wir unsere Ansichten über ihre Fähigkeiten und ihre geographische Verbreitung revidieren. Selbst wenn diese Stätte nur als vorübergehendes Sommerlager diente, müssen die Jäger über ein entwickeltes Planungs- und Organisationsvermögen verfügt haben. Solche sozialen Fähigkeiten wurden bislang erst dem Jetztmenschen *Homo sapiens sapiens* zugeschrieben, und vielleicht waren es tatsächlich dessen Vertreter, die eine Jagd im Raum Mamontovaya Kurya überlebten.

Es dauerte gut hundert Jahre, bis es den Wissenschaftlern gelang, die spärlichen Zeugnisse über das Klima früherer Erdzeitalter zu einem Ganzen zusammenzufügen und ein Klimamodell für eine genau definierte Zeitspanne zu erstellen. Berücksichtigt wurden Funde aus diversen Quellen, von Eiskernen und Bodenproben aus der Tiefsee und von Seeufern bis zu fossilen Pollen und Käferresten. Die meisten davon liefern nur indirekte Angaben über Temperatur- und Vegetationsveränderungen.

Lange Zeit ging man davon aus, dass Pflanzen und Tiere nur unter gewissen Klima-, Boden- und Umweltbedingungen überleben können und dass ihr Vorkommen nur ganz allgemein eine geographische oder Höhenverteilung mit einer bestimmten Temperaturskala widerspiegelt. Danach müsste man, wenn man an einer Grabungsstätte Reste einer bestimmten Pflanze findet, mit ihrer Hilfe Aufschluss über das Klima an jenem Fundort erhalten. Ebenso sind die Tiere, wenn auch unterschiedlich stark, von bestimmten Klimaverhältnissen abhängig. Dies trifft vor allem auf Insekten zu, aber leider erhalten sie sich nur sehr schlecht. Eine Ausnahme bilden die hornartigen Deckflügel (Elytren), die die verletzlichen häutigen Hinterflügel schützen. Die Proteine der Deckflügel halten chemischen und physikalischen Belastungen stand und können sich in bestimmten Umgebungen, wie etwa Gewässersedimenten, konservieren. Sie zählen zu den wichtigsten Leitfossilien und dienen als Klimaindikator.

Ähnlich verhält es sich mit den Pflanzenpollen: Diese haben Strategien entwickelt, um den Transport durch Wind, Wasser und über Tiere zu überleben und sich äußeren Faktoren wie Trockenheit, Oxidation und UV-Strahlung anzupassen. Dennoch bleiben sie lebensfähig, wenn sie auf die richtige weibliche Pflanze treffen. Es überrascht nicht, dass Pollen ein hohes Potenzial haben, Fossilien zu bilden. Das erklärt auch, warum sie in uralten Sedimenten überreich vorkommen und so den Forschern helfen, vergangene Lebensbedingungen zu rekonstruieren.

Auch in Mamontovaya Kurya fand man neben Tierknochen und Steinwerkzeugen Pollenfossilien in den Erdschichten. Die Pollenanalyse ergab, dass sie überwiegend von Gräsern und Kräutern, vereinzelt auch von Weiden stammten, die an geschützteren Stellen wuchsen. Ähnliche eiszeitliche Insektenfossilien, die man an anderen Stellen in Europa fand und deren Alter auf 50 000 bis 41 000 Jahre datiert wurde, zeigen, dass die durchschnittlichen Jahreswerte auf dem Gebiet der heutigen Niederlande -1 °C betrugen und in den kältesten Monaten auf mindestens -10 °C sanken.

In mühsamer Detektivarbeit trugen die Forscher in den vergangenen hundert Jahren paläoklimatische Informationen zusammen, um die Klimaveränderun-

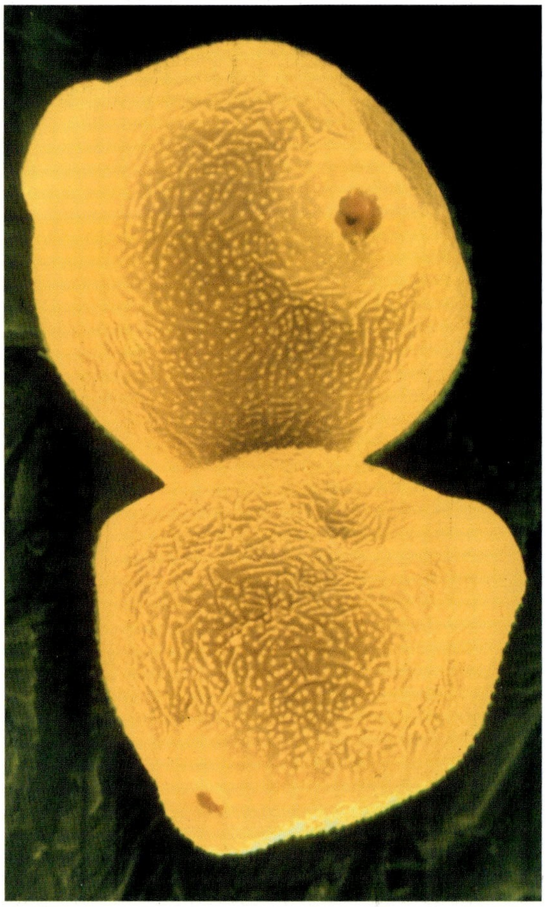

Fossile Pflanzenpollen, vor allem von klimaempfindlichen Arten wie die hier abgebildeten Birkenpollen, helfen bei der Rekonstruktion der Vegetationsmuster vergangener Epochen. Zugleich geben sie Aufschluss über Veränderungen in ihrer Verbreitung, verursacht durch einen möglichen Klimawandel.

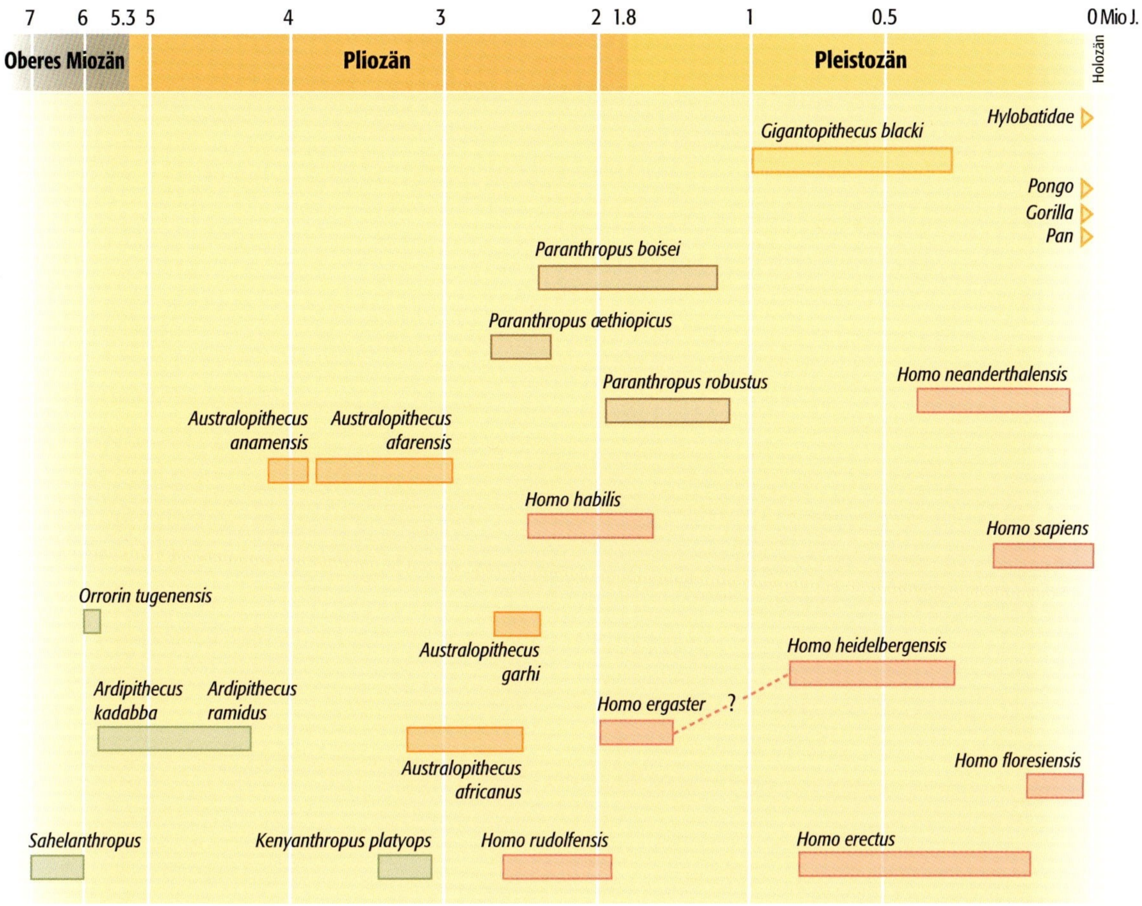

Zeitliche Verteilung der wichtigsten ausgestorbenen Vorläufer und Verwandten des Menschen der letzten sieben Millionen Jahre. Zurzeit gibt es etwa 20 verwandte Arten, die allesamt, mit Ausnahme unserer Spezies *Homo sapiens*, ausgestorben sind. Vier Arten kamen im Lauf des letzten Jahrzehnts hinzu und sicherlich werden künftig noch weitere entdeckt. Die Evolution des Menschen verlief nicht, wie lange Zeit angenommen, linear, ähnlich dem Stamm eines Baumes, sondern strauchartig verzweigt.
Die Farben der Zeitschiene kennzeichnen die wichtigsten Taxa (miteinander verwandte Gruppen), zum Beispiel die Vertreter der Gattung *Homo* (rot), die Gruppe *Australopithecus* (orange), die *Paranthropinen,* d.h. die robusten Australopithecinen (braun), sowie die primitiven *Hominiden*, deren Verwandtschaft umstritten ist (grün), und andere Hominiden (gelb).

gen vergangener Erdzeitalter zu rekonstruieren. Die meisten Angaben stammen von der Nordhalbkugel, während aus den südlicheren Breitengraden nur spärliche Zeugnisse verfügbar sind. Sie zeigen, dass in Nordwesteuropa in den letzten 2,6 Millionen Jahren sich sechs bis sieben Eis- oder Kaltzeiten mit wärmeren Interglazialperioden abwechselten. Eine ähnliche Abfolge ließ sich auch für Russland, China, Nordamerika und sogar für das entfernte Neuseeland auf der Südhalbkugel feststellen. Dennoch bleibt es sehr schwierig, eine Beziehung zwischen der Abfolge von Eis- und Warmzeiten in diesen so weit auseinander liegenden Räumen herzustellen, da fossile Funde mitunter selten sind oder sogar völlig fehlen. Hinzu kommt, dass es in den Festlandablagerungen und den darin eingeschlossenen Fossilien viele Lücken geben kann, denn vordringende Eismassen einer späteren Eiszeit neigen dazu, ältere Schichten zu zerstören.

Zeugnisse aus den Tiefen

Außerdem gibt die Eiskernanalyse nur Aufschluss über die letzten vier Eiszeiten, die 400 000 Jahre zurückreichen. In den letzten Jahrzehnten gingen die Forscher daher dazu über, Bohrproben vom Ozeanboden zu entnehmen. Die Bohrkerne liefern eine Fülle von Daten über klimatische Veränderungen in den letzten Millionen von Jahren. Klimaforschern ist schon lange die Wechselwirkung zwischen ozeanischen und atmosphärischen Faktoren bekannt. Die Lufttemperatur und -feuchtigkeit werden entscheidend durch das Oberflächenwasser der Ozeane oder Meere beeinflusst, mit denen sie in Kontakt kommen.

So etwa herrscht an der Küste Nordwesteuropas bis hinauf zum Nordpolarkreis ein relativ warmfeuchtes Klima dank des Golfstroms, der den Nordosten des Atlantischen Ozeans überquert. Daher bleibt Norwegens Küste eisfrei, während auf der anderen Seite des Atlantiks Eisschollen und Eisberge mit dem kalten Labradorstrom bis weit nach Süden über den 50. Breitengrades hinaus abdriften. Sie wurden auch der Titanic am 15. April 1912 zum Verhängnis. Sollte sich ein Wandel ergeben und der Golfstrom zum Beispiel nicht mehr in nordöstliche Richtung fließen, so würde in Nordwesteuropa das Klima bald dem von Labrador ähneln.

Eisbohrkerne – das Geschichtsbuch der Vergangenheit

Der technologische Fortschritt machte es möglich, aus dem Eispanzer von Grönland oder der Antarktis sowie vom Meeresboden Bohrkerne zu entnehmen. Aus diesen ungewöhnlichen Quellen lässt sich eine ungeahnte Fülle an Informationen über den Klimawandel im Laufe der letzten Kaltzeiten gewinnen.
Die Sedimente auf dem Ozeanboden enthalten die Kalkschalen mariner Kleinstlebewesen, vor allem die der sehr zahlreichen Foraminiferen (Kammerlinge). Sie leben am Meeresgrund, einige schweben in größeren Tiefen im Meer und finden sich auch heute in Ablagerungen auf dem Meeresboden. Sie bilden ihre Schale aus im Wasser aufgelösten Mineralstoffen, vor allem Kalziumkarbonat ($CaCO_3$). Sauerstoff (O) ist eines der Elemente, das im Wasser in Form zweier stabiler Isotope vorkommt: zu 99 % als das leichtere O_{16} und zu 1 % als das schwerere O_{18} Molekül. Kern der Sauerstoffanalyse ist die Entdeckung, dass das Verhältnis dieser Isotope temperaturabhängig ist. Sie zeigt damit den Gehalt an Frischwasser im salzhaltigen Ozeanwasser an. Wegen der heute ansteigenden Wassertemperaturen geht der Gehalt an schwererem ^{18}O zurück.
Sinken dagegen auf dem Höhepunkt einer Kaltzeit die Temperaturen, wird mehr Frischwasser in Form von Eis gebunden, die Gletscher und das Inlandeis nehmen zu und die relative ^{18}O-Konzentration steigt an. Indem man das Verhältnis der beiden Sauerstoffisotopen in den Kalkschalen aus den unterschiedlich tiefen Schichten misst, lässt sich das Ausmaß des Klimawandels ermitteln. Wenn die Muster dieser Veränderungen durch radiometrische Datierung kalibriert werden, ergibt sich eine genaue Zeittafel der betreffenden Klimaänderungen. Auf diese Weise wurden für die letzten 2,7 Millionen Jahre aus Bohrkernen vom Meeresboden insgesamt 52 sukzessive Paare von Kalt- und Warmzeiten ermittelt.
In den Polareiskappen lagern sich seit Hunderttausenden Jahren jährlich bestimmte Mengen an Schnee an. Er ist eine Niederschlagsform aus in der Atmosphäre verdunstetem Wasser, das seinerseits aus den Meeren und Ozeanen aufgestiegen ist. Mit der Zeit bildete sich ein bis zu 3 km mächtiger Schild, wobei durch den Druck der oberen Schichten die darunter liegenden in Eis umgewandelt wurden. Wenn Meerwasser verdunstet, steigen die Moleküle des leichteren ^{16}O-Isotops schneller auf und reichern den Wasserdampf in der Atmosphäre damit an. Daraus niedergehender Schnee weist eine höhere Konzentration an ^{16}O bzw. einen niedrigeren Gehalt an ^{18}O auf. Dies hat zur Folge, dass je größer die Eisablagerungen auf dem Festland in Form von Inlandeis und Gletschern sind, desto höher die Konzentration an ^{18}O im Meerwasser ist. Auf dem Höhepunkt einer Kaltzeit »wandern« etwa 3 % des Meerwassers auf das Festland als Inlandeis. Höhere ^{18}O-Werte verweisen somit auf größere Inlandeismassen und einen niedrigeren Meeresspiegel.
Die Bohrkernanalyse auf frühere Klimaänderungen führte zu unerwarteten Erkenntnissen. Besonders verwirrend ist die Feststellung, dass sich in der Vergangenheit der Klimawandel mehrfach ungewöhnlich schnell vollzog. Die Datierung dieser Klimaänderungen ergab, dass die jährlichen Durchschnittswerte innerhalb weniger Jahrzehnte oder gar eines Menschenlebens um bis zu 5 °C schwankten. Solche Änderungen müssen dramatische Folgen für die Natur, die Pflanzen und die Pflanzen fressenden Tiere gehabt haben, also auch für unsere fernen Urahnen und Verwandten.

Klimaveränderungen können sehr schnell vor sich gehen und drastische Folgen haben.

Die Folgen der raschen Klimaänderungen

Modelle der Meeresströmungen und möglicher Veränderungen, etwa einer Richtungsänderung des Golfstroms, deuten darauf hin, dass die Auswirkungen auf das Klima ungewöhnlich schnell spürbar würden, so wie dies auch Analysen der Eisbohrkerne nahe legten. Ein rascher Klimawandel dürfte einschneidende Folgen gehabt haben, vor allem in den Grenzbereichen der Vegetationszonen. So etwa drang die Steppentundra der letzten Eiszeit bis nach Griechenland und ans Mittelmeer vor.

Moderne Klimamodelle sind überaus komplex und berücksichtigen zahlreiche Faktoren, von der Topografie bis zur Feuchtigkeit. Wissenschaftler erarbeiteten – mit einer Genauigkeit von 5000 Jahren – für die letzten 60 000 Jahre ein detailliertes räumliches und zeitliches Modell, in das sich die archäologischen Zeugnisse einordnen lassen. Diese Periode ist auch deshalb von besonderem Interesse, weil sie die »letzten Züge« der Neandertaler und ihre räumliche und zeitliche Überschneidung mit den aufkommenden modernen Cro-Magnon-Menschen abdeckt.

Vor etwa 65 000 Jahren erreichte die Kaltzeit ihren Höhepunkt und zwang selbst die Neandertaler, sich nach Spanien, Frankreich, Italien und Griechenland zurückzuziehen. Als vor rund 60 000 Jahren dann eine Warmzeit einsetzte und sich das Inlandeis zurückzog, drangen die Neandertaler erneut nordwärts bis nach Norddeutschland und Russland vor. Vor 45 000 Jahren scheint die Expansion ins Stocken geraten zu sein, worauf der deutliche Rückgang von Mousterien-Fundstätten hinweist. Zugleich traten die ersten modernen Cro-Magnon-Menschen auf. Diese hatten vor etwa 40 000 Jahren die gesamte Region besiedelt, was durch die Häufigkeit der Aurignacien-Stätten belegt wird, die in etwa der Zahl der Neandertaler-Stätten entspricht. Vor 35 000 Jahren setzte dann eine neue Kaltzeit ein und die Neandertaler zogen sich in ihre einstigen Gebiete nach Spanien und Südfrankreich zurück. Auch wenn die Stätten der Cro-Magnon-Menschen aus der Kulturstufe des Aurignacien nicht sehr zahlreich sind, belegen sie, dass sie sich weiter nördlich und östlich als seinerzeit der Neandertaler vorgewagt hatten.

Eine neue Phase in der Entwicklung des modernen Menschen bildete die Gravettien-Kulturstufe. Deren Vertreter besiedelten bald die gesamte Region und trotz der sich verschlechternden Klimaverhältnisse waren sie im Gegensatz zu ihren Vorläufern entschlossen, hier auszuharren. Vor 30 000 Jahren – und auf dem Tiefpunkt der letzten Kaltzeit – lebten die Neandertaler nachweislich nur noch in drei Siedlungen an der Atlantikküste Portugals, in Südfrankreich und in den Ardennen. Die Cro-Magnon-Menschen des Aurignacien und Gravettien hingegen waren von den Britischen Inseln bis Russland und von der Iberischen Halbinsel bis Italien verstreut. Die Neandertaler überlebten diesen letzten Rückzug nicht, und selbst die Zahl der Cro-Magnon-Menschen des Aurignacien ging vor 25 000 Jahren, nach dem Verschwinden der Neandertaler, stark zurück.

Die Einzigen, die sich behaupten konnten, waren die Menschen des Gravettien; sicherlich trugen dazu ihre technologischen Fortschritte und ihre Sozialstrukturen bei. Die Neandertaler konnten sich in gewissem Maß der Kälte anpassen, doch dem extremen Klima der Kaltzeit und den vermutlich erfolgreicheren Neuankömmlingen, den Menschen des Aurignacien, konnten sie nicht standhalten. Selbst diese scheinen am sich verschlechternden Klima gescheitert zu sein. Durchgesetzt haben sich schließlich nur die Menschen des Gravettien.

Für jeden Zweck das geeignete Material

Aus Sicht unserer Vorfahren war Stein ein bemerkenswertes Material: Je nach den Eigenschaften des ausgewählten Steins oder Minerals konnte man damit bestimmte Arbeiten verrichten. Sein größter Nachteil war jedoch seine Brüchigkeit. Andere natürliche Materialien wie Holz, Knochen, Elfenbein und Geweih sind nicht so brüchig und haben trotz geringerer Härte oder Schärfe andere Vorzüge: Sie lassen sich leicht bearbeiten, schärfen, durchbohren und biegen und haben ein geringeres Gewicht.

Dabei stehen die Archäologen vor einem Problem: Sie möchten ermitteln, wann diese Materialien erstmals eingesetzt wurden, aber wegen der schlechten Konservierungsbedingungen, vor allem im tropischen Afrika, ist ihre Haltbarkeit weitaus geringer. Dennoch gibt es neben einer Fülle indirekter Nachweise, die die frühe Verwendung von Knochen und Geweih in Afrika belegen, auch direkte Zeugnisse.

Die Herstellung aufwändiger Steinwerkzeuge, wie beispielsweise der Acheuléen-Axt, setzte ein hohes Maß an Geschicklichkeit und neue Techniken voraus. Vermutlich wurden anstelle steinerner, »harter« Hämmer auch »weiche« Hämmer aus Knochen oder Geweih eingesetzt. In Afrika sind so gefertigte Klingen mindestens 240 000 Jahre alt; wir wissen aber nicht, von welchem menschenähnlichen Vorfahren sie stammen. Die ältesten dieser indirekten Nachweise wurden in Zentralkenia freigelegt und stammen aus denselben Schichten, in denen die ältesten Schimpansenfossilien (Kapthurin-Formation am Baringo-See in Kenia) geborgen wurden. Den frühesten direkten Nachweis für die Verwendung von Knochen bildet der Fund bemerkenswert scharfzackiger Harpunen und Pfeilspitzen von Katanda (Zaire), deren Alter man mittels Elektronenspinresonanz-Technik auf 160 000 bis 90 000 Jahre datierte. Sie stammen mit Sicherheit von Verwandten unserer Spezies.

In Europa besteht eine klare Beziehung zwischen dem Auftreten von Knochen, Geweih und Elfenbein als archäologische Zeugnisse und der Kultur des Jungpaläolithikums vor etwa 32 000 Jahren. Während die Neandertaler Hämmer aus Geweih und Knochen zur Fertigung einiger Werkzeuge verwendet haben müssen, scheinen sie aus diesen Materialien selbst keine komplexeren Werkzeuge hergestellt zu haben. Die modernen Menschen hingegen entwickelten die notwendigen Techniken, mit deren Hilfe sie aus Knochen Nadeln zum Nähen ihrer Kleidung oder gezackte Harpunen für den Fischfang anfertigten.

Auffallend ist, dass unsere Vorfahren und entfernten Verwandten viele der Eigenschaften von Knochen, Geweih oder Elfenbein kannten, sie aber trotzdem fast eine Million von Jahren lang Steinwerkzeuge verwendeten, um Wild zu zerlegen oder markhaltige Knochen zu öffnen. Es dauerte somit ungewöhnlich lange, bis die Vorteile dieser natürlichen Materialien erkannt und eingesetzt wurden.

KAPITEL DREI

Unsere Sicht der Vorzeit und wie sie sich gewandelt hat

Heute stützt sich das wissenschaftliche Weltbild von den Ursprüngen des Menschen und der Vorzeit auf Beweisstücke aus den verschiedensten Quellen – von fossilen Knochen und archäologischen Überresten bis zu biomolekularen und genetischen Daten. Alle diese Quellen weisen eindeutig auf unsere Abstammung als Primaten von einem mit den höheren Affen gemeinsamen Vorfahren hin, der vor etwa sieben Millionen Jahren lebte. Dieser Vorfahre lebte in Afrika, entfaltete sich und fächerte sich in wenigstens zwanzig verschiedene Spezies auf, von denen sich einige über Afrika hinaus ausgebreitet haben. Bis auf eine einzige – *Homo sapiens* – sind diese Arten inzwischen ausgestorben, einige davon erst vor kurzem, nämlich in den letzten wenigen Zehntausenden von Jahren.

Auf dieser paläolithischen Höhlenmalerei sind deutlich Farbschichten von verschiedenen Händen zu erkennen.

Heutiger Küstenverlauf
Eiszeitlicher Küstenverlauf
Skandinavischer Eisschild
Atlantischer Ozean
Paviland
(26 000 J.)
Hoxne
(25 0000 J.)
Hohlenstein-Stadel
(32 000 J.)
Lascaux
(17-15 000 J.)
La Madeleine
(13 000 J.)
Altamira
(16-14 000 J.)
Dolní Vĕstonice
(25 000 J.)
Mittelmeer
0
250
500 km
N

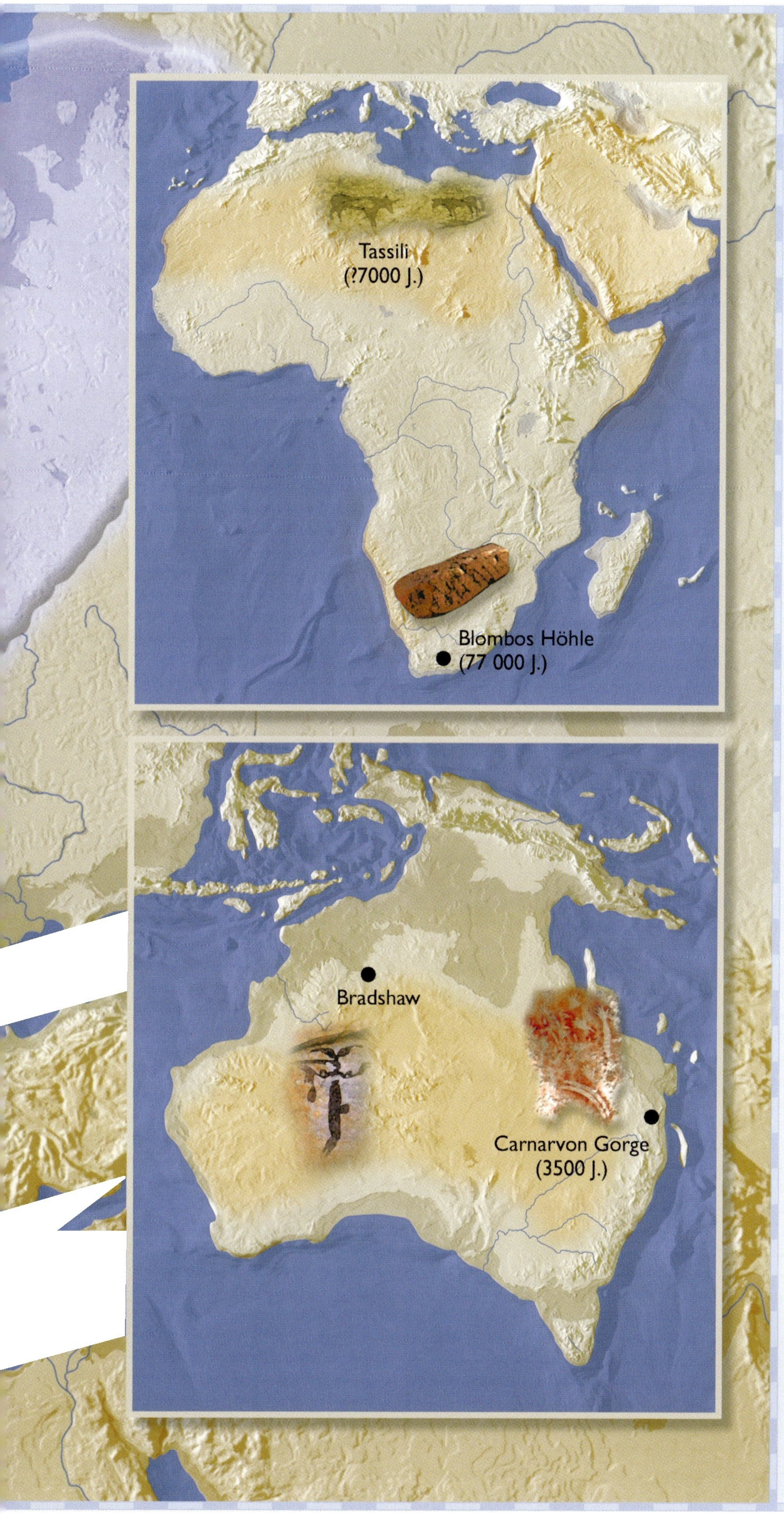

Alte Kunstwerke offenbaren das Alter der Menschheit

Eindeutige Zeugnisse für das Alter der Menschen sind während der letzten 200 Jahre entdeckt worden, seit 1799 in Hoxne in Ostengland der erste von Menschen geschaffene Faustkeil aus Feuerstein gefunden wurde. Die Funde anspruchsvoller Kunstwerke bestätigen die Ansicht, dass unsere menschlichen Vorfahren viele Tausende von Jahren in die Eiszeit zurückreichen.

Paviland – vor rund 26 000 Jahren wurden Stäbe aus Mammutelfenbein neben das Skelett eines modernen Menschen gelegt und mit rotem Ocker bestreut.

Hohlenstein-Stadel – diese 32 cm hohe, 32 000 Jahre alte geschnitzte Elfenbeinstatuette aus Deutschland zeigt einen Löwenkopf auf einem menschlichen Körper.

Lascaux – zu den berühmtesten Höhlenmalereien gehören diese relativ jungen Darstellungen von Wisenten und Nashörnern, Pferden und Menschen, alle zwischen 17 000 und 15 000 Jahre alt.

La Madeleine – diese vorzügliche, etwa 13 000 Jahre alte Schnitzerei auf einer Geweihsprosse zeigt einen seine Flanken leckenden Wisent.

Altamira – diese berühmten Wisentbilder sind zwischen 16 000 und 14 000 Jahre alt.

Dolní Vůstonice – eine von vielen »Venus«-Statuetten, die über Europa verstreut gefunden wurden. Sie ist 11 cm hoch und wurde aus Lehm und Asche geformt und dann gebrannt. Ihr Alter wird auf 25 000 Jahre geschätzt.

Hoxne – in den 1790er-Jahren gefunden, war diese Handaxt das erste Artefakt, das als ein von Menschen gefertigtes Gerät erkannt wurde und bewies, dass Menschen und inzwischen ausgestorbene Tiere gleichzeitig existiert haben.

Tassili – die in den Felsenritzbildern Nordafrikas dargestellten Tiere zeigen, dass die Region früher – mit Seen, Flüssen und Waldland – viel feuchter war .

Blombos – ein 77 000 Jahre alter Rotockerstift mit eingeritztem Muster ist das älteste bekannte »Kunstwerk«, das mit *Homo sapiens* verknüpft wird.

Bradshaw – in den 1890er-Jahren entdeckte der Forscher Joseph Bradshaw in der Region Kimberley einige vorzügliche Felsenmalereien unbekannten Alters.

Carnarvon Gorge – Hunderte von Abdrücken von Bumerangs, Äxten, Händen und sogar ganzkörperliche Menschendarstellungen wurden neben Ritzungen von Fischnetzen in Carnarvon Gorge in Queensland gefunden.

Unsere Spezies entstand in den letzten 300 000 Jahren in Afrika, und spätestens vor 100 000 Jahren hatten sich die modernen Menschen innerhalb des Kontinents und darüber hinaus in den Vorderen Orient ausgebreitet. Über die folgenden 50 000 Jahre breitete sich unsere Spezies weltweit in einem viel größeren Maßstab aus als alle früheren Menschenverwandten. Vor 50 000 Jahren hatten moderne Menschen Australien erreicht, und vor rund 20 000 Jahren waren sie nach Ostsibirien vorgestoßen, von wo aus sie Nord- und Südamerika besiedelten. Die letzte Phase der globalen Wanderung führte unsere Ahnen um 1000 n. Chr. hinaus über den Pazifik und nach Neuseeland.

Das vollständige Bild hat sich erst in den letzten 250 Jahren herausgebildet. Denn obwohl sich die Zeugnisse für das Alter der Menschheit bis zur Mitte des 18. Jahrhundert mehrten, wagten nur wenige Naturphilosophen der Zeit – der Begriff Naturwissenschaftler wurde erst im 19. Jahrhundert allgemein verwendet –, offen Ansichten zu äußern, die der vorherrschenden Weltanschauung widersprachen.

Selbst im Abendland, wo sich die moderne Wissenschaft entwickelte, war die vorherrschende jüdisch-christliche Orthodoxie äußerst mächtig und allgegenwärtig. Obgleich die moderne Wissenschaft alte und ganz unterschiedliche Wurzeln hat und sich aus vielen verschiedenen Kulturen wie den vorchristlichen der antiken Welt, dem indischen Kulturkreis und der muslimischen Welt herleitet, datiert die moderne Entwicklung der Naturwissenschaft aus der Renaissance in Europa, wobei das Christentum eine bestimmende Kraft war.

Eine Zeit, als »ketzerische« Ansichten tödlich sein konnten

Heute fällt es uns vielleicht schwer, die Macht und den Einfluss zu erkennen oder zu verstehen, den die christliche Orthodoxie vor 250 Jahren fast über die ganze westliche Gesellschaft ausübte. Noch 1619 wurde der italienische Philosoph Lucilio Vanini in Toulouse auf dem Scheiterhaufen verbrannt, weil er die »atheistische Häresie« vertrat, nach der die Menschen möglicherweise von den Affen abstammten. Viele Naturforscher des 18. Jahrhunderts befürworteten noch offen die alttestamentarische Version vom Ursprung der Erde, von der besonderen Erschaffung des Menschen und von der Sintflut.

Es bestand verständlicherweise wenig Neigung, sich gegen die orthodoxe Sicht der Schöpfung aufzulehnen, wenn dies gefährlich – und in früheren Zeiten sogar tödlich sein konnte.

In den ersten Jahrzehnten des 19. Jahrhunderts glaubten viele herausragende Geologen wie Reverend Dr. William Buckland von der Universität Oxford noch an die Schöpfung und Sintflut. Aber Buckland war schließlich auch anglikanischer Dekan von Westminster, und so war zu erwarten, dass er die Ansicht der Kirche unterstützte.

Bevor die Naturwissenschaft professionalisiert wurde, waren auch viele andere Naturphilosophen des späten 18. und frühen 19. Jahrhunderts Geistliche, vor allem in Großbritannien, wo sich die Wissenschaften der Geologie, Paläontologie und Biologie sehr schnell entwickelten. Um an den Universitäten von Oxford und Cambridge und am Trinity College in Dublin zum Lehrer ernannt zu werden, musste man ordiniertes Mitglied der protestantischen Staatskirche sein; es überrascht deshalb nicht, dass es so vielen von ihnen widerstrebte, die allgemeine Meinung der gängigen Theologie zu kritisieren.

Bestätigt die Geologie das Alte Testament?

Eine Gruppe so genannter theologischer Geologen des frühen 19. Jahrhunderts, darunter William Buckland, hoffte, die aufkommende Wissenschaft der Geologie und Paläontologie werde tatsächlich die allgemeine Sicht der Vorgeschichte stützen, wie sie im Alten Testament dargestellt war. Besonders beschäftigte sie sich mit dem Bericht von der Sintflut und der Erschaffung der Menschheit. Durch einen außergewöhnlichen Zufall der jüngsten geologischen Geschichte tauchten im frühen 19. Jahrhundert Beweise auf, die in der Tat die Sintflut-Geschichte zu stützen schienen, und da sich unter den fossilen Funden keine menschlichen befanden, hätte vielleicht auch die Schöpfungsgeschichte aufrecht erhalten werden können.

Die Erzählung von der Sintflut ist sehr beeindruckend, und da sie mit wirklichen geografischen und dynastischen Details der Frühgeschichte der Israeliten vermengt ist, wirkt sie bemerkenswert überzeugend. Beispielsweise waren in Nordeuropa, Asien und Amerika über viele Jahrhunderte dann und wann riesige fossile Knochen aufgetaucht. Oft wurden sie ausgespült an Flussufern, Küstenfelsen oder in flachen Sand- oder Lehmgruben gefunden. So berichtete im 12. Jahrhundert der englische Chronist Ralph of Coggeshall in Essex, wie der Einsturz eines Flussufers 1171 die gigantischen Gliedmaßenknochen eines Mannes freigegeben hatte, der »fünfzig Fuß groß gewesen sein muss«.

Die fraglichen Knochen gehörten fast sicher zu einem Elefanten oder Mammut, und man findet sie auch heute noch gelegentlich in quartären Schichten in dieser Region. Ein ähnlicher Schenkelknochen, den Arbeiter bei Grabungen für das Fundament des Stephansdoms in Wien 1443 fanden, wurde ebenfalls einem Riesen zugeschrieben und über Jahrhunderte an die Domtür gekettet, die heute noch den Namen Riesentor trägt. Im 18. Jahrhundert wurden solche Knochen nicht mehr für die von Riesen gehalten, sondern richtig als Überreste fossiler Elefanten oder anderer Säugetiere erkannt, aber sie wirkten im europäischen und nordamerikanischen Kontext dennoch sehr exotisch.

»Mammuts« werden beschrieben

Ebenso kursierten in Europa Geschichten von Entdeckungen seltsamer elefantenartiger Skelette und sogar Leichen im arktischen Sibirien, und die Verbreitung beträchtlicher Mengen von Elfenbein aus dieser Region in ganz Europa schien die Geschichten zu bestätigen. Frühe wissenschaftliche Expeditionen bekräftigten diese Ansichten, und bis Mitte des 18. Jahrhunderts wurden Skelette, Stoßzähne und sogar Fellstücke und Haare des Tieres, das als »Mammut« bekannt wurde, aus dem Dauerfrostboden Sibiriens geborgen. Sie wurden von Naturforschern wie dem Deutschen Daniel Messerschmidt (1685–1735) in den Philosophischen Abhandlungen der Royal Society in London, einer der ältesten wissenschaftlichen Gesellschaften der Welt, beschrieben und abgebildet.

Schon zu Beginn des 18. Jahrhunderts brachte die Zeitschrift der Gesellschaft eine Beschreibung des amerikanischen Universalgelehrten Cotton Mather (1663–1728) von einem riesigen Zahn, »... 38 cm im Durchmesser ...«, der »870 g wog«. Dieser elefantenähnliche Zahn und andere Knochen waren 1705 am Ufer des Hudson bei Claverack nahe New York gefunden worden. Von den Amerikanern Benjamin Franklin (1706–1790) und Präsident Thomas Jefferson (1743–1832) bis zu den Franzosen Georges-Louis Leclerc, Comte de Buffon (1707–1788) und Georges Cuvier (1769–1826) interessierten sich die Gelehrten für die merkwürdige Verteilung von elefantenähnlichen Fossilien und fragten, wie dies geschehen konnte.

Historisch war es gerade noch möglich, dass solche Knochen von Elefanten stammten, die der Karthager Hannibal für seine Alpenüberquerung 218 v. Chr. nach Frankreich gebracht hatte. Und Kaiser Claudius brachte 43 n. Chr. Elefanten nach England, sodass die entfernte Möglichkeit bestand, dass die Knochen zu jenen Indischen Elefanten gehörten, die als »Schlachtrösser« verwendet worden waren. Aber dass die Römer für die Elefantenüberreste in Nordamerika verantwortlich sein konnten, war ausgeschlossen. Für die theologisch Denkenden, und das traf auf die meisten Naturforscher des 18. Jahrhunderts zu, war die sinnfälligste Antwort die

Die Römer konnten nicht für die Elefantenknochen in Nordamerika verantwortlich sein.

Der Naturforscher Johann Scheuchzer fertigte im 18. Jahrhundert eine illustrierte Bibel an, die wissenschaftliche Erkenntnisse der Zeit einbezog, so die Entwicklung des Fötus.

Sintflut, die Überreste dieser Hitze liebenden Tiere aus den Tropen in nördliche Breiten gespült hatte, wo sie neben den Knochen anderer exotischer Tiere wie Flusspferd, Hyäne und Nashorn abgelagert wurden.

Die Sintflut wurde auch für die Ablagerung von Muscheln und Knochen von Meerestieren tief im Binnenland und sogar auf Berggipfeln verantwortlich gemacht. Aber Geologen stellten fest, dass die bekannte Dicke fossilführender Schichten sich insgesamt auf viele Kilometer belief; dies alles war mit den Auswirkungen eines einzigen weltumfassenden Flutereignisses schwer zu erklären. Man hätte die Überlegung anstellen können, dass es tatsächlich viele Fluten gegeben hatte, aber bis zum Ende des 18. Jahrhunderts wussten viele Geologen, dass die Zeugnisse auf dem Boden eine wörtliche Deutung der Sintflutgeschichte nicht stützten. Dennoch gab es Männer wie Buckland und später den schottischen Fundamentalisten Hugh Miller (1802–1856), die immer noch verzweifelt versuchten, das »Zeugnis der Steine«, wie Miller es nannte, irgendwie in eine Version der Erzählung von der Sintflut einzubauen.

Selbst 1930 noch fühlte sich der bekannte englische Archäologe und Sachbuchautor Harold Peake verpflichtet, ein Buch mit dem Titel *Die Sintflut. Neues Licht auf eine alte Geschichte* zu schreiben. Er wollte auch für den Laien verständlich erklären, wie die damals frischen Entdeckungen in Ur und Kisch in Mesopotamien (heute Irak) die Geschichte im Alten Testament beeinflusst hatten. Ausgrabungen hatten aufgedeckt, dass es mit Sicherheit vor rund 6000 Jahren große Überschwemmungen gegeben hatte und diese in der Tat für die Bewohner katastrophal gewesen waren; aber sie waren *nicht* weltumfassend und gingen der Sintflutgeschichte des Alten Testamentes zeitlich voraus.

Ähnliche große Überschwemmungen ereigneten sich in großen Teilen Mittel- und Südasiens, in Nordeuropa und im zentralen Nordamerika nach dem Abschmelzen der gewaltigen Eisschilde und Gletscher der letzten Eiszeit vor 10 000 Jahren. Stellenweise bildeten sich riesige Schmelzwasserseen, und diese durchbrachen oft ihre natürlichen Dämme und überfluteten sehr schnell ausgedehnte Gebiete. Jedes Lebewesen dürfte von den Fluten fortgespült worden sein, bis auf die Vögel, die davonfliegen konnten. Daher überrascht es nicht, dass viele verschiedene Völker Flutgeschichten in ihrem Erzähl- und Sagengut bewahren.

Opfer der Sintflut?

Wirklich interessant an der Sintfluterzählung war die Art, wie sie sich auf die menschliche Frühgeschichte bezog. Dem Alten Testament zufolge soll es viele Sünder gegeben haben, die zusammen mit all den Tieren und Pflanzen, die nicht in die Arche gezwängt werden konnten, ertranken. Und dennoch tauchten sie nicht als Fossilien auf. Gelegentlich jedoch wurden Fossilien gefunden und als Opfer der Sintflut begrüßt.

Scheuchzers Darstellung der Arche Noah vor der Sintflut wird mit Abbildungen von Fossilien gestützt – Insekten über dem Rahmen und eine Seelilie unten –, die damals allgemein als Zeugnisse jener Flut betrachtet wurden.

Johann Scheuchzer war wie die meisten seiner Zeitgenossen davon überzeugt, dass sich im Studium der Naturgeschichte die Weisheit der christlichen Gottheit und der Plan des Schöpfers für die natürliche Welt offenbaren werde.

Am berühmtesten war ein Skelett, das beim Brechen von lithografischem Stein in Schichten nahe Oeningen und dem Bodensee in der Schweiz im frühen 18. Jahrhundert gefunden wurde. Johann Jakob Scheuchzer (1672–1733), der berühmteste Naturforscher seiner Zeit, erhielt das Relikt. Scheuchzer hatte in seinem 1709 erschienenen Buch *Herbarium deluvianum* (Herbarium der Sintflut) bereits eine Reihe fossiler Pflanzen als Überreste der Sintflut beschrieben.

Nun freute er sich, der Erste zu sein, der dieses Fossil als *Homo diluvii testis* – »Mensch, der Zeuge der Sintflut war« – zu beschreiben und abzubilden. Das Skelett wies einen abgeplatteten helmförmigen Schädel, ein langes Rückgrat und vier seitlich abgespreizte Gliedmaßen auf. Obgleich Scheuchzer ein kompetenter Arzt war und es hätte besser wissen müssen, wollte er einfach unbedingt glauben, dass es sich um das Skelett eines Flutopfers handelte, und sein anatomisches Urteilsvermögen setzte aus. Zu seiner Verteidigung sei gesagt, dass auch andere Experten diese Ansicht teilten – bis 1809, als Georges Cuvier ihn im Tyler Museum in Haarlem, wo das Exemplar nach Scheuchzers Tod aufbewahrt wurde, öffentlich vom Podest stieß.

Scheuchzers Urteilsvermögen versagte – und sein stummer Zeuge erwies sich als Riesensalamander.

Cuvier bewies sein beachtliches Fachwissen als vergleichender Anatom, indem er die Existenz eines charakteristischen amphibischen Knochens an dem Exemplar vorhersagte – und deckte ihn dann auf, um zu zeigen, dass das Skelett *tatsächlich* das eines Riesensalamanders war. Cuvier schloss aus, dass überhaupt menschliche Fossilien gefunden würden, weil er immer noch an die besondere Erschaffung der Menschen glaubte.

Scheuchzer sah in diesem fossilen Skelett die Überreste eines ertrunkenen Sünders, der Zeuge der biblischen Sintflut gewesen war. Das *Homo diluvii testis* genannte Fossil wurde schließlich von dem französischen Anatomen Georges Cuvier im frühen 19. Jahrhundert als das eines Riesensalamanders erkannt.

Verpasste Gelegenheiten

Nachträglich können wir jetzt sehen, dass es seit dem späteren 18. Jahrhundert eine Reihe anderer Entdeckungen gab, die man entweder falsch deutete oder deren Bedeutung man nicht erkannte. So entdeckten Arbeiter in einer Sand- und Kiesgrube in Hoxne, Grafschaft Suffolk, einen seltsam geformten Feuerstein. Sie brachten ihn zu einem örtlichen Altertumsforscher, John Frere (1740–1807). Als Absolvent der Universität von Cambridge, Mitglied des Caius College, High Sheriff von Norfolk, Mitglied des Parlaments und Mitglied der Royal Society war Frere ein typischer Vertreter des gebildeten Bürgertums seiner Zeit. Er erkannte, dass der Feuerstein so sorgfältig zu einer spitzen Birnenform mit abgeflachten Seiten und scharfen Kanten behauen war, wie es nur menschliche Hände getan haben konnten. Er wusste auch, dass er aus Sand- und Kiesschichten gegraben worden war, die tief unter der Oberfläche lagen.

Buckland verpasste die Chance, eine der ergiebigsten und besten paläolithischen Fundstätten in Großbritannien zu beschreiben – und seine »Sie« war ein »Er«.

Genau solche Schichten waren es, in denen Knochen ausgestorbener Säugetiere gefunden wurden, und daraus schloss Frere, dass dieser Faustkeil »von einem Volk, das den Gebrauch von Metall nicht kannte, hergestellt und benutzt« worden sein musste, und dass »die Umstände, wo diese Waffen gefunden wurden, uns verleiten können, sie tatsächlich einer sehr fernen Periode zuzuordnen, noch jenseits unserer gegenwärtigen Welt«. Die Hersteller dieses Faustkeils aus Feuerstein müssen gleichzeitig mit den ausgestorbenen Säugetieren gelebt haben, deren Reste zunehmend in Oberflächenschichten gefunden wurden. Damals galt noch, dass diese Geschöpfe in der Sintflut ertrunken waren.

Frere veröffentlichte eine Beschreibung mit einer sorgfältigen Illustration des Faustkeils und seine Folgerungen über dessen Ursprung in der Zeitschrift der Gesellschaft der Altertumsforscher. Seine bemerkenswerte Erkenntnis scheint die erste ihrer Art gewesen zu sein, aber ihre Bedeutung wurde damals offenbar verkannt. Zwei Jahrzehnte später verpasste William Buckland seine Chance, eine noch verblüffendere Entdeckung zu machen, weil seine theologische Denkweise ihm Scheuklappen anlegte.

In den 1820er Jahren wurde Buckland auf eine Kalksteinhöhle namens Goat's Hole bei Paviland auf der Halbinsel Gower aufmerksam, die von der südwalisischen Küste in den Bristol Channel vorspringt. Bucklands Grabung war eine der ersten einigermaßen sorgfältigen Untersuchungen von Höhlenbodensedimenten, bei denen die Lage der diversen Schichten zusammen mit der Verteilung von Knochen und Artefakten innerhalb der Sedimente notiert wurde. Rund

Die vom englischen Altertumsforscher John Frere Anfang des 19. Jahrhunderts angefertigte Abbildung dieses schönen Faustkeils aus Feuerstein und dessen Beschreibung war der erste veröffentlichte Beweis dafür, dass neben den ausgestorbenen Tieren des Diluviums – heute als quartäres Eiszeitalter bezeichnet – Menschen gelebt hatten.

Reverend William Buckland (1784–1856) hielt an der Universität Oxford Vorlesungen in Mineralogie, war Präsident der Geologischen Gesellschaft und wurde Dekan von Westminster. Er versuchte, die auftauchenden Fakten der geologischen Wissenschaft mit seinen zutiefst christlichen Überzeugungen zu verknüpfen, musste aber schließlich erkennen, dass wörtliche Auslegungen der Bibel nicht mit den geologischen und fossilen Belegen in Einklang gebracht werden konnten.

5000 Artefakte wurden geborgen. Wichtigster Fund war ein Flachgrab mit einem Skelett und Muschelschalen. Diese waren durchbohrt und dienten vielleicht als eine Art Halskette. Es gab auch geschnitzte Stücke aus Mammutelfenbein, darunter Armreifen und lange dünne Stäbe. Alles war mit rotem Ockerpulver bestreut worden.

Es war klar, dass die Leiche mit einem Zeremoniell bestattet worden war, und Buckland folgerte aus der Untersuchung der Knochen, dass es sich um die Leiche einer jungen Frau handelte, die er »Red Lady of Paviland« nannte. Trotz des Vorkommens von Steinwerkzeugen, Mammutelfenbein und den Knochen ausgestorbener Säugetiere konnte Buckland sich nicht den offenkundigen Tatsachen und ihrer Bedeutung stellen – nämlich dass die Person zeitgleich mit diesen ausgestorbenen Tieren gelebt hatte.

Stattdessen ersann er eine verworrene Erklärung, wonach sie eine walisische Stammesangehörige war, die im römisch-keltischen Britannien gelebt hatte. Er vermutete, dass ihre Verwandten sie nach ihrem Tod in der Höhle begruben, wo sie das Mammutelfenbein gefunden hatten, das sie dann schnitzten und in ihr Grab legten. Heute wissen wir, dass »Sie« ein »Er« war, etwa 25 Jahre alt und rund 1,70 Meter groß. Die C-14-Datierung ergab für das Skelett ein Alter von etwa 26 350 Jahren. Und es stellte sich heraus, dass er einer der anatomisch modernen Cro-Magnon-Menschen war, die vor rund 40 000 Jahren nach Westeuropa einwanderten.

Eiszeiten treten an die Stelle der Sintflut

In den ersten Jahrzehnten des 19. Jahrhunderts bemerkten europäische Geologen, dass viele der seltsamen geologischen Phänomene, die mit der alpinen Vergletscherung verknüpft wurden, Merkmalen besaßen, die früher als Folgen der Sintflut gedeutet worden waren. Das Verständnis der Prozesse und Ablagerungen der »Flüsse« aus Eis, die unter dem Einfluss der Schwerkraft von den Bergen hinunter und weit ins Flachland strömten, nahm zu. Es gab viele Einwände, aber schließlich trugen die Glaziologen den Sieg davon. Zum Beispiel konnten Geologen wie der Schweizer Louis Agassiz (1807–1873) sogar die engagiertesten theologischen Geologen wie Buckland davon überzeugen, dass es viele Hinweise auf die erosive Kraft der Vergletscherung im britischen Hochland gab. Außerdem bedeckten von Gletschern stammende Ablagerungen einen großen Teil des britischen, europäischen und nordamerikanischen Flachlands und reichten viele Kilometer über die maximale Ausdehnung der Eisschilde und Gletscher hinaus. Nachdem man den Einfluss der Vergletscherung anerkannt hatte, ersetzte man die These von der Sintflut durch die einer fast ebenso dramatischen Folge von Eiszeiten.

Inzwischen wurde erkannt, dass in den Landschaften außerhalb der Vereisung eine reiche Fauna existierte und diese eine große Artenvielfalt an kälteangepassten Säugetieren umfasste, darunter Herden von Mammuts, Wisenten, Pferden sowie Wollnashörner und große Raubkatzen. Außerdem konnten während der Kaltzeiten mit niedrigeren Meeresspiegeln die mobileren Arten vom Festland auf vorgelagerte Inseln und sogar von Kontinent zu Kontinent wandern. So zogen Tiere vom europäischen Festland auf die Britischen Inseln, und kleine Scharen von Jägern, die hinsichtlich Nahrung, Kleidung und vielen anderen Dingen des täglichen Bedarfs von den Tieren abhingen, folgten ihnen.

Die Höhle Goat's Hole bei Paviland liegt heute an der Küste; früher, als der Meeresspiegel niedriger war, befand sie sich über einen Kilometer landeinwärts. Damals dürfte sie eine breite, flache, tief liegende Küstenebene überblickt haben, die sich vom Wasser bis zu den tief liegenden Kalksteinfelsen erstreckte. Sie muss deshalb einen idealen Aussichtspunkt abgegeben haben, um die Bewegungen des Wilds zu beobachten, das in den warmen Zwischeneiszeiten vor allem aus Wildrindern (Auerochsen), Pferden,

Während der Eiszeit fielen die Meeresspiegel, mobilere Tiere konnten auf die Britischen Inseln wandern … und die Jäger folgten ihnen.

Heute liegen die Kalksteinfelsen der Halbinsel Gower in Südwales direkt am Meer, aber als die Höhlen von unseren paläolithischen Vorfahren vor über 20 000 Jahren zum ersten Mal benutzt wurden, lagen die Meeresspiegel viel niedriger. Damals überblickten die Höhlen eine breite Küstenebene und bildeten einen idealen Aussichtspunkt, um das Wild zu beobachten, das unsere Vorfahren in der Eiszeit jagten, um Fleisch, Fell und Knochen für sich zu nutzen.

Hirschen, Elefanten und Hyänen bestand. Ein Knochenspatel aus der Höhle wurde auf rund 23 670 Jahre datiert, und die Breite der Daten in Bezug auf verschiedene andere Artefakte weist darauf hin, dass sie periodisch während eines langen Zeitraum besiedelt war.

Dies wird durch Klimauntersuchungen bestätigt – um 23 000 setzte ein Klimawandel zu einer weiteren Eiszeit hin ein. Inlandeis und Gletscher dürften von Nord- und Mittelwales nach Süden vorgedrungen sein, während die Abkühlung fortschritt, und kälteangepasste Arten wie Wisente, Rentiere, Mammuts und gelegentlich Wollnashörner und Wölfe haben vermutlich die Tiere der Zwischeneiszeit ersetzt.

Als sich das Eis Südwales näherte, dürfte die wachsende Kälte die Bewohner der Höhle gezwungen haben, sie aufzugeben und eine wärmere, erträglichere Umgebung zu suchen, bis das Klima vor rund 13 000 Jahren und dem Beginn der modernen Zwischeneiszeit des Holozäns (seit 11 000 Jahren) wieder wärmer wurde.

Der Platz des »Menschen« in der Natur

Im frühen 18. Jahrhundert begannen die Naturforscher mit dem Versuch, die verwirrende Vielfalt des Lebens in eine »natürliche Ordnung« und in eine feste Form zu bringen, indem sie alle damals bekannten Tier- und Pflanzenarten benannten und klassifizierten. Sie verwendeten die Gelehrtensprache Latein und versuchten, ähnliche Arten in einer Hierarchie, die an jene der Schöpfungsgeschichte erinnerte, in Gruppen zusammenzufassen. Carl von Linné (1707–1778), ein bekannter schwedischer Botaniker, stellte als Erster das System auf eine wissenschaftliche Grundlage. Die Wurzeln des Systems sind viel älter, aber heute erkennen Systematiker die zehnte Auflage (1753) von Linnés Buch *Systema Naturae* als Ausgangspunkt für das Linnésche System an.

Das System beruht auf der Erkenntnis, dass die Art (Spezies) die fundamentale Einheit der biologischen Klassifizierung ist. Die systematische Bezeichnung besteht aus zwei lateinischen Begriffen (binäre Nomenklatur): dem Namen der Spezies (für uns ist das *sapiens*), dem der Name der Gattung (Genus) vorangestellt wird (in unserem Fall *Homo*). Linné selbst gab uns diesen Fachnamen, der »kenntnisreicher Mensch« bedeutet. Er wählte sogar sich selbst – einen weißen Skandinavier – als typisch für die ganze Spezies aus. Zur selben Art rechnet man immer nur Individuen, die potentiell miteinander fruchtbare Nachkommen zeugen könnten – in Gegenwart wie Vergangenheit. Zu einer Gattung können mehrere Arten gehören.

Zu Beginn des 19. Jahrhunderts glaubte man, die Gattung *Homo* enthalte nur die eine Spezies *sapiens*. Aber natürlich wurde auch allgemein anerkannt, dass viele Pflanzen- und Tiergattungen viele nah verwandte Arten enthielten. Als Linné in den 1730er Jahren erstmals sein Klassifizierungssystem entwickelte, versuchte er, alle bekannten Formen des Lebens aufgrund ihrer Ähnlichkeit untereinander zusammenzufassen und einzuordnen.

Als Maß der Zugehörigkeit dienten grundsätzlich die morphologischen Merkmale der Bestandteile des Organismus. Die meisten Organismen, mit denen Linné sich befasste, waren lebende Wesen, aber er bezog auch Fossilien ein, meist von Pflanzen und Muscheln. Doch ließ das System keine entwicklungsgeschichtliche Perspektive zu. Linné war der Ansicht, dass er mit der Klassifizierung nur die Weisheit und Ordnung von Gottes Schöpfungskraft und -plan für das Leben auf Erden offenlegte. Die Titelseite seiner *Systema Naturae* ziert ein Zitat aus den Psalmen des Alten Testaments (104, Vers 24):

Herr, wie sind deine Werke so groß und viel!
Du hast sie alle weise geordnet,
und die Erde ist voll deiner Güter.

Glaube an die Spezies nach Plan

Wie die meisten Naturforscher der Zeit glaubte Linné fest an die Beständigkeit der Arten – dass nämlich die Gottheit jede Spezies individuell für einen bestimmten Zweck an einem bestimmten Ort geschaffen habe. Doch Linné erkannte auch, dass der große Plan vom Niedrigsten zum Höchsten aufstieg – und wer wurde wohl an die Spitze des irdischen Lebens gestellt? Obwohl die Spezies, die er in eine einzige Gattung gestellt hatte, bemerkenswerte Ähnlichkeiten aufwiesen, ergab sich daraus für ihn kein evolutionärer Zusammenhang. Linné versuchte auch zu erklären, wieso verschiedene Tier- und Pflanzenarten in verschiedenen Teilen der Welt vorkamen. Er war von der wörtlichen Auslegung der Sintflut nicht überzeugt, sondern stellte sich vor, dass Gott das Leben ursprünglich auf einer gebirgigen Tropeninsel inmitten eines Urozeans geschaffen habe. Die Höhe des Gebirges bewirkte eine Folge von Klimaten von tropisch heiß auf Meereshöhe – der Heimat von Lebensformen wie Palmen und Affen – bis kalt auf dem Gipfel, der die Heimat von Lebensformen wie Rentier und Flechten war. So war das Gebirge eine Miniaturversion der Erde, und als die Wasser des uranfänglichen »Sintflut«-Ozeans zurückgingen, breiteten sich die Überlebenden in die Regionen aus, die am besten für sie geeignet waren.

Bis zur 10. Auflage war sein Werk gewachsen und umfasste die Gesamtheit der lebenden Organismen, die Linné bekannt waren: rund 12 000 Arten, davon 7700 Pflanzen und 4200 Tiere. Doch war ihm durchaus bewusst, dass es noch viele mehr gab, vor allem in den Tropen, und er ermutigte seine Schüler, etwa Daniel Solander (1733–1782), die Welt zu bereisen und nach ihnen zu suchen.

Linné war nicht von der wörtlichen Interpretation des biblischen Sintflutberichts überzeugt.

Der schwedische Taxonom Carl von Linné veröffentlichte im 18. Jahrhundert systematische Werke, in denen alle damals bekannten Pflanzen und Tiere einschließlich der Fossilien benannt und beschrieben wurden. Sein System der binären Nomenklatur diente als Grundlage für alle späteren Namengebungen der Pflanzen und Tiere.

Linné erkannte die Klasse Säugetiere, und eine der größeren Gruppen, die er darin unterschied, war die Ordnung Anthropomorpha (d.h. »menschliche Form«), die er später in Primates (d.h. »Erste«) umbenannte. In diese Ordnung schloss Linné sowohl *Homo sapiens* als auch *Satyrus tulpii* (d.h. »Tulps Affe«) ein, wie er den Schimpansen nannte. Nicolaas Tulp war ein berühmter holländischer Anatom, der einen Schimpansen seziert hatte und der von Rembrandt gemalt wurde. Der Artname war jedoch nicht streng geklärt, bis Cuvier ihn in *Simia troglodytes* umbenannte, doch wurde der Gattungsname später wieder in *Pan* geändert.

Eine Herausforderung

Andere Gelehrte der Zeit kritisierten, dass die Menschen in dieselbe Ordnung wie die Schimpansen eingegliedert wurden, aber Linné forderte sie heraus, irgendein anatomisches Merkmal zu finden, das eine klarere Abgrenzung rechtfertigte.

Trotz seiner anatomischen Kenntnisse befand sich Cuvier auf dem Holzweg.

Linné wusste, dass er sich auf die posthume Unterstützung einer 1699 von der Royal Society in London veröffentlichten Schrift berufen konnte, die die genaue Anatomie und Skelettstruktur des Schimpansen beschrieb. Der Autor der Schrift war ein brillanter englischer Anatom und Arzt, Edward Tyson (1650–1708). Ein junger Sammler brachte 1698 einen jungen Schimpansen als Rarität nach England; das Tier war aber krank und starb bald nach seiner Ankunft. Tyson bekam die günstige Gelegenheit, die Leiche zu sezieren. Schimpansen waren in Europa damals praktisch unbekannt, weil es kaum Kontakte zu den Teilen Afrikas gab, aus denen sie stammten; Orang-Utans aus Niederländisch-Ostindien waren dagegen etwas besser bekannt.

Tysons Beschreibung und Illustrationen waren meisterhaft. Das Skelett des Schimpansen ist bis heute im Londoner Natural History Museum erhalten, und man wird kaum einen Fehler an dem veröffentlichten Stich finden, obwohl der Affe aufrecht stehend wie ein Mensch porträtiert wurde. Tyson zählte Merkmale auf, die jenen des Menschen (48) und denen anderer Affen (27) am nächsten kamen. Er folgerte, dass das Tier daher ein »Zwischenglied« zwischen Affe und Mensch sei und anatomisch den Menschen bei weitem am nächsten stehe. Damit stellte er die Schimpansen auf die progressive Skala, die auf Aristoteles zurückgeht und als die »Große Kette des Seins« oder Leiter der Natur bekannt ist. Tyson verstand sie als eine gestaffelte Skala, die von den geordneten Mineralien über Pflanzen und Tiere zu Menschen und weiter über die Engel zu Gott führte. Für Tyson waren Kenntnis und Verstehen dieser Hierarchie eine Sache des Respekts gegenüber dem Schöpfer.

Der erste fossile Primat wurde im ersten Jahrzehnt des 19. Jahrhunderts in einem Gipsbruch in dem Dorf Montmartre entdeckt, das damals am Rand von Paris lag. Montmartres Kalkschichten aus dem Eozän baute man damals in großem Umfang wegen des Karbonatminerals ab, das als Grundlage des weit verbreiteten »Pariser Gipses« gebraucht wurde, und gelegentlich fanden Arbeiter in den alten Sedimenten Fossilien. Sie verkauften sie an interessierte »savants«, und als Professor am Pariser Museum für Naturgeschichte war Georges Cuvier am richtigen Ort, um diesen örtlichen Nachschub an bemerkenswerten Fossilien zu nutzen. Dazu zählten das kleine urtümliche Pferd *Palaeotherium*, ferner das erste Beuteltier, das beschrieben wurde, und der erste Primat, den er *Adapis parisiensis* (1821) nannte. Der Gattungsname *Adapis* bedeutet »hin zu Apis«, der Stiergottheit des alten Ägypten. Cuvier entschied sich dafür, da seine Vorstellungen hinsichtlich der Ähnlichkeiten etwas abwegig waren.

Wiederum können wir im Nachhinein sehen, dass selbst der große französische Anatom mit seinem Wissen in diesem Fall falsch lag. Der Fund bestand aus einem stark abgeplatteten Schädel mit Unterkiefer, und er folgerte, dass es ein primitiver Dickhäuter war, eine alte Gruppe, die eine Vielzahl von Tieren umfasste, wie Tapire, Nashörner, Pferde und Elefanten. Cuvier wusste, dass die Montmartre-Fossilien in stark versteinerten Schichten gefunden worden waren, unter den lockeren unverfestigten Sanden und Kiesen, in denen die Überreste der moderner aussehenden Säugetiere der »Sintflut« lagen. Die Gipslager waren folglich älter, und wie er 1800 sagte, »je älter die Lagerstätten, in denen die Knochen gefunden werden, desto mehr unterscheiden sie sich von den Tieren, die wir heute kennen«.

Die ersten Verwandten der Menschen, die erkannt wurden

Warum die Überreste unserer vorgeschichtlichen Verwandten und Vorfahren nicht erkannt wurden, erklärt sich auch dadurch, dass zumindest in Europa die Funde, wie auch Bucklands Paviland-Skelett, meist nicht älter als einige Zehntausende Jahre sind und somit zu anatomisch modernen Menschen gehören. Wenn solche Überreste gefunden wurden, dachte man, sie stammten von alten Heiden ab und bestattete sie manchmal auf christlichen Friedhöfen erneut. Schließlich entdeckte man so charakteristische Merkmale, dass man sich ernsthafte Fragen über Ursprung und Geschichte der Funde stellte; der wichtigste wurde bei Düsseldorf gemacht.

Das Neandertal wurde nach dem Komponisten und Priester Joachim Neander aus dem 17. Jahrhundert genannt, der seinen malerischen Reiz liebte. Zwischen bewaldeten Kalksteinhügeln fließt das Flüsschen Düssel. Über Millionen von Jahren hat das Wasser sich in den Kalkstein gefressen und zahllose Höhlen und Gänge geschaffen, die dem Tal seinen geheimnisvollen Reiz gaben. Im 19. Jahrhundert jedoch führte der Druck der Industrie dazu, dass der hochwertige Kalkstein zum Schmelzen und zur Kalkgewinnung verstärkt abgebaut wurde; trotz der Schätze der Feldhofer Grotte wurde auch dort 1850 mit dem Abbau begonnen.

Als dann im August 1856 Arbeiter die sedimentären Ablagerungen, die den Höhlenboden aufgefüllt hatten, ausgruben, stießen sie auf einige begrabene Knochen. Obwohl das Vorkommen von Tierknochen in Höhlen durchaus nicht ungewöhnlich war, wurden die Arbeiter auf diese Knochen aufmerksam, und zum Glück wusste einer von ihnen, dass sich der örtliche Lehrer Johann Fuhlrott (1803–1877) für solche Dinge interessierte. Fuhlrott war Naturhistoriker, ein guter Kenner der zeitgenössischen wissenschaftlichen Literatur, und die Feldhofer-Knochen faszinierten ihn. Er erhielt dann auch den sehr gut erhaltenen, dicken oberen Teil eines Schädels – die Hirnschale – sowie Gliedmaßenknochen und einige andere Teile des Skeletts. Zwar versuchte er herauszufinden, ob es noch andere Knochen gab, kam aber zu spät, da alle Ablagerungen ausgegraben und fortgeschafft worden waren. Dennoch war das, was geborgen worden war, bedeutsam, und er war sehr beeindruckt von der Form der Hirnschale und den Unterschieden, die sie zu der moderner Menschen aufwies.

Herausragende Merkmale

Das auffälligste Merkmal war der vorstehende dicke, doppelt gewölbte knochige Überaugenwulst, hinter dem das Schädeldach leicht nach hinten abfiel, sodass es keine ausgeprägte Stirn gab. Auch waren die Seiten des Schädels hinter dem Überaugenwulst stark eingedrückt, bevor sie sich wieder erweiterten, sodass er von oben wie ein merkwürdiger Augenschirm mit vorstehenden seitlichen Ausläufern aussah. Fuhlrott erinnerte sich, dass er einen ähnlich geformten Schädel in vergleichenden Abbildungen von Schimpansen- und Orang-Utan-Skeletten und -Schädeln gesehen hatte, die der berühmte englische Anatom Richard Owen (1804–1892) im Jahr 1835 veröffentlicht hatte.

Fuhlrott hielt die Knochen für wichtig genug, ordentlich beschrieben zu werden, wusste aber, dass er dafür einen Mitarbeiter mit den richtigen Fach-

Funde von Tierknochen in Höhlen waren nichts Ungewöhnliches, aber diese sahen anders aus. Glücklicherweise wandten sich die Arbeiter an einen örtlichen Lehrer, der sich für solche Dinge interessierte.

Schwere und gebogene Gliederknochen weisen nicht auf eine Mangelkrankheit der Neandertaler hin, sondern sind eine Folge der kräftigen Muskulatur.

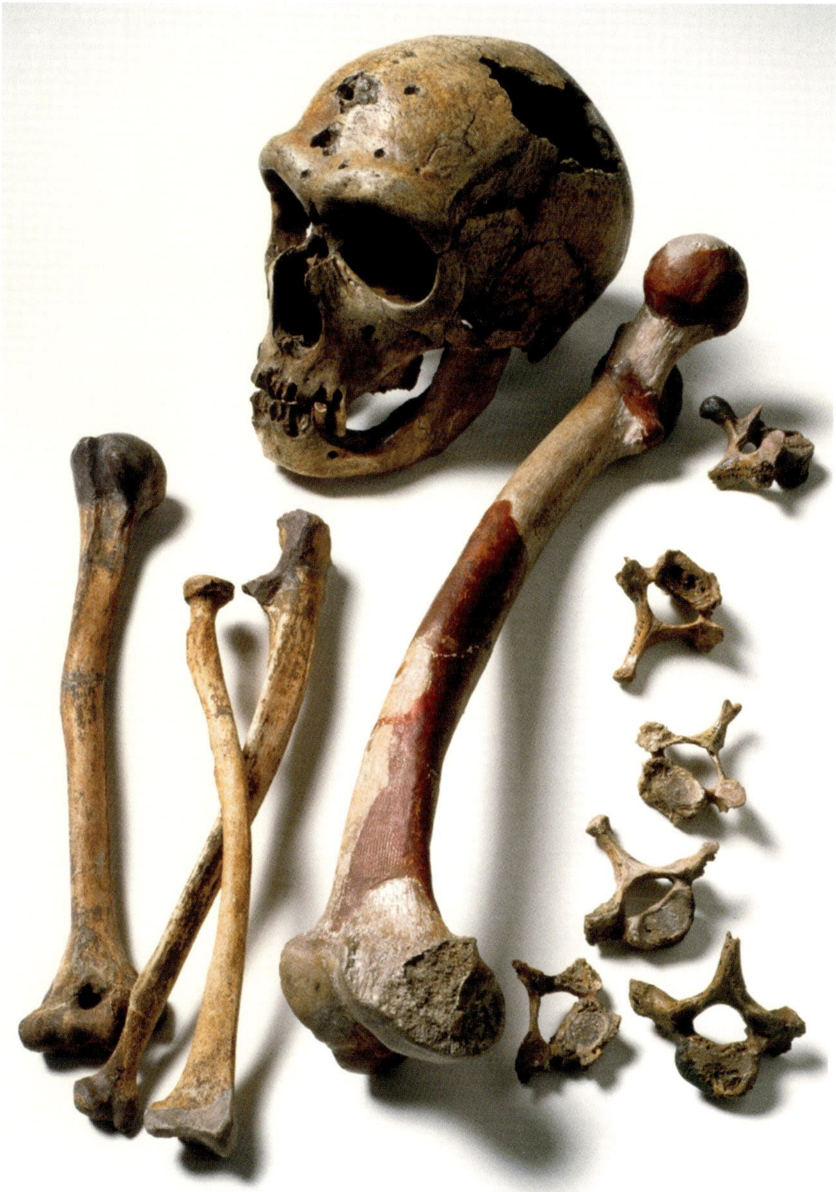

kenntnissen brauchte. Also brachte er die Knochen zu Hermann Schaaffhausen (1816–1893), Anatomieprofessor an der Universität Bonn, der von ihnen ebenso fasziniert war. Zusammen beschrieben sie die Knochen, zeichneten sie und besprachen die Umstände des Fundorts und ihren Zustand. Die Arbeiter hatten ihnen gesagt, dass sie unter rund zwei Meter dicken Ablagerungen neben einigen Steinen und Tierknochen ausgegraben worden waren. Dies wies auf ein hohes Alter der Knochen hin. Außerdem hatte Fuhlrott bemerkt, dass die Knochen Mineralbildungen aufwiesen, was ein typisches Merkmal anderer alter Tierreste war, die viele noch immer mit der Sintflut verknüpften. Jedenfalls wurden solche Charakteristika allgemein für Hinweise auf hohes Alter gehalten.

Für die Interpretation der Feldhofer-Knochen war Schaaffhausen verantwortlich, und obwohl er bemerkte, dass sie sich sowohl von Affenknochen als auch von jenen moderner Menschen unterschieden – dies waren noch die Zeiten vor Darwin. Vergebens durchstöberte er die Literatur nach einem früheren vergleichbaren Fund. Am Ende konnte er nur folgern, dass die Knochen von den Überresten einer alten germanischen Rasse stammten, obwohl sie »alle anderen in jenen Besonderheiten des Körperbaus übertreffen, was zu dem Schluss führt, dass sie zu einer barbarischen und wilden Rasse gehören«.

Doch »ausreichende Gründe bestehen für die Annahme, dass der Mensch neben den Tieren lebte, die das Diluvium [Ablagerungen der Sintflut] bilden; und manch eine barbarische Rasse mag vor jeder geschichtlichen Zeit verschwunden sein, zusammen mit den Tieren der alten Welt, während die Rassen, deren Organisation höher ist, die Gattung fortgesetzt haben«. Zwar waren dies keine revolutionären Ideen, doch in jener Zeit war es durchaus aufrührerisch, solche Gedanken über das Alter der Menschheit und den Fortschritt zu äußern.

Kritische Aufmerksamkeit

Damit war jedenfalls viel kritische Aufmerksamkeit auf den Fund und die Diskussion der genauen Bedeutung der Überreste gelenkt, wobei einige der namhaftesten Wissenschaftler Deutschlands Schaaffhausen ins Gebet nahmen.

Dazu zählte auch Rudolph Virchow (1821–1902), der berühmte Pathologe, der ein Gegner der Evolutionstheorie war. Für ihn waren die Knochen, besonders die deutlich gebogenen Beinknochen typisch für jene unglücklichen Menschen, die unter einem schweren Fall von chronischem Vitamin-D-Mangel gelitten hatten, der zu Rachitis führt.

Es war aber Schaaffhausens Bonner Kollege August Mayer (1787–1865), der die fantasievollste Erklärung vorlegte. Er war der Ansicht, die gebogenen Beinknochen sprächen für einen lebenslangen Reiter, wobei Rachitis noch dazugekommen sein könnte, und hinsichtlich des Überaugenwulstes meinte er, die ständigen Schmerzen infolge eines Bruches des linken Arms, der schlecht verheilt war, hätten zu einem anhaltenden Stirnrunzeln geführt, das das Wachstum des gefurchten Überaugenwulstes förderte. Für Mayer war das Opfer eindeutig ein Deserteur der Kosakenreiterei, die im Januar 1814 am Rhein kampiert hatte, bevor sie die Verfolgung der Truppen Napoleons fortsetzte, die sich auf dem Rückzug befanden.

Mayer und Virchow sahen nur das, was sie sehen wollten, und waren bereit, alles dafür zu tun, und sei es noch so abwegig, um das Offenkundige in ihrem Sinne zu deuten. Es bedurfte mutiger Wissenschaftler

Thomas Henry Huxley erkannte die Aussagekraft der von Darwin und Wallace vorgelegten Theorie der Evolution durch natürliche Auslese und erwies sich als einer ihrer einflussreichsten Befürworter.

wie Darwin, Wallace und Huxley, um diese Denkweise zu durchbrechen. Trotz der akademischen »Herabsetzungen« in Deutschland brachte die folgende Auseinandersetzung dem Fund zumindest internationale Beachtung. Thomas Henry Huxley (1825–1895), der die Darwinsche Evolutionstheorie heftig verteidigte, besprach die Feldhofer-Knochen in seiner Essaysammlung, die 1863 unter dem Titel *Zeugnisse für die Stellung des Menschen in der Natur* erschien. Aus einem Vergleich dieser Schädel mit Menschen- und Affenschädeln folgerte er, dass es der »pithecoideste [affenartigste] der bekannten menschlichen Schädel« war und »das äußerste Glied einer Reihe, die schrittweise zu den höchsten und am besten entwickelten menschlichen Schädeln führt«, bildete. Außerdem spekulierte er, dass »in noch älteren Schichten die Knochen eines fossilen anthropoideren Affen oder eines pithecoideren Menschen als bisher bekannt auf die Forschungen eines noch ungeborenen Paläontologen warten«. Wie Recht er hatte!

Die Feldhofer-Funde bekommen einen Namen

Doch im selben Jahr 1863 bekamen die Feldhofer-Knochen endlich einen neuen wissenschaftlichen Rang und Namen – einen, den sie bis heute behalten haben. In einer sehr spekulativen Ansprache auf der jährlichen Sitzung der Britischen Vereinigung für die Förderung der Wissenschaft (veröffentlicht 1864) verkündete William King (1809–1886), ein englischer Paläontologe und Geologieprofessor am Queen's College im irischen Galway, dass die Knochen genügend Merkmale aufwiesen, um ihnen einen Platz in einer neuen, mit dem Menschen verwandten Rasse zu sichern, die er *Homo neanderthalensis* nannte. King hatte die Exemplare nicht einmal gesehen und verließ sich auf die veröffentlichte Beschreibung und die Abbildungen. Er hielt den Schädel für ziemlich schimpansenartig und ordnete ihn fast in eine gesonderte Gattung ein.

So war der erste ausgestorbene Angehörige unserer Rasse wissenschaftlich »geboren«, und Mitglieder der Spezies sind seitdem als »Neandertaler« bekannt. Die ungerechtfertigte und unglückliche Verknüpfung dieses Namens mit Dummheit und Rohheit ging von Anfang an in die Sprache ein und haftet seither dem Namen an. Aber wie wir sehen werden, erwies sich diese Verknüpfung als problema-

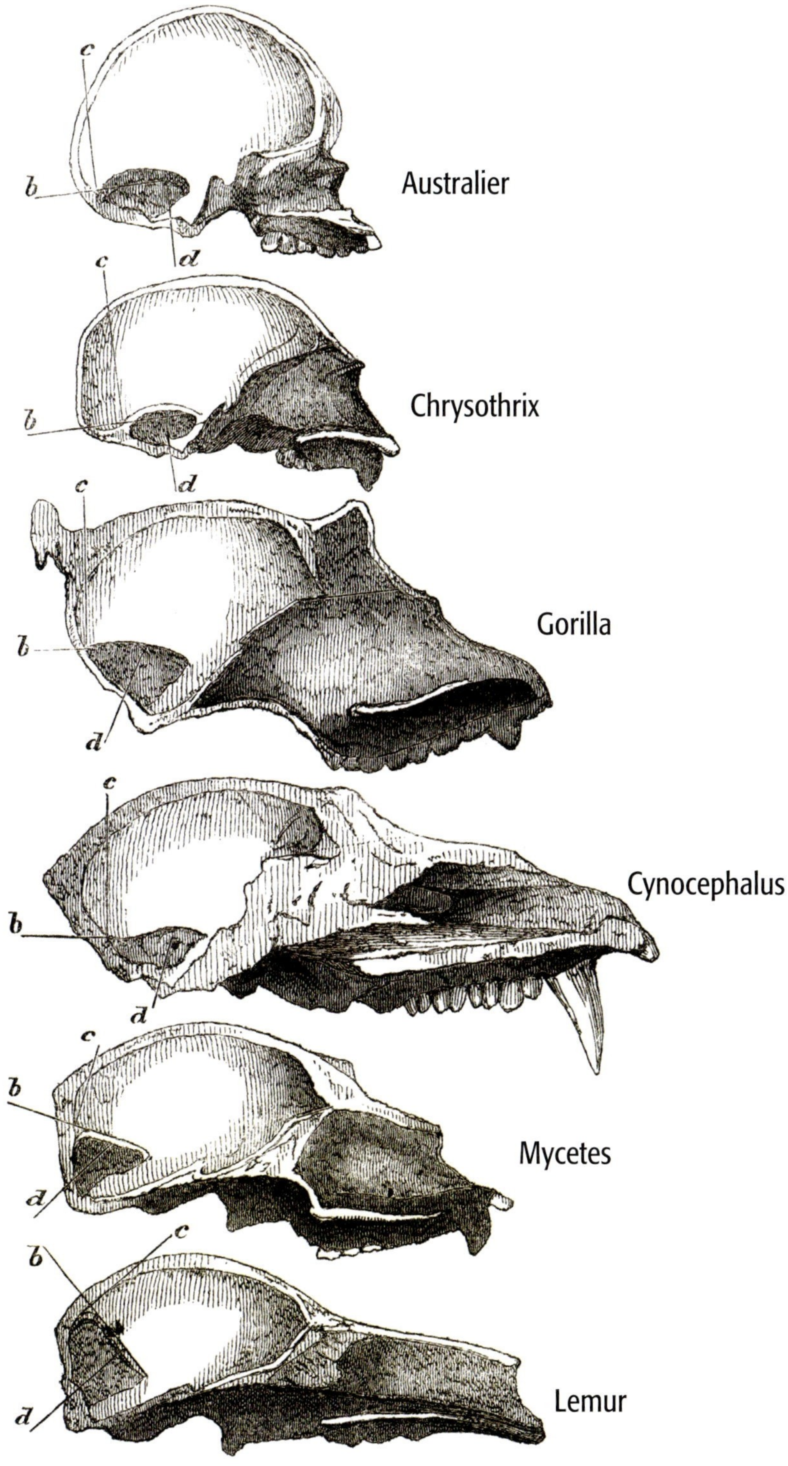

Huxleys Abbildungen von Schnitten durch eine Reihe von Primatenschädeln zeigen, wie sich durch die Evolution ihre Schnauze verkürzt und das Gehirn vergrößert hat.

Die Verknüpfung des Namens Neandertaler mit negativen Charaktereigenschaften ist bedauerlich.

tisch, denn als die Wissenschaft in den späten 1870ern und den 1880ern endlich die Idee der Evolution bejahte, glaubte man, die Neandertaler könnten die unmittelbaren Vorfahren der modernen Europäer sein. Um uns mit diesen Vorfahren abfinden zu können, blieb nur, möglichst viel Zeit zwischen sie und uns zu legen. Die offenkundige Kluft zwischen ihnen und uns trug auch dazu bei, das Auftreten der modernen Menschen um so »wunderbarer« zu machen.

Dabei ist die affenähnliche Form des Neandertalerschädels durchaus irreführend, weil sein Hirnumfang mit dem des modernen Menschen vergleichbar ist. Tatsächlich war das durchschnittliche Neandertalerhirn ein wenig *größer* als unseres, aber dies war vermutlich eine Folge ihrer größeren Körpermasse. Die Gliedmaßenknochen haben eine deutliche Krümmung, doch ist diese keine Folge von Vitaminmangel. Vielmehr ist es eine Reaktion auf die schweren und starken Muskeln. Die Knochenwände sind dicker und stärker als bei uns, und die Krümmung gibt den knochigen Bein-»Säulen« größere Belastbarkeit als ein gerader Knochen. Die Gliedmaßen waren optimal gerüstet, um einen Körper mit starken Muskeln für lange Strecken durch schwieriges Gelände zu bewegen. Heutige Athleten, die aktiv Kraftsport wie Ringen und Gewichtheben treiben, erlangen eine ähnliche Verstärkung der Knochen.

Zwei Neandertalerschädel aus Frankreich zeigen den schweren Überaugenwulst und die fliehende Stirn. Der obere Schädel gehörte einem fast zahnlosen alten Mann.

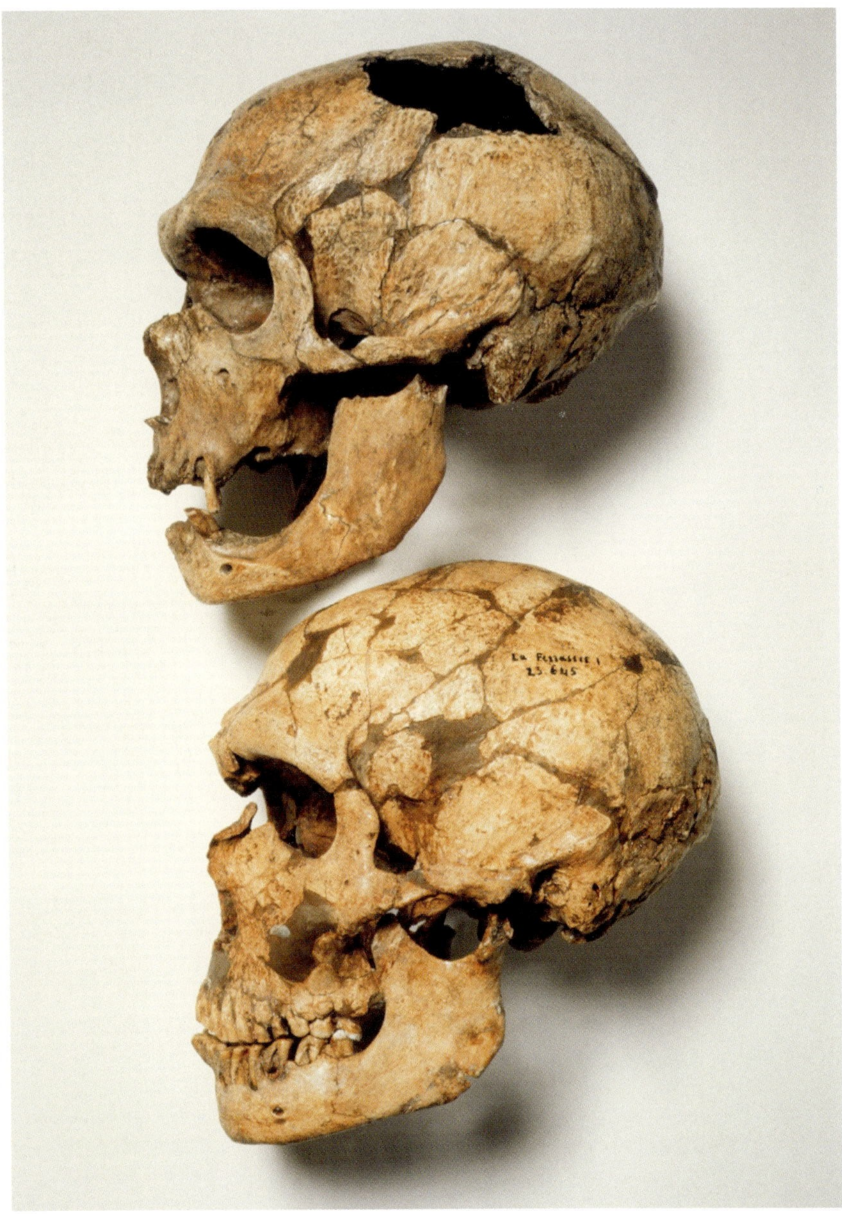

Indem ich diese frühe Geschichte der Entdeckung und Namengebung der Neandertaler schildere, will ich beispielhaft zeigen, wie schwierig es selbst für Wissenschaftler war, sich den Zeugnissen für das Alter und die Herkunft des Menschen zu stellen und sie dann zu akzeptieren. Diese Art von Schwierigkeiten erlebte man an allen Fronten.

So etwa hatte der französische Archäologe Jacques Boucher de Perthes (1788–1868) im Somme-Tal um Saint-Acheul in der Picardie in den 1830er- und 1840er-Jahren eine Vielzahl von Steinwerkzeugen entdeckt. 1847 veröffentlichte er einen üppig bebilderten Prachtband mit dem Titel *Antiquités celtiques et antédiluviennes*, in dem er die bemerkenswerten birnenförmigen und doppelseitigen Faustkeile aus Feuerstein, die seitdem als Acheuléen bekannt sind, und die mit ihnen verknüpften Knochen beschrieb. Zusammen waren dies gute Beweise für die Koexistenz von frühen, Werkzeuge herstellenden Menschenverwandten mit vor der Sintflut ausgestorbenen Tieren. Wieder bestätigte sich, was John Frere fast 50 Jahre früher erkannt hatte, doch es dauerte immer noch 20 Jahre und benötigte mehrere wichtigere Funde, bis man die Wahrheit akzeptierte.

Bilder einer fernen Vergangenheit

Die Entdeckung der Kunstwerke unserer fernen Vorfahren liegt erstaunlich lange zurück, länger, als allgemein bewusst ist. Tatsächlich erwähnten schon im 3. Jahrhundert v. Chr. chinesische Gelehrte Bilder, die auf Felswände in der offenen Landschaft geritzt waren. Die Fachsprache bezeichnet sie als *Petroglyphen*, was wörtlich Felsschrift bedeutet. Viele Bilder, aber keineswegs alle, zeigen stilisierte Tiere und sind oft in markante Felsflächen geritzt; einige wurden in den vergangenen Jahrzehnten aufgrund der ursprünglichen Ortsbeschreibungen wiederentdeckt. Man kennt verschiedene Hinweise aus dem 15. Jahrhundert auf Felsen- und Höhlenkunst in Europa, aber erst seit dem 17. und 18. Jahrhundert, der Zeit der europäischen kolonialen Expansion, gibt es eine Vielzahl von teilweise veröffentlichten Berichten aus aller Welt. Die meisten beziehen sich noch auf Felsenkunst im Freien. So skizzierte der Keltenforscher und Kustos des Ashmolean Museum in Oxford, Edward Lhwyd (1660-1708) die Verzierung auf dem Eingangsfelsen zum megalithischen Kammergrab von Newgrange in Irland und beschrieb sie 1699 in einem Brief an die Royal Society.

Das Werk von Wilden – oder Satans Schöpfung?

Die Betrachter waren verwirrt und fasziniert zugleich von den Bildern und ihrer möglichen Bedeutung. Viele taten sie als Gekritzel von Wilden oder sogar Teufelswerk ab, aber einige aufgeklärtere Gelehrte erkannten ihre offenkundige Kunstfertigkeit. Doch hatten sie keine Ahnung, wie alt die Werke waren, und so wurden die ästhetisch ansprechenderen oft als das Werk von Europäern und nicht von »eingeborenen Wilden« oder Völkern aus prähistorischen Zeiten gehalten. Die Gelehrten waren so besorgt wegen des sexuellen Inhalts einiger Menschenbilder, dass diese nicht in großem Umfang öffentlich gemacht wurden, und wenn sie dennoch erschienen, waren sie stark zensiert.

Im frühen 19. Jahrhundert war die Felskunst Skandinaviens und Sibiriens gut bekannt, und Abbildungen aus Australien, Afrika und Amerika bewiesen ihren universellen Charakter. Doch in der eurozentrischen Welt der Archäologie war es die europäische Entdeckung der »tragbaren Kunst« – geschnitzte und verzierte Objekte, die so klein waren, dass man sie mitnehmen konnte –, die allmählich breitere Aufmerksamkeit fand. Die ersten europäischen Stücke paläolithischer tragbarer Kunst, die entdeckt und abgebildet wurden, waren um 1833 in der Grotte von Veyrier in Hochsavoyen gefunden worden. Sie umfassten eine geschnitzte harpunenförmige Geweihsprosse und einen durchbohrten Geweihstab mit einer eingeritzten Tierdarstellung auf der Oberfläche. Wieder dauerte es Jahrzehnte, bis ihre Bedeutung ins Bewusstsein der Öffentlichkeit drang.

Die Entdeckung geschnitzter Knochen und Steine in Ablagerungen auf dem Höhlenboden neben den Überresten ausgestorbener Tiere der Eiszeit durch den französischen Paläontologen Edouard Lartet (1801–1871) und einen englischen Bankier und Archäologen, Henry Christy (1810–1865) wurde endlich als Hinweis auf ihr Alter anerkannt. Den vielleicht berühmtesten dieser frühen Funde machte man 1864 in der Halbhöhle La Madeleine in der Dordogne. In ein Stück eines Mammutstoßzahns war eine deutliche Darstellung eines Mammuts eingeritzt.

Es war das Abbild eines haarigen Elefanten mit langen gebogenen Stoßzähnen und einer ausgeprägten »duttartigen«-Wölbung auf dem Kopf, alles Merkmale, die ihn von heutigen Elefanten unterscheiden. Dies bewies zweifelsfrei die Koexistenz unserer Vorfahren mit ausgestorbenen Tieren der Eiszeit und zeigte, dass sie nicht nur scharfe Beobachter waren, sondern auch vollendete Handwerker.

Mammutschnitzereien beweisen ohne jeden Zweifel, dass unsere Vorfahren ihre Welt mit Tieren teilten, die seit langem ausgestorben sind – und dass frühe Menschen genaue Beobachter ihrer Umwelt waren.

Diese Kopie einer paläolithischen Schnitzerei aus dem 19. Jahrhundert zeigt eine exakte Darstellung des ausgestorbenen Mammuts mit seinen kleinen Ohren, dem langen Fell, langen gebogenen Stoßzähnen und der vorstehenden Stirn. Der in ein Stück eines Mammutstoßzahns geritzte Umriss wurde in La Madeleine in Frankreich gefunden.

Altamira
Die erstaunliche Qualität des berühmten mehrfarbigen Wisents, die Vielfalt der anderen Tierbilder und abstrakten Bilder machen Altamira zu einer der weltweit berühmtesten Fundstätten für Höhlenmalerei. Die 14 000 Jahre alten Bilder finden sich überall in den Galerien und Gängen dieser Kalksteinhöhle, einer von vielen, die von Menschen des Paläolithikums in Nordspanien benutzt wurden.

»Mira, Papa, bueyes«

Die vielleicht wichtigste aller Entdeckungen wurde im November 1879 in den spanischen Pyrenäen gemacht. Maria, die kleine Tochter von Don Marcelino Sanz de Sautuola, hatte ihren Vater, einen Landbesitzer und Amateurarchäologen, in die Höhle von Altamira begleitet, als er auf der Suche nach tragbarer Kunst Ausgrabungen der Höhlensedimente durchführte. Wie sie später berichtete, hüpfte sie in der Höhle herum. »... Plötzlich entdeckte ich Formen und Figuren an der Decke ... mira, Papa, bueyes [schau, Papa, Ochsen]«, rief sie aus. Was sie gesehen hatte, war eine fantastische Gruppierung von mehrfarbigen Wisenten, die die Decke schmückten. Mit Holzkohlenschwarz umrissen und schattiert und mit Ocker ausgemalt, waren sie wahrscheinlich in der Dunkelheit der Höhle für rund 14 000 Jahre seit ihrer Entstehung unbemerkt geblieben.

Die weitere Geschichte war alles andere als unkompliziert und verursachte dem stolzen Sanz de Sautuola so viele Probleme, dass seine Tochter behauptete, sie hätten zu seinem frühen Tod geführt. 1880 veröffentlichte er eine bebilderte Broschüre, in der er behauptete, die Malereien hätten vermutlich ein ähnliches Alter wie die tragbare Kunst aus Höhlensedimenten. Trotz einer gewissen Unterstützung durch spanische Archäologen und König Alfonso XII. wurde Sanz de Sautuola der Fälschung beschuldigt. Besonders kritisch waren französische Archäologen wie Gabriel de Mortillet (1821–1898) und Emile Cartailhac (1845–1921).

Da die Bilder in ihrer Kraft und ihrer technischen Qualität so verblüffend und in so gutem Zustand waren, konnten viele Fachleute nicht an ihr hohes Alter glauben. Einige meinten, es müsse Rauchspuren auf den Malereien geben, da die einzige verfügbare Lichtquelle für die Künstler primitive, qualmende Talglampen gewesen sein dürften. Die Tatsache, dass solche Spuren fehlten, nährte ihren Verdacht, dass es sich um neue, mit Hilfe modernen Lampenlichts gemalte Fälschungen handelte. Heute wissen wir aus experimentellen Untersuchungen, dass manche Tierfette nicht besonders qualmen und deshalb keine rußigen Rückstände hinterlassen. Und die Künstler könnten ihre Lampen auf den Boden gestellt haben, der ursprünglich viel höher war. Er wurde später aus Bequemlichkeit für die Besucher, die die Malereien besichtigen wollten, abgetragen.

Wichtiger war, dass die Malereien von den damaligen Fachleuten vor allem wegen des Einflusses von Mortillet, einem glühenden Antiklerikalen, als moderne Fälschungen abgetan wurden. Mortillet glaubte, die Malereien, die er nicht gesehen hatte, seien Teil einer antievolutionistischen jesuitischen Verschwörung, um die zunehmenden Beweise, dass die Menschheit eine Vorgeschichte hatte, in Misskredit zu bringen. Erst 1895 und nach der Entdeckung der Höhle La Mouthe in der Dordogne, deren Höhleneingang durch Sedimente zugeschüttet und daher wirksam versiegelt worden war, wurde Altamira als echt anerkannt. Aber da war es zu spät für Sanz de Sautuola, der 1888 gestorben war. 1902 veröffentlichte Cartailhac eine persönliche Entschuldigung mit dem Titel *Mea culpa d'un sceptique* (Schuldbekenntnis eines Skeptikers), in der er etwas widerwillig einräumte, dass die Malereien von Altamira wirklich so alt waren, wie Sanz de Sautuola behauptet hatte.

Einer der eindrucksvollen mehrfarbigen Wisente, die an die Decke einer Kalksteinhöhle in Altamira in Nordspanien vor rund 14 000 Jahren von Menschen des Spätpaläolithikums gemalt wurden.

Fragen des Alters

Da nun die Fels- und Höhlenkunst als das Werk vorgeschichtlicher Menschen anerkannt war, machten sich die Archäologen an den Versuch, ihre Chronologie und Funktion zu verstehen. Zwangsläufig wurde angenommen, dass das Werk umso älter war, je primitiver es war, und um so später geschaffen worden, je ausgereifter es war, aber das war alles relativ. Bei tragbarer Kunst bestand zumindest die Möglichkeit, sie zu den Werkzeugen und Knochen, mit denen sie manchmal gefunden wurde, in Beziehung zu setzen. Das gleiche Problem hatte sich bei der Datierung von Steinwerkzeugen gestellt und wieder nahm man an, dass die primitiveren Artefakte die älteren waren. Bei ihrer Datierung half jedoch, dass sie oft in Sedimentschichten zusammen mit Tierknochen gefunden wurden. Deren Identifizierung erlaubte die Entwicklung einer relativen Schichtenfolge.

Der Archäologe Gabriel de Mortillet schlug vor, Steinwerkzeuge wie Fossilien zu behandeln, wobei besondere Werkzeugtypen aufeinander folgende Abteilungen von Schichten charakterisierten. So gliederte er das Paläolithikum in vier und dann sechs Unterabteilungen. Von der ältesten zur jüngsten wurden die Stufen des Altpaläolithikums als Chelléen und Acheuléen (charakterisiert durch doppelseitige Faustkeile) bezeichnet. Das Moustérien hatte zum Beispiel eine größere Vielfalt von Keilen und Abschlägen und bildete zusammen mit den Skelettresten aus dem Neandertal das Mittelpaläolithikum. Das Aurignacien (mit Knochenspitzen und langen dünnen Klingen), das Solutréen (mit feinen »Lorbeerblatt«-Spitzen) und das Magdalénien (mit Knochen- und Geweihgeräten, dekorativen Objekten, Klingen usw.) bilden nacheinander das Obere Paläolithikum und werden mit den Skelettresten des modernen

Die Kunst der Vorzeit zu datieren erwies sich als ebensolche Herausforderung wie die Datierung von Überresten und Artefakten.

Diese relativ einfachen Steinwerkzeuge sind fast zwei Millionen Jahre alt und gehören zur afrikanischen Olduvai-Kultur.

Menschen verknüpft. Heute ist das Châtelperronien zwischen Mittel- und Jungpaläolithikum eingeschoben. Es wird mit der Nahtstelle zwischen Neandertalern und modernen Cro-Magnon-Menschen verbunden.

Die Abfolge der Steinwerkzeugtechniken wurde im Allgemeinen durch moderne Untersuchungen und die Einführung wissenschaftlicher Datierungsmethoden bestätigt, allerdings ist die Beziehung zwischen afrikanischen und europäischen Abfolgen problematischer. Ursprünglich hatte man gehofft, für künstlerische Darstellungen eine ähnliche chronologische Abfolge aufstellen zu können. Die Grundlinie wurde bei der Ankunft der modernen Menschen in Europa gezogen. Man glaubte, die Entfaltung der Kunst sei trotz der Beweise, dass solche Werke praktisch weltweit verteilt waren, eine weitgehend europäische Angelegenheit.

Die Tatsache, dass viele Werke die ausgestorbenen Tiere der Eiszeit darstellten, gab ihnen auch eine jüngere chronologische Obergrenze, da die paläontologischen Zeugnisse darauf hinwiesen, dass die meisten größeren Tiere nicht lange nach dem Ende der letzten Eiszeit und dem Beginn des Holozäns verschwanden. Berühmt ist das vierteilige Modell des französischen Priesters und Höhlenkunstexperten Abbé Henri Breuil, das er später auf zwei Kreise reduzierte, von denen sich jeder aus einem groben zu einem anspruchsvolleren Stil entwickelte. Es gab einen älteren »Aurigno-Perigordien«-Kreis, aus dem sich der jüngere »Solutréo-Magdalénien«-Kreis herleitete. Ersteren kennzeichnen Handabdrücke, Fingermale, Tierumrisse ohne Beine und mit einfacher Wasserfarbe ausgemalte Tiere, die schließlich zu zweifarbigen Figuren führen. Der spätere Kreis beginnt wieder mit einfachen Tierumrissen, gefolgt von schwarzen ausgemalten und schraffierten Figuren und schließlich zweifarbigen Bildern, wie man sie in Altamira sieht. Dieses Modell stimmt jedoch nur zum Teil.

Eine Revolution in der Chronologie der Höhlenmalerei

Ein Problem bei der Datierung von Höhlenkunst war, die Entstehung der Bilder auf eine bestimmte Steinwerkzeugtechnik zu beziehen, da nur sehr selten irgendein Teil der Kunst in die Folge der Höhlensedimente und zugehörigen Werkzeuge und fossilen Knochen eingebunden ist. Doch in den 1880er Jahren erhielt man ein Zeugnis für das relative Alter, als nahe Bordeaux einige geritzte Wände, die mit Sedimenten des Gravettien und zugehörigen Artefakten bedeckt waren, gefunden wurden. Dies bewies, dass zumindest diese Kunstwerke vor dem Gravettien datierten, und dieser Beweis war es, der de Mortillet schließlich zwang, das Alter der Altamira-Bilder anzuerkennen.

Insgesamt gab es aber kein eigenständiges Mittel, um zu prüfen, ob die wuchernden Ideen hinsichtlich der stilistischen Chronologie richtig waren. Aber mit der Einführung der Beschleuniger-Massenspektrometrie (AMS, siehe S. 182) in den 1960er-Jahren wurde es möglich, viel kleinere Kohlenstoffproben (100–500 mg) zu datieren.

Die gewöhnlich in der Höhlenmalerei verwendeten natürlichen Pigmente waren Rotocker (das Eisenoxidmineral Hämatit), Kohlenschwarz in Form von verbrannten Knochen oder Holzkohle (und manchmal einem Manganmineral) und gelegentlich weißer Ton (Kaolin). Die Ergebnisse waren jedoch nicht immer wie erwartet. So stellte sich heraus, dass die ausgereiften Zeichnungen von Wollnashörnern und Großkatzen in der Höhle Chauvet in der Ardèche über 30 000 Jahre alt waren – was der Annahme widersprach, die primitiven Formen seien die ältesten. Vielmehr bestätigte sich, was von der frühen Datierung einiger tragbarer Schnitzereien bereits vermutet worden war, besonders von jenen aus den Aurignacien-Schichten von Vogelherd und Hohlenstein-Stadel auf der Schwäbischen Alb. Die exquisit geschnitzte menschlichen Figur mit Löwenkopf aus der letztgenannten Fundstätte wurde auf 31 750 Jahre datiert.

Kunstgeschichte

In den 1960ern war schon erwiesen, dass moderne Menschen vor rund 50 000 Jahren aus Afrika in den Vorderen Orient gelangt waren. Dies war ein beträchtlicher Zeitabschnitt, für den jegliche »Kunst«-Zeugnisse fehlten, und es bestand die Möglichkeit, dass aus dieser Zeit mehr primitive Werke stammen könnten, wenn man sie denn fände.

Die Bevölkerungszahlen waren sehr gering, ebenso Skelettreste aus dieser Zeit, weshalb die Chancen, etwas »Kunst« zu finden, dürftig sind. Diese war vermutlich tragbar, da die Menschen in kleinen umherziehenden Jagdgruppen lebten. Und vielleicht wurde Wandkunst nur hergestellt, wenn sie klar begrenzte Territorien hatten, deren Höhlen sie regelmäßig aufsuchten. Ferner stellt sich die Frage nach dem afrikanischen Hinterland, der Heimat der modernen Menschen, und nach der Möglichkeit, frühere und primitivere Arbeiten in Afrika zu finden. Felskunst aus Afrika war seit über 150 Jahren bekannt, besonders aus der Sahara und Südafrika, sie konnte aber meist nicht datiert werden. Zudem enthalten viele der Bilder menschliche Figuren, die in der frühen eurasischen Kunst fehlen, was vermuten lässt, dass der größte Teil dieser afrikanischen Kunst nicht älter als einige Jahrtausende ist.

Verständlicherweise ist in weiten Teilen Afrikas nur selten tragbare Kunst erhalten geblieben, da organische Materialien wie Holz leicht zerfallen. Knochen und Elfenbein halten sich, wenn sie in geeigneten Lagen wie etwa Höhlen vergraben sind. Doch fast überall in Mittel- und Nordafrika sind Höhlen, die von Menschen stammende Artefakte enthalten, sehr selten. Nur in den Kalksteinregionen des südlichen Afrika kommen sie häufiger vor.

Eine aus Mammutelfenbein geschnitzte menschliche Figur mit Löwenkopf ist eines der ältesten und vollkommensten frühen paläolithischen Kunstwerke, die wir kennen. Sie wurde 1931 in der Höhle Hohlenstein-Stadel auf der Schwäbischen Alb gefunden und ist 31 000 Jahre alt.

Die C-14-Datierung einiger Beispiele der Felsenkunst lieferte Ergebnisse, die nicht immer erwartet wurden.

Die Geschichte in den Schichten

Stratigrafie – das Studium der Schichten – ist eine grundlegende Methode der Geologie zur Bestimmung des relativen Alters der Schichten und beruht auf dem »Gesetz der Überlagerung der Schichten«, was einfach ausgedrückt besagt, dass in jeder Folge ungestörter sedimentärer Gesteine oder Schichten die ältesten unten, die jüngsten oben sind. Dementsprechend bedecken in jeder Folge sedimentärer Schichten stets jüngere Schichten die ältesten, und da Schichten an ihren zugeordneten Fossilien identifiziert werden können, ist es möglich, eine relative chronologische Folge mit ihren charakteristischen Fossilien zu bestimmen. Damit können geografisch getrennte Schichtenfolgen zueinander in Beziehung gesetzt werden. Hier wird die Entwicklung der wichtigen Artefakte der Steinzeit der in der Olduvai-Schlucht angetroffenen Stratigrafie gegenübergestellt.

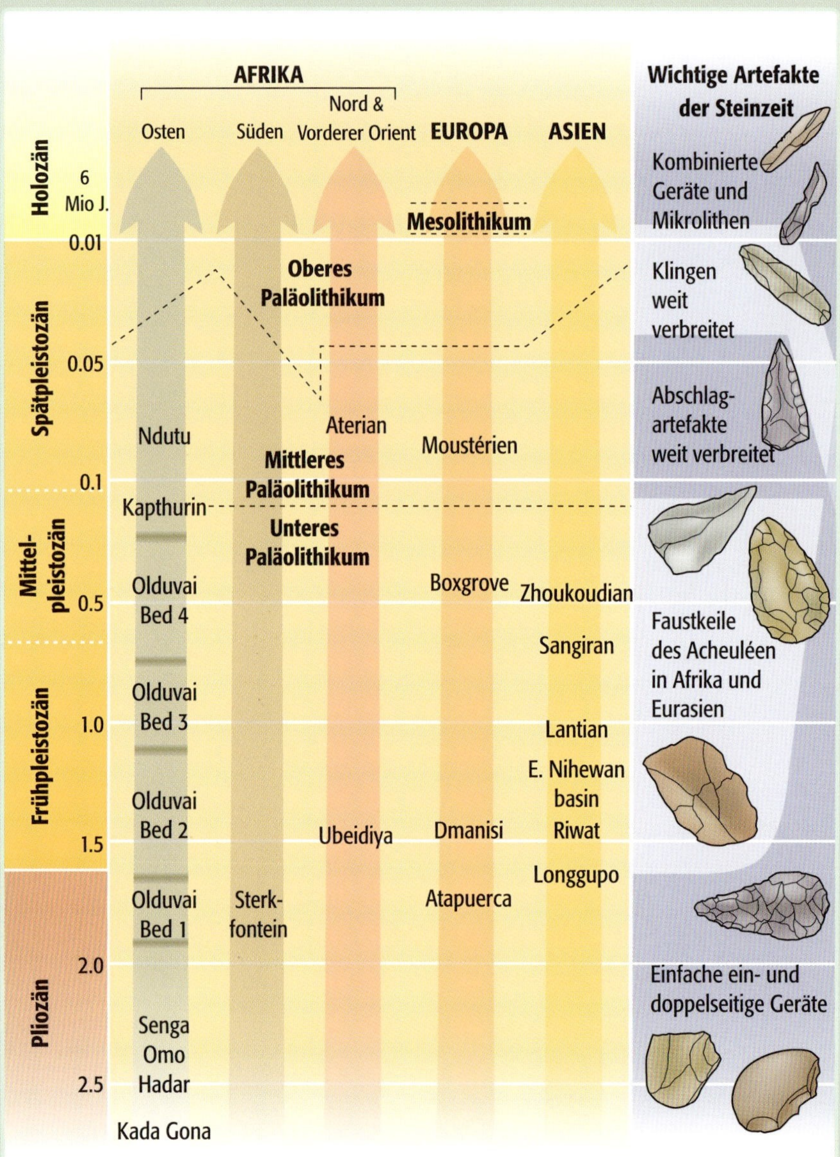

Mit einem Alter von 2,6 Millionen Jahren sind diese einfachen Steinwerkzeuge aus Gona in Ägypten die ältesten bisher entdeckten, doch ist nicht klar, wer sie angefertigt hat.

Die Blombos-Höhle

Die These, dass eine offenkundige Explosion ausgereifter Kunstwerke in Eurasien einen langen und weitgehend nicht erhaltenen afrikanischen »Zünder« gehabt haben könnte, hat durch neue, 77 000 Jahre alte Entdeckungen in der Blombos-Höhle in Südafrika Auftrieb erhalten. Die Höhle in den Küstenklippen liegt rund 290 Kilometer östlich von Kapstadt und wurde von dem südafrikanischen Archäologen Christopher Henshilwood 2001 freigelegt. In einer Folge von Höhlenbodensedimenten fand man zwei kleine Stücke Rotocker, etwa fünf Zentimeter lang mit abgeflachten Seiten, auf die ein klares X-Muster geritzt war. Es bestehen kaum Zweifel, dass das Muster nur von menschenähnlicher Hand gemacht worden sein kann. Das stiftartige Ockerstück hat eine flache Oberfläche, in die ein diagonales Muster geritzt ist, und die Ränder sind mit weiteren eingekratzten Linien definiert, alles mit einem spitzen Gerät ausgeführt. Ocker ist nicht besonders hart, sodass ein abgebrochenes Stück Knochen, Geweih oder ein spitzer Stein dafür ausgereicht haben dürfte. Außerdem ist das Muster mehrmals übereinander wiederholt worden, und es sieht aus, als wäre jede Schicht der Inschrift durch Reiben an einer harten Fläche teilweise gelöscht und dann neu beschrieben worden.

Die Verwendung von Rotocker ist eng mit modernen Menschen verknüpft, vor allem wenn er als verstreutes Pulver bei Bestattungen (wie Paviland in Südwales, siehe S. 73) oder als Pigment in der Höhlenkunst gebraucht wird. Wahrscheinlich wurde er auch zur Körperbemalung verwendet, aber dazu haben wir für die Vorgeschichte keine Erkenntnisse. Die Verwendung von Ocker in Blombos geht der ältesten eurasischen Kunst um rund 40 000 Jahre voraus. Obwohl es sich um ein abstraktes Muster handelt und es nur ein Hilfsmittel zum Rechnen oder Zählen gewesen sein mag, zeigt es dennoch eine kognitive Entwicklung, die bei unseren älteren Vorfahren fehlt. Die grafischen Symbole könnten auch der Übermittlung von Nachrichten zwischen Individuen gedient haben.

Dies ist ein wichtiges Beispiel frühen symbolischen Verhaltens, auch wenn es nicht das ist, was wir sonst mit Kunst verbinden. Ähnliche abstrakte Formen ergänzen viele Tierabbildungen der eurasischen Höhlenkunst.

Obgleich man an der Stätte keine menschlichen Knochen fand, brachte man die Ocker-»Stifte« mit einem Lager von sorgfältig gearbeiteten Knochenspitzen, Steinwerkzeugen und Tierknochen in Zusammenhang. Letztere waren zerbrochen und zeigen Spuren des Entbeinens und der Entfernung von Mark. Die Knochenspitzen sind charakteristische moderne menschliche Artefakte, und der Stil der Steinwerkzeuge entspricht der afrikanischen Mittelsteinzeit, die auf diesem Kontinent von vor etwa 200 000 Jahren bis vor etwa 50 000 Jahren auf die Acheuléen- und Oldowan-Stufe folgte. Zeitgleich stellten die Neandertaler in Eurasien den Werkzeugtyp des Moustérien her.

Es gibt eine Reihe von weiteren Küstenhöhlen im südlichen Afrika, die von frühen modernen Menschen besetzt waren. Aber die meisten wurden vor vielen Jahren ausgegraben, ohne dass man den sedimentären Kontext genauer untersucht hätte, wie es heute üblich ist. Folglich wurden andere Beispiele früher »Kunstwerke« möglicherweise übersehen, aber manche Höhlen enthalten noch Sedimente, die jetzt detailliert untersucht werden.

Blombos-Höhle – Diese kleine, heute hoch über dem Meeresspiegel liegende Höhle lag während einer Warmzeit vor rund 80 000 Jahren in der letzten Eiszeit viel niedriger. Stein- und Knochenwerkzeuge, entbeinte Tierknochen und Stücke von Rotocker, von denen einer ein eingeritztes abstraktes diagonales Muster trägt, beweisen, dass die Höhle von frühen modernen Menschen bewohnt war.

Manche Höhlen könnten eine weitere Untersuchung lohnen, da möglicherweise manche Beispiele früher Kunst übersehen wurden.

Vor rund 70 000 Jahren haben Menschen in dieses 5 cm lange Stück Rotocker aus der Blombos-Höhle in Südafrika Zeichen eingeritzt – die frühesten, die wir kennen. Die Bedeutung des linearen Musters ist unbekannt.

Nachstellung eines Neandertaler-Alltags. Ein Schauspieler mit Gesichtsmaske zeigt, wie die Neandertaler, die vor 200 000 bis 28 000 Jahren weite Teile Europas und Westasiens besiedelten, mit einem Feuersteinabschlag die Spitze eines hölzernen Speers schärft.

TEIL II

Die Suche nach unseren Ursprüngen beginnt bei unseren direkten Vorfahren und setzt sich in einer immer ferneren, weniger bekannten Vergangenheit bis zu den gemeinsamen Urahnen von Schimpansen und Menschenähnlichen vor über sechs Millionen Jahren fort, als sich deren Entwicklungslinien trennten. Für eine Spezies, die der Familie und Familiengeschichte so hohe Bedeutung beimisst wie wir, ist es seltsam, dass wir bis heute kaum wissen, wer evolutionsgeschichtlich unsere Vorfahren waren.

KAPTIEL VIER

Unsere unmittelbaren Präsapiens-Vorfahren

Die Suche der Wissenschaft nach unseren nächsten Vorfahren bildete einen der umstrittensten Aspekte in der Entdeckung unserer Vorgeschichte, da sie unweigerlich gängige Ansichten infrage stellt. Alle Kulturen haben Geschichten überliefert, die unsere Existenz zu erklären versuchen; meist verbinden sie sich mit Religion und einer Gottheit. Jeder Versuch, diese seit alters verankerten Glaubensvorstellungen zu hinterfragen, wird als Gefahr angesehen, vor allem wenn er an deren Grundfesten rüttelt, und stößt auf den Widerstand jener religiösen und kulturellen Autoritäten, die ein ureigenes Interesse am Erhalt des Bestehenden haben.

Als man erkannte, dass der Neandertaler unser direkter Vorfahre sein könnte, wurde diese wissenschaftliche Tatsache nicht gerade leicht akzeptiert. Allerdings sah man den Neandertaler in einem völlig falschen Licht.

Die Neandertaler waren erfolgreiche Jäger. In kleinen Verbänden verfolgten sie ihre Beute und jagten sogar Großwild, darunter Pferd und Hirsch, das sie mit Holzspeeren erlegten.

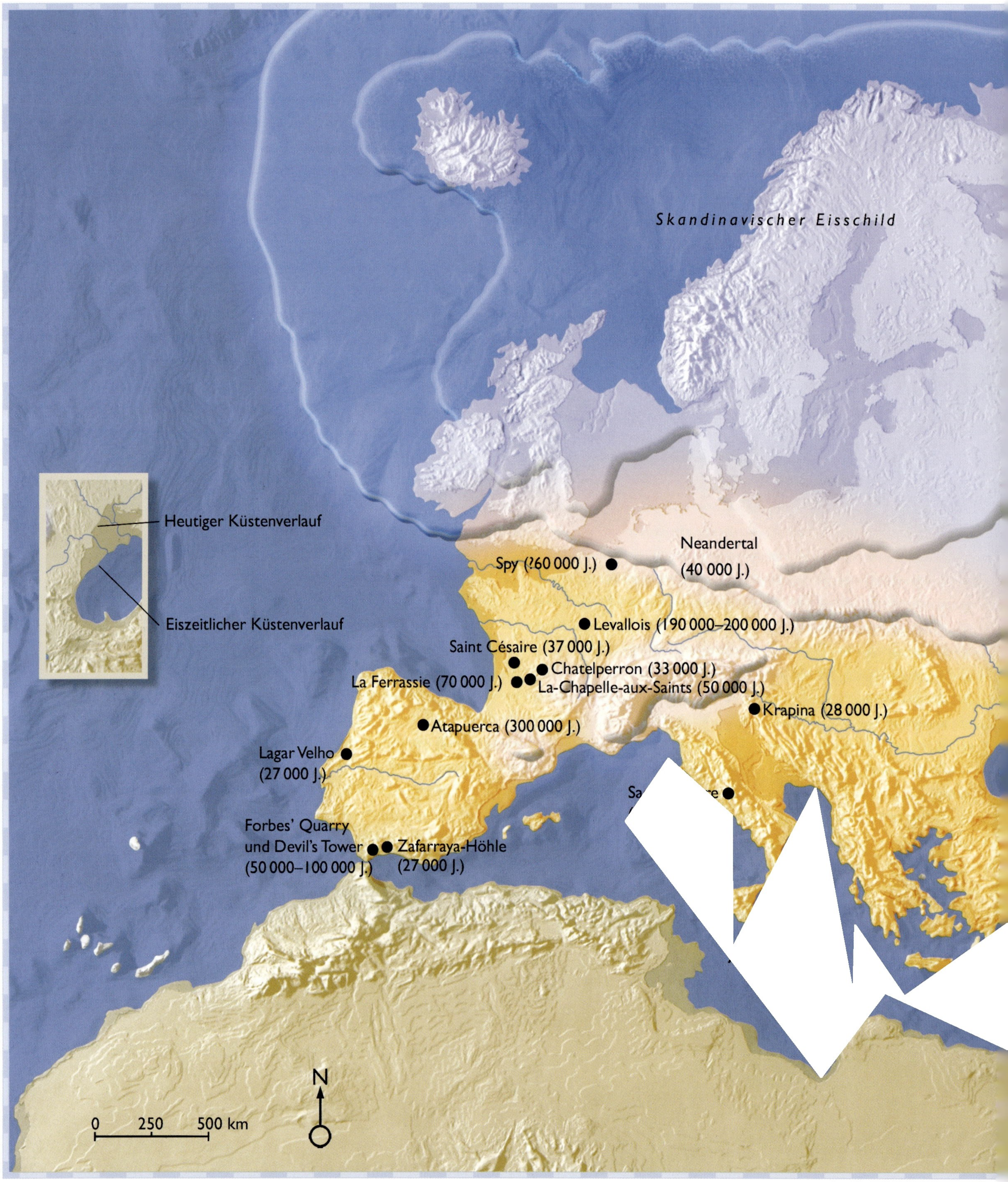
Skandinavischer Eisschild
Heutiger Küstenverlauf
Eiszeitlicher Küstenverlauf
Neandertal
(40 000 J.)
Spy (?60 000 J.)
Levallois (190 000–200 000 J.)
Saint Césaire (37 000 J.)
Chatelperron (33 000 J.)
La Ferrassie (70 000 J.)
La-Chapelle-aux-Saints (50 000 J.)
Krapina (28 000 J.)
Atapuerca (300 000 J.)
Lagar Velho
(27 000 J.)
Forbes' Quarry
und Devil's Tower
(50 000–100 000 J.)
Zafarraya-Höhle
(27 000 J.)
N
0 250 500 km

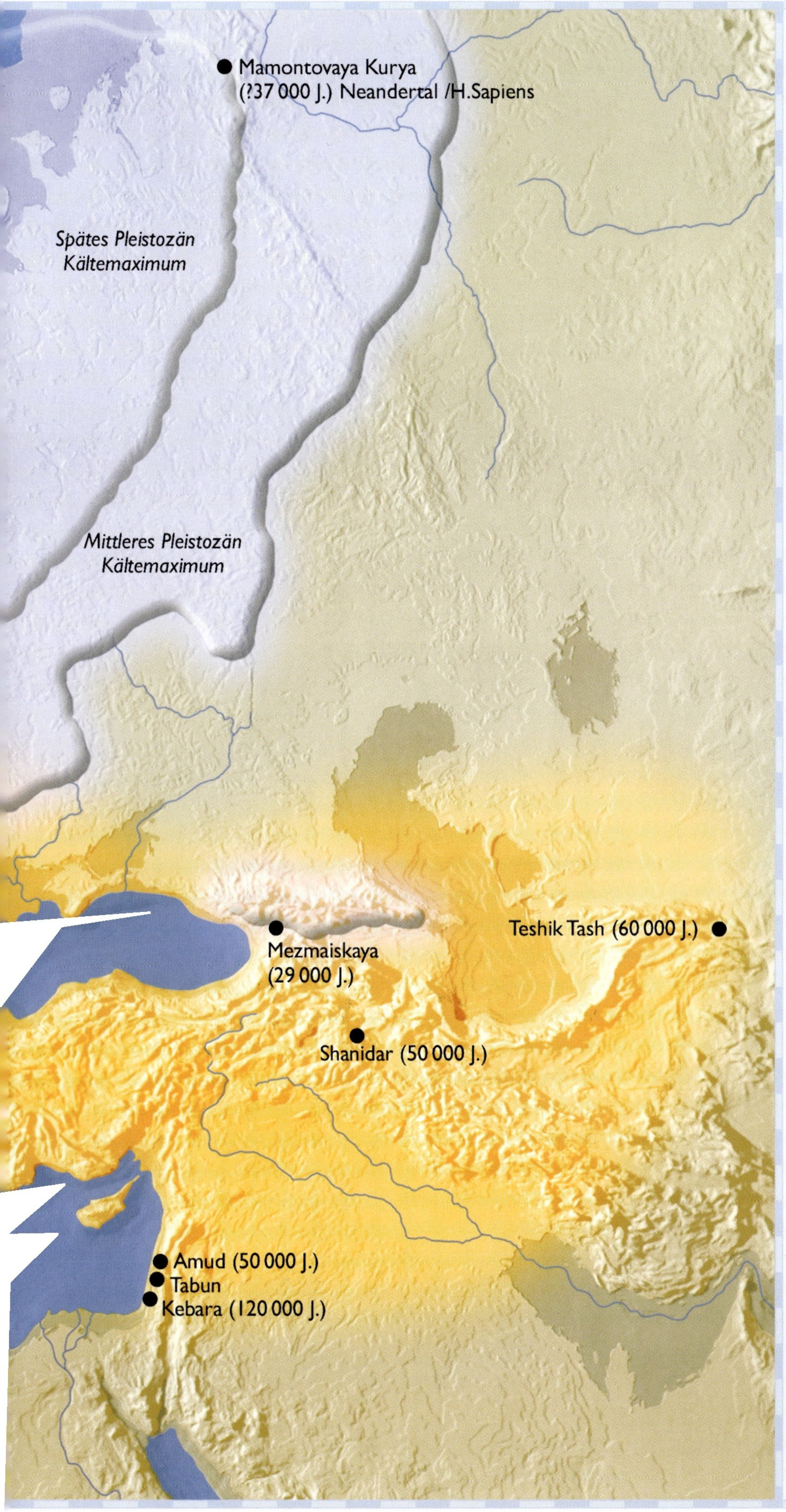

Der Lebensraum der Neandertaler

Die ältesten Spuren der Neandertaler fand man in Gibraltar im 19. Jahrhundert, sie wurden aber als solche erst viel später erkannt. Die Fundstätte aus dem Neandertal bei Düsseldorf, wo Steinbrucharbeiter 1856 Knochen eines Skelettes entdeckten, wurde namengebend für die Spezies *Homo neanderthalensis.* Sie war die erste beschriebene ausgestorbene Art, doch es dauerte noch lange, bis sie als solche akzeptiert wurde. In jener Zeit war eine chronologische Altersbestimmung der archäologischen Befunde noch nicht möglich, aber es stand fest, dass die Individuen dieser Spezies zeitgleich mit den Tieren der Eiszeit lebten. Sie wurden später vom modernen Menschen verdrängt, sodass sich die Frage stellte, ob die Neandertaler als die unmittelbaren Vorfahren der modernen Europäer gelten konnten.

Mittlerweile wurden Spuren von Neandertalern in vielen Teilen des südlichen Eurasiens freigelegt, von Deutschland bis nach Spanien im Süden und nach Israel und im Nordiran im Osten. Sehr wahrscheinlich breiteten sie sich auch jenseits dieser Region aus, doch fehlen uns noch die Beweise dafür. Es gibt eine Fundstätte in Russland, am Nordpolarkreis, doch ist nicht sicher, ob sie den Neandertalern oder den frühen modernen Menschen zuzuordnen ist.

Obwohl die Neandertaler in der späten Eiszeit lebten und sie recht gut ans kalte, raue Klima angepasst gewesen sein müssen, lässt nichts darauf schließen, dass sie, als eine Verschlechterung des Klimas eintrat, nach Süden gewandert und erst mit dem Einsetzen einer Warmzeit und günstigeren Lebensbedingungen wieder nach Norden zurückgekehrt wären. Die Neandertaler überdauerten in dieser Region rund 250 000 Jahre, bevor sie vor etwa 28 000 Jahren ausstarben. In den letzten Jahrtausenden vor ihrem Verschwinden drangen in ihr Siedlungsgebiet Populationen des künftigen modernen Menschen ein. Man weiß nicht, ob – und wenn ja – welche Beziehung es zwischen den beiden Menschen-Spezies gab und ob sie sich vermischten. Das Ergebnis jedenfalls ist bekannt: Die Neandertaler starben aus, ohne einen genetischen Abdruck im Erbgut des modernen Menschen zu hinterlassen.

Sind wir Neandertaler?

Die Neandertaler waren unsere ersten ausgestorbenen Verwandten, die als eigene, archaische Menschenart namens *Homo neanderthalensis* im späten 19. Jahrhundert anerkannt wurden. Wie im vorangehenden Kapitel erläutert, dauerte es einige Jahrzehnte, bis man ihre Eigenständigkeit akzeptierte, da über die Frage ihrer Verwandtschaft mit dem modernen Menschen europäischer Herkunft gestritten wurde. Gab es etwa eine genetische »Spur« des Neandertalers im Erbgut der Europäer? Erst in jüngster Zeit konnte diese Möglichkeit endgültig verneint werden.

Von Anfang an wurden die Neandertaler als »hässlich, roh, wenig intelligent« und zur Idiotie neigend abgestempelt. Das negative Bild des »Wilden Mannes« findet sich auch sprachlich wieder, denn der Begriff »Neandertal« wird im übertragenen Sinn oft abwertend gebraucht. Soziologisch gesehen, scheinen sie der archäologische Beweis einer »Deppen-Gemeinschaft« geworden zu sein, wie sie jeder Kulturkreis als Zielscheibe des Spotts kennt.

Neanderwelt

Die Wahrheit sieht jedoch ganz anders aus … Heute wissen wir, dass die Neandertaler eine überaus erfolgreiche Gruppe unserer frühen Verwandten bildeten. Ihr Siedlungsgebiet reichte von den Britischen Inseln bis nach Tesik Tash am Fuß des Kaukasus, im Süden bis in den Irak und westwärts über Palästina bis nach Gibraltar. Dieses riesige Gebiet stellt nur eine untere Schätzung aufgrund der bisher bekannten Grabungsstätten dar und wurde von den Neandertalern, abhängig von den eingetretenen Klimaänderungen, über 270 000 Jahre lang, von vor etwa 300 000 bis vor 28 000 Jahren bewohnt, als sie ausstarben.

Unser Bild vom Körperbau der Neandertaler wurde geprägt von der Beschreibung des von Arthritis verformten Skeletts eines »alten«, etwa 45-jährigen Neandertalers, das 1908 von drei Priestern in La Chapelle-aux-Saints, Departement Corrèze, im Südwesten Frankreichs entdeckt wurde. Anstatt es zur Untersuchung an die École d'Anthropologie zu schicken, sandten sie es dem erfahrenen Anatomen Marcellin Boule, was nicht verwundert, da die École für ihre kirchenfeindliche Haltung bekannt war, die auf ihren Gründer Gabriel de Mortillet zurückgeht. Boule erkannte, dass das Skelett Merkmale von Osteoarthritis aufwies, dennoch behauptete er, der Neandertaler sei zum völlig aufrechten Gang nicht fähig gewesen. Seine Rekonstruktion zeigte eine Kreatur in nach vorn gebückter, affenähnlicher Hal-

Nebeneinander gestellt, erweisen sich die Unterschiede zwischen den Schädeln eines Neandertalers (aus La Ferrassie, links im Bild) und eines modernen Menschen (aus Cro Magnon, Frankreich, rechts im Bild) als recht gering. Der Neandertaler hat unter anderem größere Gesichtsknochen, einen deutlichen Überaugenwulst, eine niedrige, fliehende Stirn sowie große, runde Augenhöhlen, während sein Hirnvolumen ungefähr so groß wie das des modernen Menschen ist.

tung, bedingt durch die abgeknickte Wirbelsäule, und einem stark behaarten Körper, wofür es aber überhaupt keinen Anhaltspunkt gab. Es konnte keinen größeren Gegensatz geben zwischen ihm und dem aufkommenden Bild des modernen Cro-Magnon-Menschen. Erst eine umfassende Neuuntersuchung des »alten« Mannes in den 1950ern zeigte das Ausmaß der bisherigen Fehlinterpretation.

Heute wissen wir viel genauer, wie die Neandertaler wirklich aussahen. Aus den letzten 150 Jahren besitzen wir über 500 Funde, darunter eine Vielzahl von Einzelknochen, jedoch nur wenige vollständige Skelette. Dennoch kann man aufgrund der Beziehung zwischen den einzelnen Skelettelementen (Knochen) auf die Körpergröße und das Aussehen der Neandertaler schließen. Sie hatten ein extrem robustes Skelett mit dickwandigen Knochen und leicht nach außen gebogene untere Gliedmaßen, die mit ihrer anstrengenden Lebensweise als Jäger zusammenhing.

Robustheit und Proportionen von Neandertaler-Beinen weisen Ähnlichkeiten mit denen heutiger arktischer Populationen wie der Inuit, Samen und sibirischer Stämme auf. Deren Unterarmknochen (Elle und Speiche) sowie ihr Schienbein sind relativ kurz, der Rumpf ist gedrungen mit einem eher tonnenförmigen Brustkorb – Merkmale, die auch auf den Neandertaler zutreffen. Heute sieht man in diesen Proportionen eine Anpassung an das Kälteklima, ein Argument, das auch für die Neandertaler gilt: Dadurch wird das Verhältnis zwischen Fläche (der Haut) und Körpervolumen verringert und die Wärmespeicherung verbessert. Außerdem schränken kürzere Extremitäten das Risiko von Erfrierungen ein.

Mit diesen Anpassungen wurde die Theorie untermauert, dass die Neandertaler dadurch in einem extrem kalten Klima überleben konnten; doch dies stimmt so nicht ganz. Natürlich unterscheidet sich ihr Körperbau von dem der Cro-Magnon-Menschen, denen sie in Westeuropa in der Spätzeit ihrer Existenz begegneten. In den letzten Jahren wurde jedoch diese Theorie der Kälteanpassung infrage gestellt; vielmehr sah man in der besonderen Anatomie der Neandertaler eine spezifische Folge ihrer Lebensweise als Jäger, die, nur mit einem Holzspeer bewaffnet, gefährliches Großwild zu Fuß verfolgten.

Unerlässlich waren dafür unter anderem eine starke Muskulatur – und kräftige Knochen mit vergrößerten Gelenkenden, die den Speer tragen konnten – sowie gut entwickelte Lungen. Aus vorhandenen Überresten lässt sich schließen, dass die männlichen Neandertaler bis zu 179 Zentimeter und die Frauen mindestens 155 Zentimeter groß waren. Das Durchschnittsgewicht – bei Männern wie Frauen – dürfte bei 76 Kilo gelegen haben, also etwa 30 Prozent mehr als moderne Menschen wiegen.

Das ungewöhnlich große Hirnvolumen der Neandertaler wurde in älteren Diskussionen völlig außer Acht gelassen. Selbst der »alte Mann« von La Chapelle-aux-Saints brachte es auf über 1600 Kubikzentimeter, während die Mittelwerte zwischen 1300 bei weiblichen und 1600 bei männlichen Individuen schwankten und beim Amud-Mann sogar 1740 Kubikzentimeter erreichte. Damit übertrifft es leicht das Hirnvolumen moderner Menschen (1200–1700 ccm, mit einem Durchschnitt von 1350 ccm), weist aber dieselben geschlechtsspezifischen Größenunterschiede auf wie beim heutigen Menschen das Hirnvolumen in Verhältnis zum Körpergewicht wie wir wissen, steht; wenn wir nun von einem etwas größeren Körpergewicht der Neandertaler ausgehen, so

Vergleiche zwischen Skeletten zeigen, wie sich der Körperbau eines Neandertalers (links) von dem eines modernen Menschen (rechts) unterscheidet. Die Neandertaler waren kleiner, gedrungener, und kräftiger gebaut, die unteren Gliedmaßen relativ kurz. Man dachte, dass sie hängende Schultern und gekrümmte Beine gehabt hätten, aber das war ein Fehlschluss, der auf dem Skelett eines älteren Individuums mit Arthritis basierte.

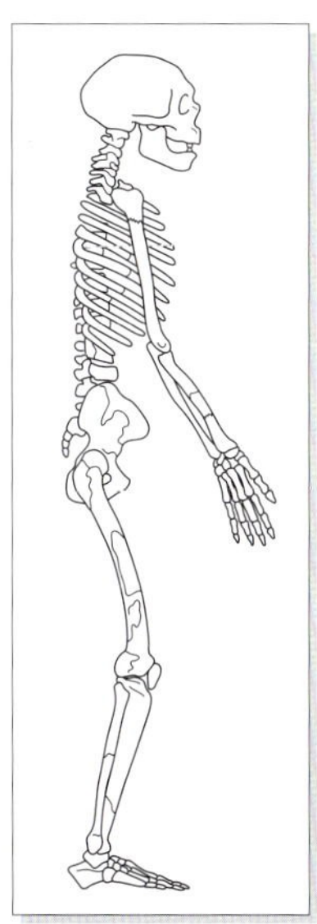

Neandertaler-Karikatur, frühes 20. Jahrhundert

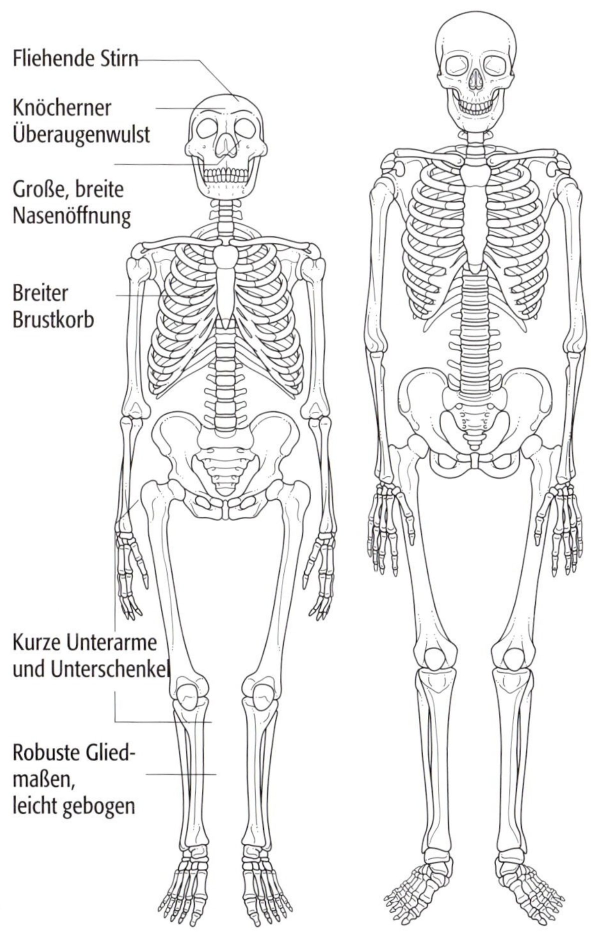

Ein Schauspieler mit Gesichtsmaske, die die Züge eines Neandertalers rekonstruiert. Auffallend sind der Überaugenwulst und die große, breite Nase. Es wird vermutet, dass die Neandertaler in den vielen zigtausenden von Jahren, in denen sie den mittel- und nordeuropäischen Raum besiedelten, wahrscheinlich ihre ursprüngliche afrikanische Hautpigmentierung verloren und eine hellere, mediterrane Hautfarbe annahmen.

ist ihr relatives Hirnvolumen etwas kleiner als das des modernen Menschen. Wenn sie eine so große Hirnmasse hatten, wie erklärt sich dann, dass sie meist als wenig intelligent galten? Um eine Antwort darauf zu finden, müssen wir einige andere ihrer Merkmale sowie ihre Verhaltensweisen näher betrachten.

Schädelbau und Gesicht des Neandertalers weisen etliche Eigenheiten auf, die bereits beim ersten Fund in Deutschland deutlich erkennbar waren. Über den Augenhöhlen verlief bogenförmig ein prominenter knöcherner Überaugenwulst, wie man ihn auch bei anderen unserer Vorfahren sowie bei den Menschenaffen antrifft und von dem man annahm, er verleihe dem Schädeldach größere Festigkeit. Mechanische Belastungstests ergaben jedoch, dass er nur geringe oder keine Wirkung hat. Einige Forscher meinten, er habe als eine Art Sonnenschutz gedient, eine Interpretation, die aber nicht überzeugte. Interessanterweise bildete sich der Überaugenwulst erst bei heranwachsenden Individuen aus und könnte daher ein sekundäres Geschlechtsmerkmal gewesen sein.

Großgesichtige Neandertaler

Das Gesicht des Neandertalers war relativ größer und breiter als das moderner Menschen, wozu auch die niedrige, fliehende Stirn beitrug, die beim *Homo sapiens* steil und hoch ist. Die Nasenöffnung war groß und breit, wobei diese Gesichtspartie insgesamt vorstand. Die deutlich breitere Nase könnte eine Anpassung an das Leben im kalten Klima gewesen sein und als »Lufterwärmer« für die eingeatmete Luft gewirkt haben, bevor diese die Lungen erreichte, oder sie half einfach nur, die großen Lungen mit ausreichend Luft zu versorgen.

Das Kinn war fliehend (»negativ«), während es beim modernen Menschen vorstehend (»positiv«) ist, und darf keineswegs mit einer vermeintlichen Schwäche des Individuums assoziiert werden, wozu man heute noch mitunter neigt. Der große Unterkiefer mit weitem Bogen und weit auseinander stehenden Unterkieferästen wies eine größere Knochenmasse auf als beim Jetztmenschen, dessen Unterkiefer kleiner ist und einen engeren Bogen hat, bei dem die Unterkieferäste näher zusammen stehen.

Zähne – eine »dritte Hand«?

Neandertaler hatten große, kräftige Zähne, wobei die Schneidezähne oft deutlich erkennbare Abschliffspuren (Abrasion) aufwiesen. Sie sind nicht durch den normalen Kauvorgang und den Kontakt von oberer und unterer Zahnreihe zu erklären, sondern ähneln dem auch bei den Inuits beobachteten Zahnabschliff. Von diesen weiß man, dass sie die Frontzähne unter anderem zur Bearbeitung von Leder benutzen, indem sie die Tierhaut mit den Zähnen festhalten und so eine Hand frei haben, um Fettreste von ihr zu entfernen. Danach wird die Tierhaut weich gekaut, indem der Unterkiefer wiederholt nach vorn und nach hinten bewegt wird, sodass mit der Zeit an den unteren Schneidezähnen schräg nach außen verlaufende und an den oberen Zähnen schräg nach

Die Rekonstruktion zeigt eine Neandertaler-Frau, die mit den Zähnen eine Tierhaut festhält, während ihr ein Kind dabei hilft. Auf diese Weise hat sie die Hände frei, um das Fett von der Tierhaut abzuschaben und diese für die Herstellung von Kleidung vorzubereiten. Abnutzungsspuren an den Zähnen deuten darauf hin, dass die Neandertaler organische Materialien wie etwa Tierhäute mit den Zähnen festhielten und vermutlich auch »weich kauten«, um sie geschmeidiger zu machen. Schräg nach außen an den Schneidezähnen verlaufende Abschliffspuren zeigen, dass die meisten Neandertaler ähnlich dem modernen Menschen Rechtshänder waren.

oben und außen verlaufende Abschliffspuren entstehen. Diese lassen auch erkennen, dass die meisten Neandertaler Rechtshänder waren.

Es bestehen kaum Zweifel, dass sie Tierhäute bearbeiteten, um daraus Kleidungsstücke oder Abdeckungen für Unterkünfte herzustellen. Das Fehlen von Knochenahlen unter ihren Artefakten zeigt, dass Kleidungsstücke aus Tierhäuten nicht besonders fein zusammengenäht wurden.

Körperbeschaffenheit

Der Rumpf der Neandertaler war kräftig, breit und tief, wozu der tonnenförmige Brustkorb mit dicken, kräftigen Rippen maßgeblich beitrug, die die großen Lungen umschlossen. Die Rumpfknochen weisen oft Verletzungsspuren auf, die denen von Rodeoreitern ähneln und meist durch Huftritte von Pferden oder Rindern verursacht werden. Die Armknochen sind groß und ihre Schäfte aufgrund der großen Muskelmasse oft nach außen gebogen. Die Knochen des rechten Arms scheinen etwas länger zu sein, was darauf hinweist, dass dieser stärker beansprucht wurde.

Diese Beobachtung deckt sich mit Befunden, die zeigen, dass die Neandertaler gewöhnlich schwere, zwei Meter lange Holzspeere verwendeten (vgl. S. 98). Mitunter waren sie am Ende mit einer Steinspitze versehen; wenn aber passende Steinklingen fehlten, wurden die Spitzen feuergehärtet.

Kürzlich fand man in Königsaue (Sachsen-Anhalt) neben Moustérien-Werkzeugen, wie sie für die Neandertaler typisch sind, auch zwei schwarzbraune Harzklumpen, die als Kittreste gedeutet wurden. Neuere Untersuchungen ergaben, dass es sich hierbei nicht um das leichter zu verarbeitende Kiefernharz handelt, sondern um Pech aus Birkenrinde. Dies ist umso bemerkenswerter, als dessen Herstellung einen aufwändigen, kontrollierten Prozess voraussetzt, der bisher nur für spätere Zeiten beim Jetztmenschen nachgewiesen ist.

Lebensgefährliche Jagd

Die Holzspeere der Neandertaler waren oft zu schwer, um als Wurfwaffen zu dienen, sodass sie wahrscheinlich als Stoßlanzen verwendet wurden. Dazu mussten die Jäger aber ihrer Beute sehr nahe kommen. Wir wissen, dass sie mittelgroßes Wild jagten, etwa Wildpferde, Wildrinder und Hirsche, aber auch Großwild wie Mammuts. Diese lassen sich nicht durch einen einzigen Lanzenstoß erlegen, vielmehr ist ein gemeinsames Handeln mehrerer Jäger nötig, die sich dem Großwild nähern, was aber nicht ungefährlich war.

Der prominente Überaugenwulst scheint ein sekundäres Geschlechtsmerkmal gewesen zu sein, da er sich erst bei Heranwachsenden herausbildete.

Der Speer des Neandertalers bestand aus einem harten, oft über zwei Meter langen Holzschaft, der an einem Ende einfach zugespitzt war, mitunter aber mit einer steinernen oder knöchernen Spitze bewehrt sein konnte. Meist war er zu schwer, um als Wurfspeer zu dienen, sodass er wahrscheinlich als Stoßlanze gebraucht wurde. Dies setzte aber voraus, dass sich die Jäger ihrer Beute bis auf geringste Entfernung nähern mussten.

Speere – die frühen Waffen der Menschheit

Organische Materialien, darunter auch Holz, bleiben als archäologische Artefakte nur unter bestimmten Bedingungen erhalten, so etwa in sauerstoffarmem Moor oder Wasser. Zwangsläufig ist daher die Anzahl der Funde vorgeschichtlicher Zeugnisse aus Holz gering, auch wenn Holz sicher zu den frühesten natürlichen Materialien zählt, die von unseren Vorfahren bei verschiedenen friedlichen Aktivitäten wie Aushubarbeiten verwendet wurden. Natürlich diente es auch aggressiveren Absichten wie Jagd, Verteidigung und Angriff.

Zu solchen elementaren Zwecken greifen auch heutige Schimpansen auf Holz zurück, und nicht anders dürften es unsere Vorfahren vor über fünf Millionen Jahren getan haben. Der früheste Beleg für den Einsatz von Holz als Waffe ist mindestens 400 000 Jahre alt und besteht aus neun bemerkenswert gut erhaltenen 2,5 m langen hölzernen Wurfspeeren, die neben den Überresten von etwa 20 Wildpferden gefunden wurden. Sie stammen aus der altpaläolithischen Fundstelle Schöningen in Niedersachsen, die sich in einem Braunkohletagebau befindet, wo sich einst ein Seeufer erstreckte. Zur Herstellung der Speere wurden Fichtenstämmchen gefällt, entrindet und alle Astansätze sorgfältig abgearbeitet. Die Oberflächen der Speere sind sorgfältig zugerichtet und geglättet. Da der größte Durchmesser und Schwerpunkt der Speere wie bei heutigen Wettkampfspeeren im vorderen Drittel des Schafts liegt, handelt es sich eindeutig um Wurfspeere und nicht um Stoßlanzen. Die neben ihnen gefundenen Steinwerkzeuge dienten dem Zerlegen der Beute.

Einen indirekten Nachweis für die Verwendung von Holzspeeren liefert auch der südenglische Fundort Boxgrove: Es handelt sich um kreisförmige Löcher im Schulterblatt einer ausgestorbenen Nashornart, die gejagt, getötet und dann zerlegt wurde. Es ist sehr wahrscheinlich, dass die Löcher durch Holzspeere verursacht wurden, die, anders als in Schöningen, wo sie im Moor lagerten, hier nicht erhalten blieben. Diese Belege reichen sogar noch weiter zurück und wurden auf etwa 500 000 Jahre datiert.

Der weltweit erste Klebstoff

Lange Zeit blieb unklar, wie unsere Vorfahren Steinspitzen oder -klingen an den Holzschäften der Speere – und später an den Pfeilen – befestigten. Das auch als Schäftung bezeichnete Verfahren bestand darin, dass die Spitze mit Birkenpech verklebt und dann mit Tiersehnen umwickelt wurde. Aufschluss darüber und über andere Schäftungstechniken lieferten die seltenen Funde, darunter auch vom Gletschermann Ötzi (vgl. S. 54).

In die Enge getriebenes oder gar verletztes Wild kann gefährlich werden, denn es genügt schon ein Tritt oder Stoß, um dem Jäger einen Arm- oder Beinbruch zuzufügen. Diese Art von Verletzungen wird durch zahlreiche Funde belegt.

Natürlich war es nicht leicht, sich an das Wild heranzupirschen, zumal es Tiere waren, die sich schnell fortbewegten und über einen entwickelten Geruchs-, Hör- und Sehsinn verfügten. Ihnen nachzustellen, erforderte besonderes jägerisches Können. Zu den Jagdstrategien gehörte wohl auch, das Wild in ein Terrain abzudrängen, aus dem es nur schwer flüchten konnte. Als Gemeinschaftsunternehmen erfordert die Jagd auch sozialen Zusammenhalt. Die Jagdtrupps der Neandertaler umfassten vermutlich höchstens ein Dutzend Individuen, einschließlich Frauen, Kinder und Alte, sodass es jeweils höchstens eine Hand voll aktiver Jäger gab. Diese Annahmen stützen sich auf die Art von Gelände, das Neandertaler besiedelten, auf freigelegte Lager- und Jagdplätze, wo das Wild zerteilt wurde, sowie auf Stätten, an denen anderes Werkzeug hergestellt wurde.

Wie lebten die Neandertaler?

Da das meiste Wild, das die Neandertaler jagten, sehr schnell war oder über weite Strecken wanderte, mussten auch die Jagdtrupps oft erhebliche Entfernungen vom Lagerplatz zurücklegen. Daher dürften die Trupps aus männlichen Individuen bestanden haben, die körperlich sehr fit waren, denn Unerfahrene ebenso wie Alte waren hinderlich. Der Unterschied im Körperbau zwischen Männern und Frauen war damals vermutlich etwas größer als heute, sodass es eher unwahrscheinlich ist, dass die Frauen an ausgedehnten, gefährlichen Jagdzügen teilnahmen.

Auch die Frauen zeichneten sich durch robusten Körperbau aus und wiesen ebenfalls Verletzungsspuren an Rumpf und Gliedmaßen auf. Dies lässt vermuten, dass sie in jungen Jahren und wenn sie nicht hochschwanger waren, an den Jagdzügen teilnahmen. Während sie ihre Kinder stillten oder diese noch klein waren und sie die Männer nicht auf die Jagd begleiten konnten, sammelten sie vermutlich pflanzliche Nahrung wie Früchte, Beeren oder Knollengewächse. Bestimmt verfügten die Frauen über das Wissen, wo essbare Pflanzen zu finden waren und wie sie am besten aufbewahrt wurden. Wahrscheinlich erfüllten sie auch andere Aufgaben, bearbeiteten zum Beispiel die Häute bereits erlegter Tiere.

Isotopenuntersuchungen an Neandertalerknochen belegen einen hohen Anteil an tierischer und somit proteinreicher Nahrung, die den Vorteil bietet, dass

Es gibt Hinweise darauf, dass auch die Neandertalerfrauen an der Jagd teilgenommen haben.

Isotopenuntersuchungen an Zähnen und Knochen belegen, das Neandertaler Fleischesser waren und daher besonders auch im Winter Wild jagen mussten.

sie schnell die benötigte Energie liefert, vor allem wenn das Fleisch auf dem Feuer zubereitet ist. Feuerplätze und verkohlte Knochen an den Neandertaler-Fundstätten weisen darauf hin, dass sie Fleisch regelmäßig am Feuer zubereiteten, das ihnen außerdem als Wärmespender diente und Raubtiere wie Wölfe und Großkatzen fernhielt, die nicht nur gefährlich waren, sondern ihnen auch die Beute streitig machten.

Ein wesentliches Problem bestand darin, dass das Wild meist relativ weit von den Lagerplätzen entfernt erlegt wurde. Folglich mussten die Jäger die Beute vor Ort zerlegen und nach Hause schleppen, so viel sie konnten. Das Zerlegen setzte scharfe Steinwerkzeuge voraus, die die Jäger auf die Jagd mitnehmen mussten oder an bestimmten Stellen innerhalb ihres Jagdreviers aufbewahrten. Diese Werkzeuge mussten laufend geschärft, bearbeitet oder neu hergestellt werden, was einen permanenten Nachschub an geeigneten Steinen als Rohmaterial voraussetzte. Je nach geologischer Beschaffenheit des Gebiets, in dem sie jagten, fanden sie geeignetes Material in unterschiedlicher Entfernung. Vor allem in Frankreich durchgeführte Studien belegen, dass die Neandertaler häufig bis zu zehn Kilometern, manchmal aber auch mehr zurücklegten, um entsprechende Steine zu finden.

Um überleben zu können, benötigte eine aus ein bis zwei Dutzend Individuen bestehende Neandertaler-Gruppe etwa alle zwei Wochen ein Tier von der Größe eines Pferdes, was 20 bis 30 Tiere pro Jahr ergibt. Um diese Menge an Beute zu gewährleisten, benötigte jede Gruppe ein Revier von etwa 100 Quadratkilometern, sodass eine relativ geringe Anzahl von Individuen weit über die Landschaft verstreut lebte, vermutlich ähnlich großen Raubtieren wie etwa den Großkatzen. Eine solche weitgehend auf Wildfleisch basierende Ernährung ist jedoch arm an Fett. Diesen Mangel glichen sie aus, indem sie die Langknochen aufbrachen, um an das nahrhafte Knochenmark zu gelangen, das sie roh verzehrten. Eine weitere leicht verdauliche Proteinquelle waren außerdem Hirne, und zwar nicht nur solche tierischer Herkunft …

Die Steinwerkzeuge der Neandertaler waren nicht besonders kompliziert, dennoch konnten sie mit ihrer Hilfe vielfältige Aufgaben erledigen. Neben Steinäxten und Faustkeilen stellten sie auch unterschiedlichste Klingen und Schaber her, mit denen sie ihre Beute zerlegten und die Tierhäute von Fett und anderen Resten säuberten. Einfache Werkzeuge wurden, sobald sie abstumpften, weggeworfen, aufwändiger bearbeitete ließen sich aber nachschärfen. Feuersteinklingen können sehr scharf sein, sind aber brüchig und stumpfen auch leicht ab.

Einige Neandertaler-Schädel weisen im Innern Schnittspuren auf, die belegen, dass das Hirn herausgetrennt wurde. Dennoch wissen wir nicht sicher, ob es auch verzehrt wurde. Auch gibt es Fälle aufgebrochener Neandertaler-Langknochen, denen das Mark entnommen wurde, sodass man vermuten kann, dass sie kannibalische Praktiken ausübten. Auch gibt es Hinweise auf Kindstötung (vgl. unten). Ähnlich manchen Menschen der Neuzeit, die eine Randexistenz führen, mussten sie die Anzahl der Individuen, die sie ernähren konnten, möglichst gering halten. Ein Mittel dazu war die Tötung Neugeborener.

Spannend ist auch die Frage, was mit den alten Neandertalern geschah. Ließen sie sie einfach zum Sterben zurück und zogen dann weiter? Oder töteten und verzehrten sie sie? Es gibt Hinweise darauf, dass Kranke und Verletzte auch gepflegt wurden. Ebenso könnten Alte so lange in der Gruppe geduldet worden sein, wie sie nicht zu einer Last für die Gemeinschaft wurden. Sie dürften sich nützlich gemacht haben bei der Kinderpflege, der Suche nach Brennholz, beim Fangen kleiner Tiere und anderen »häuslichen« Arbeiten. Auch könnten sie als Übermittler von Wissen gedient haben, sofern ihre »Sprache« dafür ausreichend entwickelt war. Darauf ließ sich bisher keine eindeutige Antwort finden.

Sollte das eben umrissene Modell stimmen, dann stellen sich einige interessante Fragen zur Lebensweise und dem Verhalten der Neandertaler. Besaßen sie eine »Sprache«? Kamen fremde Gruppen in Kontakt miteinander? Wie vermieden sie die Inzucht?

Der bislang einzige Fund eines Zungenbeins eines Neandertalers belegt, dass sich dieser für die Sprachfähigkeit so wichtige Knochen anatomisch nicht von dem des modernen Menschen unterscheidet. Dennoch gibt es leichte Abweichungen im Bau von Mundhöhle und Rachen bei Neandertalern und Jetztmenschen. Vor allem ist der Kehlkopf bei Ersteren etwas

Höhlenfunde aus der Zeit der Neandertaler brachten neben Tierknochen mit Schnittspuren und Einkerbungen auch zahlreiche scharfkantige Werkzeuge zutage. Sie belegen, dass unsere Vorfahren in kleinen Gruppen vor dem Höhleneingang ihre Beute sorgfältig zerlegten und das Fleisch von den Knochen abtrennten. Dafür sprechen die als Schaber und Klingen verwendeten Steinabschläge, die man rund um die jeweiligen »Arbeitsplätze« fand.

höher angesetzt als beim modernen Menschen. Bei Schimpansen und Kleinkindern moderner Menschen, die keine artikulierten Laute hervorbringen können, hat der Kehlkopf eine ähnliche Postion, bis er sich im Rachenraum etwas senkt. Es scheint, dass der Neandertaler eine größere Bandbreite an Lauten artikulieren konnte als die Schimpansen und dass er eine Kindern ähnliche hohe Stimmlage hatte.

Experimente haben gezeigt, dass Schimpansen, obwohl sie nicht sprechen können, über jene kognitiven Fähigkeiten verfügen, die nötig sind, um einen Grundwortschatz von etwa hundert Wörtern zu beherrschen. Fest steht, dass die kognitiven Fähigkeiten des Neandertalers denen des Schimpansen eindeutig überlegen waren. Daher verfügte er wahrscheinlich über eine rudimentäre Form von Sprache, wenn auch nicht in Form komplexer grammatischer Strukturen. Deren Beherrschung dürfte eine der fundamentalen Anpassungen sein, die den modernen Menschen von allen Vorfahren unterscheidet.

Es gibt auch andere Formen von Kommunikation wie Körpersprache, Mimik, Handbewegungen oder lautliche Äußerungen, etwa Rufe, Pfiffe, die der Übermittlung von Information dienen. Für aktive Jäger,

Die Stimmlage von Primaten hängt von der Struktur des Stimmapparates ab: der Position von Kehlkopf und Zungenbein. Schimpansen und Menschenbabies haben hohe Stimmen, während Neandertaler eine ähnliche stimmliche »Ausrüstung« hatten wie wir und wahrscheinlich sprechen konnten.

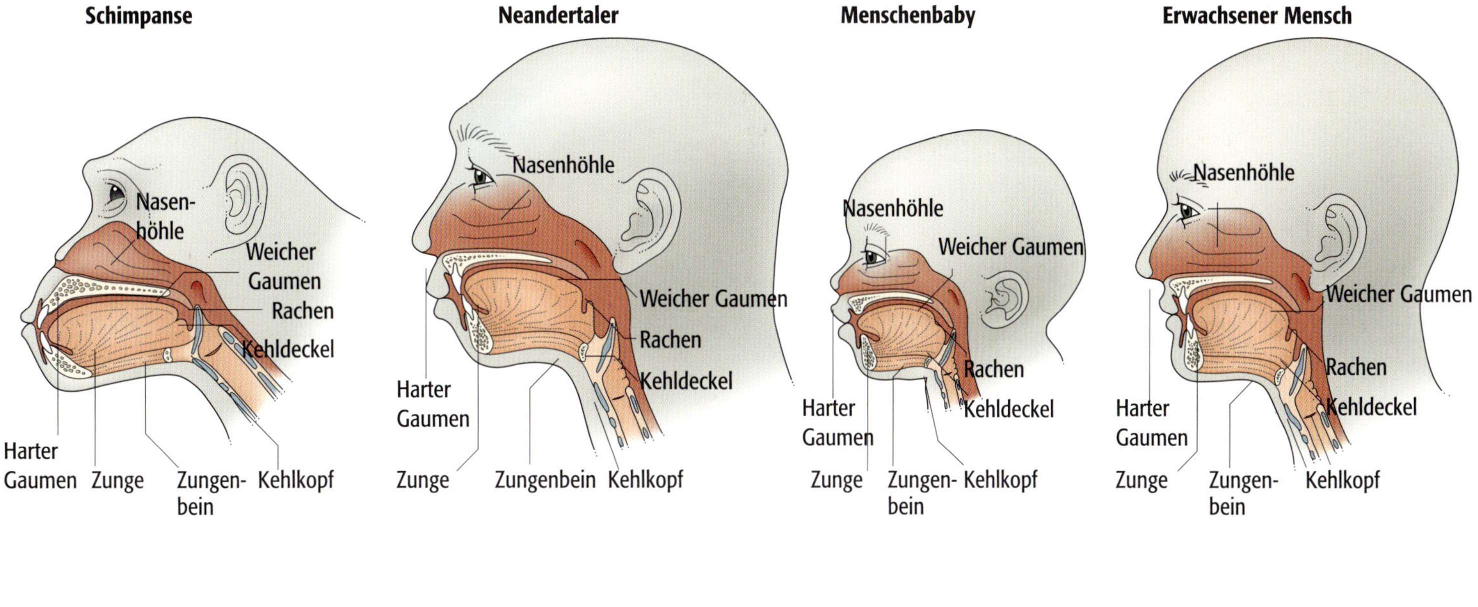

die in kleinen Gruppen unterwegs waren, können Handbewegungen, Pfiffe oder Rufe effektive Kommunikationsmittel sein. Schimpansengruppen jagen sehr erfolgreich, ohne über eine komplexe Sprache zu verfügen, und verlassen sich lediglich auf Rufe, erlernte Verhaltensweisen und die Praxis. Es könnte also zutreffen, dass Neandertaler und unsere noch älteren Verwandten mit weit geringerem Hirnvolumen auch ohne eine komplexe Sprache zurechtkamen.

Es gibt ein weiteres Argument, das dafür spricht, dass der Erfolg der Neandertaler – vergessen wir nicht, dass sie als Spezies mindestens 250 000 Jahre überlebten – zum Teil auf einfachem Sprechen gründete. Der große Vorteil des Sprechens besteht darin, dass er die Kommunikation und die Aneignung von Wissen beschleunigt. Andernfalls setzt Wissen einen langwierigen, auf Nachahmung, Beobachtung und Praxis basierenden Prozess voraus, wie man ihn auch bei Menschenaffen und Kleinkindern antrifft.

Ein Schimpanse braucht knapp fünf Jahre, um den Gebrauch eines komplexeren Werkzeugs zu erlernen, wie zum Beispiel den Einsatz eines Steinhammers zum Aufbrechen von Muschelschalen, denn er beobachtet das Verhalten seiner Mutter und probiert selbst aus. Untersuchungen an Skeletten von Neandertaler-Kindern und vor allem ihrer Zähne ergaben, dass sie sich in den ersten fünf bis sieben Lebensjahren viel schneller entwickelten als heutige Menschenkinder. Dies gilt auch für heutige Schimpansenbabys: Im dritten Lebensjahr etwa sind diese weiter entwickelt als ein Menschenkind, dessen Überlegenheit sich erst danach zeigt. Neandertaler-Kinder entwickelten sich schneller und das über einen längeren Zeitraum als junge Schimpansen. Neueste Untersuchungen zeigten, dass Schädel und Gesicht eines zweijährigen Neandertalers schon weitgehend ausgebildet waren und sich vom Entwicklungsstadium her erheblich von dem Stand eines gleichaltrigen Menschenbabys unterschieden, auch wenn ihnen noch der knöcherne Überaugenwulst fehlte.

Neandertaler-Kinder entwickelten sich ähnlich schnell wie Schimpansenbabys, doch dauert ihre Entwicklung insgesamt länger.

Vermutlich war für die Neandertaler die frühe Entwicklung ihrer Kinder von Vorteil, da sie sich schneller von ihren Müttern lösen konnten. Je eher sie zum »Wohlergehen« der Gemeinschaft beitragen konnten, desto eher konnten sie sich Wissen aneignen, wozu die Sprachfähigkeit sicher beigetragen hat. Einfaches Sprechen ermöglichte eine zielgerichtete, raschere Wissensvermittlung, die ein umständliches Erlernen nur durch Vormachen und Nachahmung verkürzte. Selbst eine rudimentäre Sprache wirkt als Kulturfaktor, der es ermöglicht, Erfahrung und Wissen an die nächste Generation weiterzugeben. Für umherziehende Jäger, die ihre Beute durch unterschiedliche Landschaften und Reviere verfolgten, war es von Vorteil, Informationen über das zu erwartende Verhalten des Wilds oder über das Wetter mitteilen zu können, da es die Überlebenschancen der Gruppe vergrößerte.

So etwa können Jagdstrategien und Steinwerkzeuge sowie die Beherrschung des Feuers schneller verbessert werden, wenn man erfolgreiche Techniken mühelos weitergibt. Die Neandertaler kannten ein breites Spektrum von Werkzeugen, von Steinäxten, Faustkeilen und Blattspitzen bis zu Klingen und Ahlen. Ihre Techniken zur Werkzeugherstellung beschränkten sich keineswegs auf das einfache Behauen eines Steins durch einen anderen Stein; vielmehr schufen sie Werkzeuge, die ein komplexes Verständnis des Werkstoffes Stein sowie die Beherrschung einer Reihe von Arbeitsvorgängen voraussetzten.

Sie wussten, dass mehrere Arbeitsgänge in einer bestimmten Abfolge notwendig waren, um ein Werkzeug herzustellen, was für ihre entwickelten kognitiven Fähigkeiten spricht. Dazu mussten sie zunächst einen geeigneten Steinblock auswählen. Durch gezielte Abschläge wurde anschließend die gewünschte Grobform erreicht, auf die dann die Feinbearbeitung bis zur Schärfung der Kanten erfolgte. Die Weitergabe von solchem Wissen erfordert viel Zeit, lässt sich aber durch verbale Anleitungen verkürzen.

Kontakte unter Neandertalern

Wir wissen, dass Gruppen von Neandertalern von Zeit zu Zeit zusammengekommen sein müssen, um »Güter« und vielleicht auch »Personen« auszutauschen. In französischen Fundstätten fanden sich durchlöcherte Muschelschalen, wie man sie für Halsbänder oder Anhänger verwendet. Diese waren nicht der einzige Schmuck der Neandertaler, doch belegen sie Kontakte unter einzelnen Gruppen. Die Muscheln wurden viele hundert Kilometer entfernt von der Küste im Inland gefunden. Die wahrscheinlichste Erklärung dafür dürfte sein, dass sie zwischen einzelnen Gruppen »gehandelt« wurden, die sich bei bevorzugten »Steinabbauplätzen« trafen. Ebenso fand man seltene Steinarten über Hunderte Quadratkilometer um ihr natürliches Vorkommen herum verstreut, was nahelegt, dass sie ebenfalls »gehandelt« wurden. Andererseits könnten einzelne Gruppen durchaus beträchtliche Entfernungen zurückgelegt haben, um sich das gewünschte Rohmaterial zu beschaffen. Der Austausch von Personen, genauer von »Töchtern«, könnte einen weiteren Grund gebildet haben, um sich zu treffen.

Neandertaler und der Sex

In Verbindung mit der Neandertaler-»Familie« stellt sich eine interessante Frage: Wie gelang es ihnen, angesichts ihrer nur wenige Individuen zählenden Gruppen die Nachteile von Inzucht zu vermeiden?

Sinn für Schmuck bei den Neandertalern?

An zahlreichen Stätten fanden sich Objekte ohne funktionale Rolle, die man als frühen Schmuck deuten kann. Besonders reich waren die Funde in der französischen Grotte du Renne bei Arcy-sur-Cure, wo neben Werkzeugen und persönlichen Schmuckobjekten auch die Überreste einer baulichen Struktur, vermutlich einer Hütte oder eines Zeltes, freigelegt wurden. Sämtliche bisherigen Schmuckfunde sind etwa 35 000 Jahre alt.
Solche Objekte werden meist ins Jungpaläolithikum, die Zeit der modernen Menschen, datiert; in der Grotte du Renne scheinen sie aber das Werk von Neandertalern zu sein. Tierzähne mit Löchern und Ritzungen könnten als Anhänger gedient haben. Man fand sie neben Messern, wie sie für das Chatelperronien typisch sind. Nach Ansicht mancher Experten machten die späten Neandertaler die Objekte nach, die von den eindringenden modernen Menschen als Schmuck getragen wurden.

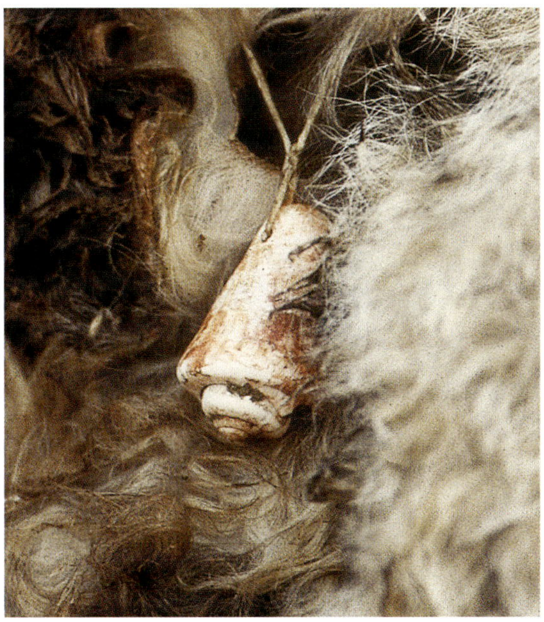

Obwohl die Verwendung von Schmuck ein Merkmal vor allem unserer Spezies ist, fand man einfache Schmuckformen wie durchlöcherte Muschelschalen bei weit im Inland liegenden Neandertalerstätten. Die Muscheln müssen daher »gehandelt« und von einer Gruppe zur nächsten weitergegeben worden sein. Einige Experten sind der Ansicht, die Neandertaler hätten diesen Brauch von den frühen modernen Menschen übernommen, die in ihre Territorien vorgedrungen waren. Dabei sei es zu einem kurzzeitigen Zusammenleben der beiden Arten gekommen, bevor die Neandertaler ausstarben.

Ein mögliches Erklärungsmodell liefern die Berggorillas, die heute, wie einst die Neandertaler, in kleinen, mobilen Gruppen leben und deren Männchen und Weibchen deutliche körperliche Unterschiede (Sexualdimorphismus) aufweisen. Erwachsene Weibchen bilden innerhalb ihrer Gruppe einen »Harem«, über den eifersüchtig der dominante »Silberrücken« wacht, damit sie sich nicht mit anderen Männchen paaren. Gorillaweibchen sind nur in unregelmäßigen Abständen fruchtbar, was den Silberrücken die Aufgabe etwas vereinfacht.

Wenn die Neandertalerfrauen den Jetztmenschen ähnelten, hieße das, dass sie außerhalb der Stillzeiten mehr oder minder ständig empfängnisbereit waren. Bei den jungen Schimpansenweibchen beginnt die Fruchtbarkeit erst, wenn sie ihre Gruppe verlassen und sich einer genetisch entfernteren Familie anschließen. So wird eine inzestuöse Vermehrung vermieden. Ähnlich dürfte es bei den Neandertalern gewesen sein, doch wissen wir hierzu nichts Genaueres – auch nicht, ob dieser »Austausch« sozial geregelt verlief. Abgesehen von den genetischen Vorzügen, würde ein solches Verhaltens auch kulturell vorteilhaft gewesen sein: Die junge Neandertalerfrau brachte in die neue Familie ein bestimmtes Wissen mit, das sie an ihre Nachkommen weitergeben konnte.

Woher kamen die Neandertaler?

Als Spezies sind die Neandertaler besonders interessant: wegen ihrer Neuartigkeit, wegen ihres begrenzten Siedlungsterritoriums im westlichen Eurasien und weil sie eine Weile gleichzeitig mit dem modernen Menschen lebten. Um die Frage ihrer Herkunft zu klären, muss man sich anderen Funden aus Europa und aus ferneren Regionen zuwenden. Eine Schlüsselstellung nimmt hierbei der *Homo erectus* ein.

Der Javamensch – *Homo erectus*

Die Entdeckung des Javamenschen stellt eine der ungewöhnlichsten Episoden in unserer Geschichte vom Ursprung des Menschen dar und hat ihren Anfang im späten 19. Jahrhundert.

Einer der glühendsten Verteidiger der darwinschen Evolutionstheorie in Europa war der deutsche Zoologe und Naturphilosoph Ernst Haeckel

(1834–1919). In jungen Jahren brach er nach England auf, um den von ihm verehrten Darwin zu besuchen, aber der Forscher, der recht zurückgezogen auf seinem Landsitz Down House in Kent lebte, empfing nur ungern unangemeldete Gäste. Schließlich machte er eine Ausnahme, als er hörte, dass der junge Forscher aus Deutschland angereist war. Haeckel teilte zum einen Darwins Theorie, hatte aber auch eigene Ansichten über die Herkunft des Menschen.

Die Sensation aus der Knochengrube

Neben den bedeutenden Funden von Gran Dolina (Spanien) machten Forscher in den Kalksteinhöhlen der nordspanischen Sierra de Atapuerca eine außergewöhnliche Endeckung. In der Sima de los Huesos (»Knochengrube«), am Boden eines 15 m tiefen Schachts, bargen sie seit 1992 über 2000 Knochen, die etwa 32 Individuen zugeordnet wurden – die bisher größte Ansammlung von menschlichen Fossilien überhaupt. Darunter befanden sich die fast kompletten Schädel von Kindern und Erwachsenen sowie Skelettreste von Jugendlichen. Die rund 300 000 Jahre alten Knochen weisen sowohl Merkmale älterer als auch modernerer Menschen auf und nehmen offensichtlich eine Zwischenstellung zwischen *Homo heidelbergensis* und *Homo neanderthalensis* ein, sodass es sich hierbei um eine evolutionäre Übergangsstufe zwischen diesen beiden Spezies handeln könnte. Weshalb so viele Knochen so tief in einer winzigen Kammer lagen, bleibt ein Geheimnis. Sicher ist, dass die Höhle von diesen frühen Menschen nicht bewohnt worden war, denn man fand weder Werkzeuge noch andere Indizien für einen dauerhaften Aufenthalt. Allerdings weisen etliche Knochen Schnittspuren auf, ein Hinweis darauf, dass sie zerlegt wurden. Vielleicht geschah dies im Rahmen von Bestattungspraktiken, bevor man sie in den Schacht warf.

In den 1860ern verfasste er eine Abhandlung über eine alte Sammlung von Menschenschädeln aus aller Welt, die Johann Blumenbach (1752–1840) angelegt hatte. Wie damals üblich begann Haeckel, sie von den »höchsten« zu den »primitivsten« zu ordnen. Aus heutiger Sicht waren diese Kriterien willkürlich und irreführend: Die affenähnlichen Merkmale wurden einer niederen Stufe, die höchstentwickelten – wie konnte es anders sein?! – dem kaukasischen Menschentyp zugeordnet. So überrascht es nicht, dass die weißen Europäer an der Spitze standen, die Eingeborenen Australiens und Papua-Neuguineas hingegen auf der untersten Stufe.

Für Haeckel standen die Gibbons der südostasiatischen Inseln näher zum Jetztmenschen als die afrikanischen Menschenaffen, denen Darwin den Vorzug gab. Seinem hierarchischen Prinzip folgend stellte Haeckel eine »Hypothetische Skizze« zur ethnischen Herkunft der Völker und ihrer Verbreitung auf. Aus diesem Verbreitungsmuster schloss Haeckel, dass die Ursprünge der Menschheit irgendwo östlich von Afrika lagen. Indien konnte es nicht sein, denn die meisten indischen Völker nahmen in der Hierarchie obere Ränge ein. Haeckel schreckte aber nicht vor Spekulationen zurück, also verlegte er die Urheimat des Menschen in ein hypothetisches Festlandgebiet irgendwo im Indischen Ozean. Die

Ernst Haeckel scheute nicht vor Spekulationen zurück und meinte, die Urheimat der Menschheit sei in den Tiefen des Meeres versunken.

Der deutsche Zoologe und Naturphilosoph Ernst Haeckel war ein überzeugter Anhänger Darwins und entwickelte eine Naturphilosophie, die sich allein auf naturwissenschaftliche Erklärungen stützte und die Existenz Gottes verneinte. Was die Rangordnung der Primaten anbelangt, stellte er die Gibbons auf die unterste Entwicklungsstufe und war überzeugt, dass das »Missing Link« zwischen Menschenaffen und Menschen eher in Südostasien als in Afrika, wie von Darwin behauptet, zu finden sei.

heute im Meer verschwundene Landmasse nannte er »Lemuria« oder »Paradies«, während er dem »Missing Link« zwischen Gibbons und Menschen den Namen *Pithecanthropus alalus* – »Stummer Affenmensch« – gab. Wie viele seiner Zeitgenossen, glaubte Haeckel, dass aufrechter Gang, Sprache und größeres Hirnvolumen die Kriterien für das Menschsein waren, und ordnete diese fernen Vorfahren zeitlich innerhalb der Erdneuzeit (Känozoikum) ins späte Tertiär am Übergang von Miozän zu Pliozän ein.

Im Jahr 1881 wurde Eugène Dubois (1858–1940) als Anatomieassistent an die Universität von Amsterdam berufen. Der junge Forscher hatte bereits einige viel beachtete Studien zur Anatomie des Kehlkopfs verfasst, die ihm eine glänzende akademische Laufbahn verhießen. Angeregt durch die Theorien vom Ursprung des Menschen in Südostasien, beschloss er, nach dem noch fehlenden *Pithecanthropus alalus* zu suchen. Deshalb gab er seine Lehrtätigkeit auf und trat als Stabsarzt in die Königlich Niederländische Ostindien-Armee ein. Am 29. Oktober 1887 schiffte er sich mit Frau und Kind Richtung Sumatra ein. Dort überredete er die Behörden, ihm Zeit und Geld für Fossiliengrabungen zu genehmigen. Daraufhin wurden ihm als Assistenten zwei Militäringenieure sowie 50 einheimische Hilfskräfte zugewiesen. Die Ergebnisse waren entmutigend, denn Dubois fand nur den Zahn eines Tieres relativ jungen Datums. Daher setzte er seine Grabungen ab 1890 auf Java fort, wo kurz zuvor ein fossiler menschenähnlicher Schädel entdeckt worden war. Dubois, der ihn zur Begutachtung erhielt, stellte fest, dass er weit jünger war als das gesuchte »Missing Link«, aber zumindest zeigte sich, dass es Knochen menschenähnlicher Vorfahren gab.

Als Dubois die Grabungen auf Java begann, erkannte er, dass er seine Suche außerhalb von Höhlen

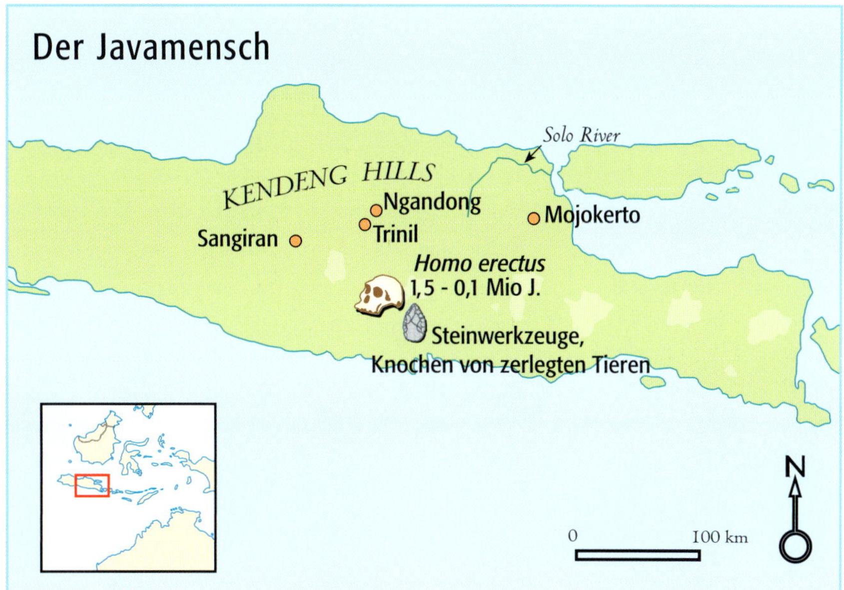

Der Javamensch – Die indonesische Insel nimmt in der Geschichte der Menschenverwandten eine Sonderstellung ein: Sie bildet den Außenposten, bis zu dem der *Homo erectus* vor rund 1,5 Millionen Jahren gelangt war. Fossilienfunde lassen vermuten, dass er hier bis vor mindestens 100 000 Jahren überlebte. Die kleinwüchsigen Menschenverwandten der Spezies *Homo floresiensis*, deren Reste man auf der Insel Flores fand, dürften dessen Nachkommen gewesen sein.

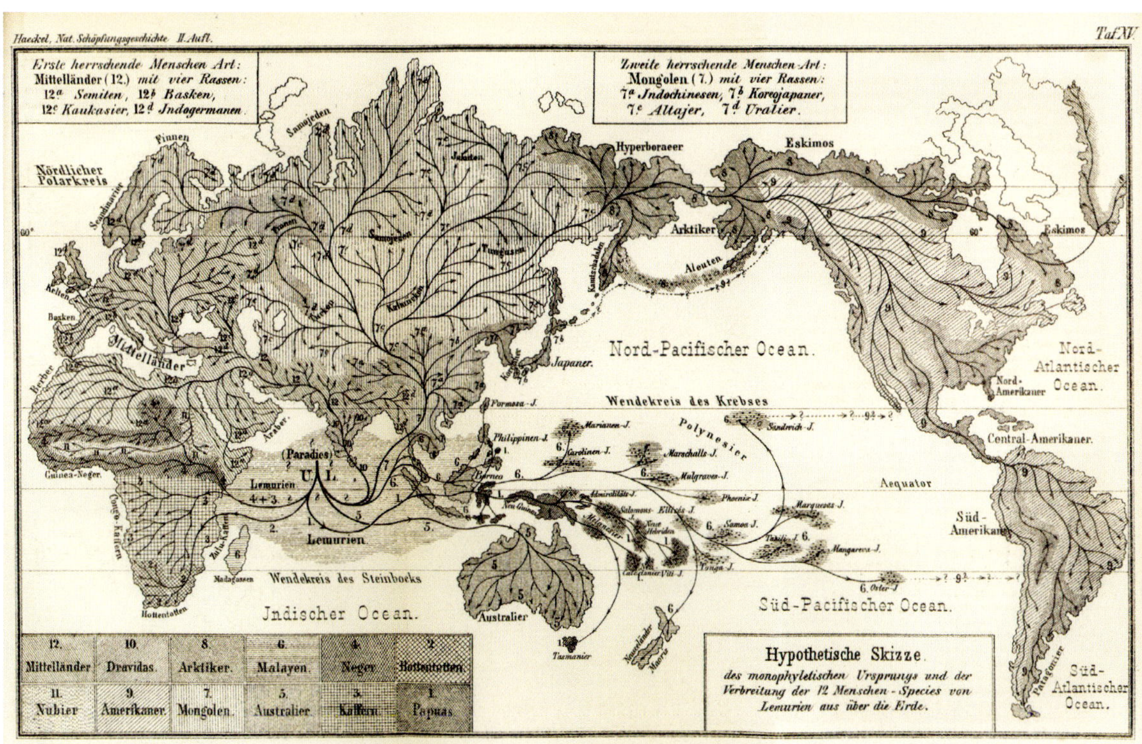

Haeckels Analyse der ethnischen Unterschiede zwischen den modernen Menschen basierte auf dem simplen, von den damaligen Rassentheorien geprägten Vergleich von Schädelform und Hautfarbe. Entsprechend galten Kaukasier und Indoeuropäer als am höchsten entwickelte ethnische Gruppen, von denen sich alle anderen Völker herleiteten, die die unteren »Ränge« einnahmen. Daraus schloss Haeckel, dass die Urheimat der Menschheit zwischen Afrika und Indien auf einer heute verschwundenen Landmasse zu suchen sei, die er »Lemuria« oder »Paradies« nannte.

Mauer (0,5 Mio. J.)
Boxgrove
(0,5 Mio. J.)
Dmanisi
(1,8 Mio. J.)
Atapuerca
(0,8 Mio. J.)
Zhoukoudian
Pekingmensch (0,4 Mio. J.)
Lantian
China (0,75 Mio. J.)
Ternifine
Algerien (0,7 Mio. J.)
Yuanmon
(0,6 Mio. J.)
Nariokotome
(1,5 Mio. J.)
Koobo Fora
Kenia (1,8 Mio. J.)
Olduvai Schlucht
Tansania (1,25 Mio. J.)
Sangiran (1,6 Mio. J.)
Trinil (?1 Mio. J.)
Flores (0018 Mio. J.)
Kabwe
(0,2 Mio. J.)
Swartkrans
Südafrika (?1,0 Mio. J.)
Heutiger Küstenverlauf
Eiszeitlicher Küstenverlauf
0 500 1000 km
N

Afrika – Wiege der Menschheit?

Der Out-of-Africa-Theorie zufolge verließ *Homo ergaster/-erectus* als Erster Afrika und breitete sich weltweit aus. *Homo erectus* wurde als eigenständige, ausgestorbene Spezies aufgrund der Fossilienfunde in Java im späten 19. Jahrhundert anerkannt. Später wurden dieser Spezies auch die etwa gleich alten Fossilien des Pekingmenschen, die vor allem aus Zhoukoudian stammen, zugeordnet. Zur Zeit ihrer Entdeckung schien es noch möglich, dass diese Spezies ihren Ursprung in Asien hatte, doch fand man weder Vorläufer, noch konnte man sie chronologisch einordnen.

Mit der Entdeckung noch primitiverer Australopithecinen in Afrika richtete sich die Aufmerksamkeit der Forscher in der Frage nach der Herkunft des Menschen erneut auf Afrika. Als man hier *Homo-erectus*-ähnliche Fossilien fand, zögerten die Forscher, sie einer asiatischen Spezies zuzuordnen, sodass sie eine neue Art begründeten, die sie *Homo ergaster* nannten. Sie wird als afrikanische Entsprechung des *Homo erectus* angesehen, weshalb man oft von *Homo ergaster/erectus* spricht.

Einer Interpretation zufolge weisen diese Fossilien darauf hin, dass vor rund zwei Millionen Jahren, zu Beginn der Eiszeit, diese Populationen, die nur relativ einfache Steinwerkzeuge besaßen, den Weg über die Grenzen von Afrika hinaus fanden. In Dmanisi, Georgien, entdeckte man *Homo-erectus*-ähnliche Fossilien, die auf 1,8 Millionen Jahre geschätzt werden, während die *Homo-erectus*-Funde von der indonesischen Insel Java rund 1,7 Millionen Jahre alt sind. Etwas jünger sind die Fossilien des Pekingmenschen.

Sollte die Datierung der Fossilien von Dmanisi zutreffen, muss man die Frage nach der Identität jener Populationen stellen, da sie primitivere Züge sowie ein kleineres Hirnvolumen als der *Homo erectus* aufweisen. Daher vermutete man, sie stünden dem *Homo habilis* nahe, einer anderen afrikanischen Spezies von Menschenverwandten. Außerdem wurden neue Funde aus China bekannt, die ebenso alt sein dürften wie die Fossilien des afrikanischen *Homo ergaster.*

Für eine Sensation sorgte jüngst die Entdeckung einer fossilen Spezies kleinwüchsiger Individuen mit ungewöhnlich kleinem Hirnvolumen. Sie erhielt den Namen *Homo floresiensis* nach der indonesischen Insel Flores, woher die Fossilien stammen. Ihre Angehörigen dürften Nachfahren des *Homo erectus* gewesen sein, die noch vor rund 18 000 Jahren lebten.

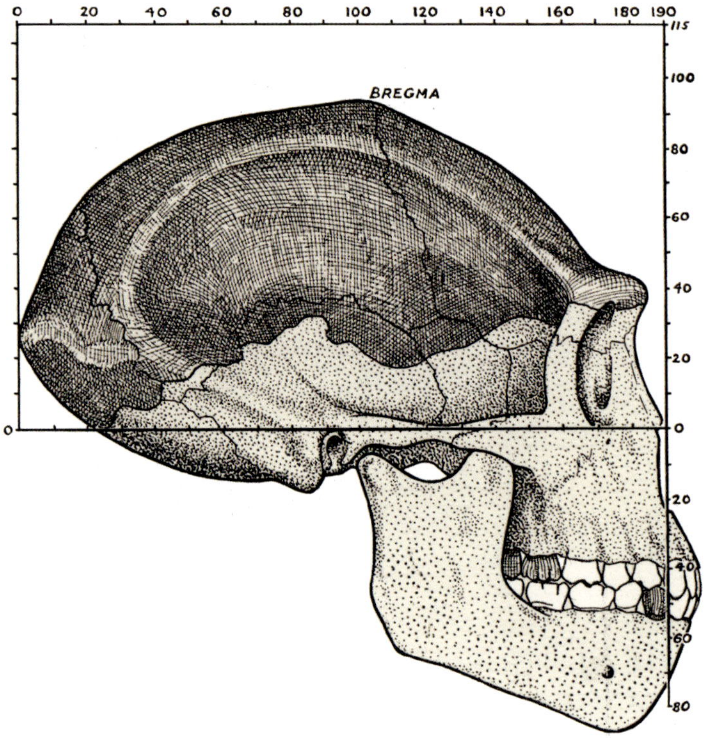

In den 1930er Jahren angefertigte Rekonstruktion des Schädels des Javamenschen, wobei die dunkler eingefärbten Flächen die erhaltenen Überreste (Schädeldecke und einige Zähne) bezeichnen. Der neandertalerähnliche markante Überaugenwulst ist sichtbar, aber die Gesichtsstruktur stützt sich nur auf Vermutungen. Dennoch erwies sich die Rekonstruktion, wie man heute weiß, als bemerkenswert vorausschauend.

ausweiten musste. Im Kiesbett ehemaliger Flüsse und vor allem an den Ufern des heutigen Solo-Flusses fand man eine Fülle von Tierknochen des Tertiärs, darunter von Verwandten von Flusspferden, Nashörnern, Elefanten, Rindern, Hirschen und Großkatzen. Die Sichtung der Sedimente erforderte zusätzliche Kräfte, die Dubois auch genehmigt wurden. Im August 1891 fand einer von Dubois' Ingenieuren einen fossilen Backenzahn und im Oktober entdeckte Dubois in Trinil unter diversen Tierknochen eine Schädeldecke.

Zunächst glaubte Dubois, die Reste irgendeiner Schimpansenart vor sich zu haben, doch besaß er kein Schimpansenskelett als Vergleichsmaterial. Intuitiv erkannte er, dass ihm ein möglicherweise wichtiger Fund gelungen war, und ordnete ihn zunächst der Gattung *Anthropithecus* zu, die bereits für einen in Indien, in den Siwalik Hills entdeckten fossilen Primaten verwendet worden war.

Während Dubois auf einen von ihm angeforderten Schimpansenschädel wartete, fand man in Trinil im Mai 1892 einen weiteren Knochen – einen fast kompletten linken Oberschenkelknochen. Wegen der Nähe der beiden Fundorte ging Dubois davon aus, dass die Überreste demselben Individuum gehörten, eine Vermutung, die man heute so nicht aufstellen würde. Der lange, gerade, robuste Knochenschaft bestärkte Dubois in der Annahme, dass, wie er 1892 schrieb, »dieses Wesen keineswegs geschaffen war, in der Art auf Bäumen zu klettern, wie es Schimpansen, Gorillas und Orang-Utans tun«; vielmehr sei deutlich, »dass dieser Knochen dieselbe mechanische Rolle habe wie im menschlichen Körper, sodass man mit absoluter Sicherheit behaupten könne, dass der *Anthropithecus* von Java aufrecht ging und sich wie ein Mensch fortbewegte«. Und, so Dubois' Fazit: »Ostindien war die Wiege der Menschheit.« Sollte Haeckel doch Recht behalten haben?

Dubois versuchte, die ursprüngliche Größe des Gehirns zu bestimmen, was sich als schwierig erwies, da nur die Schädeldecke vorhanden war. Dennoch nahm er an, es sei 2,4-mal größer gewesen als das Hirn eines Schimpansen. Ausgehend von einem Hirnvolumen von 410 Kubikzentimetern, kam er für seinen Fund auf mindestens 984 Kubikzentimeter. Für Dubois bestand ein Widerspruch zwischen einem so großen Hirnvolumen und dem Gattungsnamen *Anthropopithecus;* deshalb ordnete er seinen Fund Haeckels Gattung *Pithecanthropus* zu. So wurde der Menschenaffe (*Anthropopithecus*) zum Affenmenschen (*Pithecanthropus*), dem er den Artnamen *erectus* hinzufügte als Hinweis auf die vermutete Fähigkeit zum aufrechten Gang. Die Grabungen wurden in Trinil verstärkt fortgesetzt, doch beschränkte sich die Ausbeute nach einjähriger Grabungszeit auf einen einzigen abgenutzten Backenzahn eines Menschenverwandten.

Im Januar 1894 hatte Dubois die wissenschaftliche Beschreibung seines Javamenschen abgeschlossen und war überzeugt, sie würde sein Ansehen in der Fachwelt festigen. Er fügte ihr auch Fotos der Knochen bei sowie vergleichende Zeichnungen von Schädeldecken von Schimpansen und Gibbons und schloss mit der Feststellung, der *Pithecanthropus* sei die Übergangsform vom Menschenaffen zum Menschen. Er versäumte es aber, seinen Fund mit den Erkenntnissen über die Neandertaler oder die anderen damals bekannten Fossilien von Menschenverwandten zu vergleichen. Dubois datierte seinen Fund ins späte Pliozän bis frühes Pleistozän aufgrund der am Fundort vorhandenen Tierfossilien und weil ältere Beweise aus dem Miozän fehlten.

Als Anatom schenkte Dubois den geologischen Gegebenheiten des Fundorts weniger Aufmerksamkeit. Hinzu kam, dass seine Aufzeichnungen über die genaue Umgebung des Fundorts lückenhaft und damit unzulänglich waren, zumal er nicht persönlich anwesend war, als man die Funde entdeckt hatte. Außerdem schien er kein sonderliches Interesse daran gehabt zu haben, diese Unklarheiten zu beseitigen, und setzte seine Suche in Trinil fort, sodass selbst noch eventuell vorhandene Belege aus dem Umfeld der ersten Funde zerstört wurden.

Daher war es unklug von Dubois zu behaupten, dass die Skelettreste von einem einzigen Individuum stammten. Jenseits einer allgemeinen Beschreibung seines Fundes ging es Dubois besonders darum, seinen Javamenschen in einen evolutionären Kontext zu stellen und dessen Rolle im Prozess der Menschwerdung zu definieren. Er wusste, dass es echte Jetztmenschen bereits in der letzten Zwischeneiszeit des Pleistozäns gab; wenn sein Fund älter als der moderne Mensch war, hieß das, die Entwicklung des Menschen hätte sehr schnell verlaufen müssen. Er umging dieses Problem, indem er behauptete, dass sich »die Entwicklung des Menschen *per saltum*«, in Sprüngen, vollziehe, eine Ansicht, die später auch Stephen Jay Gould (1941–2002), der bekannte US-Paläontologe, vertrat.

Dubois' Studie, die in einem niederländischen Fachblatt erschien, stieß auf recht großes Interesse. Am Ende des 19. Jahrhunderts war sie schon in rund 80 Fachpublikationen zitiert worden. Das Problem war nur: Die meisten Besprechungen fielen höchst kritisch aus. Dubois kehrte 1894 mit den Fossilien zurück nach Holland in der Hoffnung, die Experten von seiner Theorie überzeugen zu können. Er tat alles, was in seinen Kräften stand. Er präsentierte die Fossilien seinen Kritikern, ging auf alle ihre Einwände ein, aber angesichts einer weiterhin unverhohlenen Ablehnung, die ihm entgegenschlug, verschloss er 1900 die Fossilien. Ein letztes Mal trat er für seine These ein, als er für die Pariser Weltausstellung von 1900 eine Ganzkörperrekonstruktion des Javamenschen anfertigte.

Dubois' Gegner fanden viele Kritikpunkte; vor allem bemängelten sie, dass eine genaue Untersuchung der Fundumgebung fehlte, und griffen Dubois' These an, die Skelettreste würden von einem einzigen Individuum stammen. Für viele Experten sah der Femur bemerkenswert modern aus und konnte somit nicht zur Schädeldecke passen; damit war Dubois' Theorie, sein Fund repräsentiere eine Übergangsform, haltlos. Einige Forscher meinten, die Schädeldecke stamme von einem großen Gibbon,

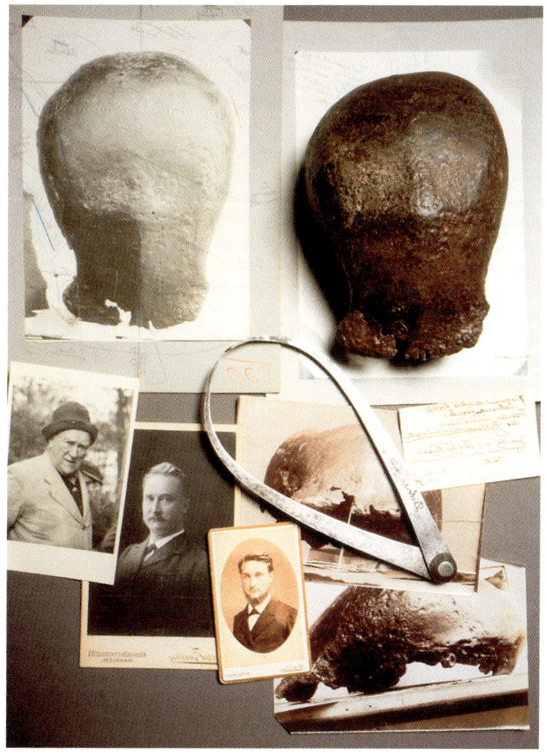

Die Fotomontage zeigt den niederländischen Forscher Eugène Dubois auf den verschiedenen Stationen seiner Laufbahn und einen der fossilen Funde, der ihn berühmt machte – die Schädeldecke des Javamenschen. Dubois gab ihm den Namen *Anthropithecus erectus* und betrachtete ihn als das bisherige Missing Link zwischen den Menschenaffen und Menschen. Heute wird der Fund jedoch der Spezies *Homo erectus* zugerechnet.

während andere bemerkten, dass ein Vergleich mit damals bekannten menschenähnlichen Vorfahren oder mit dem Neandertaler fehlte, die alle ein größeres Hirnvolumen besaßen und daher vermutlich höher entwickelt waren. Bestenfalls gab man zu, dass der Fund wichtig sei. Dubois' prominentester Fürsprecher war Ernst Haeckel, der 1895 in einer Diskussion über Primatenfossilien zugab, dass »einige von ihnen gewiss von großer Bedeutung seien, vor allem die Schädeldecke des pliozänischen *Pithecanthropus erectus* von Java (1894), der tatsächlich das viel gesuchte »Missing Link« in der Kette der Übergangsformen zu sein scheint«.

Die Diskussion hatte auch positive Effekte: Erstens wurde der Fund weithin bekannt und löste erstmalig eine öffentliche Debatte zum Thema Evolution des Menschen aus und darüber, was als menschenverwandt gelten kann und was eher affenverwandt ist. Das eigentliche Problem beim Javamenschen war der scheinbare Widerspruch zwischen der Modernität des Femurs und der eher affenähnlichen Schädeldecke. Zweitens hatte die Debatte um den Javamenschen zu einer Neubewertung der Neandertalerfossilien geführt. Man hatte erkannt, dass der Neandertaler höher entwickelt war als der Javamensch und daher eher als Vorfahre des Jetztmenschen gelten könnte.

Einige von Dubois' Behauptungen zum Java-Affenmenschen waren sehr unklug.

Dubois schuf die Rekonstruktion seines Javamenschen anlässlich der Weltausstellung von Paris im Jahr 1900. Sie zeigt ihn als aufrecht gehendes Wesen, das fähig ist, einfache Werkzeuge herzustellen, aber noch affenähnliche Merkmale wie die Form des Fußes und das kleine Hirnvolumen aufweist. Dubois hatte für die Rekonstruktion nur einen Oberschenkelknochen zur Verfügung, behielt aber Recht, was den aufrechten Gang dieses Frühmenschen anbelangt. Dubois war auch ein Vorreiter bei der Bestimmung des Hirnvolumens, selbst wenn nur Bruchstücke der Schädels vorhanden waren.

Dubois musste einige seiner Ideen revidieren; er war aber stur, nahm die Kritiken sehr persönlich und hielt sich fast 20 Jahre aus der ganzen Debatte heraus. Auch die zahlreichen mitgebrachten Schachteln mit Java-Fossilien blieben ungeöffnet, und er weigerte sich sogar, seine Java-Funde ausländischen Experten zur Verfügung zu stellen.

Eine Beschwerde des renommierten US-Paläontologen Henry Fairfield Osborn (1857–1935) bei der niederländischen Akademie der Wissenschaften zwang diese 1922 einzuschreiten. Es gelang ihr, Dubois zu überzeugen, seine Funde zur Ansicht freizugeben und etwas mit seiner umfangreichen Sammlung anzufangen; dennoch weigerte er sich, der Aufforderung Folge zu leisten. Als man die Schachteln in den 1930er Jahren öffnete und ihren Inhalt inventarisierte, fanden sich unter den 11 284 Tierknochen vier weitere Knochen von Menschenverwandten. Wenn Dubois sich die Zeit genommen hätte, sie selbst zu prüfen, hätte er seine Position gestärkt, auch wenn er hätte zugeben müssen, dass Femur und Schädeldecke nicht von demselben Individuum stammen konnten. Mittlerweile hatten aber andere Ereignisse den Javamenschen aus der Öffentlichkeit verdrängt.

Seltsamerweise führten die Java-Fossilien nicht zu weiteren Grabungen in der Region, wenn man von einem niederländischen Team absieht, das 1907/08 nach Trinil reiste, aber nur Tierfossilien fand. Die Entdeckung eines Kiefers des Heidelbergmenschen im Jahr 1907 sowie der gut erhaltenen Skelette in La Chapelle-aux-Saints (vgl. S. 94) rückte erneut Europa in den Mittelpunkt der Forschung. Dennoch hatte die Vorstellung von Asien als Wiege der Menschheit etwas von ihrer Faszination beibehalten, denn Roy Chapman Andrews (1884–1960) vom American Museum of Natural History begann in Zentralasien zu graben. Er fand keine Menschenknochenfossilien, dafür aber verblüffende Dinosaurierfossilien, darunter einige Nester mit Dino-Eiern und Dino-Jungen. Das ist aber eine andere Geschichte.

Die »Entdeckung« des Piltdown-Mannes in Südengland 1908, die sich später als Fälschung herausstellte, hatte dazu geführt, dass die meisten Experten kein Interesse an Grabungen in anderen Regionen zeigten. Ein neues Kapitel in der Geschichte des *Pithecanthropus erectus* eröffneten die Grabungen, die in den späten 1920ern im chinesischen Zhoukoudian unweit von Peking (Beijing) begannen.

Pekingmensch – *Sinanthropus pekinensis*

Die traditionelle chinesische Medizin kennt eine Vielzahl seltsamer Ingredienzien, darunter auch Drachenknochen und -zähne, die, zu Pulver zermahlen, als Heilmittel gegen Beschwerden eingesetzt werden. Jahrtausendelang wurden fossile Knochen und Zähnen von Dinosauriern bis zu Primaten nur zu diesem Zweck ausgegraben und auf Märkten verkauft. Dabei erwiesen sich manche Orte als besonders ergiebige Quellen. So auch die Kalksteinhöhlen des Drachenknochenbergs in Zhoukoudian, auf die ein Team unter Leitung des Kanadiers Davidson Black (1884–1934) aufmerksam wurde. Nach dem

Studium in London arbeitete er am Peking Union Medical College in der Hoffnung, in China Fossilien von Frühmenschen zu finden. Er fand auch einige interessante Zähne, die ihm 1927 halfen, die Rockefeller Foundation zu überzeugen, systematische Grabungen zu finanzieren. Die Kampagne führte zur Entdeckung eines weiteren Zahns, von dem Black überzeugt war, er gehöre zu einer noch unbekannten Gattung und Art. Black gab ihr den Namen *Sinanthropus pekinensis.*

Heute würde ein einzelner Zahn nicht genügen, um eine neue Art oder Gattung zu begründen, Blacks Vorgehensweise sicherte ihm aber die Gelder für seine Grabungen. Zwei Jahre später gelang Blacks chinesischem Kollegen W. C. Pei (1904–1982) ein bemerkenswerter Fund: Am 2. Dezember 1929 legte er eine gut erhaltene Schädeldecke frei, der jedoch die Gesichtsknochen fehlten. Bis Ende des Monats hatte sich die Nachricht in alle Welt verbreitet, wozu auch Telegraf und Pressekonferenzen beitrugen. Der Rummel um diesen Fund »übertönte« den Versuch von Raymond Dart (1893–1988), die Öffentlichkeit auf sein neu entdecktes »Kind von Taung«, einen *Australopithecus africanus*, aufmerksam zu machen. Im Vergleich zum Asien-Fund schien den Experten der kleine, wenn auch komplette Kinderschädel zu primitiv, um internationale Aufmerksamkeit zu rechtfertigen.

Black schlussfolgerte, dass dieser Schädel, neben einem weiteren 1931 entdeckten, zu seinem Pekingmenschen, dem *Sinanthropus pekinensis*, gehörte. Mit einem Hirnvolumen von 918 und 1150 Kubizentimetern stand er an der Basis des Y-förmigen Evolutionszweiges; ein Zweig führte zu den Neandertalern und der andere zum modernen Menschen. Der deutsche Anthropologe Franz Weidenreich (1873–1948) stimmte Black zu, glaubte aber, dass genug Gemeinsamkeiten zwischen dem Peking- und dem Javamenschen bestünden, die ihre Zusammenlegung rechtfertigen. Andere Experten, allen voran der Franzose Marcellin Boule (1861–1942), meinten, es müsse eine Gattung *Pithecanthropus* mit zwei Spezies geben und der Gattungsname *Sinanthropus* müsse entfallen.

Nach Blacks Tod 1934 übernahm Weidenreich die Grabungen, und 1937 kam dann der große Fund: fünf Schädel mit einem Hirnvolumen zwischen 850 und 1200 Kubikzentimetern, also von derselben Größenordnung wie der Javamensch (984 ccm), unterstrichen die Ähnlichkeiten zwischen Peking- und Javamensch. Der Vorteil der chinesischen Funde war, dass die Schädel komplett erhalten waren – sie zählen zu den besterhaltenen Zeugnissen unserer frühen Verwandten überhaupt. Sie weisen den uns bekannten Überaugenwulst auf, die flache, fliehende Stirn, die vorstehende Nasen- und Kieferpartie sowie ein fliehendes Kinn und erinnern sofort an die Neandertaler. Ihr Gesicht ist jedoch etwas kleiner und wirkt moderner, was auch für die Proportionen der Gliedmaßen und den Skelettbau zutrifft.

Mittlerweile hatte W. F. F. Oppenoorth, Bergbauingenieur in niederländischen Diensten, auf Java im Solo-Fluss unweit von Ngandong mehrere menschenähnliche Fossilien gefunden und besaß um 1933 bereits elf Teilschädel (und zwei Bruchstücke von Beinknochen) neben Tausenden Tierknochen. Daraus schloss er, dass die Schädel zu einer eigenen Spezies gehörten und gab ihr den Namen »Solomensch«. Dubois errechnete für die weiblichen Schädel ein Hirnvolumen von 1050 und für die männlichen eine Größe von 1200 Kubikzentimetern, Werte die unter denen der Neandertaler lagen, jedoch höher als die einiger moderner Ureinwohner Australiens waren. Oppenoorth zählte den Solomenschen zur Gattung *Homo* und gab ihm den Artnamen *Homo soloensis*. Er meinte, man könne zwei geografisch getrennte Evolutionslinien ausmachen: eine europäische, vertreten durch *Homo heidelbergensis, neanderthalensis* und *sapiens* und eine asiatische, bestehend

Der Pekingmensch – ursprünglich wurde er einer eigenen Spezies zugerechnet. Heute weiß man, dass das fast 2 Mio. Jahre alte Fossil aus China zu *Homo erectus*, derselben Spezies wie der Javamensch gehört. Einige dieser besterhaltenen Überreste eines Menschenverwandten gingen während der Bürgerunruhen in den 1990er Jahren verloren.

Mit dem Aufkommen von Pressekonferenzen und Telegrafie verbreiteten sich Nachrichten von Entdeckungen und wissenschaftlichen Hypothesen in Windeseile rund um den Globus.

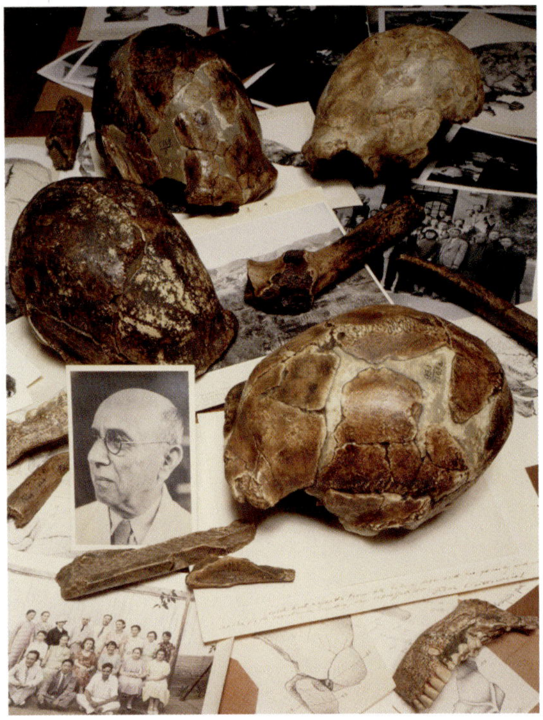

Die Fülle und der ungewöhnlich gute Erhaltungszustand der Skelette, die unweit von Peking (Beijing) in Zhoukoudian gefunden wurden, verblüfften die Anthropologen. Diese Fotomontage zeigt Conrad Black, den Grabungsleiter, und einige der freigelegten Schädelfragmente. Ihre Bergung erwies sich als überaus schwierig, die Fossilien zählen aber zu den wertvollsten ihrer Art. Leider gingen sie in den Wirren der japanischen Invasion in China 1940 verloren. Erhalten blieben lediglich die sorgfältig ausgeführten Abgüsse, die die Schiffsreise in die USA wohlbehalten überstanden.

Der Überfall Japans auf China 1940 führte zum Verlust der kostbaren Fossilien.

aus den Spezies *Pithecanthropus*, *Sinanthropus* und *Homo soloensis*. Dieser Gedanke wurde später neu aufgegriffen und zur »Multiregionalen Hypothese« ausgebaut, die seit Jahrzehnten Gegenstand kontrovers geführter Diskussionen ist.

Zwischen 1936 und 1940 fand Oppenoorths Nachfolger in der geologischen Behörde, der junge deutsche Geologe G. H. R. (Ralph) von Koenigswald (1902–1982), bei Modjokerto und Sangiran auf Java weitere Schädel- und Kieferteile. Wiederum traten Probleme mit der exakten Beschreibung der Fundstelle auf, da die Schädel von lokalen Helfern ausgegraben wurden. Die Schädeldecke von Sangiran wurde zertrümmert aufgefunden und von Koenigswald musste sie erst rekonstruieren, bevor er irgendwelche Angaben zur Hirngröße machen konnte – die sich mit 775 Kubikzentimetern als überraschend klein erwies. Die Schädeldecke wies aber einige menschennahe Merkmale auf, was das Kiefergelenk und die Ohröffnung betraf. Von Koenigswald ordnete sie, sehr zu Dubois' Ärger, dem *Pithecanthropus* zu. Anfang 1939 reiste von Koenigswald mit seinen Funden nach Peking, wo Weidenreich die chinesischen und javanischen Relikte nebeneinander ausbreitete, um sie direkt zu vergleichen.

Die chinesischen Funde waren heller und kamen der originalen Knochenfarbe nahe, da sie noch nicht so stark mineralisiert waren wie die javanischen Reste, die meist in Aschesedimenten der zahlreichen aktiven indonesischen Vulkane gelegen hatten. Die javanischen Fossilien sind insgesamt robuster, die Schädeldecke ist dickwandiger, das Hirnvolumen jedoch kleiner als bei den chinesischen Funden. Aber, wie von Koenigswald später schrieb, »sie zeigten in jeder Hinsicht eine beträchtliche Entsprechung«, eine Schlussfolgerung, die er später in der Fachzeitschrift *Nature* (1939, Bd. 144, S. 494–296) wiederholte. Weidenreich entwickelte eine Theorie, die multiregionale Hypothese zur Herkunft der Menschen, wonach aus dem Javamenschen die heutigen Australasier, aus dem Pekingmenschen die heutigen Völker Ostasiens und aus den Neandertalern die jetzigen Eurasier hervorgingen. Die Zahl der Anhänger dieser Theorie ist aber wegen der genetischen Beweise für die Einheitlichkeit und die noch junge Geschichte der Jetztmenschen heute nur noch sehr gering.

Als Japan 1940 China angriff, floh Weidenreich in die USA, ohne die Fossilien mitnehmen zu können. Sie sollten ihm in Kisten in die USA nachgeschickt werden. Doch nun beginnt eine der großen Tragödien in der Geschichte der Paläoanthropologie: Bis auf eine Kiste, in der sich Abgüsse der Funde befanden, ging die Sendung verloren. Man weiß nichts vom Verbleib der anderen Kisten; man vermutet, dass sie nach Shanghai gelangten, um aufs Schiff verladen zu werden, doch verliert sich dort ihre Spur. Sie gingen verloren oder wurden gestohlen. Von Koenigswald kehrte nach Java zurück, wurde von den Japanern in ein Lager interniert, später freigelassen und ging in die USA. Die Fossilien hatte er auf Java versteckt und sie überstanden den Weltkrieg unbeschadet. Dubois starb kurz nach der deutschen Invasion in Holland.

1942 rollte der US-Biologe Ernst Mayr (1904–2005) den Fragenkomplex um *Pithecanthropus* und *Sinanthropus* und ihre Nähe zur Gattung *Homo* neu auf. Er kam zum Schluss, dass die asiatischen Fossilien eine einzige, dem *Homo* so nahe stehende Gruppe bilden, dass sie in die Gattung *Homo* aufgenommen werden müssten. Da Dubois' *Homo erectus* bereits klassifiziert war, wurden die Namen *pekinensis* und *soloensis* abgeschafft und beide Arten unter der Bezeichnung *Homo erectus* zusammengefasst. Spätere radiometrische Datierungen der Funde lieferten einige Überraschungen, da Dubois den Tierfossilien, die bei den Menschenresten lagen, keine allzu große Aufmerksamkeit geschenkt hatte und ihr Alter kaum schätzen konnte.

Heute gehen wir davon aus, dass die ältesten javanischen Funde rund 1,5 Millionen Jahre alt sind (also ins Pleistozän gehören), die jüngsten dagegen knappe 100 000 oder gar nur 50 000 Jahre. Viele Jahre galt das jüngste Datum als unwahrscheinlich, denn dies hätte bedeutet, dass zum Zeitpunkt der Einwanderung der ersten modernen Menschen die *Homo-erectus*-Populationen im indonesischen Archipel noch lebten; doch wurde es durch die kürzlich entdeckten Überreste des kleinwüchsigen *Homo floresiensis* auf der Insel Flores bestätigt. Im Vergleich dazu sind die chinesischen Funde zwischen 1 Million und 250 000 Jahre alt.

Die Ursprünge des *Homo erectus*

Die ersten *Homo-erectus*-ähnlichen Fossilien außerhalb von Fernost fand das Ehepaar Leakey in Olduvai (vgl. Kap. 5). Es handelt sich um Teile einer etwa 1,2 Millionen Jahre alten Schädeldecke; seither wurden bei Grabungen in Nordkenia noch ältere Fossilien freigelegt, darunter eine auf 1,7–1,8 Millionen Jahre datierte Schädeldecke. Den spektakulärsten Fund bildete jedoch der Nariokotome-Junge – ein praktisch komplettes, 1,5 Millionen Jahre altes Skelett eines Jungen, der zum Zeitpunkt des Todes 8 bis 11 Jahre alt war.

Es stellt sich hier die Frage, ob es möglich ist, dass eine einzige Spezies ein Gebiet von Ostafrika bis Fernost zwei Millionen Jahre lang besiedeln konnte und dabei unverändert dieselbe Art blieb, wenn man bedenkt, dass die Gesamtpopulation klein war und sie sich, bedingt durch die geografische und klimatische Barriere, unabhängig voneinander vermehrt haben muss. Mit anderen Worten: Müssen die afrikanischen Beispiele dem *Homo erectus* zugeordnet werden, um ihre evolutionäre Verbindung zu betonen, oder müssen sie, aufgrund biogeografischer Faktoren als eigene Gruppe gelten? Nicht zufällig gibt es unter Experten dazu unterschiedliche Ansichten, sodass einige den Narioko-

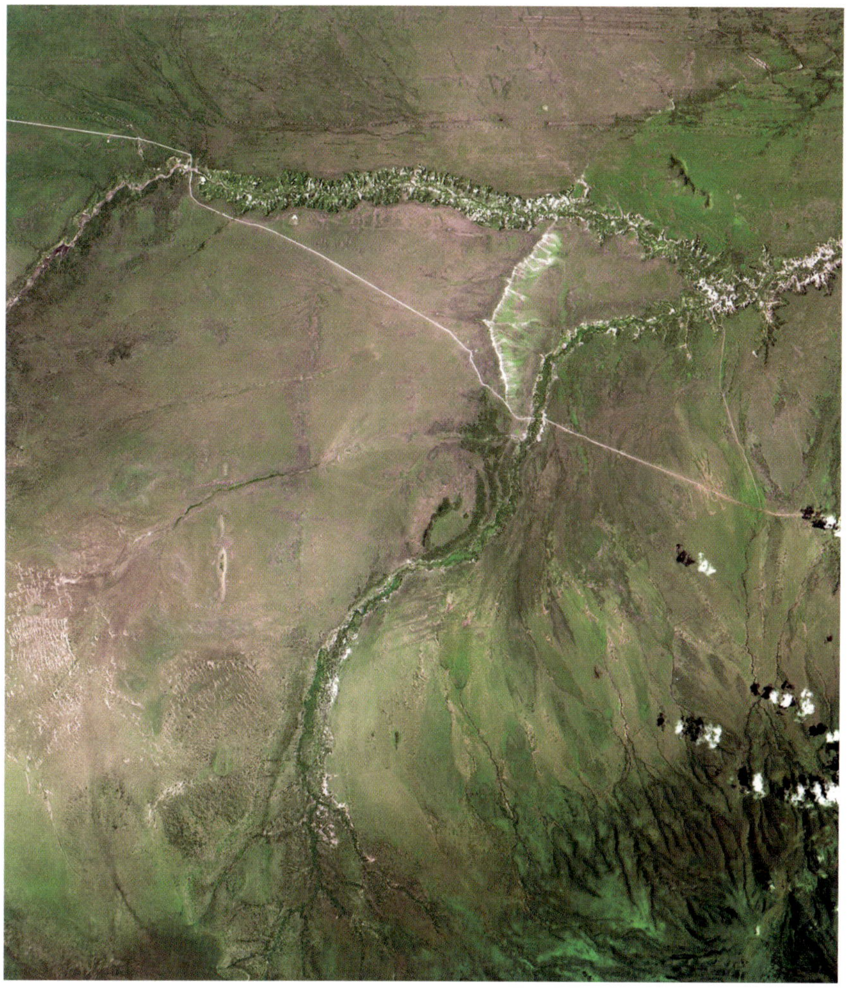

Das Satellitenbild zeigt, wie sich in Tansania die Olduvai-Schlucht in der Serengeti-Ebene scharf abhebt. Am unteren rechten Bildrand erkennt man die Hänge des erloschenen Ngorongoro-Kraters.

Im Jahr 2003 fanden Forscher etwa 50 km nördlich von Neapel am Hang des Roccamonfina-Vulkans in der versteinerten Vulkanasche mehrere Fußabdrücke, deren Alter auf etwa 350 000 Jahre geschätzt wird. Sie stellen damit die ältesten bisher bekannten Abdrücke von Individuen der Gattung *Homo* dar und stammen vermutlich von Angehörigen der Spezies *Homo heidelbergensis*.

Einige der ältesten Hominidenfunde außerhalb Afrikas stammen aus der Kaukasusregion in Georgien.

tome-Jungen als afrikanisches Beispiel des *Homo erectus* betrachten, ihn andere wiederum als Vertreter der rein afrikanischen Art *Homo ergaster* ansehen. Wir dürfen aber nicht vergessen, dass fossile Arten im Wesentlichen ein Konstrukt der Experten sind und sich von den biologischen Spezies unterscheiden, da sich ein Reproduktionstest nicht auf Fossilien anwenden lässt. Dasselbe Problem trat in Verbindung mit einigen spektakulären Fossilien auf, die in den letzten Jahrzehnten in Georgien gefunden wurden.

Dmanisi

Ausgrabungen in der mittelalterlichen georgischen Ruinenstadt Dmanisi förderten mehrere Schädel sowie andere Skelettreste zutage, die zu den ältesten menschenähnlichen Zeugnissen außerhalb Afrikas überhaupt zählen. Vor rund 1,8 Millionen Jahren, im frühen Pleistozän, bildete dieses Territorium eine Halbinsel zwischen Kaspischem und Schwarzem Meer und damit eine wichtige Landbrücke, die Afrika und den Mittleren Orient mit Eurasien verband.

Seit 1991 sind einem Team um den georgischen Paläontologen David Lordkipadnize (*1963) einige bemerkenswerte Funde gelungen. Den ersten Fund bildete ein großer Kieferknochen, gefolgt von mehreren Knochen von mindestens sechs Individuen, darunter vier Schädeln einer *Homo-erectus*-ähnlichen Spezies. Zunächst glaubte man, die Knochen könnten dem bekannten *Homo erectus* zugeordnet werden. Einige Schädel fielen aber durch die sehr geringe Hirngröße, die schmale Nasenöffnung, die schmalen Brauenwülste und die großen Eckzähne auf. Man vermutet bei den Skelettfunden einen deutlichen Sexualdimorphismus und dass sie der afrikanischen Spezies *Homo habilis* näher stehen und am ehesten einer neuen Art, *Homo georgicus* genannt, zugeordnet werden sollten. Mit 1,8 Millionen Jahren sind sie älter als der asiatische *Homo erectus* und praktisch gleich alt wie der afrikanische *Homo erectus/ergaster*, sodass es nicht überrascht, dass sie einige primitive Merkmale beibehalten haben.

Eine der verblüffendsten Entdeckungen war die eines praktisch zahnlosen Schädels und eines Unterkiefers mit einem einzigen erhaltenen Zahn. Es scheint, dass das ältere Individuum noch eine Zeit lang ohne Zähne überlebt hat. Voraussetzung dafür wäre eine weiche Nahrung und die Unterstützung durch seine Artgenossen gewesen. Bisher waren Zeugnisse solcher »Pflege durch die Gemeinschaft« weitgehend auf Funde von Jetztmenschen und vereinzelt von Neandertalern beschränkt. Die Herausbildung einer solchen Einstellung setzt aber einen hohen Bewusstseinsgrad und ein Vorstellungsvermögen, den Sinn für »das Andere«, voraus, das seinen Ausdruck in der rituellen Bestattung findet. Bislang ging man davon aus, dass man, bevor sich ein solches Bewusstsein entwickelt hat, unsere fernen Verwandten Kranke oder Ältere einfach ihrem Schicksal überließen. »Alt« waren sie vermutlich bereits mit etwa 40 Jahren, und die meisten dürften auch kaum 45 Jahre erreicht haben – ein hohes Alter für Säugetiere, sieht man davon ab, dass etwa Elefanten in freier Wildbahn noch älter werden.

Die Frühmenschenfossilien von Dmanisi fanden sich neben Tausenden einfacher Steinartefakte wie Geröllgeräten, Abschlägen und Faustkeilen sowie neben zahllosen Tierknochen von Riesenhirsch, Wolf und Säbelzahnkatze. Insgesamt belegen sie, dass diese Stätte ein von den Frühmenschen bevorzugter Ort gewesen ist. Ihr häufiges Verweilen an dieser Stätte lockte auch Raubtiere wie Säbelzahnkatzen an. Dafür sprechen die in einigen menschenähnlichen Schädeln paarweise vorhandenen Löcher, die denselben Abstand aufweisen wie die Zähne einer Säbelzahnkatze. Ähnlich anderen Großkatzen packten sie ihr Opfer am Kopf oder Nacken und schleppten es an einen Ort, wo sie es ungestört verzehren konnten.

Noch warten viele Funde aus Dmanisi auf eine Auswertung, insgesamt belegen sie aber die Out-of-

Dmanisi –Steinwerkzeuge, Schädel und Knochen, einige davon rund 1,8 Millionen Jahre alt, die in Georgien gefunden wurden, sorgten für Verwirrung. Die Schädel lassen sich nicht, wie zunächst vermutet, eindeutig der Spezies *Homo erectus* zuordnen, sondern könnten von Individuen einer früheren Art stammen.

Afria-Theorie, derzufolge eine *Homo-ergaster*-ähnliche Population Afrika verließ und sich in Asien zum *Homo erectus* entwickelte. Inzwischen ging die Evolution in Afrika und Eurasien weiter und ließ eine weitere Art entstehen – den *Homo heidelbergensis.*

Der Heidelberg Mensch

Die Geschichte seines Namens reicht zurück bis 1907, als man in Mauer bei Heidelberg in einem Steinbruch einen gut erhaltenen Unterkiefer fand. Die vollständig erhaltenen Zähne ähneln stark denen moderner Menschen, der Kiefer ist aber ungewöhnlich kräftig, hat sehr breite aufsteigende Äste, während das Kinn nicht vorspringt. Er weist somit gewisse Ähnlichkeiten mit einem Neandertalerkiefer auf, ist aber deutlich robuster. Kurz nach der Entdeckung erhielt er einen eigenen Artnamen – *Homo heidelbergensis* –, obwohl keine weiteren Knochenreste gefunden wurden. Deshalb wurde der Kiefer lange Zeit als Kuriosum betrachtet, und etliche Experten sahen in ihm nur den europäischen Vertreter des bekannteren asiatischen *Homo erectus.*

Heute wissen wir, dass der Unterkiefer etwa 500 000 Jahre alt ist und damit wesentlich älter als die frühesten bekannten Neandertalerfossilien. Dem Heidelbergmenschen ordnete man später auch andere Funde zu, darunter das aus Afrika stammende und zunächst als Rhodesiamensch bekannte Fossil.

Der Kabwe-Schädel – Rhodesiamensch

In der Grube von Broken Hill (heute Kabwe) im ehemaligen Nordrhodesien (dem heutigen Sambia) wurden schon seit vielen Jahrzehnten in großem Umfang Kupfer und Zink abgebaut. In den 1920er Jahren fanden die Bergleute manchmal von Mineralien bedeckte Knochen, die sie entweder achtlos wieder wegwarfen oder in die Öfen steckten, wo sie zusammen mit dem Erz schmolzen. Zum Glück wurde der 1921 von dem Bergarbeiter Tom Zwigelaar gefundene, gut erhaltene Schädel nicht weggeworfen. Er war so anders als die üblichen Funde, dass die Forscher beschlossen, ihn einer neuen, bisher unbekannten Art zuzuordnen, die eine Zeit lang den Namen »Rhodesiamensch« (*Homo rhodesiensis*) trug.

Der ungewöhnlich gut erhaltene Schädel weist primitive Merkmale auf, darunter den kräftigen Brauenwulst über jeder Augenhöhle. Trotz der niedrigen, fliehenden Stirn hat das Gesicht auch moderne Züge, und die Hirngröße ähnelt der moderner Menschen. Ein ihm zugeordneter Extremitätenknochen lässt schließen, dass das Individuum groß und kräftig war, während ein Beckenfragment, das beim Schädel gefunden wurde, eine deutliche Aushöhlung aufweist, ein Merkmal, das bei den primitiveren Formen *Homo erectus* und *Homo heidelbergensis* auftritt, nicht aber bei Neandertalern oder dem Jetztmenschen.

Da man hier keine weiteren Exemplare dieser Spezies fand, wurde der Brauch, eine neue Art anhand eines einzigen Fundstücks zu begründen, allmählich aufgegeben. Experten zogen es vor, den Rhodesiamenschen der ihm am nächsten stehenden, allseits anerkannten Spezies zuzuordnen, in diesem Fall *Homo erectus,* zumal die Klassifizierung des Heidelbergmenschen auch problematisch war. Unter der Spezies *Homo erectus* wurden später auch andere Funde zusammengefasst, beispielsweise Schädel aus Petralona (Griechenland), Arago (Frankreich), Bilzingsleben (Deutschland) sowie ein Femur aus dem südenglischen Boxgrove.

Die Boxgrove-»Metzgerei«

An der Südküste Englands bildeten sich in der Kreidezeit durch die Erosionswirkung des Meeres die berühmten schroffen, weißen Kalksteinklippen heraus. Während der Eiszeit des Pleistozäns, als der Meeresspiegel erheblich höher lag als heute, reichte das Meer weiter ins Inland und schuf Klippen, die heute zwar noch sichtbar sind, sich aber einige Kilometer

Der Schädel des Rhodesiamenschen blieb ungewöhnlich gut erhalten und weist auch Züge des modernen Menschen auf.

In Broken Hill, Nordrhodesien (heute Kabwe in Sambia), fanden Bergleute in einer Höhle unter einem Kalksteinhügel immer wieder menschenähnliche Knochen, die sie jedoch achtlos wegwarfen. Zufällig stießen sie dabei in 27 m Tiefe auf einen gut erhaltenen Schädel, der Merkmale einer bis dahin unbekannten Spezies aufwies. Sie erhielt den Namen *Homo rhodesiensis* und wird heute dem Heidelbergmenschen, unserem direkten entfernten Vorläufer, zugeordnet.

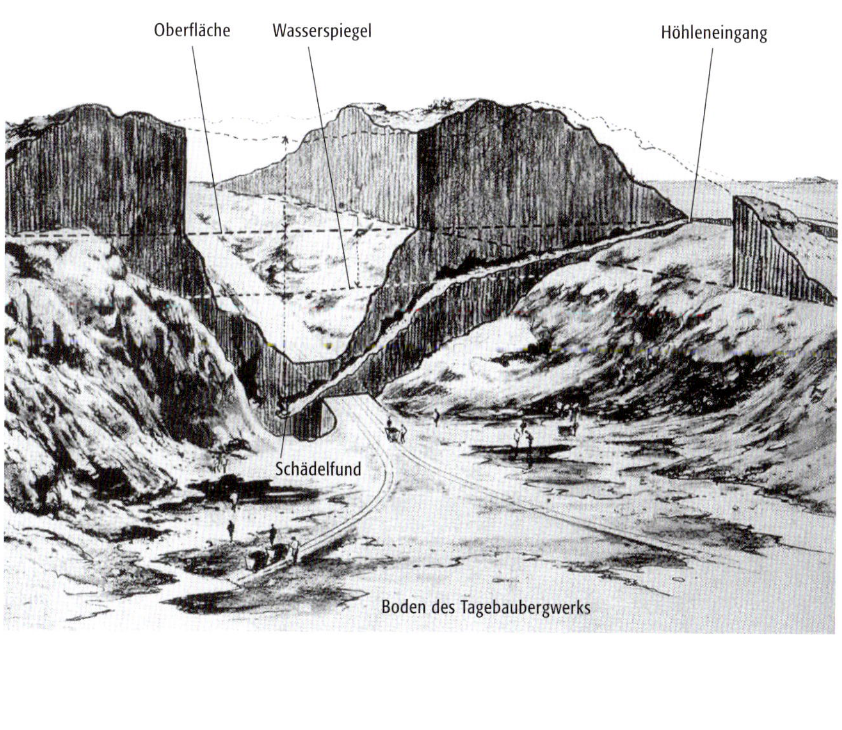

landeinwärts befinden. Stellenweise lagerten sich an den in die Kreide geschnittenen Stränden jüngere Sande, Schlick und Kies ab, die heute kommerziell abgebaut werden.

In Boxgrove (Grafschaft West Sussex) wurde während solcher Abbauarbeiten in den frühen 1980er-Jahren eine bemerkenswerte vorgeschichtliche Stätte freigelegt, die vor rund 500 000 Jahren, also lange bevor die Neandertaler den Westen Eurasiens besiedelten, am Fuß einer schroffen Klippe als Fleischzerlegungs- oder -verwertungsplatz gedient hatte. Zwei Grabungskampagnen zwischen 1982 und 1986 bzw. 1993 und 1995 unter Leitung von Mark Roberts brachten Tausende von Steinwerkzeugen sowie Hunderte von Tierknochen und einige Menschenreste zutage.

Im frühen Pleistozän dehnten sich unterhalb der Klippen Lagunen und Flachstrände aus, die eine Vielzahl von Tieren sowie ihre Feinde – andere Raubtiere und Frühmenschen – anzogen. In den Erdschichten von Boxgrove, die einen Zeitraum von Zehntausenden Jahren abdecken, finden sich Belege der einstigen Lebensräume, von Küsten- und Sumpflandschaft sowie offener Tundra bis zum Grasland, die auch die raschen Klimaänderungen dokumentieren. Herden von Pflanzenfressern wie Wildpferd, Wisent, Rothirsch, Elefant und Nashorn weideten auf den Küstenebenen, verfolgt von ihren Feinden, den Großkatzen, Hyänen, Wölfen – und unseren Vorfahren. Die Gegend muss für unsere Vorfahren dank des Wildreichtums ein idealer Ort gewesen sein; darüber hinaus lieferte sie den Rohstoff für Werkzeuge aus Feuerstein. Dieser kommt in Kalkstein reichlich vor, da er das Ergebnis eines besonderen Mineralisierungsprozesses ist (vgl. Box auf S. 118). In Boxgrove fand man etwa 300 mandel- und birnenförmige Steinäxte sowie zahlreiche Splitter, die bei der Herstellung oder Nachschärfung von Werkzeugen entstehen.

Aufgrund der Lage der Steinsplitter und Knochen lassen sich die prähistorische Metzgerei und die entsprechenden Aktivitäten rekonstruieren. So ergab die Untersuchung der Überreste eines Pferdes, dass es in sieben bis acht Arbeitsgängen zerlegt wurde, wobei man die Werkzeuge bei jedem Gang nachschärfte. Nachdem man das Tier getötet hatte, weidete man es aus und legte die großen Markknochen frei. Dann wurden sie aufgebrochen und zusammen mit weichem Gewebe wie der Leber vor Ort roh verzehrt. Nur die großen Muskeln und die Tierhaut wurden losgetrennt und fortgetragen. Acht Kreise und Haufen von Steinsplittern belegen, dass acht Jäger um den Kadaver knieten, ihn zerlegten und die Werkzeuge nachbearbeiteten, wobei die abspringenden Splitter zwischen ihre Knie auf den Boden fielen.

Lange Zeit war umstritten, ob diese Vorfahren nur gelegentliche Aasfresser waren, die von anderen Raubtieren getötetes Wild verzehrten, oder ob sie selbst auf die Jagd gingen. Die Boxgrove-Stätte

Pakefield – Nach dem jüngsten Fund von 700 000 Jahre alten Steinwerkzeugen bei Pakefield in Ostengland muss die Besiedlung der Britischen Inseln um rund 200 000 Jahre zurückdatiert werden.

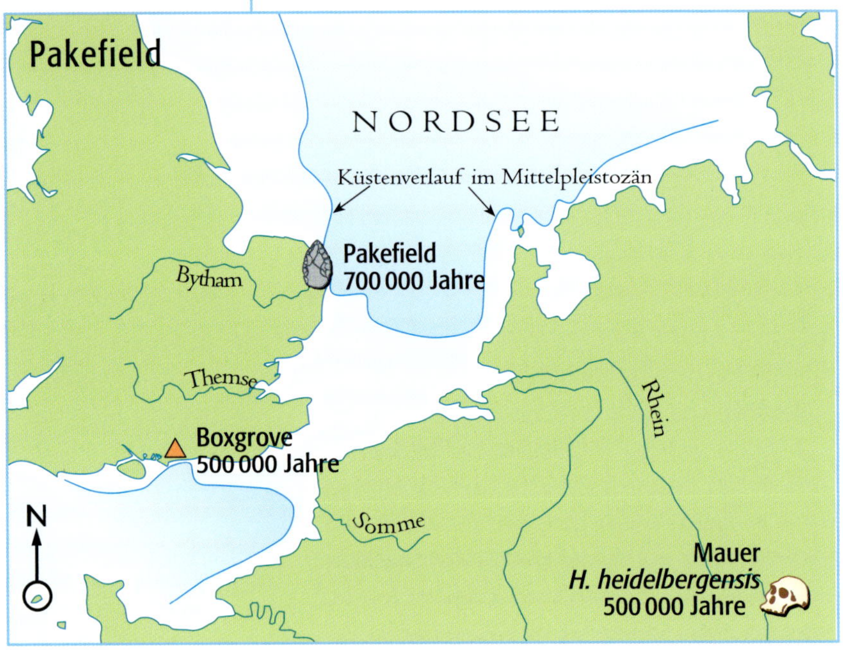

Die Besiedlung Englands

Nach den Funden im südenglischen Boxgrove und jüngst in Pakefield im Osten des Landes, deren Alter auf 700 000 Jahre geschätzt wird, muss die Geschichte von der Besiedlung der Britischen Inseln neu geschrieben werden. Forscher datierten die Boxgrove-Funde auf 500 000 Jahre, wodurch sie etwa gleich alt wären wie die Funde von Mauren bei Heidelberg aus dem Jahr 1907, während die Stätte von Pakefield sogar 700 000 Jahre alt ist. Hier fand man in eiszeitlichen Ablagerungen aus der Cromer-Forest-Schicht einer Steilküste Knochen ausgestorbener Tiere, die durch Erosion freigelegt worden waren. Hobbyarchäologen gruben hier über 30 primitive Steinwerkzeuge aus, die neben Knochenresten kleiner Säuger wie Hamster, Eichhörnchen und Fledermäuse lagen, welche die zwischeneiszeitlichen Wälder dieser Region bewohnten. Die Tierknochenfunde erlauben auch eine relative Datierung der Fundstätte.

beweist, dass sie aktive Jäger waren. So fand man hier vier sorgfältig zerlegte Nashörner, die als erwachsene Tiere im Normalfall keine natürlichen Feinde haben. Die genaue Analyse der Einkerbungen an ihren Knochen ergab, dass die Oberfläche zunächst noch glatt war und dass durch andere Raubtiere verursachte Nagespuren jünger sind als die Schnittspuren, die durch die Jäger entstanden.

Außerdem zeigt das Schulterblatt eines Pferdes mehrere fast kreisrunde Löcher, die fast sicher von Speerverletzungen stammen und deutlich darauf hinweisen, dass diese Frühmenschen aktive Jäger waren. Ein erwachsenes Nashorn lieferte etwa 700 Kilo Fleisch, ein Pferd rund 400 Kilo. Die Anzahl der hier zerlegten Tiere lässt vermuten, dass entweder größere Gruppen von Jägern ernährt werden mussten oder dass das Fleisch behandelt und für den späteren Verzehr gelagert wurde. Seltsamerweise fehlen in Boxgrove Hinweise auf Feuerplätze.

Die menschlichen Überreste von Boxgrove sind zwar spärlich, aber aufschlussreich. Ein angenagtes Schienbein und zwei große, abgenutzte Zähne zählen zu den ältesten menschenähnlichen Spuren auf den Britischen Inseln überhaupt. Der Schienbeinknochen stammt von einem robusten, etwa 1,82 Meter großen

Die sorgfältige Bergung der Funde aus dem südenglischen Boxgrove brachte eine Fülle von Erkenntnissen über das Leben vor rund 500 000 Jahren. Schnittspuren an Tierknochen belegen, dass auf diesem prähistorischen »Schlachthof« vier Nashörner mithilfe von Steinwerkzeugen zerlegt wurden. Einige spärliche Hominidenreste deuten darauf hin, dass hier einst Vertreter der Spezies *Homo heidelbergensis* gewirkt haben.

und um die 82 Kilo schweren Erwachsenen. Der starke Abschliff der Zähne zeigt, dass diese regelmäßig auch zum Halten von Materialien wie Tierhäute dienten, während Kratzspuren an ihrer Oberfläche, entstanden durch den zufälligen Kontakt mit Steinwerkzeugen, auf einen Rechtshänder schließen lassen. Vermutlich dienten die Zähne als »dritte Hand« zum Halten von Tierhäuten, die mittels Schaber von Fett- und Geweberesten gereinigt wurden. Möglich ist auch, dass ein Stück Fleisch mit der Linken und mit den Zähnen festgehalten wurde, während man es mit einer Steinklinge in der Rechten in kleinere Stücke schnitt. Die anatomischen Merkmale der Skelettreste lassen vermuten, dass die Individuen von Boxgrove dem *Homo heidelbergensis* ange-

Die Rekonstruktion der Stätte von Boxgrove zeigt, wie sich das Zerlegen eines Nashorns vor etwa 500 000 Jahren abgespielt haben könnte.

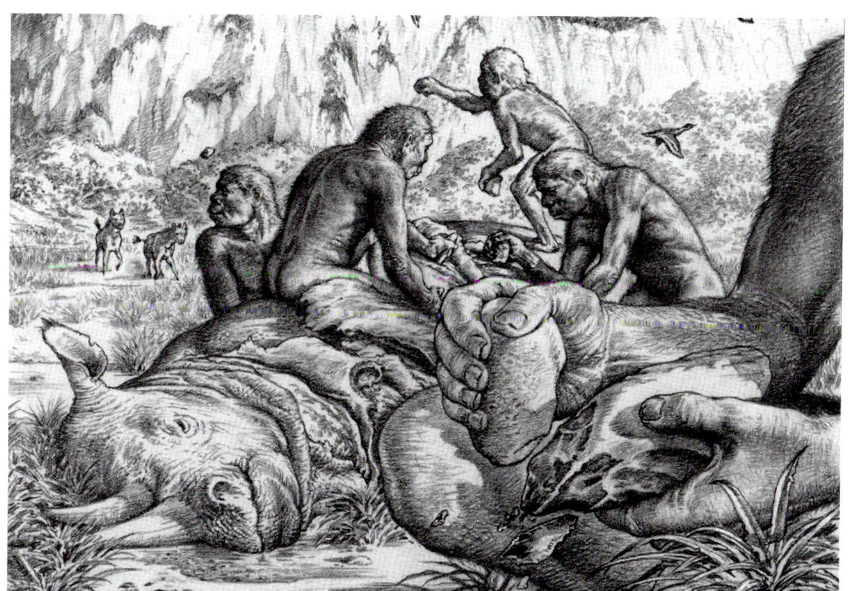

Zwischenartliche Kreuzung möglich

Der Skelettfund eines etwa vier Jahre alten Kindes in Abrigo do Lagar Velho, Portugal, in den späten 1990ern löste eine heftige Debatte aus. Die 24 500 Jahre alten Knochen, die mit Rotocker-Pulver bestreut waren und bei denen man eine gelochte Muschelschale fand, zeigten Merkmale der Neandertaler, aber auch des modernen Menschen. Zu Letzteren zählen der Schädelbau mit hervorspringendem Kinn, hoher Stirn sowie die Zähne. Die Proportionen der Gliedmaßen und ihre Robustheit erinnern hingegen an die Neandertaler.

Portugiesische und andere Forscher, die das Skelett untersuchten, erklären dieses Mosaik an Merkmalen durch die Kreuzung von späten Neandertalern des Jungpaläolithikums aus dem Süden der Iberischen Halbinsel mit einwandernden modernen Menschen, die zu hybriden Nachkommen geführt habe. Leider konnte keine DNA isoliert werden, um diese Vermutung durch genetische Analyse zu bestätigen.

Feuerstein – die älteste scharfe Klinge

Feuerstein (auch als Flint bekannt) zählt zu den geeignetsten Rohstoffen zur Herstellung von Steinwerkzeugen. Geologisch gesehen, handelt es sich dabei nicht um ein Mineral, sondern um ein dichtes Gemenge aus Chalcedon-Quarz und beigemengtem Opal, das leicht zu sehr scharfkantigen Stücken, auch Abschläge genannt, bricht.

Mit etwas Geschicklichkeit kann Feuerstein mittels einfacher Stein- oder Knochenwerkzeuge zu vielfachen Formen bearbeitet werden, von Äxten und Faustkeilen bis zu winzigen, messerscharfen Klingen. Da Steinartefakte durch Gebrauch leicht abstumpfen bzw. brüchig sind, lassen sie sich »nachschärfen« oder zu neuen Spaltern, Haugeräten, Klingen, Spitzen und Hacksteinen (»Choppers«) nachbearbeiten.

Feuerstein findet sich in Sedimentschichten, vor allem Kalkstein, der reich an Kalziumkarbonat ist, obwohl Feuerstein selbst aus Siliziumdioxid (SiO_2) besteht. Dessen gebundene Form, der Quarz, bildete sich vor allem aus Muschelschalen und Skeletten von Meeresbewohnern wie Strahlentierchen (Radiolarien). Wenn diese absterben, lagern sich ihre kieselsäurehaltigen Skelette in den kalksteinhaltigen Sedimenten ab. Das heißt, dass Erstere eine andere chemische Zusammensetzung aufwiesen als die Sedimente, in denen sie sich ablagerten, sodass sie sich zersetzten.

Dabei entstanden in den Sedimenten siliziumreiche Fluide, die sich mit steigender Konzentration zu gelartigen »Knollen« verdichteten und je nach Kieselsäuregehalt in einer unendlichen Vielfalt von Formen, Größen und Häufigkeit vorkommen. Oft bildeten sich diese »Knollen« um die fossilen Gehäuse anderer Meeresbewohner wie Schwämme oder Seeigel herum, umschlossen diese also. Deshalb findet man heute häufig Feuersteine mit Einschlüssen solcher Meeresbewohner. Dieser komplexe Prozess dauert auch heute an.

In Nordwesteuropa gibt es besonders reiche Ansammlungen vor allem in Kalksteinschichten der Kreidezeit von Dänemark über Norddeutschland, die Niederlande bis zu den Britischen Inseln und nach Frankreich. Da Feuerstein im Vergleich zu Kalkstein weitaus härter ist, blieb er nach dessen Verwitterung übrig. So erklären sich die reichen Feuersteinvorkommen an Küstenstreifen oder in Flussbetten.Die Farbe frisch aufgebrochenen Feuersteins reicht von Dunkelgrau bis Schwarz, wobei er leicht glasig wirkt. Er lässt sich aus kalksteinhaltigen Schichten relativ leicht herausbrechen. Beginnend mit den Heidelbergmenschen, kannten unsere fernen Verwandten, die Steinwerkzeuge herstellten, die Vorzüge von Feuerstein und wussten auch, wo es reiche Feuerstein-Fundstätten gab. Um an erstklassiges Rohmaterial zu gelangen, nahmen sie oft beträchtliche Entfernungen in Kauf. Wahrscheinlich bearbeiteten sie an den Fundstätten die Feuersteinkerne grob und trugen sie dann zurück zu ihren Lagerplätzen, wo die Feinbearbeitung erfolgte.

hörten; sie sind aber nicht die ältesten Spuren auf britischem Boden. Noch ältere Steinwerkzeuge fand man in Ostengland.

Die ältesten bekannten »Briten«

Die Themse, so wie sie heute durch London fließt, hat kaum mehr eine Ähnlichkeit mit der »Ur-Themse« des Pleistozäns und ihren Zuflüssen, die mächtige Gewässer waren und riesige Mengen Schmelzwasser von den Gletschern der Nordsee zuführten. So entstanden zu beiden Seiten des Flusses und seiner zahlreichen Kanäle ausgedehnte Sandbänke und terrassenförmige Kiesstrände, hinter denen sich Schlamm und Flusssedimente ablagerten. Diese bildeten für zahlreiche Pflanzen und Wildarten einen idealen Lebensraum und zogen auch einige der ältesten Frühmenschenpopulationen Nordeuropas an.

Übrig geblieben sind heute vor allem die Sand- und Kiesbänke jener Zeit, in denen stellenweise Tierknochen und einige der ältesten Steinartefakte Ostenglands eingelagert wurden. Diese Steinwerkzeuge wurden in die Cromerian Epochen, also vor 700 000 Jahren, datiert und sind somit erheblich älter als die Artefakte von Boxgrove. Leider fehlen bisher jegliche Überreste von Frühmenschen. Interessanterweise sind diese Steinwerkzeuge einfacher beschaffen als die von Boxgrove; man fand lediglich Schaber und Faustkeile, aber keine feiner bearbeiteten Steinäxte.

Stammen die Werkzeuge von einer anderen Spezies als dem *Homo heidelbergensis* und wenn ja, sind sie die Zeugnisse einer eigenen Welle von frühen Einwanderern nach Europa? Die neuen englischen Entdeckungen stützen sich auf eine ebenfalls sehr frühe Stätte des Altpaläolithikums unweit der nordspanischen Stadt Burgos, nämlich auf Gran Dolina in der Sierra de Atapuerca.

Spanische »Vettern«?

Die aus der späten Kreidezeit stammenden Kalksteinhügel der Sierra de Atapuerca sind von Höhlensystemen und unterirdischen Gängen durchlöchert, die durch die jahrtausendelange Einwirkung des leicht sauren Regenwassers entstanden. Viele davon wären unberührt geblieben, hätte man nicht zwischen 1896 und 1910 eine 65 Kilometer lange Bahnlinie gebaut, für die man zahlreiche Tunnel durch die Sierra treiben musste. Bei den Bauarbeiten wurden auch einige Höhlen geöffnet, und in den Sedimenten einer dieser urzeitlichen Kammern namens Gran Dolina fand man eine Ansammlung menschenähnlicher Knochen.

Es handelt sich um die Überreste mehrerer Individuen, darunter ein Kind und ein Jugendlicher, wobei die Knochen Schnittspuren aufweisen. Die Fossilien umfassen Wirbel, Rippen, Hand- und

Die Ausgrabungen in den Kalksteinhöhlen der nordspanischen Sierra de Atapuerca brachten eine Fülle fossiler Überreste zutage. Sie trugen dazu bei, einige der vielen noch offenen Fragen zu beantworten, welche die frühe Besiedlung Europas durch unsere ausgestorbenen Menschenverwandten betrafen. Die frühesten Funde sind etwa 780 000 Jahre alt und stammen aus der als Gran Dolina bekannten Stätte. Die Knochen etlicher Teilskelette, vor allem die von Kindern, weisen Schnittspuren auf, die immer noch Rätsel aufgeben. Wahrscheinlich wurden sie ihnen von den erwachsenen Individuen mit Steinwerkzeugen zugefügt – warum, wissen wir nicht.

Fußfragmente sowie Teile der Schädel- und Gesichtsknochen und einige Zähne. Unter dem Mikroskop zeigte es sich, dass die Schnittspuren von Steinwerkzeugen herrührten, die vor allem aus einfachen Schlagsteinen und Klingen bestanden. Das Zerlegen der Leichen und Abtrennen des Fleisches von den Knochen könnte im Rahmen bestimmter Bestattungsrituale stattgefunden haben oder auf eine Form von Kannibalismus hindeuten.

Zur Datierung der Hominidenfossilien zog man die in ihrer Nähe gefundenen kleinen Knochen heran, die von Arten stammten, welche bereits vor rund 500 000 Jahren ausgestorben waren. Paläomagnetische Untersuchungen (vgl. S. 120) der Sedimente aus der Kammer, in der man die Hominidenknochen entdeckt hatte, ergaben jedoch ein Alter von rund 780 000 Jahren; damals begann die Brunhes-Epoche.

Der Schädel zeigt primitive Merkmale, ähnlich denen einiger afrikanischer, 1,5 Millionen Jahre alter Funde. Die Stirn mit dem markant ausgebildeten Überaugenwulst lässt vermuten, dass das Hirnvolumen des Kindes größer war als beim afrikanischen *Homo erectus/ergaster* üblich. Die spanischen Anthropologen, die diesen Fund machten, glauben, dass die Relikte ausreichende Merkmale aufweisen, um sie einer neuen, von ihnen als *Homo antecessor* (»Vorgänger-Mensch«) bezeichneten Spezies zuordnen zu können. Deren Ursprung sehen sie in Afrika, von wo sie nach Europa auswanderte und sich zum Neandertaler entwickelte. Danach müsste sich die Trennung der Evolutionslinie zwischen Neandertalern und modernen Menschen sehr früh vollzogen haben, eine Annahme, die nicht durch die DNA-Proben an Neandertalern bestätigt wurde. Außerdem behaupten sie, dass aus dieser afrikanischen Population der moderne Mensch – unsere Spezies *Homo sapiens* – hervorging.

Wie wir gesehen haben, vermitteln die letzten Jahrzehnte ein komplexes Bild von der Evolution des Menschen, das nicht auf eine einfache, geradlinige Out-of-Africa-Evolution und -Migration reduziert werden kann. Die über Europa verstreuten Funde, deren Altersdatierung sich über etwa 800 000 Jahre erstreckt, stellen die Theorie, dass es lediglich zwei Auswanderungswellen aus Afrika gegeben habe,

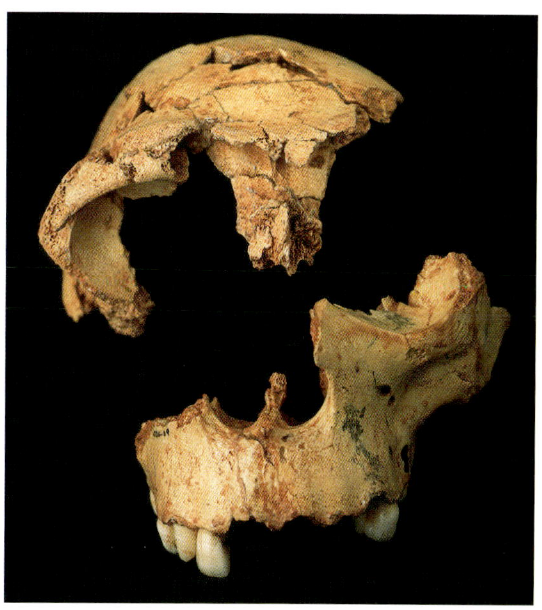

Dieses Schädelfragment lässt auf eine Verwandtschaft der Bewohner der Höhle von Gran Dolina zum *Homo errectus* schließen; dennoch ordneten sie die Fossilien einer neuen Spezies zu, die sie *Homo antecessor* (»Vorgänger-Mensch«) nannten.

Die Funde von Gran Dolina tragen zum komplexen Bild von den Evolutionslinien des Menschen bei.

Paläomagnetismus – Magnetismus hilft bei Darstellung der Kontinentalverschiebung und Altersbestimmung von Fossilien

Manche eisenhaltige Mineralkörner wirken wie eine natürliche Kompassnadel und richten sich in glutflüssigem Zustand parallel zum jeweiligen Erdmagnetfeld aus, das zum Zeitpunkt ihrer Entstehung oder Ablagerung besteht. Wenn sich die jeweilige Schicht abkühlt, entsteht ein unauslöschlicher »Abdruck«, ein »Abbild« von der Ausrichtung jenes Erdmagnetfeldes, sofern das Gestein sich nicht durch erneute Erhitzung verändert. Die ursprünglichen Sedimente können versinken, sich falten und sogar infolge plattentektonischer Bewegungen rund um Globus abdriften, »sich verschieben«, dennoch bewahren sie jenen Abdruck des ursprünglichen Magnetismus und die geometrischen Koordinaten, bezogen auf das Originalmagnetfeld. Diese Eigenschaft bestimmter Gesteine, einen Abdruck ihrer ursprünglichen magnetischen Ausrichtung beizubehalten, erwies sich für Geologen und Archäologen von unschätzbarem Wert. Dazu gehört besonders die Möglichkeit, einstige Bewegungen und Veränderungen der Kontinentalplatten zu rekonstruieren.

Das Erdmagnetfeld wirkt wie ein Stabmagnet, der im Zentrum der Erde sitzt und zwei Pole (einen »Nordpol« und einen »Südpol«) hat. Gegenwärtig liegen diese nahe der geografischen Pole, stimmen aber mit diesen nicht überein, sondern oszillieren im Bereich weniger Grade unregelmäßig um sie herum. Noch schwerer vorhersagbar ist eine andere Eigenschaft des Erdmagnetfeldes: seine Tendenz, sich innerhalb einer relativ kurzen Zeit (von einigen Tausenden Jahren) umzupolen, sodass der magnetische Nordpol zum Südpol und umgekehrt wird. Der geologische Befund dieser Umpolung findet sich in der stratigrafischen Abfolge alter Sedimente und zwischengelagerter Vulkangesteine, die in den letzten drei Milliarden Jahre die Erdkruste gebildet haben.

Durch die Altersbestimmung der Gesteine und die so genannte magnetostratigrafische Korrelation konnten die Forscher die Zeitpunkte der Polwechsel rekonstruieren und somit das Alter der darin eingeschlossenen Fossilien bestimmen. Auf diese Weise verfügen wir über eine präzise Chronologie dieser Polwechsel, ausgedrückt in Jahren vor heute. Das jetzige Erdmagnetfeld (nach dem französischen Geologen Bernard Brunhes, der als Erster das Phänomen der Umpolung entdeckte, auch Brunhes-Epoche oder Brunhes-Magnetochron genannt) dauert seit den letzten 780 000 Jahren bis in die Gegenwart an. Davor gab es die kürzere (0,2 Mio. Jahre dauernde) Matuyama-Umpolung bis vor 990 000 Jahren und so weiter. Die Kenntnis der Zeitpunkte dieser Umpolungen (Polwechsel) hilft bei der Altersbestimmung paläoanthropologischer Funde. So enthält die Schichtfolge in der tansanischen Olduvai-Schlucht eine Phase normaler Polarität, Olduvai Ereignis genannt, die aufgrund radiometrischer Messungen 170 000 Jahre (bis vor 1,95 Mio. Jahre) dauerte. Die Identifizierung dieser kurzen Phase von normalem Erdmagnetismus innerhalb einer längeren Phase der Umpolung ist besonders wichtig für die Datierung ostafrikanischer Sedimente und Fossilien, da sie mit dem Beginn des geologischen Zeitalters des Pleistozäns zusammenfällt.

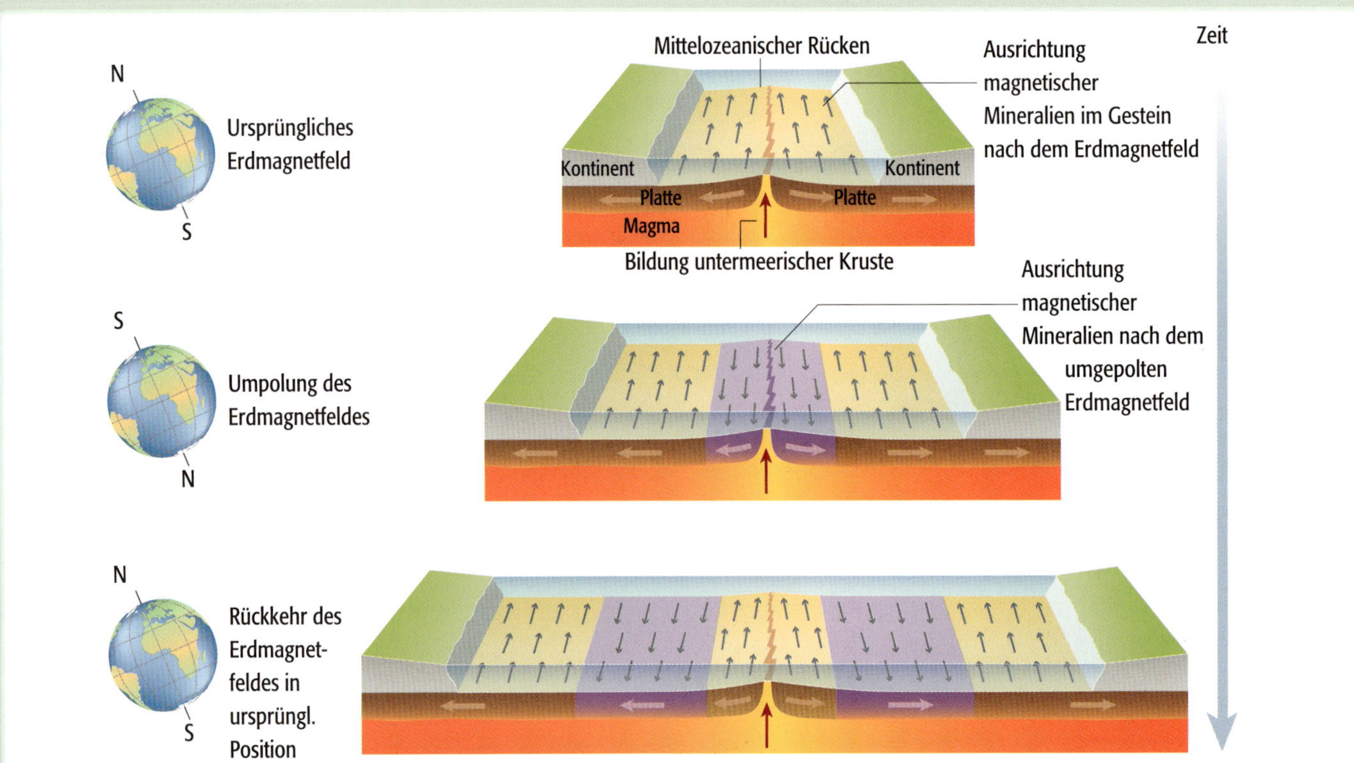

infrage. Fest steht, dass es vor rund zwei Millionen Jahren eine frühe »Diaspora« gab, als *Homo erectus/-ergaster*-Populationen aus Afrika auszogen und bis Südostasien kamen, wo ihr kleinwüchsiger Nachfahre *Homo floresiensis* noch bis vor 18 000 Jahren überlebte. Mit großer Wahrscheinlichkeit ist *Homo floresiensis* den modernen Menschen auf ihrer Wanderung durch die indonesische Inselwelt nach Australien begegnet.

Die frühen Funde auf europäischem Boden lassen vermuten, dass es später, vor etwa einer Million Jahren, eine zweite »Wanderungswelle« gegeben hat, als der *Homo erectus/ergaster* oder ein naher Verwandter, etwa der *Homo antecessor*, von Afrika in Richtung Europa zog, wo er sich zum Neandertaler entwickelt haben könnte. Welche Rolle spielt dann aber der Heidelbergmensch, der von einigen Wissenschaftlern als möglicher Vorfahre sowohl der Neandertaler als auch unserer heutigen Spezies angesehen wurde? Eine der beiden Hypothesen muss falsch sein; es fragt sich nur, welche. Gegenwärtig wird der *Homo-heidelbergensis*-Theorie in Fachkreisen eher der Vorzug gegeben.

Für Asien als Urheimat der indigenen Völker Amerikas sprechen archäologische, anthropologische sowie genetische Belege. Genanalysen heute lebender Ureinwohner Amerikas bestätigen deren Verwandtschaft mit sibirischen Stämmen, die allerdings wohl realtiv kompliziert ist. Es gibt Hinweise, dass es mehrere Einwanderungswellen gab, wobei die älteren Populationen durch später nachgerückte verdrängt wurden. Darin besteht auch die möglicherweise so wichtige Bedeutung von Funden wie der des Kennewick-Mannes.

Archäologischen Funden aus Sibirien zufolge erreichten die modernen Menschen dieses Gebiet bereits vor etwa 28 000 Jahren. Zu ihren Steinartefakten zählen auch dünne, scharfe Abschläge, so genannte Mikrolithe, die, als Spitzen an den Holzspeeren befestigt, deren Durchschlagkraft erheblich vergrößerten, wenn sie in den Körper eines Tieres eindrangen. Man vermutet, dass aus den Reihen dieser frühen sibirischen Völker nach und nach kleine Gruppen mobiler Jäger nach Amerika einwanderten, während sie Wild verfolgten, das für sie vor allem Nahrungsquelle war, aber auch zur Herstellung von alltäglichen Gebrauchsgütern wie Kleidungsstücken diente.

Woher kam der Kennewick-Mann?

Am 31. Juli 1996 fand man am Ufer des Columbia River bei Kennewick im US-Bundesstaat Washington das gut erhaltene Skelett eines Mannes mittleren Alters – was eine heftige öffentliche Debatte auslöste. Eine Untersuchung ergab, dass der Schädel nicht jene Merkmale aufwies, die man sonst bei den paläoindianischen Funden fand, sondern von einigen Experten als kaukasisch eingestuft wurden. Als zudem sein Alter auf rund 9300 Jahre datiert wurde, setzte dies die wildesten Spekulationen über die Herkunft dieses Mannes in Gang. Zu einer Klärung hätten DNA-Analysen aus Knochenmaterial beitragen können. Doch Vertreter von vier Indianerstämmen klagten vor Gericht die Herausgabe der Gebeine ein. Ihr Argument: Es handle sich beim Kennewick-Mann um einen ihrer Vorfahren, dessen Würde durch wissenschaftliche Untersuchungen verletzt würde. Zunächst wurden dessen Überreste den Indianerstämmen übergeben, auf deren Gebiet man sie gefunden hatte. Da die Wissenschaftler an weiteren Forschungen interessiert waren, klagten sie ihrerseits auf das Recht, die Gebeine untersuchen zu dürfen. Schließlich erhielten sie Recht, nachdem der Fall bis vor den Obersten Gerichtshof kam. Dieser befand, dass die Indianerstämme nicht den Beweis erbracht hätten, dass es sich bei dem Skelett um einen ihrer direkten Verwandten handelte, dessen letzte Ruhe durch Analysen gestört werden würde.
Nun kämpfen die Forscher darum, dem Skelett DNA-Proben entnehmen zu dürfen – der einzige Weg, um neue Erkenntnisse über seine wahre Herkunft zu erhalten. Bis dahin ruhen die Überreste im Burke Museum von Seattle. Bisher wissen wir, dass der Kennewick-Mann ein wechselvolles Leben geführt hat. Als Jugendlicher traf ihn ein Speer in der Hüfte mit solchen Wucht, dass dessen Spitze abbrach und in seinem Beckenknochen stecken blieb. Dennoch überlebte er, wobei nachgewachsenes Knochengewebe die Speerspitze einschloss, und litt nicht einmal an Arthritis. Er starb als 45- bis 55-Jähriger – ein für damalige Verhältnisse fortgeschrittenes Alter. Nach Eintritt des Todes muss er in kürzester Zeit von Sedimenten bedeckt worden sein, bevor Aasfresser über ihn herfallen konnten. Es dürfte sich um Flussablagerungen oder Sedimente infolge natürlicher Vorkommnisse gehandelt haben. Vielleicht wurde er aber auch von seiner Gruppe, die hier am Ufer des Columbia von den reichen Wild- und Fischbeständen lebte, begraben.
Trotz gewisser eindeutiger kaukasischer Züge waren die Vorfahren des Kennewick-Mannes höchstwahrscheinlich asiatischer Herkunft und gehörten zur ersten Welle von Einwanderern, die über die Beringstraße – damals eine Landverbindung – oder an ihrer Küste entlang nach Amerika kamen. Andere Verwandten derselben entfernten Vorfahren des Kennewick-Mannes zogen von Ostsibirien aus nach Süden und besiedelten Japan, den Küstenstreifen Chinas und die Inselwelt des Pazifiks.

KAPITEL FÜNF

Die Suche nach den Ursprüngen der Menschwerdung

Bisher wurden etwa zwanzig menschenverwandte Arten beschrieben und etliche harren noch ihrer Entdeckung oder Beschreibung und Zuordnung in den Labors der Paläoanthropologen. Davon gehören sechs zur Gattung *Homo*, zwölf zu den Australopithecinen und älteren Arten und mindestens zwei (*Homo habilis* und *Homo rudolfensis*) befinden sich im »Niemandsland« zwischen zwei Gruppen. Warum ist es aber so schwierig, die grundlegenden Merkmale zu definieren, die über die Zugehörigkeit zu unserer Spezies entscheiden?

Dieser Schimpanse benutzt einen Stein, um Nüsse aufzubrechen. Der Einsatz von Werkzeugen ist bei Tieren äußerst selten und gilt als ein Hinweis auf Intelligenz. Tests haben ergeben, dass Schimpansen eine ähnlich hohe »Lernfähigkeit« besitzen wie Kleinkinder.

Die Olduvai-Schlucht

An der Stelle der heutigen Olduvai-Schlucht in Tansania, einer der berühmtesten anthropologischen Stätten der Welt, erstreckte sich vor zwei Millionen Jahren ein von mehreren Flüssen gespeister See. Er lag entlang dem Ostafrikanischen Grabensystem unweit mehrerer aktiver Vulkane, die ihre Asche über die umliegende Region schleuderten. Der See und seine Zuflüsse zogen neben einer Vielzahl von Tieren auch unsere fernen Vorfahren an. Diese suchten an den Ufern nach geeignetem Material für ihre Steinwerkzeuge, vielleicht aber auch nach Aas. Als Erster erforschte Louis Leakey (1903-1972) in den 1930er Jahren die Stätte, aber erst in den 1950er Jahren begann er zusammen mit seiner Frau Mary Leakey (1913-1996) mit systematischen Grabungen. Die Schlucht entstand, indem sich der Fluss immer tiefer in die Pleistozänschichten eingrub, sodass man heute in den ausgewaschenen Wänden nach Fossilien suchen kann.

Die Leakeys fanden hier die ersten Olduvai-Steinwerkzeuge, eine Unmenge Fossilien, aber nur vereinzelt Knochen von Menschenverwandten. Erst 1959 machte Mary Leakey ihren ersten bedeutenden Fund – ein Schädelfragment –, das sie in mühevoller Arbeit rekonstruierte. Louis Leakey ordnete das Fossil einer neuen Gattung und Art zu und gab ihm den Namen *Zinjanthropus boisei,* kurz *Zinj* (nach arab. *Zinj* für »Ostafrika« und griech. *anthropus* für »Mensch«). Leakey war etwas enttäuscht, da der Schädel deutlich affenähnliche Merkmale aufwies und er von einem anderen Fund träumte, jenem »Missing Link« zwischen frühen Menschenaffen und frühen Menschen. Dazu kam es erst in den frühen 1960ern. Allerdings waren die Knochen noch unvollständiger, und es vergingen noch mehrere Jahre, bis Leakey den lang ersehnten Fund machte, dem er den Namen *Homo habilis* gab.

Die Schwierigkeiten erklärten sich im Grunde dadurch, dass wir es mit Fossilien ausgestorbener Arten zu tun haben, von denen sich kaum Angaben über körperliche Merkmale ableiten lassen. Auch wenn wir über gewisse qualitative Informationen verfügten, wie im Fall von Ötzi, blieben wir, befürchte ich, im Bereich von Spekulationen. Und selbst wenn uns DNA-Material zur Verfügung stünde, käme es zu kontroversen Ansichten, denn manche Arten weisen zeitliche und räumliche Variationen auf, und andere gehen ineinander über. Abgesehen davon ist die Frage, welches Merkmal den Menschen überhaupt ausmacht und welches nicht, eine hoch subjektive Angelegenheit, über die Philosophen, Religionsgelehrte und Wissenschaftler seit Jahrhunderten heftig streiten.

Die Suche nach den Spuren jener frühen Verwandten, die am Scheideweg der Entwicklung zwischen menschenaffenähnlichen und menschenähnlichen Wesen stehen, führte seit Darwins Tod 1882 mehrfach in die falsche Richtung. Wie schon erwähnt, galt für Haeckel Südostasien als Urheimat unserer Vorfahren, eine Hypothese, die sich durch Dubois' Entdeckung des Javamenschen in den 1890ern und den Fund des Pekingmenschen in den 1920ern zu bestätigen schien. Für Furore sorgte dann die unsägliche Fälschung des Piltdown-Mannes die auch dem Renommee der Wissenschaft Schaden zufügte.

Erst seit den 1950ern und den Grabungen der Leakeys in Afrika versachlichte sich wieder die Suche nach unseren Vorfahren, obwohl Louis (1903–1972) und Mary Leakey (1913–1996) ihre Bemühungen nicht selten als höchst frustrierend empfunden haben müssen. Louis Leakey war schon in den 1930ern in der Olduvai-Schlucht auf zahlreiche Steinartefakte gestoßen, aber erst 1959 fanden er und Mary ihr erstes Fossil eines Menschenverwandten. Obwohl Louis zunächst dachte, dass diese Wesen (*Zinjanthropus boisei*, später aber der Gattung *Paranthropus* zugeordnet) die Werkzeuge hergestellt hatten, waren sie zu affenähnlich, um das vermeintliche »Missing Link« darzustellen. Also ging die Suche weiter.

Das Gehirn – Kriterium des Menschseins?

Eines der Hauptmerkmale, die als kennzeichnend für die Zugehörigkeit zur Spezies Mensch galten, war das Hirnvolumen. Die entscheidende Frage war: Welches ist der Grenzwert? Das Gehirn heutiger Menschenaffen ist nur etwa ein Drittel so groß wie das der Menschen – (etwa 400 Kubikzentimeter bei den Schimpansen und 500 bei den Gorillas), während der Durchschnittswert beim Menschen bei 1350 Kubikzentimetern liegt.

Die Olduvai-Schlucht in Tansania erwies sich als idealer Grabungsort, da die einzelnen Sedimentschichten aufgeschlossen und klar erkennbar sind. Die flachen Schichten uralter Sedimente lagern übereinander in ihrer zeitlichen Abfolge, unbeeinflusst von den komplexen geologischen Vorgängen, die hier stattgefunden haben. Die Schlucht entstand durch die Erosionswirkung eines einstigen Flusslaufs, der sich tief in das Gelände eingeschnitten hat. Zwischen den einzelnen Schichten liegt Vulkanlava, deren Alter sich radiometrisch bestimmen lässt, sodass auch das Alter der frühesten Schichten ermittelt werden kann. Darin fand man primitive Steinwerkzeuge, die auf 1,8 Millionen Jahre datiert wurden, ebenso wie Tierfossilien, aber zum Leidwesen von Leakey sind Spuren von Hominiden hier äußerst selten.

Der Piltdown-Mensch – ein Schwindel

Als 1912 in Piltdown, der englischen Grafschaft Sussex ein Kiefer und Teile einer Schädeldecke entdeckt wurden, überschlug sich die Presse mit der Nachricht, es handle sich um das »Missing Link« zwischen Menschenaffen und Menschen. Der Fund erhielt den Namen *Eoanthropus dawsoni* (»Dawsons Dämmerungsmensch«) und schien das menschentypische große Hirn mit dem affenähnlichen Kiefer zu vereinen. Dies schien die Theorie zu bestätigen, wonach die Hirngröße der Schlüssel zur menschlichen Evolution ist, die ihrerseits weit älter ist als vielfach angenommen.
Erst 1953 wurde die Fälschung entlarvt: Die Schädeldecke stammte von einem modernen Menschen, der Kiefer jedoch von einem Orang-Utan. Über den Urheber des Schwindels gab es die wildesten Vermutungen; verdächtigt wurden u.a. der Krimi-Autor Arthur Conan Doyle, der Jesuitenpriester Teilhard de Chardin und Martin Hinton, ein Kollegen von Sir Arthur Smith Woodward am Natural History Museum in London, der diesem nicht wohl gesonnen war. Einem jüngst erschienenen Buch zufolge dürfte es Charles Dawson, einer der Entdecker des Piltdown-Menschen, gewesen sein, dessen Leben von Lügen geprägt war.

Das Hirnvolumen steht nur zum Teil in direktem Verhältnis zur Körpergröße. Vergleicht man die Schädelkapazität diverser Vorfahren, so stellt man fest, dass diese bei den Menschenverwandten im Laufe der Zeit wuchs, nicht aber bei den Menschenaffen. Die meisten *Homo*-Spezies haben ein Hirnvolumen von über 650 ccm; eine Ausnahme bildet der zwergwüchsige *Homo floresiensis*, der sich diesbezüglich auf derselben Stufe wie die Schimpansen oder die meisten unserer frühen Vorfahren befindet.

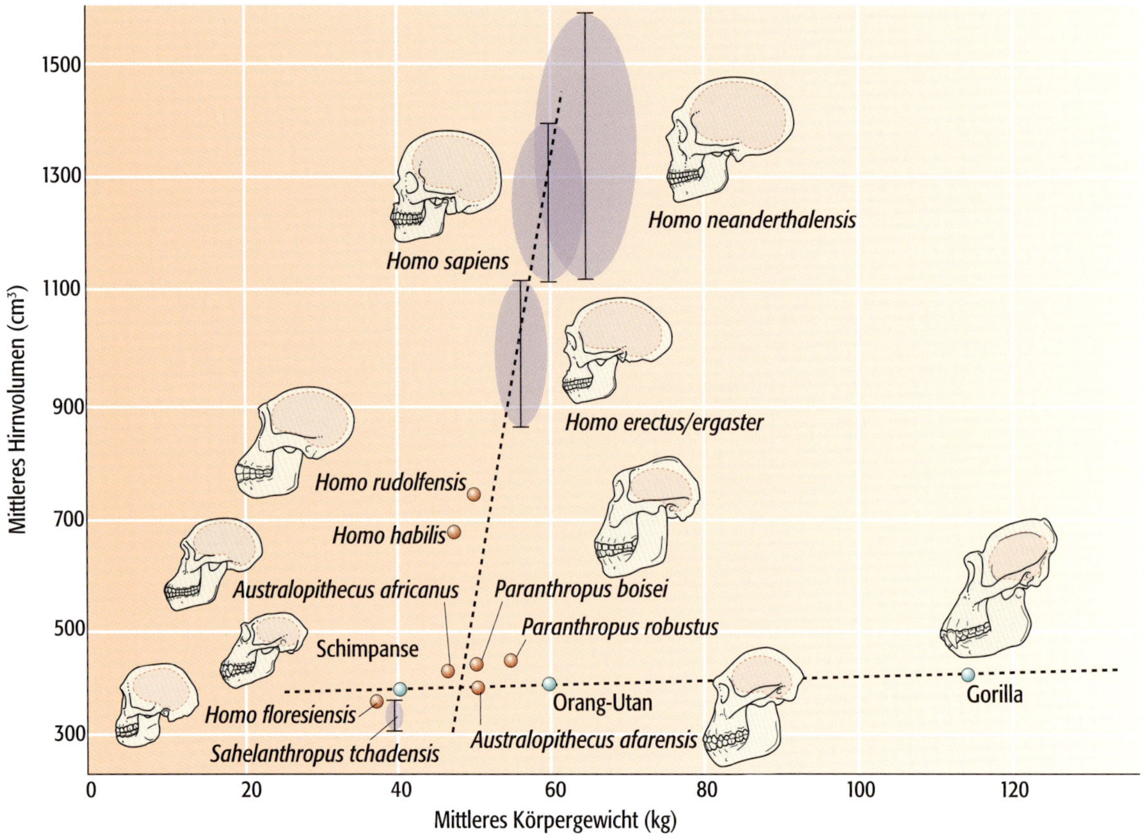

Der von Arthur Keith vorgeschlagene Grenzwert setzte sich allgemein durch.

Jedoch variiert die Gehirngröße des Menschen zwischen 900 und 1700 Kubikzentimetern. Das führte im 19. Jahrhundert zu heftigen Debatten, weil man annahm, dass Hirngröße und Intelligenz in direktem Verhältnis stünden. Die Tatsache, dass das weibliche Hirn im Durchschnitt etwas kleiner ist als das des Mannes, galt sogar als »wissenschaftlicher« Beleg, um den Frauen das Wahlrecht zu verweigern.

Schließlich erkannte man, dass die Gehirngröße innerhalb einer Spezies von den Körpermaßen abhängt, sodass das etwas geringere Hirnvolumen bei Frauen auch ihren geringeren Körpermaßen im Vergleich zu denen der Männer entsprach. Ausgehend vom Verhältnis zwischen Körpermaß und Hirngröße gibt es keinen Unterschied zwischen den Geschlechtern. Ebenso besteht artintern keinerlei Beziehung zwischen Hirnvolumen und Intelligenz.

Darts Australopithecinen haben ein Hirn von rund 450 Kubikzentimetern, also kaum größer als das eines Schimpansen. Hingegen ergaben Messungen beim ersten ausgegrabenen Menschenverwandten, dem Neandertaler, nur geringe oder keine Unterschiede zum Gehirn moderner Menschen. Selbst *Homo erectus* hatte ein Schädelvolumen, das Dubois mit 850 Kubikzentimeter angab, nach neuesten Funden aber zwischen 700 und 1300 Kubikzentimetern schwanken kann. Welcher Wert entscheidet also darüber, ob wir es mit dem Gehirnvolumen eines Menschenaffen oder dem des Frühmenschen zu tun haben? In den späten 1940ern meinte der britische Anthropologe Arthur Keith (1866–1955), die Grenze sollte bei 750 Kubikzentimetern verlaufen, also genau zwischen dem größten bekannten Gorillahirn und dem kleinsten Menschenhirn. Dieser »Gehirn-Rubikon« ist allgemein anerkannt.

Neubewertung der Trennlinie zwischen Affen und Menschen

Nicht lange nach dem Fund von *Zinjanthropus*, dem »Nussknackermensch«, wurden in der Olduvai-Schlucht menschenähnlichere Fossilien entdeckt. Nach 1960 fand man etliche Hand- und Fußknochen, einen Unterkiefer und Teile einer Schädeldecke. Für Louis Leakey ähnelten sie stärker dem, wonach er suchte. Die Zähne im Kiefer waren deutlich kleiner als jene des Zinj, waren aber immer eher affen- als menschenähnlich. Und wie stand es um die umstrittene Hirngröße? Zu seinem Leidwesen besaß Leakey keinen kompletten Schädel, sondern lediglich Bruchstücke der Schädeldecke. Reichten sie aus, um den Schädelinhalt zu ermitteln, und wenn ja, wo lagen sie im Vergleich zu Keith' Grenzwert? Louis Leakey musste sich auf Fachkollegen verlassen, die über anatomische Details besser Bescheid wussten. Die Hand- und Fußknochen kamen zu Peter Davis und Michael Day, während das Puzzle, den Schädel zu rekonstruieren und die Hirngröße zu bestimmen, Phillip Tobias und John Napier lösen sollten. Tobias und Napier standen vor der fast unlösbaren Aufgabe, anhand von winzigen Teilen der Schädeldecke deren Krümmung zu bestimmen. Sie wussten, dass die Fachwelt überzeugende Daten und Argumente brauchte, wenn ihre Schätzungen Bestand haben sollten.

Louis Leakey erwartete mit Ungeduld das Ergebnis. 1963 war es so weit: Die Hirngröße betrug 600 bis 700 Kubikzentimeter und lag damit auf der »falschen« Seite von Keith' Grenzwert. Als das Endergebnis – 675 bis 680 Kubikzentimeter – bekannt wurde, war klar, dass der Fund nicht mehr der Gattung *Homo* zugeordnet werden könne. Jedoch schienen die postkranialen Knochen in eine eher menschenähnliche Richtung zu weisen. Auch ergaben Untersuchungen der Handknochen, dass der Daumen, anders als bei heutigen Schimpansen, voll opponierbar war und das Individuum wohl fähig war, primitive Steinwerkzeuge selbst herzustellen. Es überraschte kaum, dass die Fußknochen auf einen aufrechten, wenn auch etwas wiegenden Gang hinwiesen, der dem des Jetztmenschen recht nahe kam.

1964 wagten Louis Leakey und seine Kollegen den entscheidenden Schritt und gaben dem Fund den von Raymond Dart vorgeschlagenen Namen *Homo habilis*, wobei *habilis* mit »geschickt, befähigt« (zum Herstellen von Werkzeugen) übersetzt werden kann. So verdreifachte sich praktisch der zeitliche Entwicklungsrahmen der Gattung *Homo* auf fast zwei Millionen Jahre und fiel zugunsten von Leakeys Fund aus, denn Keith' Grenzwert von 750 Kubikzentimetern wurde auf 600 herabgesenkt. Damit war der *habilis* kein *Australopithecus* mehr, sondern zählte zur Gattung *Homo*. Dafür sprach auch die Fähigkeit, Werkzeuge herzustellen – ein nur der Gattung *Homo* eigenes Kennzeichen.

Leakeys »großzügige« Behandlung der Gattung Mensch stieß bei einigen Experten auf Widerspruch, und sogar heute gibt es etliche Forscher, die es vorziehen, von *Australopithecus habilis* zu reden. Begründet wurde dies durch den Einwand, dass die fossilen Überreste nicht zwangsläufig vom selben Individuum stammen müssen und zu spärlich und bruchstückhaft sind, um eine so wichtige Entscheidung zu begründen. Seit ihrer Entdeckung fand man jedoch weitere Belege, die zugunsten eines *Homo habilis* sprechen, so auch 1968 einen zertrümmerten Schädel in der Olduvai-Schlucht. Seine Kapazität ließ sich zwar leichter ermitteln, sein Wert von 612 Kubikzentimetern lag aber nur knapp über der von Leakey festgelegten Untergrenze von 600.

Die ersten fossilen Überreste des *Homo habilis*, die die Leakeys in den 1960er Jahren freilegten, waren nur bruchstückhaft erhalten. Dennoch beharrte Louis Leakey darauf, den Fund einer neuen Spezies zuzuordnen, die zugleich die älteste in der Gattung *Homo* war. Möglich wurde diese Klassifikation nur dadurch, dass man die Kriterien revidierte, die bis dahin für die Aufnahme in die Gattung Mensch maßgeblich waren.

Machen Werkzeuge den Menschen aus?

Wie erwähnt, interessierte sich Louis Leakey besonders dafür, welche Rolle die Fähigkeit, Werkzeuge herzustellen, im Wandel unserer Vorfahren von affenähnlichen Wesen zu Frühmenschen spielte. Die Entdeckung primitiver Steinwerkzeuge, von Louis Leakey als Olduvai-Technologie bezeichnet, in den ältesten Schichten von Olduvai war sein vielleicht bedeutsamster früher Fund überhaupt. Zunächst gab es

Leakey versuchte selbst, Steinwerkzeuge herzustellen, um die verschiedenen Arbeitsgänge nachvollziehen zu können.

Die 1,8 Millionen Jahre alten Steinwerkzeuge, die man in den untersten Schichten der Olduvai-Schlucht fand, sind sehr einfach und werden als Olduvai-Technik bezeichnet. Louis Leakey nannte seine neue Spezies *Homo habilis* (»Geschickter Mensch«), da er glaubte, dass deren Angehörige die Urheber dieser Steinartefakte waren.

Charles Darwin berichtete, dass ein amerikanisches Ehepaar, das in den 1840er Jahren auf Missionstätigkeit in Westafrika unterwegs war, als Erstes erwähnte, dass Schimpansen in der Lage seien, Werkzeuge herzustellen. Dies geriet jedoch in Vergessenheit, bis die Primatenforscherin Jane Goodall in den 1960er Jahren dieses Verhalten der Schimpansen wiederentdeckte. Goodall war ein Schützling von Louis Leakey und revolutionierte die Feldforschung über Menschenaffen. Heute wissen wir, dass junge Schimpansen den Gebrauch von Werkzeugen von ihren Müttern lernen, der damit ein kulturelles Merkmal darstellt, von dem man bis dahin annahm, es sei ausschließlich den Menschen vorbehalten.

noch keine verlässlichen radiometrischen Datierungsergebnisse für diese Werkzeuge. Später wurde aber eine Basaltschicht am Grund der Olduvai-Schlucht auf etwa 1,8 Millionen Jahre geschätzt. Dieses Alter war besonders wichtig, weil es einer Polumkehrung des Erdmagnetfeldes entspricht, die in jener Schicht aufgezeichnet ist (vgl. S. 120).

Louis Leakey glaubte anfangs, seine neue Spezies *A.boisei* habe die Olduvai-Werkzeuge hergestellt. Später sah er in der Fähigkeit, Werkzeuge herzustellen, ein einzigartig menschliches Charakteristikum, das er in Relation zur Gehirngröße setzte. Indem Leakey seinen nächsten Hominidenfund mit größerem Hirnvolumen und menschenähnlicheren Merkmalen *Homo habilis* nannte, verband er die Herstellung von Werkzeugen mit einer Neudefinition der Gattung Mensch. So wurde *Homo habilis* zum Urheber der Olduvai-Werkzeuge.

Louis Leakeys Interesse an Werkzeugen führte dazu, dass er versuchte selbst herauszufinden, wie primitive Steinartefakte angefertigt wurden. Außerdem erkannte er, dass wir viel zu wenig über Verhalten und Fähigkeiten unserer nächsten Verwandten, der Schimpansen, wissen und dass es an der Zeit sei, diesen Missstand zu ändern. Schimpansen in Gefangenschaft zu beobachten hatte sich als wenig hilfreich erwiesen; doch hier, in Afrika, befand er sich inmitten ihres natürlichen Lebensraums. Warum sollte man also nicht mit Feldbeobachtungen »vor Ort« beginnen? Er selbst hatte dafür keine Zeit, aber er ermunterte einen Studenten, sich dieser Aufgabe zu widmen.

Es gab ein Problem: Waldbewohnende Schimpansen sind extrem scheu und legen rasch beachtliche Entfernungen zurück. Außerdem wittern sie Eindringlinge schon sehr früh und verstecken sich dann. So verwunderte es nicht, dass Leakeys erster Student bald resignierte, da es ihm nicht gelungen war, sich ihnen zu nähern und sie zu beobachten. Leakey erkannte, dass Männer wohl etwas zu ungeduldig sind und dass Frauen nicht nur mehr Geduld aufbringen, sondern auch schärfere Beobachter sind, fähig, selbst subtilere Verhaltensweisen zu erkennen. Also setzte er in der Londoner Times eine entsprechende Anzeige auf, woraufhin sich eine junge Engländerin namens Jane Goodall bei ihm vorstellte.

Der Rest ist Geschichte. Ihre langjährigen Beobachtungen in den Wäldern beim nordtansanischen Gombe revolutionierten unser Wissen über das Verhalten der Schimpansen. Eine ihrer Haupterkenntnisse war, dass Schimpansen sehr wohl Werkzeuge zu unterschiedlichsten Zwecken verwenden. Genau genommen, hat Goodall die Tatsache wiederentdeckt, dass Schimpansen Werkzeuge benutzen, denn schon Darwin hatte 1871 in *Die Abstammung des Menschen* ältere Berichte eines Missionarsehepaars aus den 1840er Jahren zitiert, wonach in Westafrika beobachtete Schimpansen Nüsse mithilfe von Steinen aufschlugen.

Heute wissen wir, dass die Herstellung von Werkzeugen ein kultureller Zugewinn ist, der bei Schimpansen über die Mutter an ihre Nachkommen übertragen wird. Diverse Schimpansengruppen verwenden jeweils verschiedene Werkzeuge, doch können auch neue Werkzeuge eingeführt werden. Mitunter sind sie recht komplex und setzen die sorgfältige Auswahl geeigneter Materialien, eine Bearbeitung oder sogar zweistufige Herstellungsvorgänge voraus. Schimpansenjungen brauchen ziemlich lange (fünf bis sechs Jahre), bis sie den Gebrauch komplexerer Werkzeuge beherrschen, wie etwa Hammer und eine feste Unterlage zum Aufschlagen harter Nussschalen. Belohnt werden sie durch schmackhafte Nährstoffe. Die sprichwörtliche Neigung der Jungen, das Verhalten und Handlungen ihrer Mütter »nachzuäffen«, hilft den Kleinen dabei enorm.

Die Tatsache, dass Schimpansen einfache Werkzeuge herstellen und einsetzen, bedeutet, dass der Gebrauch von Werkzeugen nicht mehr als eine nur dem Menschen eigene Fähigkeit gelten kann. Gut möglich, dass auch der gemeinsame Vorfahre von

Schimpanse und Mensch vor rund sieben Millionen Jahren fähig war, einfachste Werkzeuge anzufertigen und zu gebrauchen. Das Problem ist aber, dass solche rudimentären Werkzeuge kaum als Fossilien überliefert sind, da sie meist aus organischem Material wie Zweigen (zum Herauspicken von Termiten aus ihren Nestern) oder Blättern (zum Sammeln von Wasser) bestanden. Und selbst wenn sie im Gestein als Fossilien erhalten bleiben, kann man nicht erkennen, ob sie als Werkzeuge dienten. Auch die härteren Holz- oder Steinwerkzeuge zum Öffnen der Nüsse sind nicht deutlich erkennbar bearbeitet. In den Taï-Wäldern der Elfenbeinküste wurde beobachtet, dass Schimpansen bestimmte Stätten wiederholt aufsuchten, um dort Nüsse aufzuschlagen, sodass jene Orte unter Umständen als archäologische Fundstätten infrage kämen.

Die Beobachtung, dass Schimpansen Werkzeuge anfertigen, relativiert die These, wonach die Herstellung von Steinwerkzeugen eine ausschließlich menschliche Fähigkeit sei. In den 1970ern kamen neue Funde von Steinartefakten aus dem späten Pliozän und dem frühen Quartär vor allem in Äthiopien hinzu. Die deutsche Archäologin Gudrun Corvinus aus dem französisch-amerikanischen Team, das »Lucy« entdeckt hatte, fand 1973 in Äthiopien in der Region Hadar am Fluss Gona Dutzende Stätten, in denen eine Vielzahl von Steinwerkzeugen an der Oberfläche verstreut lagen. Wegen der politischen Wirren und des danach folgenden Bürgerkriegs mussten die Grabungen bis in die frühen 1990er unterbrochen werden.

Die ältesten Steinwerkzeuge – 2,6 Millionen Jahre alt

Ein überwiegend amerikanisches Team unter Leitung des äthiopischen Archäologen Sileshi Semaw führte eingehende Untersuchungen rund um den Fluss Gona durch, wo Steinwerkzeuge in den einzelnen frühen Schichten eingeschlossen sind, sodass man sie anhand des Alters der Sedimentschichten recht genau datieren kann. Hingegen lässt sich das Alter der Werkzeuge an der Oberfläche nicht einmal annähernd genau bestimmen. Außerdem konnten Geologen die Sedimente analysieren, in denen die Werkzeuge eingeschlossen waren, und so die ursprüngliche Umgebung rekonstruieren. Danach erstreckte sich hier einst zwischen den Flussläufen, die eine Vielzahl von Gesteinen enthielten, weites Schwemmland. Im Flussbett konnten die frühen Werkzeugmacher das geeigneteste Material auswählen.

Auf wenigen Quadratmetern entdeckte man fast 2790 Werkzeuge sowie Abschläge, die bei der Bearbeitung anfallen, sowie die einstigen Kernsteine, aus denen die Werkzeuge herausgeschlagen wurden. Man fand auch einen als Hammer verwendeten abgenutzten Schlagstein. Über die Hälfte der Artefakte waren aus Tracht, einem glasigen, harten, brüchigen Vulkangestein, das durch Behauung scharfe Kanten erhält, die sich sogar zum Schneiden harter Materialien eignen.

Die Steinartefakte ähneln den von Louis Leakey in Olduvai freigelegten Werkzeugen, die er als Olduvai-Industrie bezeichnete. In Gona kommen aber keine bearbeiteten Abschläge vor, und die Werkzeuge erscheinen primitiver. Glücklicherweise war eine radiometrische Datierung benachbarter Schichten von Vulkanasche möglich; sie ergab ein Alter von 2,9 bis 2,5 Millionen Jahre. Damit sind die Gona-Werkzeuge einige Hunderttausende Jahre älter als die Funde von Olduvai und zugleich die weltweit ältesten bisher bekannten Steinartefakte. Nachdem sie von einer gewissen handwerklichen Fertigkeit zeugen, muss es eigentlich eine noch ältere Vorstufe gegeben haben. Die Frage ist nur: Wer stellte sie her?

Der erste Schritt bei der Herstellung von Steinwerkzeugen ist die Auswahl des geeigneten Rohmaterials.

Die Steinwerkzeuge von Gona – Das Alter einiger einfacher Steinwerkzeuge aus dem äthiopischen Gona wurde auf 2,5 bis 2,6 Millionen datiert. Es handelt sich somit um die ältesten bisher bekannten Steinartefakte überhaupt. Unklar ist, wer sie schuf: ein Australopithecus oder ein früher Vertreter der Gattung *Homo*.

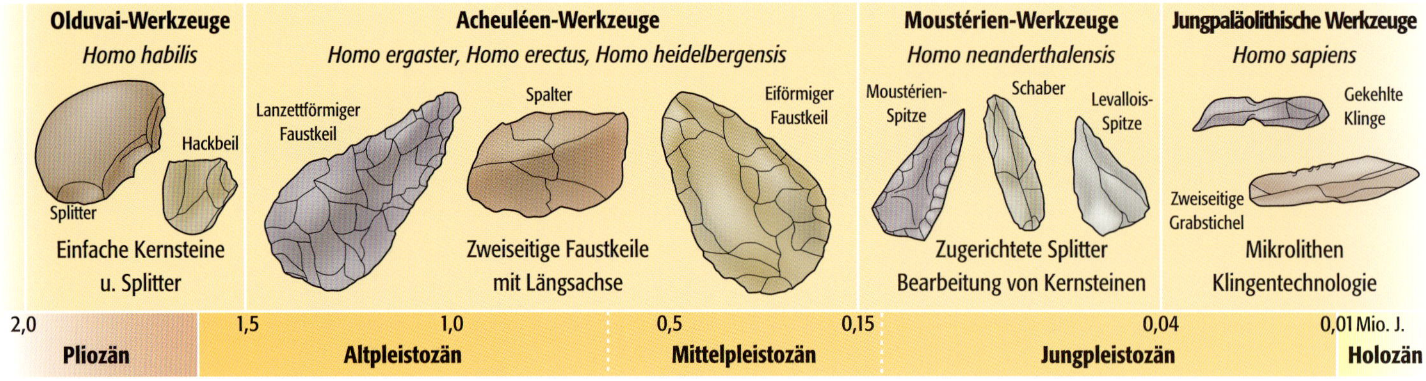

Die Typen von Steinwerkzeugen kann man grob in eine »evolutionäre« Abfolge von der primitiven Olduvai-Kultur bis hinauf zu den höher entwickelten des Oberpaläolithikums einteilen. Die genaue Zuordnung zur Menschenart ist erst beim *Homo sapiens,* der einzigen überlebenden Art, möglich.

Wer waren die ersten Werkzeugmacher?

Leider hinterließen die Hersteller der Werkzeuge keine archäologische Spuren, die uns helfen könnten, sie genau zu identifizieren. Die Stätte am Gona-Fluss war ein Ort, an dem sie vor allem die geeigneten Steine aussuchten und die Werkzeuge herstellten, aber nicht längere Zeit verweilten. Unweit von hier, in Hadar, fand man zusammen mit Olduvai-Werkzeugen auch einige Hominidenknochen. Man identifizierte sie als Australopithecinen, aber im Jahr 1994 entdeckte man etwa 2,3 Millionen Jahre alte Werkzeuge sowie das Bruchstück eines Oberkiefers, wobei der Kieferknochen deutlich menschenähnlich wirkt.

Es steht fest, dass sowohl Australopithecinen als auch menschenähnlichere Übergangsarten wie *A./H. habilis* und *A./H. rudolfensis* etwa zwei Millionen Jahre koexistierten, doch fehlen eindeutige Nachweise, wer die Werkzeuge schuf. Allerdings gibt es eine weitere Möglichkeit, die auf den ersten Blick allerdings unwahrscheinlich erscheint …

Die Olduvai-Technik blieb von ihren Anfängen vor über 2,6 Millionen Jahren etwa eine Million Jahre lang unverändert, und die einzigen Menschenverwandten, die sich in diesem Zeitraum ebenfalls nicht wandelten, waren die robusten Australopithecinen – Angehörige des *Pananthropus boisei,* die in dieser Gegend lebten. Wenn sie die Werkzeuge hergestellt hätten, müsste die Geschichte umgeschrieben werden, da die Entwicklung hin zu ihnen bisher als evolutionäre Sackgasse und sie selbst als Individuen mit geringen kognitiven Fähigkeiten angesehen wurden. Außerdem würde das bedeuten, dass die Technologie der Steinbearbeitung von zwei voneinander völlig unabhängigen Populationen – dem *Paranthropus* und später von menschenähnlicheren Verwandten – jeweils »neu erfunden« wurde – eine verführerische, noch unbewiesene Annahme.

Wurde die Technologie der Steinwerkzeuge zweimal von völlig unterschiedlichen Gruppen »wieder erfunden«?

Der Menschenverwandte vom Rudolfsee – KNM-ER 1470

Richard Leakey, der Sohn von Louis Leakey, und sein Team erwiesen sich in kurzer Zeit als erfolgreiche »Knochenjäger«, und zwar vor allem in Koobi Fora am Ostufer des Rudolfsees (heute Turkanasee), wo sie in späten Pliozän- und frühen Quartärsedimenten auf reiche Funde stießen. Da diese Schichtabfolge jener am Grund der Olduvai-Schlucht ähnelte, bestand durchaus die Möglichkeit, in Koobi Fora aussagekräftigere Belege über die »Werkzeugmacher« zu finden.

In nur drei Jahren (1969–1972) barg Richard Leakeys Team die Überreste von über 35 Individuen – mehr als seine Eltern in 30-jähriger Tätigkeit. Und 1972, im Todesjahr von Louis Leakey, fand Bernard Ngeneo, einer seiner Assistenten, einen Haufen von Schädelfragmenten, der die Katalognummer KNM-ER 1470 erhielt (KNM steht für Kenya National

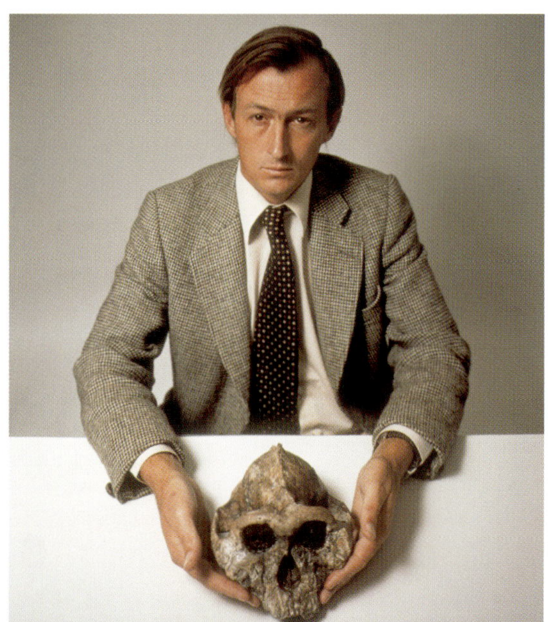

Der junge Richard Leakey mit *Paranthropus boisei,* einem seiner ersten spektakulären Fossilienfunde, die ihm hauptsächlich in Nordkenia und Äthiopien gelangen.

Museum, ER für East Rudolf, das Ostufer des Rudolfsees, den Fundort des Schädels). Der britische Anatom Alan Walker (*1948) und Richards Ehefrau Meave Leakey (*1942) nahmen sich der mühevollen Rekonstruktion an.

Auffallend war das breite, flache, an Australopithecinen erinnernde Gesicht, während das größere Schädelvolumen und weitere Merkmale für die Einordnung als *Homo* sprachen. Andererseits fehlten 1470 die typischen Knochenleisten, und hinter dem schwach ausgeprägte Oberaugenwulst befand sich keine Furche oder Vertiefung wie bei den Australopithecinen. Die Schneide- und Eckzähne schienen sehr groß gewesen zu sein und standen denen der Australopithecinen nahe, sodass 1470 eine Kombination primitiver und menschenähnlicher Merkmale in sich vereinte. Der schwierigste Teil der Rekonstruktion betraf die Gesichtspartie, da der Neigungswinkel der Gesichtsknochen und damit der Grad ihrer Vorwölbung bestimmt werden musste. Flache, stark vorstehende Knochen hätten 1470 ein äffischeres Aussehen verliehen, während eine höhere, fast senkrechte Gesichtspartie ein kurzes, menschenähnlicheres Gesicht erzeugt hätte.

Erste Schätzungen ergaben eine Gehirngröße von etwa 800 Kubikzentimetern; genauere Untersuchungen kamen auf rund 750 Kubikzentimeter, lagen also knapp über Keith' Grenzwert für eine Einordung als *Homo*. Louis war es noch vergönnt, vom bedeutenden Fund seines Sohnes zu erfahren. In jenen Jahren rückte man von der bis dahin üblichen Praxis ab, einen Fund, der auch nur geringe Abweichungen von älteren Exemplaren aufwies, mit einem neuen Artnamen zu versehen, sodass sich auch Richard Leakey damit zurückhielt. Problematisch erwies sich die Datierung: Zunächst gründete sie auf der Altersbestimmung der Vulkanascheschichten über dem Fund, die mit 2,6 Millionen Jahren angegeben wurde. Damit war der Schädel um gut 600 000 Jahre älter als der auf zwei Millionen Jahre geschätzte *Homo habilis* aus der Olduvai-Schlucht. Die Frage lautete: Wie konnte ein Individuum mit einem größeren Hirn älter sein als ein Vertreter mit einem kleineren Hirn?

Die Datierungsfrage führte zu einem erbitterten Streit, der erst Jahre später beigelegt wurde, als man das Alter nach »oben« korrigierte und der Fund nunmehr »jünger«, rund zwei Millionen Jahre alt war. Und erst 1986 erhielt der Schädel einen eigenen wissenschaftlichen Namen: *Homo rudolfensis*. Diese neue Spezies bewies, dass in Afrika zu Beginn des Quartärs andere Menschenverwandten lebten, die entwickelter waren als die Australopithecinen, aber noch nicht auf der Stufe der asiatischen Hominiden (Java- und Pekingmensch, bekannt als *Homo erectus*) standen.

Nicht zum ersten Mal waren die Experten unterschiedlicher Meinung in der Frage der Datierung der Überreste, diesmal entbrannte darüber ein erbitterter Streit.

Der Nariokotome-Junge – KNM-WT 15000

Kamoya Kimeu, ein fähiger Fossiliensucher aus dem Team von Richard und Meave Leakey, gelang 1984 ein beispielloser Fund. In Nariokotome, am Westufer des Turkanasees, barg er das vollständigste Skelett eines frühen Hominiden, das bis heute gefunden wurde und sogar noch »Lucy« übertraf. Erhalten waren nicht nur die meisten postkranialen Knochen,

Rekonstruktion des Nariokotome-Jungen. Das etwa 1,9 Millionen Jahre alte Skelett zählt zu den besterhaltenen Überresten eines frühen menschenähnlichen Vertreters.

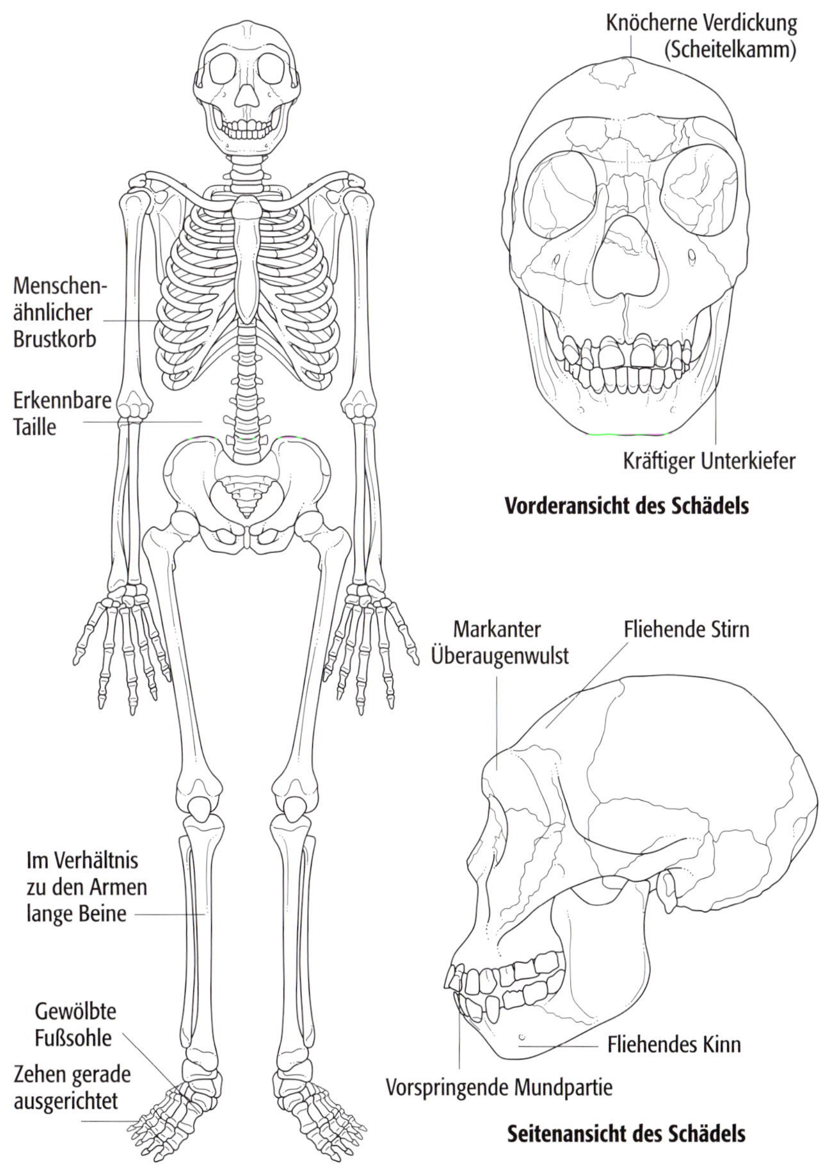

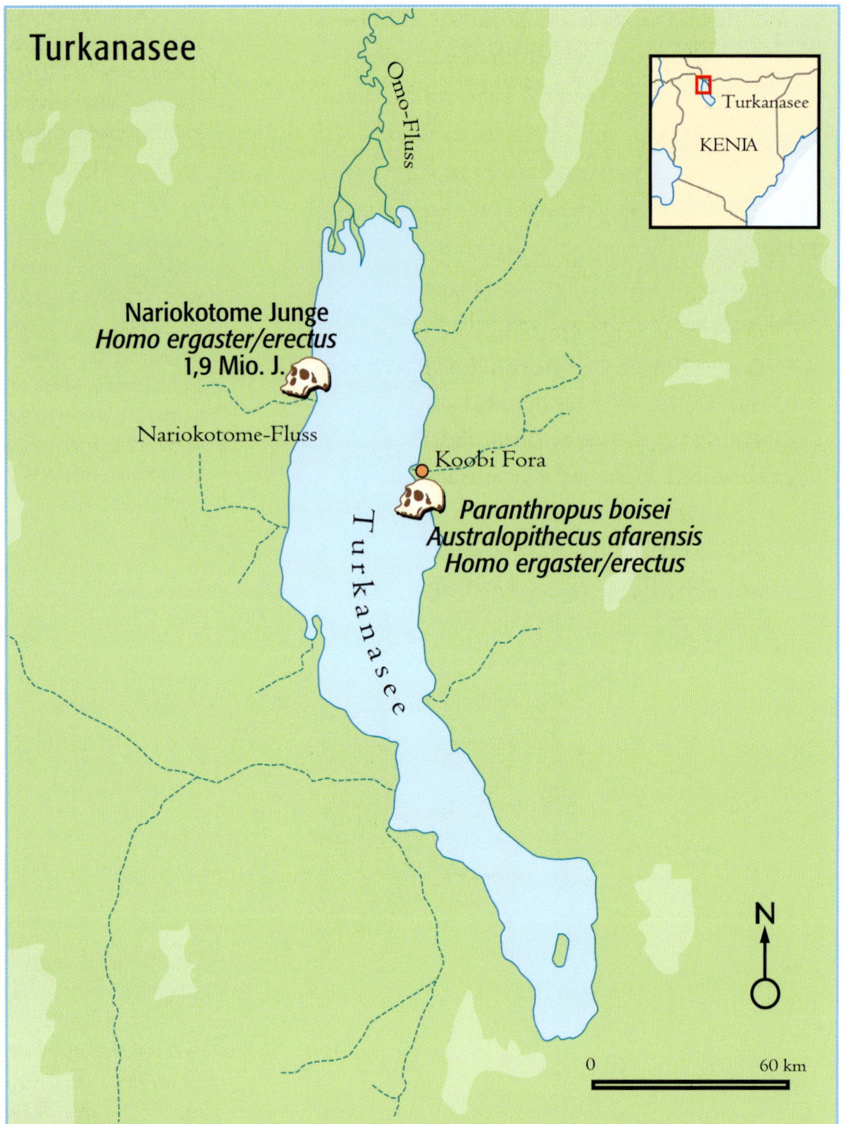

Der Turkanasee
In den 1,8 bis 1,5 Millionen Jahre alten pliozänen Sedimentablagerungen am Turkanasee bargen Forscher eine Fülle verstreuter Fossilienreste. Neben zahlreichen Tierknochen fand man hier die Skelettteile von drei unterschiedlichen und doch verwandten Hominiden-Spezies.

Das Skelett des Nariokotome-Jungen vereint eine erstaunliche Kombination moderner und primitiver Merkmale.

sondern auch der fast komplette Schädel samt Unterkiefer und den meisten Zähnen. Es fehlen lediglich Füße und Hände, obwohl einzelne Fingerknochen gefunden wurden.

Die Rekonstruktion ergab, dass der Nariokotome-Junge etwas größer war als alle bekannten Australopithecinen, von denen der größte ein männlicher *A. afarensis* von etwa 1,51 Meter war. Für eine weitere Überraschung sorgte die Untersuchung der Zähne: Sie zeigte, dass er vermutlich schneller wuchs als moderne Menschen. Vergleicht man sein Wachstum mit dem heutiger Menschen, dürfte er zum Zeitpunkt seines Todes etwa 11 Jahre alt gewesen sein; nach den Wachstumslinien seiner Zähne war er jedoch etwa acht, als er starb. Wäre er erwachsen geworden, hätte er eine Größe von etwa 1,85 Meter erreicht und etwa 66 Kilo gewogen. Seine Schädelkapazität betrug nur 826 Kubikzentimeter und hätte als Erwachsener etwa 871 Kubikzentimeter erreicht. Mit seinem großen, schlanken Körperbau ähnelte er den modernen Bewohnern Nordkenias und Äthiopiens, die als gute Langstreckenläufer bekannt sind und es vermutlich auch in der Vergangenheit waren.

Der Hauptunterschied zwischen dem Nariokotome-Jungen (auch Turkana-Junge genannt) und modernen Menschen besteht im Schädelbau. Das Gesicht ist zwar menschenähnlich, trägt aber immer noch einige primitive Züge. Es wirkt groß und breit, hat einen recht deutlichen Brauenwulst, hinter dem eine mäßig starke Furch liegt, und eine fliehende Stirn. Die untere Gesichtspartie ist stark vorspringend, das Kinn jedoch nicht ausgebildet, sondern ebenfalls fliehend. Für eine kräftige Muskulatur des Kauapparats sprechen die Überreste eines knöchernen Scheitelkamms zur Verankerung der starken Schläfenmuskeln, ein bei vielen Australopithecinen vorhandenes Merkmal. Die Schädelbasis hat im hinteren Teil eine Abknickung, die mit einer niedrigeren Position des Kehlkopfs in Verbindung stehen könnte. Dies könnte die Erzeugung komplexerer, vielleicht sogar sprachtypischer Laute ermöglicht haben. Das Hirnvolumen ist klein, aber immer noch größer als bei allen Australopithecinen. Der Bau des Innenohrs, der Hörfähigkeit und Gleichgewichtssinn beeinflusst, ähnelt dem des Menschen. Es scheint, dass die Fähigkeit zur Lautbildung und das Hörvermögen beim Nariokotome-Jungen wesentliche Anpassungen darstellten und vielleicht mit einem bestimmten Grad an Sozialisierung und dem Dasein als Jäger verbunden waren.

Die Rippen erlauben eine Rekonstruktion des Brustkorbs. Beim Nariokotome-Jungen weist er nicht die affenspezifische Form auf, sondern ähnelt mit seiner vorderen und hinteren Abflachung dem des Menschen. Wahrscheinlich hatte er auch eine Taille, was auf einen kleinen Magen und eine kleinere Bauchhöhle hinweist und damit eine andere Ernährungsweise als die seiner Pflanzen fressenden Vorgänger vermuten lässt. Er muss proteinreiche Nahrung verzehrt haben, wobei sein Körperbau darauf hinweist, dass er und seine Angehörigen aktive Jäger waren.

Unterstützt wird diese Annahme auch durch den Bau der Wirbelsäule. Die einzelnen Wirbelkörper zeigen Abnutzungsspuren, wie sie durch aufrechten Gang und längeres Gehen oder Laufen vorkommen.

Auch sind die Wirbelfortsätze länger. Interessanterweise ist der Wirbelkanal, in dem die absteigenden Rückenmarksbahnen verlaufen, deutlich enger als bei modernen Menschen. Unser Wirbelkanal ist in Höhe des Brustkorbs breiter, denn die darin verlaufenden Nervenfasern koordinieren nicht nur Beine und Unterkörper, sondern auch Brustkorb und Zwerchfell. Über Letzteres erfolgt die Steuerung der Atmung, des Luftstroms von den Lungen zum Mund, und gerade diese beim modernen Menschen ausgebildete Fähigkeit erlaubt uns, gleichzeitig zu sprechen und uns fortzubewegen. Die Tatsache, dass beim Nariokotome-Jungen der Wirbelkanal deutlich enger war und durch ihn wesentlich weniger Nervenfasern verliefen, bedeutet, dass ihm diese Fähigkeiten wohl fehlten. Vor allem war er wohl nicht in der Lage zu sprechen. Im Vergleich zum modernen Menschen dürfte sein Lautrepertoire sehr begrenzt gewesen sein, aber immer noch entwickelter als bei heutigen Menschenaffen.

Insgesamt präsentiert sich der Nariokotome-Junge als faszinierende Mischung aus primitiveren und höher entwickelten Merkmalen. Anatomisch gesehen, ist er menschenähnlich und könnte als einer unserer Vorfahren gelten, seine kognitiven Fähigkeiten waren allerdings sehr begrenzt. Als der Fund zeitlich, entwicklungsgeschichtlich und systematisch einer bestimmten Gruppe unserer Vorfahren zugeordnet werden sollte, waren sich die Experten höchst uneinig. Einige stellten ihn zur Spezies *Homo ergaster*, mit der 1975 erstmals afrikanische Fossilien bezeichnet wurden, die bis dahin zum *Homo erectus* (vgl. S. 108), einer ursprünglich in Asien angetroffenen Spezies, gehört hatten.

Somit gehen die Ansichten auseinander, ob eine Spezies *Homo ergaster* berechtigt ist. Wie wahrscheinlich ist es, dass vor zwei Millionen Jahren eine menschenähnliche Population sich in ganz Asien über Georgien bis nach China und Java ausbreitete und Teil derselben Spezies blieb, aus der sie hervorgegangen war und die sich in Afrika weiterentwickelte? Angesichts der riesigen Fläche, die eine relativ kleine Population über einen Zeitraum von vor zwei Millionen Jahren bis vor etwa 100 000 Jahren besiedelte, scheint dies eher unwahrscheinlich zu sein. Dann aber wäre es gerechtfertigt, die afrikanische Population einer eigenen Spezies *Homo ergaster* zuzuordnen, vorausgesetzt es gibt in den Knochenfunden erkennbare anatomische Unterschiede, die eine getrennte Einstufung rechtfertigen. Andere Experten sehen gerade darin das Problem: Die bei *Homo-erectus*-Funden aus Asien festgestellte Abweichung entspricht den geringfügigen Variationen, die bei afrikanischen Funden vorkommen; also müsste man alle Exemplare zum *Homo erectus* zählen. Für zusätzliche Verwirrung in der Klassifikation sorgen die jüngsten Funde aus Dmanisi (Georgien).

Zusammenfassend lässt sich sagen, dass es hinreichende Befunde aus Afrika gibt, die eine Entwicklung von Australopithecinen hin zu menschenähnlichen Wesen belegen, selbst wenn diese lückenhaft ist und, wie wir sehen werden, keineswegs geradlinig verläuft. Klar ist, dass die diversen kleinhirnigen, aufrecht gehenden Australopithecinen, die weite Teile Afrikas von vor etwa drei Millionen Jahren bis vor rund 1,5 Millionen Jahren bevölkerten, vor etwa zwei Millionen Jahren neben mindestens zwei anderen Übergangsformen, den großhirnigen Spezies *Australopithecus/ Homo habilis – rudolfensis*, sowie neben einer dritten uns näher stehenden Population der Spezies *Homo ergaster/erectus* lebten.

Rückblickend wird *Homo ergaster/erectus* das weitaus größte Potenzial als Urahn des Jetztmenschen eingeräumt. Wenn dies stimmt, dann stellt sich die Frage: Von wem stammt der *Homo ergaster/erectus* ab? Die wichtigsten Hypothesen von *A./H. habilis* oder *A./H. rudolfensis* sind jeweils gleich umstritten. Eine Zeit lang kam als wahrscheinlichster Vorfahre *Australopithecus afarensis* in Betracht, aber seit der Entdeckung älterer Funde wie *Ardipithecus, Orrorin* und *Sahelanthropus tchadensis* gibt es neue Alternativen. Die größten Chancen räumt man dabei *Ardipithecus* ein.

Wir haben gesehen, dass es in den letzten Jahrzehnten einen Wandel in den Kriterien gab, die das Mensch-Sein definieren. Die Zweibeinigkeit ist schon lange kein ausreichendes Merkmal. Das Hirnvolumen könnte ein Kriterium sein, auch wenn es nicht alle Aspekte des Mensch-Seins erklärt, denn wir haben Vertreter wie *Homo ergaster/erectus* mit anatomisch deutlich menschlichen Merkmalen, aber kleinem Hirn. Das Wachstum des Gehirns und seine neue Strukturierung aufgrund der Sprachfähigkeit und Sozialisierung wurde später ein wesentlicher Faktor. Wie bei vielen evolutionären Änderungen ist eine Frage interessant: Welchen Vorteil brachte die Neuanpassung und wodurch wurde sie gefördert?

KNM-ER 1470, der ebenso berühmte wie umstrittene Schädel, den Richard Leakey in Kooba Fori (Kenia) barg, ist im evolutionären Stammbaum vor dem Zeitpunkt einzuordnen, an dem sich die Entwicklungslinien der beiden Gattungen *Australopithecus* und *Homo* trennen. KNM-ER 1470 erhielt 1986 den wissenschaftlichen Namen *Homo rudolfensis*, der eine neue Spezies im Evolutionsverlauf bezeichnet.

KAPITEL SECHS

Die südlichen Affen, die Australopithecinen

Heute sind sieben oder acht verschiedene Arten der Australopithecinen, der »südlichen Affen«, bekannt, die alle in den letzten 80 Jahren in Afrika entdeckt wurden. Dazu zählen einige unserer am besten bekannten ausgestorbenen Urahnen wie *Australopithecus afarensis*, berühmt unter »ihrem« Spitznamen »Lucy«, und »Zinj«, auch »Nussknacker-Mensch« oder »Dear Boy« genannt, taxonomisch aber als *Paranthropus boisei* bezeichnet.

Ausgrabung von Fossilien in Ost-Turkana im Norden Kenias. Die Stätte ist ergiebig an hominiden und anderen Fossilien. Die Ost-Turkana-Expedition begann 1969 und wurde von Richard Leakey geleitet.

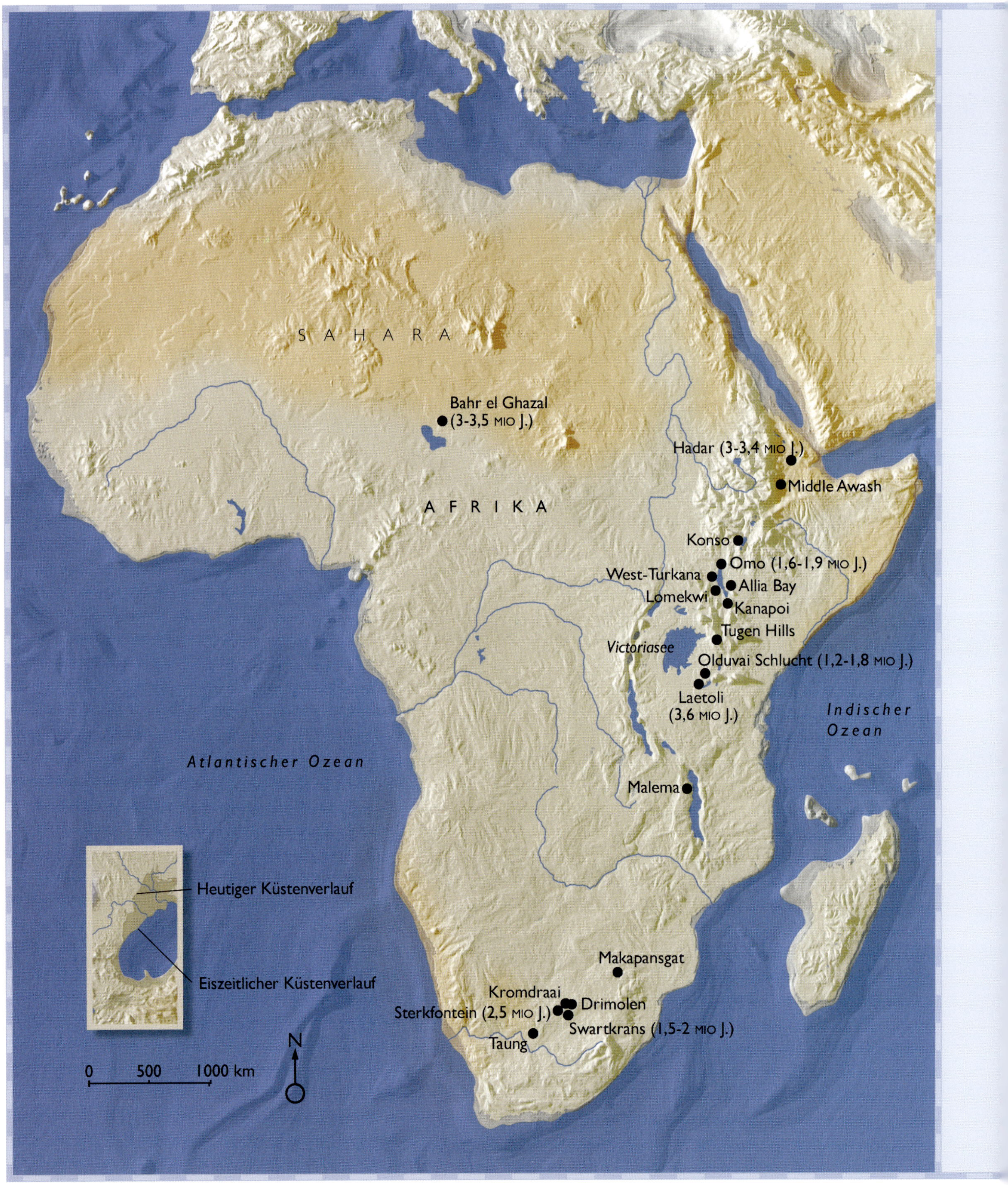
SAHARA
AFRIKA
Bahr el Ghazal (3-3,5 MIO J.)
Hadar (3-3,4 MIO J.)
Middle Awash
Konso
Omo (1,6-1,9 MIO J.)
West-Turkana
Allia Bay
Lomekwi
Kanapoi
Tugen Hills
Victoriasee
Olduvai Schlucht (1,2-1,8 MIO J.)
Laetoli (3,6 MIO J.)
Indischer Ozean
Atlantischer Ozean
Malema
Heutiger Küstenverlauf
Eiszeitlicher Küstenverlauf
Makapansgat
Kromdraai
Drimolen
Sterkfontein (2,5 MIO J.)
Swartkrans (1,5-2 MIO J.)
Taung
N
0 500 1000 km

Die südlichen Affen von Afrika – *Australopithecines*

Mit über sechs bisher anerkannten Spezies waren die Australopithecinen die mannigfaltigsten und zahlreichsten unserer ausgestorbenen Menschenverwandten. Der Gattungsname *Australopithecus* bedeutet »südlicher Affe«; Raymond Dart hat ihn in Südafrika für seinen kleinen Schädel von Taung gewählt. Und obgleich es noch viele Jahre dauern sollte, bis seine Gattung allgemein anerkannt wurde, schien sie in den 1970er Jahren eine zentrale Stellung in der frühen Entwicklung der menschlichen Abstammungslinie einzunehmen. Die einzige Frage schien zu sein, welcher der Australopithecinen zur Gattung *Homo* führte.

Über zwei Millionen Jahre lang breiteten sich diese kleinen zweibeinigen Affen über das ostafrikanische Waldland und nach Westen bis in den Tschad aus. Manche von ihnen hatten Kiefer mit kräftigen Muskeln, mit denen sie grobe pflanzliche Nahrung kauen konnten. Diese wurden als die »Robusten« bekannt und erhielten sogar den gesonderten Gattungsnamen *Paranthropus.*

Die andern dagegen, die »Grazilen«, hatten leichter gebaute Schädel, wie der Spitzname andeutet, und aßen offenbar eine gemischte Kost, zu der vermutlich etwas Fleisch gehörte. Im Allgemeinen überschnitten sich die Robusten und die Grazilen, außer in der nordöstlichsten Region Äthiopiens, wo anscheinend alle »Grazile« waren.

Dart hatte immer behauptet, dass sein *Australopithecus africanus* fähig gewesen sei, aufrecht zu gehen, und es erwies sich später, dass er Recht hatte. Trotz ihrer geringen Größe von etwa einem Meter und ihrer kleinen affenähnlichen Gehirnen waren diese alten Verwandten zweifellos fähig, auf zwei Beinen zu gehen, obgleich einige von ihnen auch gewandte Kletterer blieben. Manche waren vielleicht sogar fähig, Steingeräte herzustellen, aber das wissen wir nicht genau.

Die Australopithecinen existierten drei Millionen Jahre lang, vom späten Pliozän bis zum frühen Pleistozän. Dabei gab es Phasen wie jene vor 2,5 Millionen Jahren, als gleichzeitig mindestens drei ihrer Spezies in Ostafrika lebten, die sich mit weiteren ein oder zwei Spezies unserer eigenen Gattung *Homo* überschnitten. Zusammen stellen sie ein radikal neues Bild vom Evolutionsmuster des Menschen dar. Die altmodische Vorstellung eines einfachen geradlinigen Fortschreitens von einem primitiveren zu einem höher entwickelten Zustand ist nicht länger haltbar. Unser »Stammbaum« ist in Wirklichkeit ein stark verzweigter Busch, in dem die evolutionären Zusammenhänge noch weit von einer Klärung entfernt sind. Einige Wissenschaftler behaupten sogar, unsere menschliche Evolution könnte die Australopithecinen völlig umgangen haben.

Das »Kind von Taung«

Der erste Australopithecus, der gefunden wurde, war *A. africanus.* Er wurde 1925 von dem australischen Anatomen Raymond Dart (1893–1988) beschrieben, der in Südafrika ansässig war. Dart war Sanitätsoffizier und Veteran des Ersten Weltkriegs gewesen. Nach der Demobilisierung war er als Forschungsassistent bei seinem Landsmann, dem Anatomie-

Raymond Dart beschrieb eine neue Gattung und ihre erste Spezies – *Australopithecus africanus* nach dem hier abgebildeten Schädel des »Kindes von Taung«. Es vergingen viele Jahre, bis diese wichtige neue Gattung akzeptiert wurde, und bis dahin hatten Dart und sein passionierter Helfer Robert Broom viele neue Exemplare in den südafrikanischen Höhlen um Sterkfontein und Swartkrans entdeckt.

Darts Behauptungen waren »ein Schritt zu weit«, und dafür die Anerkennung durch die wissenschaftliche Gemeinde zu gewinnen, erwies sich als Herausforderung.

professor Grafton Elliot Smith (1871–1931) in London angestellt. Von Smith ermutigt, nahm Dart die Stelle eines Anatomieprofessors an der Universität Witwatersrand in Südafrika an. Wegen des Mangels an Lehrmaterial forderte er seine Studenten auf, Augen und Ohren für moderne oder fossile Skelettproben von Primaten offen zu halten. Schließlich erhielt er 1924 eine Kiste mit Kalksteinbrocken, in die Knochenstücke eingeschlossen waren. Sie stammten aus einem der Kalksteinbrüche, die bei Taung südwestlich von Johannesburg in Betrieb waren.

Zur Ankunft der Kiste in Darts Haus gibt es eine nette Geschichte. Offenbar wollte er gerade in seinem besten Anzug das Haus verlassen, um zur Hochzeit eines Freundes zu gehen, konnte aber der Versuchung nicht widerstehen, die Kiste zu öffnen. Eine der ersten Proben machte ihn neugierig, und er sah einige gut erhaltene Gesichtsknochen, die von dem umgebenden Stein verdeckt waren; schließlich musste seine Frau ihn wegzerren. Ob wahr oder nicht, es ist eine typische Anekdote von dem engagierten Forscher, der alle anderen Pflichten seiner wissenschaftlichen Neugier unterordnet.

Es kostete Dart viele Stunden mühsamer Arbeit, die harte Gesteinsmasse um die Knochen herum zu entfernen. Dafür soll er die Stricknadeln seiner Frau benutzt haben, die er zu kleinen meißelartigen Geräten schärfte. Fasziniert bemerkte er, dass aus dem Stein langsam ein auffallend kleines Gesicht zum Vorschein kam. Als er schließlich fertig war, hatte er ein kleines, merkwürdig menschenähnliches und vollständiges Gesicht mit Unterkiefer und Zähnen. Außerdem gab es einen steinernen Innenabdruck des gesamten Gehirns, der genau hinter das Gesicht passte. Das Außergewöhnliche war, dass der gesamte Block das Heraussprengen aus dem ursprünglichen Gestein überstanden hatte und dem Steinbruchleiter übergeben worden war, der Darts Interesse an solchem Material kannte und es ihm schickte.

Außer sich vor Freude über dieses erstklassige Material, formulierte Dart 1925 seine Schlussfolgerungen für die renommierte Fachzeitschrift Nature und stellte einige weit reichende Thesen zu dem kleinen Schädel auf. Als Erstes ordnete er ihn einer eigenen neuen Gattung und Spezies ausgestorbener Menschenverwandten zu, den er als *Australopithecus africanus* bezeichnete, als »südlichen Affen von Afrika«. Für Dart wies der Schädel affen- und menschenähnliche Merkmale auf, obgleich er erkannte, dass es ein Kind war, das noch einige Milchzähne neben gerade durchgebrochenen bleibenden Zähnen hatte. Er bestimmte sogar dessen mögliches Alter auf etwa sieben Jahre, wobei er sich auf ein menschliches Muster der Zahnentwicklung stützte. Neuere Studien zeigen jedoch, dass das Kind von Taung, wenn man ein zutreffenderes Australopithecinen-Muster des Zahndurchbruchs zugrunde legt, erst rund drei Jahre alt war, als es starb. Die Eckzähne sind relativ klein und menschenähnlich.

Die Gesichtslinie verläuft ziemlich senkrecht mit relativ gering vorragendem Kiefer (Prognathismus). Es gibt eine Stirn und einen geringen oder keinen Überaugenwulst. Dart meinte, die Gehirnform sei menschenähnlich und die Lage des foramen magnum (die Öffnung für das Rückenmark) an der Schädelbasis beweise, dass das Geschöpf den Kopf hochhielt und aufrecht ging. Außerdem meinte er, dass diese kleinen »Affenmenschen« Fleisch fressende Räuber waren, in Höhlen lebten und Wild jagten, das sie zum Verzehr in ihre Höhlen schleppten. Ein großes Problem für Dart war das Alter des Fundes von Taung. In den Zeiten vor der radiometrischen Datierung war es besonders schwierig, das Alter vieler Höhlensedimente zu bestimmen, vor allem, wenn sie sich nicht in ihrer ursprünglichen Schichtenfolge befanden.

Obwohl Dart durch Arthur Keith (1866–1955) Verbindungen zur paläoanthropologischen Gemeinde in London hatte, gingen seine kühnen Behauptungen leider »einen Schritt zu weit«, um anerkannt zu werden. Da sie von einem Neuling wie ihm kamen und obendrein von jemandem von einem entlegenen Außenposten der europäisch und amerikanisch dominierten Fachwelt, waren sie einfach zu revolutionär. Damit eine radikal neue Idee anerkannt wurde, war es notwendig, den intellektuellen Boden innerhalb eines Netzwerks einflussreicher und vertrauenswürdiger Kollegen zu bereiten, die dann für ausreichende Unterstützung sorgten, um der neuen Idee überhaupt eine Überlebenschance zu geben. Dart hatte auf seinen alten Mentor Smith und Professor Keith gehofft, aber sie unterstützten ihn nicht.

Kritiker taten den Schädel als den eines jugendlichen Schimpansen ab, wofür es auch einige Gründe gab. Die Schädel junger höherer Affen, sogar der Gorillas, sehen in der Tat menschenähnlicher aus als jene der erwachsenen Tiere mit ihren ausgeprägten sekundären Geschlechtsmerkmalen und sexuellem Dimorphismus. Knochige Überaugenwülste, Scheitelwülste auf dem Schädeldach und Prognathismus (vorstehender Unterkiefer) treten, erst recht bei Männchen, viel stärker hervor, wenn die Affen ins Reifealter kommen.

Bestürzt über die negative Reaktion auf sein »Kind von Taung« glaubte Dart, die einzige Möglichkeit sei, sein Exemplar nach London zu bringen und es Keith und allen Koryphäen zu zeigen. Aber Dart war nicht klar, wie sehr die Fachleute inzwischen von der Idee des eurozentrischen Ursprungs der Menschheit »besessen« waren. Der 1912 gefundene berüchtigte und später als Fälschung entlarvte »Piltdown-Mensch« stand damals noch hoch im Kurs, und Keith war einer seiner Hauptvorkämpfer.

Darts Ankunft in London 1926 stand unter einem schlechten Stern. Seine Ankunft fiel mit dem internationalen Auftritt des »Pekingmenschen« zusammen. Wie wir gesehen haben, war Haeckels Theorie eines asiatischen Ursprungs der Menschheit noch lebendig und wurde durch die Entdeckung des »Pekingmenschen« (damals *Sinanthropus pekinensis* genannt) von einem internationalen Team unter Leitung des kanadischen Anatomen Davidson Black (1884–1934) und mit Mitteln der American Rockefeller Foundation sehr gefördert. Obwohl es anfangs vom *Sinanthropus* nur einige wenige Zähne gab, sorgte er in Nature für Schlagzeilen.

Die einzige gute Nachricht für Dart war, dass er zu Hause einen beherzten Vorkämpfer namens Robert Broom (1866–1951) fand. Broom, ein ausgewanderter Schotte, der im Ruhestand Paläontologe geworden war, hatte keine Zeit für die Spitzfindigkeiten britischer Experten und glaubte fest an die Echtheit des *A. africanus.* Er war fest entschlossen, weitere Exemplare zu finden, die Darts Beweise und Ideen unterstützen würden. Im Visier hatte er einige Kalksteinhöhlen und Steinbrüche um Sterkfontein nördlich von Johannesburg, wo er gutes fossiles Primatenmaterial zu finden hoffte.

Broom brauchte zehn Jahre, bis er seine »Beute« präsentieren konnte – einen wunderbar gut konservierten Schädel. Diesmal war es eindeutig der eines Erwachsenen, der sich aber stark von Darts kleinem Taung-Exemplar unterschied. Das Gesicht war sehr breit mit flacher Nase und ziemlich schweren Über-

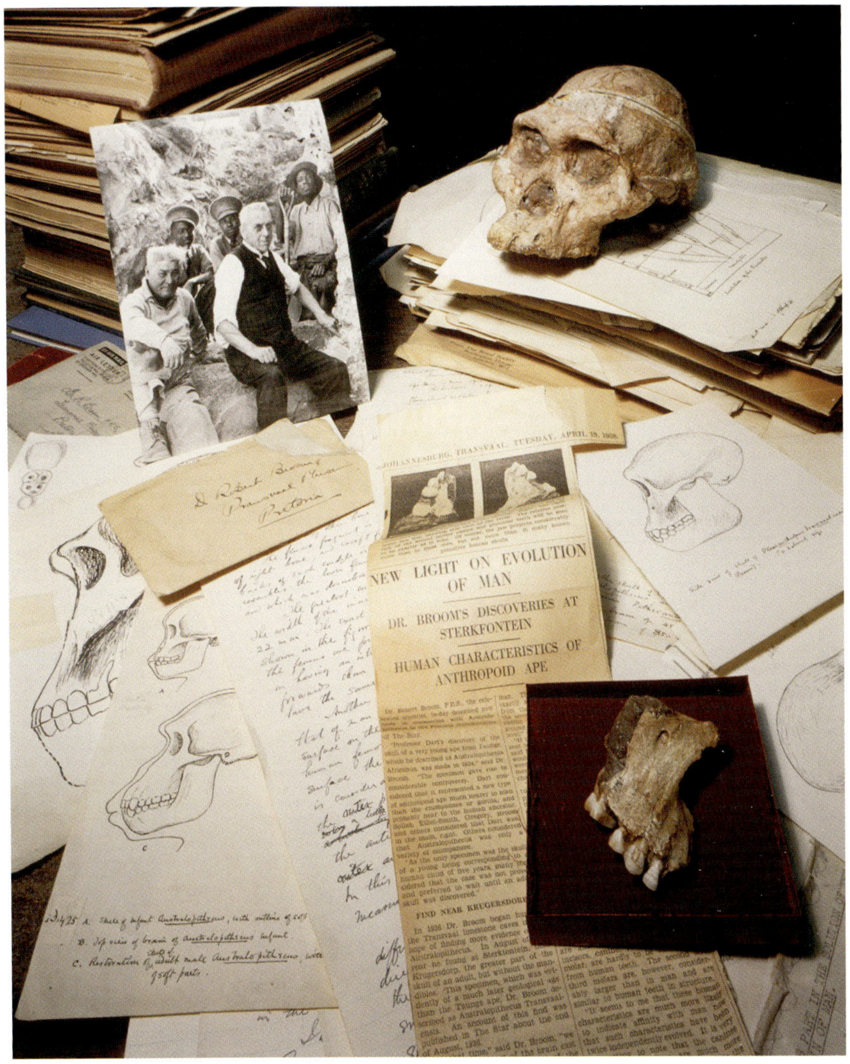

Die Fotomontage zeigt Robert Broom (mit dunkler Weste) mit einigen seiner Rekonstruktionsskizzen, Fundstücken und vielen veröffentlichten Schriften, die sie beschreiben, darunter den ersten der robusten Australopithecinen.

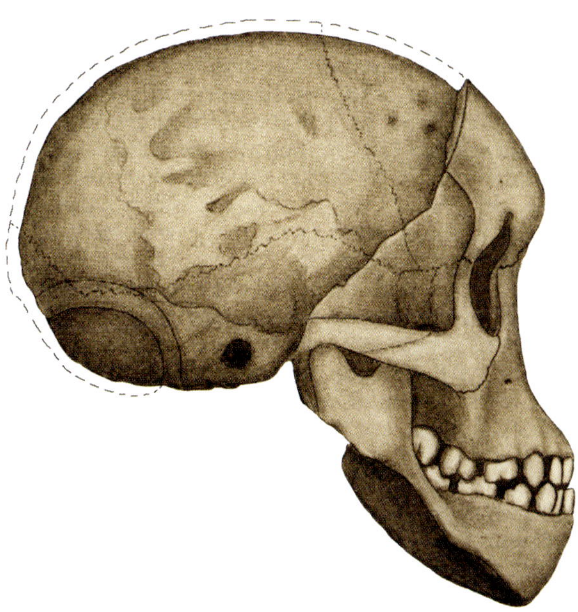

Eine Seitenansicht von Darts »Kind von Taung« zeigt das gut erhaltene Gesicht, auf dem der knochige Überaugenwulst noch nicht ausgebildet ist, und die steinerne Ausfüllung der Hirnschale.

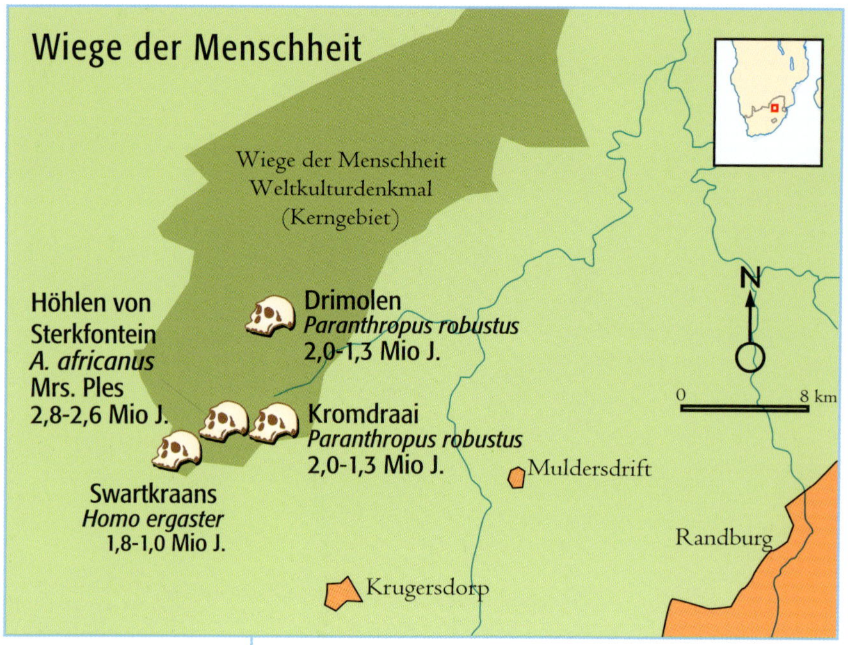

Wiege der Menschheit
Mehrere der zahlreichen Höhlen um Johannesburg und Pretoria in Südafrika, die so viele fossile Funde von unseren Menschenverwandten erbracht haben, sind heute als Weltkulturdenkmal anerkannt.

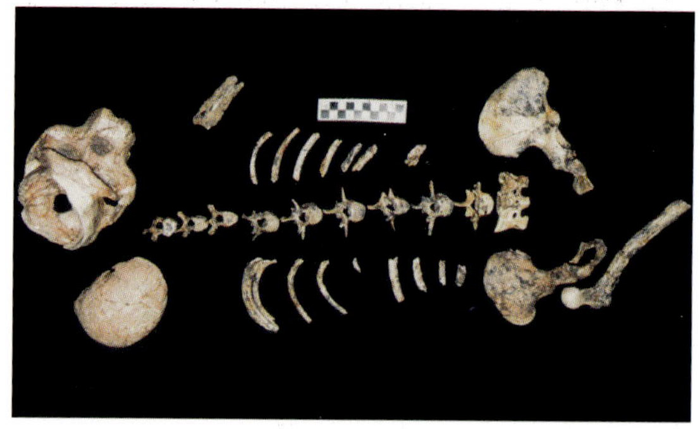

»Mrs. Ples« ist der volkstümliche Name des weltweit vollständigsten Schädels eines *Australopithecus africanus*, im April 1947 von Dr. Robert Broom und John Robinson entdeckt. Nur kurze Zeit später wurde ein unvollständiges Skelett sehr nah am Fundort des Schädels gefunden. Dieses Exemplar ist unter seiner Katalognummer Sts 14 bekannt.

Hatte Dart recht, als er sich in seinen Theorien von der Gewaltbereitschaft der Menschen beeinflussen ließ?

augenwülsten, die ohne eine Spur von Stirn zum Schädeldach abfielen, und es hatte ein kleines affengroßes Gehirn. Doch besaß es Zähne, die deutlich nicht die eines Affen waren – große platte Backenzähne und kleine Eckzähne. Und wieder wies die Lage des foramen magnum an der Schädelbasis auf eine aufrechte Kopfhaltung in Bezug auf die Wirbelsäule und auf zweibeinigen Gang hin. Dieser neue Fund bekam ordnungsgemäß einen neuen Gattungs- und Speziesnamen – *Plesianthropus transvaalensis*, was »Beinahe-Affe aus Transvaal« bedeutet – mit dem Spitznamen »Mrs. Ples«. Das Fehlen eines knochigen Scheitelwulstes wies darauf hin, dass es ein Weibchen war, da nur die viel größeren Männchen dieses Merkmal hatten. Heute ist »Mrs. Ples« als erwachsene Form von Darts ursprünglicher Spezies der Gattung *A. africanus* zugeordnet, und Sterkfontein zum Weltkulturdenkmal erklärt.

Broom fand bei Swartkrans und Kromdraai nahe Johannesburg noch weitere fossilienhaltigen Kalksteinhöhlen, wo man etliche spektakuläre Kieferknochen und Zähne, sowie ab und zu einen Schädel barg. Viele Fossilien waren dank des umschließenden Kalksteins, der eine ähnliche chemische Zusammensetzung hat wie Knochen und Zähne, gut erhalten. Tatsächlich sehen manche Zähne ganz erstaunlich frisch aus und könnten, sieht man von ihrer Größe ab, aus einer modernen Zahnarztpraxis kommen. Ein weiterer Vorteil ist, dass die Fossilien selten deformiert sind. Broom glaubte, dass diese Fossilien noch mehr neue Spezies und Gattungen repräsentierten. Tatsächlich sahen manche ganz anders aus als »Mrs. Ples«, hatten noch kräftigere Gesichtsknochen und Merkmale wie einem hervortretenden knochigen Scheitel an einem Schädel, der keinerlei Stirn und eine sehr flache Wölbung hat.

Heute werden jedoch nur zwei Formen unterschieden: »Mrs. Ples« vertritt die so genannte grazile Spezies *A. Africanus,* und die so genannte robuste Form ist *Paranthropus robustus,* obwohl manche Fachleute in ihr immer noch eine andere Spezies der Gattung *Australopithecus* sehen.

In den späten 1940ern entdeckten Broom und Dart eine weitere Höhle in Makapansgar nordöstlich von Johannesburg, wo sie noch mehr Fossilien der grazilen Form fanden, von denen jedoch viele Knochen beschädigt waren. Inzwischen hatte er zwei Weltkriege erlebt, und wie viele seiner Zeitgenossen war er entsetzt darüber, welches Ausmaß an Zerstörungskraft die Menschheit in sich trug – bis hin zum Völkermord. Dart interpretierte die beschädigten Schädel und Kieferknochen als Zeichen mörderischer Aggression unter den *Australopithecinen,* die offenbar Knochen als Waffen gegeneinander benutzt hatten – eine Handlung, für die er den umständlichen Begriff »osteodontokeratische« (das bedeutet »Knochen-Zahn-Horn«) Kultur prägte.

Dart entwickelte diese Ideen in seinen späten Jahren weiter. Sie erhielten Auftrieb, als sie durch den US-Autor, Dramatiker und Anthropologen Robert Ardrey (1908–1980) populär gemacht wurden. Dessen Bestseller *Adam kam aus Afrika* (1961) und *Adam und sein Revier* (1966) stellten der Welt die Hypothese vom »Killer-Affen« und den Gedanken vor, dass wir Menschen »Kains Kinder« seien. Ardrey verwendete auch das zunehmende Wissen um das soziale Verhalten der Tiere, das durch den Verhaltensforscher Konrad Lorenz (1903–1989) in populären Büchern wie *Er redete mit dem Vieh, den Vögeln und den Fischen* (1949) und *Das sogenannte Böse. Zur Naturgeschichte der Aggression* (1963) gefördert wurde.

Die materielle Basis von Darts Behauptungen wurde neu bewertet und über weite Strecken für mangelhaft befunden. Viele Beschädigungen der Knochen, die tatsächlich wie Kompressionsfrakturen aussehen, traten in Wirklichkeit nach dem Tod ein. In Höhlen brechen häufig Gesteinsbrocken aus der Decke, was eine wahrscheinlichere Ursache des Schadens war. Manche Schädel zeigen auch deutliche Spuren von Raubtieren, etwa Zahnabdrücke, die von einer großen Raubkatze stammen können.

Bestätigt wurde allerdings Darts These, dass die Australopithecinen zerbrochene Knochen als Werkzeuge gebrauchten. Zwischen 1965 und 1983 grub sein Schüler C. K. (Bob) Brain in der Höhle von Swartkrans stielförmige Knochen aus, und in Sterkfontein und Swartkrans wurden einfache Flintsteinwerkzeuge gefunden.

Die Bedeutung von Darts Entdeckungen und die potenzielle Rolle der Australopithecinen in der Menschheitsgeschichte wurden 1947 stark aufgewertet, als der namhafte britische Paläontologe Wilfrid Le Gros Clark (1895–1971) Johannesburg besuchte, um Darts Sammlung persönlich zu begutachten. Er stellte gründliche Untersuchungen an den Überresten an, die damals Knochen und Zähne von mindestens 30 verschiedenen Individuen umfassten. Le Gros Clark berichtete in *Nature*, dass Darts und Brooms Schlussfolgerungen »völlig korrekt in allen wesentlichen Details gewesen waren«.

Le Gros Clark genoss einen solchen Ruf in Fachkreisen, dass Darts und seine Ideen endlich akzeptiert wurden, verbunden mit der Erwartung, dass Afrika, wie von Darwin vorausgesagt, die »Wiege der Menschheit« war. Le Gros Clark verbündete sich mit Joseph Weiner und Kenneth Oakley (1911–1981), um den »Piltdown-Menschen« 1953 als Schwindel zu entlarven (s. S. 125), was seinerseits dazu beitrug, die Anerkennung Afrikas als Wiege des Menschen zu festigen und die Stellung der Australopithecinen als Verwandte des Menschen zu bekräftigen.

Das Gesamtbild, das Südafrikas Australopithecinen boten, schien die alte Theorie zu stützen, wonach unsere Vorfahren »Höhlenmenschen« selbst in den frühen Stadien waren, als sie noch zu den »Affenmenschen« zählten. Obgleich man allmählich für erwiesen hielt, dass sie aufrecht gegangen waren, dachte man, dass sie wegen ihres kleinen Wuchses und kleinen Gehirns sehr alt sein müssten. Wegen ihrer relativ kleinen Zähne galten sie als Fleischfresser und Jäger, die Wild töteten und zum Verzehr in ihre Höhlen trugen, ähnlich wie die Höhlen bewohnenden Hyänen.

Auch heute machen Großkatzen wie Leoparden Jagd auf Affen und schleppen ihre Kadaver auf Bäume, um zu verhindern, dass etwa Hyänen ihnen die Beute abjagen. Zahn- und Krallenspuren auf vielen Schädeln zeigen, dass unsere ausgestorbenen Menschenverwandten auch oft zur Beute von Großkatzen wurden.

In den 1920ern setzte sich allgemein die Ansicht durch, dass Menschen und Menschenaffen zwar eine gemeinsame Herkunft verband, dass ihre Entwicklung aber vor langer Zeit auseinander gedriftet war, vielleicht schon im Miozän. In der Zeit vor der radiometrischen Datierung glaubte man, das sei vor mindestens mehreren 10 Millionen Jahren gewesen. In den späten 1940ern ergab der vom Briten Arthur Holmes (1890–1965) durchgeführte erste Versuch einer auf Radiometrie gestützten Zeitskala, dass das Miozän vor rund 32 Millionen Jahren begonnen hatte. Dies schien genügend Zeit und evolutionäre »Distanz« zwischen den affenähnlichen Australopithecinen und den »richtigen« Menschen zu bieten. Der große Unterschied zwischen ihnen und uns bestand in der Entwicklung des Gehirns. Deshalb war das »Missing Link«, die fehlende Übergangsform, nach der man suchte, ein intelligenter Affenmensch, der aufrecht ging. Doch was kann als Grenzlinie zwischen ihnen und uns gelten?

Das eigentliche »Missing Link«, das noch gefunden werden musste, war ein intelligenter, aufrecht gehender Affenmensch.

Die Erschließung unserer afrikanischen Herkunft

Die Geschichte der Australopithecinen in Afrika erfuhr in den 1940er- und 1950er-Jahren dank der Arbeiten von Louis Leakey, Sohn britischer Missionare in Kenia, eine Wende. Er wuchs in Kenia auf, lernte die örtlichen Sprachen und Bräuche und ging dann nach Cambridge, wo er seine Leidenschaft für die Erforschung unserer Vorfahren entfalten konnte. Leakey wusste, dass deutsche Wissenschaftler kurz vor dem Ersten Weltkrieg in der Olduvai-Schlucht des damaligen Deutsch-Ostafrika menschenähnliche Knochen gefunden hatten. Nach dem Krieg bildete das Territorium das britische Protektorat Tanganjika (heute Tansania).

Mithilfe von Hans Reck, einem Mitglied des einstigen deutschen Teams, hatte Leakey in den 1930ern den ungefähren Fundort wieder ausfindig gemacht. Olduvai schien für die Suche nach solchen Fossilien viel versprechend zu sein. Die Hänge der trockenen Schlucht gaben Sedimentschichten frei, die flach übereinander lagen, in der Sprache der Geologen eine »Schichtkuchen«-Folge, wobei die jüngste zuoberst lag, die älteste unten. Die Abfolge wurde von Bett I bis Bett IV durchnummeriert. In Bett I wurden zahlreiche handgroße Feuersteine gefunden, einige davon abgeschlagen, sodass sie scharfe schräge Kanten bekamen und als sehr grobe axtartige Werkzeuge dienen konnten. Leakey ordnete sie der Olduvai-Kultur zu, und über viele Jahre waren sie die ältesten ihrer Art in Afrika.

Recks früherer Fund, so glaubte man, stammte aus Bett II, aber in dieser Frühzeit der Feldforschung verstand man noch nicht restlos die komplexe Art und Weise, wie die Überreste von Menschen und Tieren einer Schichtenfolge zugeordnet werden konnten. In seiner ersten Begeisterung sah Leakey nicht, dass Recks Fund aus viel jüngeren Überresten bestehen konnte, die in eine offensichtlich viel ältere Lage verschoben worden waren, aber eingehende Sedimentuntersuchungen bewiesen, dass genau dies geschehen war. Leakey begann, andere potenzielle Fundstätten wie Kanjera und Kanam in der Nähe des Viktoriasees zu erforschen, wo Überreste vieler ausgestorbener Tiere und möglicherweise einige menschliche Spuren gefunden wurden.

Entgegen Leakeys Behauptungen erwiesen sich auch diese als falsche Fährten, und die nächsten zwei Jahrzehnte wurden sehr schwierig und unruhig, nicht nur für ihn selbst, sondern auch für die Erforschung

Louis und Mary Leakey führten über viele Jahre Ausgrabungen in der Olduvai-Schlucht in Tansania durch, bevor sie fanden, was Louis sich wünschte – eine fossile Spezies mit Affen- und Menschenmerkmalen, vor allem am Schädel. Dabei entdeckten sie auch die ältesten damals bekannten Steingeräte und viele Knochen ausgestorbener Tiere, die neben unseren ausgestorbenen Vorfahren lebten.

der menschlichen Vorfahren in Ostafrika – dazu kam noch die Katastrophe des Zweiten Weltkriegs. Leakeys erste Ehe scheiterte, und er heiratete Mary Nicol, eine junge Frau, die sich für seine Arbeit interessierte, die Vorlesungen in Archäologie gehört hatte und eine ausgezeichnete Zeichnerin war. 1935 brachte er sie nach Afrika, aber erst in den 1940er-Jahren hatten sie genügend Mittel, um die ernsthafte Feldforschung wieder aufzunehmen.

Man fand weitere Steinwerkzeuge und viele Tierfossilien. Neue Stätten wurden untersucht und viele wichtige Überreste entdeckt, zum Beispiel 1942 auf Rusinga Island im Victoriasee die des Affen *Proconsul* aus dem Miozän. Aber zu Leakeys Enttäuschung fand sich nichts, was ihn am meisten interessierte – die Fossilien von frühen Menschen, solche, die eindeutig auf der menschlichen Seite von Keith' »zerebralem Rubikon« lagen, mit einem Gehirn, das groß genug war, um Ursprung und Entwicklung der menschlichen Intelligenz einzuschließen.

Von allen Orten, die die Leakeys erforschten, schien Olduvai mit seiner Fülle an Steinwerkzeugen die besten Aussichten zu bieten, die Überreste jener Individuen zu finden, die diese Werkzeuge angefertigt hatten. Damals glaubte man noch, die Herstellung von Steinwerkzeugen sei wahrscheinlich mit einem vergrößerten Gehirn und einem menschenähnlichen Grad von Intelligenz verknüpft. Die Leakeys kehrten 1951 nach Olduvai zurück, aber ihre Arbeit wurde durch den Ausbruch antikolonialer und sozialer Unruhen in Afrika, besonders den »Mau-Mau-Aufstand« in Kenia, unterbrochen. Erst 1959 konnten sie die Suche wieder aufnehmen – und hatten endlich Glück.

Es war der 16. Juli 1959, als einer ihrer afrikanischen Feldassistenten einen großen Backenzahn entdeckte, der aus einer Sedimentschicht in der Schlucht herausragte. Am nächsten Tag forschte Mary Leakey nach und kam sehr aufgeregt zurück. Endlich hatten sie etwas, das sie an die Öffentlichkeit bringen konnten – einen Schädel, der zwar in zahlreiche Stücke zerbrochen, aber reparierbar war. Sie brauchte nur Zeit und Geduld, um ihn freizulegen, die Teile zu bergen, zu rekonstruieren und zu restaurieren, und darauf verstand sie sich sehr gut.

Für die internationale Presse gab Mary Leakey dem beeindruckenden Schädel den Spitznamen »Dear Boy«, Louis Leakey nannte ihn aber wegen seiner kräftigen muskulösen Kiefer »Nussknacker-Mensch«. Für die Fachwelt prägte Louis Leakey den Namen *Zinjanthropus boisei* oder kurz »Zinj«, wobei der Speziesname sich auf einen seiner Hauptsponsoren, den Geschäftsmann Charles Boise, bezog. Er glaubte, es gebe genügend Unterschiede zwischen Darts Australopithecinen und seinem Fund von Olduvai, um die Einordnung in die neue Gattung

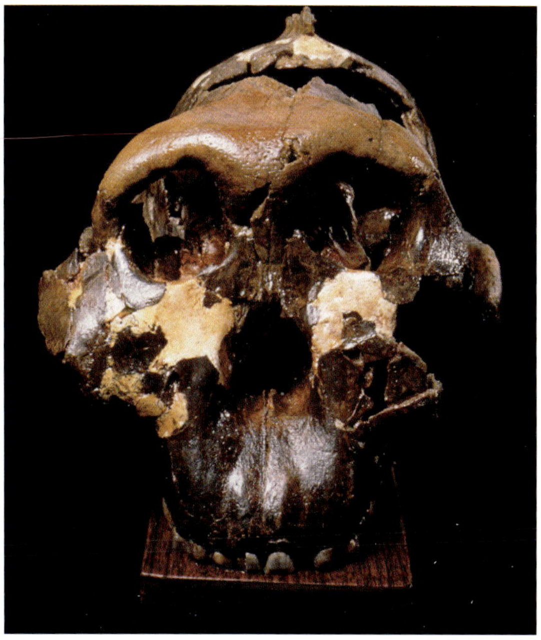

1959 wurde der erste gut erhaltene fossile Schädel eines ausgestorbenen Menschenverwandten in Olduvai gefunden. Obwohl in viele Stücke zerbrochen, wurde er als ein robuster Australopithecus rekonstruiert, den Louis Leakey als eine neue Gattung und Spezies *Zinjanthropus boisei* nannte. Heute wird er allgemein als *Paranthropus boisei* bezeichnet.

Mehrere menschenverwandte Schädel, die in südafrikanischen Höhlen wie Swartkrans gefunden wurden, weisen Zahn- und Krallenspuren auf, was darauf hindeutet, dass ihnen Großkatzen und Raubvögel nachstellten, die die Kadaver oder abgetrennten Köpfe in die Höhlen trugen, um sie in Ruhe und sicher vor anderen Raubtieren oder Aasfressern zu verzehren.

Die Paläoanthropologen zögerten anfangs, die Ergebnisse der radiometrischen Datierung für die Fundstätte Olduvai anzuerkennen.

Zinjanthropus, »Mensch aus Ostafrika«, zu rechtfertigen, und er glaubte zuerst auch, sein neuer *Australopithecus* sei für die Herstellung der Steinwerkzeuge von Olduvai verantwortlich. Heute wissen wir, dass dies unwahrscheinlich ist.

Leakey hatte Darts und Brooms Sammlung von Australopithecinen studiert, und obgleich er die Ähnlichkeiten zwischen seiner Entdeckung und ihren Funden bemerkte, behauptete er, dass die großen Backenzähne des »Nussknacker-Menschen« von Olduvai die Einführung einer neuen Gattung rechtfertigten. Obwohl der Fund für Leakey wegen des kleinen Gehirns eine gewisse Enttäuschung war, schlug er in Großbritannien und Amerika kräftig die Werbetrommel, um neue Geldmittel für weitere Feldforschung zu beschaffen. In den USA hatte er das Glück, sich auf Anhieb mit dem Präsidenten der National Geographic Society, Dr. Melville Bell Grosvenor, gut zu verstehen, dessen finanzielle Unterstützung äußerst wichtig für die Leakeys wurde.

Leakey hatte auch von dem bedeutenden Fortschritt erfahren, der in der Technik der Radiometrie gemacht worden war. Zunächst hatte er angenommen, dass Bett I in Olduvai rund 600 000 Jahre alt sein könnte, aber 1961 präsentierte ein US-Team das erstaunliche Alter von 1,75 Millionen Jahren, was die anerkannte Schätzung um das fast Dreifache erhöhte. Es ist nicht überraschend, dass die Paläoanthropologen eine Weile brauchten, bis sie wirklich bereit waren, die neuen Daten zu akzeptieren.

Louis und Mary Leakey gelangen weitere wichtige Funde in Olduvai, die zeigen sollten, dass es mehr als eine Art von Urahnen im menschlichen Familien-»Busch« gab. Es war jedoch ihr Sohn Richard, der

Ein Satellitenbild des Äthiopischen Grabens, der in nordnordöstlicher Richtung in die Afar-Senke nach Bodo und Hadar im Norden übergeht. Die angrenzenden Hochebenen sind angehobenes älteres Gestein, während Afar eine eingebrochene Senke mit Vulkanen und jüngeren Schichtblöcken ist.

den nächsten bedeutsamen Fund von Australopithecus-Überresten viel weiter nördlich am Ostufer des Turkana-Sees in Kenia machte. Es war bekannt, dass die Schichten hier zahlreiche Tierfossilien aus dem Spätpliozän bis zum Pleistozän enthielten und die horizontalen Schichten um den See herum oft exponiert waren und in dieser Region nahe an der Oberfläche lagen. Daher konnte man sich relativ leicht einen schnellen Überblick über große Bereiche von Felsflächen verschaffen, die vielleicht Fossilien von Tieren und der viel selteneren Menschenverwandten bargen, die hier gelebt haben und gestorben sein könnten. 1969 hatte Richard Leakey Erfolg, als er einen vollständigen, sehr gut erhaltenen Schädel eines kräftigen Australopithecus fand, der derselben Spezies wie der »Nussknacker-Mensch« zugeordnet werden konnte. Doch inzwischen war Louis Leakeys Gattung *Zinjanthropus* »entsorgt« worden, weil sie sich nicht wesentlich von Brooms Gattung *Paranthropus* unterschied. Weitere Funde nach Norden hin in der äthiopischen Region Hadar stammten von einer anderen Art von Menschenverwandten, die anfangs für eine neue Spezies der Gattung *Homo* gehalten wurden.

Der Erfolg der Familie Leakey bei der Entdeckung fossiler Überreste unserer Ahnen in Ostafrika und die internationale Aufmerksamkeit regte andere Forschungsteams an, in Afrika »ihr Glück zu versuchen«. Französische Teams hatten einige Zeit in Afrika gearbeitet, vor allem in Ägypten und Algerien, aber ihre Zeit war durch Lehrverpflichtungen in Frankreich beschränkt. Erst als einige finanziell gut ausgestattete Forschungsteams aus Amerika auftraten, änderte sich die Sachlage, und alles wurde erheblich konkurrenzbetonter. Manchmal wurde es auch höchst gefährlich, da in einigen Ländern wie Äthiopien Bürgerkriege ausbrachen.

Außerdem sträubten sich die jungen unabhängigen afrikanischen Staaten verständlicherweise zunehmend, Fremden eine Blankovollmacht zu erteilen, Feldforschung zu treiben und wichtige Fossilien dann in ausländische Museen zu schaffen. Die Leakeys hatten sich immer als Kenianer betrachtet, hatten ihre afrikanischen Assistenten geschult und alle Funde dem damaligen Coryndon Museum in Nairobi, dem späteren Nationalmuseum, übergeben. Aber wie wir wissen, ist die Geschichte der Archäologie und ähnlicher Bereiche voll von Beispielen, in denen nationale Schätze aus ihrem Ursprungsland fortgeschafft wurden.

Das Skelett des Australopithecus »Lucy«

Die Ankunft der Amerikaner Donald Johanson und Tom Gray eröffnete ein neues Kapitel in der Geschichte vom Ursprung des Menschen. In den frühen 1970er Jahren entdeckten sie ein Skelett in der Nähe des Flusses Awash in der äthiopischen Region Hadar. Viel geologische Vorarbeit war von ihren französischen Kollegen Yves Coppens und Maurice Taieb sowie dem US-Geologen Jon Kalb geleistet worden. 1973, als Äthiopien am Rande einer Revolution stand, fand Johanson einige verblüffende Beinknochen und dann einige Kieferknochen, aus denen er schloss, dass sie alle einem einzigen Menschenverwandten gehört hatten, der aufrecht ging und die Erde vor ungefähr drei Millionen Jahren bewohnte. Im Jahr darauf gelang Johanson sein großer Coup – die Entdeckung der kleinen »Lucy«.

Der Erfolg der Leakeys in Afrika veranlasste andere, ihnen zu folgen – oft in die Gefahr.

Lucy – Die herben und ariden Landschaften um das Flusstal des Awash geben Schichten aus dem Pliozän frei, die mit großem Erfolg nach menschenverwandten Fossilien durchkämmt wurden. Hier wurden der *Australopithecus afarensis* (Lucy) und der noch ältere *Ardipithecus ramidus* gefunden.

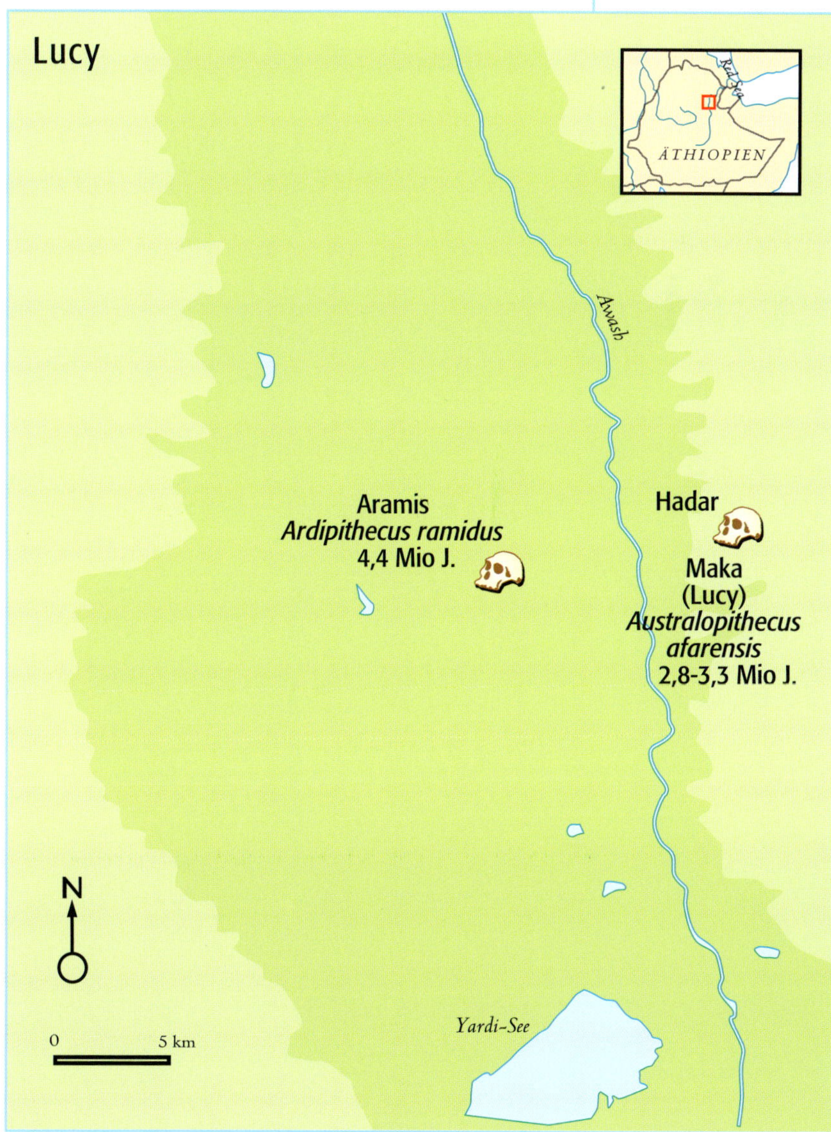

Ein Vergleich von »Lucys« Skelett mit dem eines Schimpansen und eines modernen Menschen zeigt, dass sie zwar aufrecht gehen konnte, aber ihre Gliedmaßen noch in vieler Hinsicht affenähnlich waren und sie sich vielleicht auf Bäumen genauso wohl fühlte wie auf dem Boden.

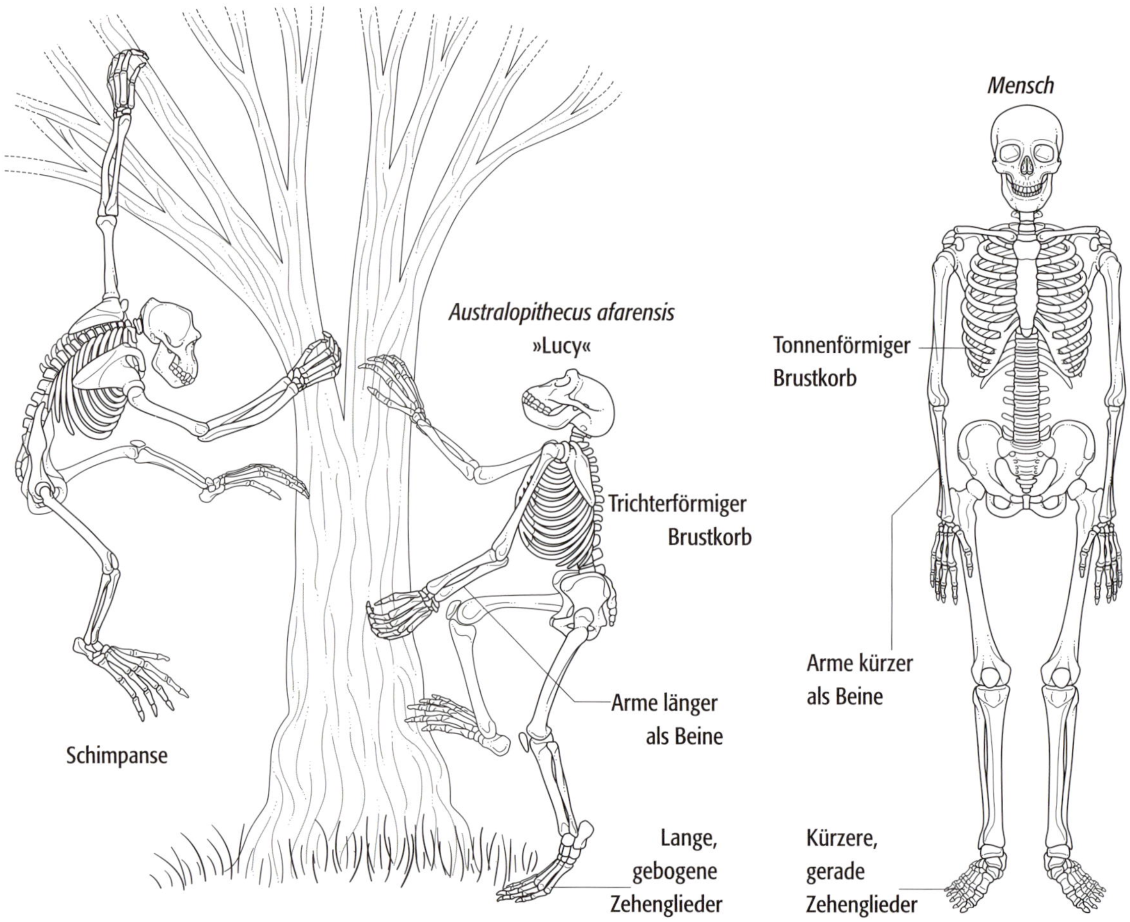

Wie es so oft geschieht, wurde die Entdeckung von Laetoli gemacht, als das Team gar nicht suchte.

Zum ersten Mal wurde ein bedeutender Teil des Skeletts – rund 25 Prozent oder 47 von den 206 Knochen, aus denen das gesamte Skelett besteht – eines alten Verwandten mit einem geschätzten Alter von 3,5 Millionen Jahren (später revidiert auf eher drei Millionen) gefunden. Das größere fehlende Element war der Schädel, aber der Unterkiefer war vorhanden und unterschied sich erheblich von dem der robusten Paranthropus-Australopithecinen, da er viel leichter gebaut war. Woher der Spitzname »Lucy« stammt, erzählt eine bekannte Anekdote der Paläoanthropologie: Als das Forschungsteam seinen Erfolg feierte, spielten sie Songs der Beatles, deren *Lucy in the sky with diamonds* ihre Aufmerksamkeit so stark fesselte, dass sie beschlossen, den Fund »Lucy« zu nennen. Das Skelett wurde ein internationaler Hit, der rund um die Welt Schlagzeilen machte – und Don Johanson auf Anhieb zu einem Star auf Augenhöhe mit den Leakeys.

Die detaillierte Analyse der Überreste dauerte eine Weile, ebenso die formale Zuordnung zu einer Spezies. Die V-Form des Unterkiefers wies auf eine engere Verwandtschaft mit den Australopithecinen als mit *Homo* hin, und die Untersuchung der Beckenknochen stützte die Ansicht, dass es sich um das Skelett eines weiblichen Wesens handelte, der Name also passend war. Die Beinknochen bestätigten, was Raymond Dart fast 50 Jahre früher behauptet hatte, nämlich den aufrechten Gang dieser mit kleinem Gehirn ausgestatteten Australopithecinen. Eingehendere Analysen von Fuß- und Handknochen ließen vermuten, dass »Lucy« und ihre Verwandten noch gewisse Kletterfähigkeiten bewahrt hatten.

Ansonsten sind an dem Skelett einige eindeutig affenähnliche Merkmale erhalten. Zum Beispiel ist der Brustkorb schmal im oberen Teil und vorgewölbt nach unten wie bei den lebenden höheren Affen, um dem großen Magen und Darm dieser Pflanzenfresser Platz zu bieten. Pflanzliche Nahrung ist schwer verdaulich und muss eine Weile im Magen verweilen, damit Bakterien und Verdauungsenzyme ihr den geringen Nährwert entziehen können. Dagegen ist der menschliche Brustkorb tonnenförmiger wegen des kleineren Darms unserer alten menschlichen Verwandten, die Alles- oder Fleischfresser waren.

Während Don Johanson und seine Kollegen noch über das Problem nachdachten, wie sie »Lucy« offiziell nennen sollten – was ihre taxonomische Stellung im bestehenden Klassifizierungssystem der menschlichen Verwandten sein sollte –, machten Mary Leakey und ihr Team weiter im Süden, in Laetoli, Tansania, einen anderen sensationellen Fund.

Fußspuren aus der Vergangenheit

Laetoli liegt rund 50 Kilometer südlich von Olduvai, und 1976 erkundeten Mary Leakey und ihr Team, ob die Gegend eine neue Quelle für menschenverwandte Fossilien sein könnte, hatten aber nicht viel Glück. Draußen im semiariden Busch verspürten einige aus dem Team das Bedürfnis, sich ein wenig von der intensiven Suche nach Knochenstücken auf dem verwitterten Gestein zu erholen. Während sie herumalberten und sich gegenseitig mit afrikanischen »Schneebällen«, Stücken von getrocknetem Tierkot, bewarfen, sprangen zwei von ihnen in eine trockene Rinne, um sich zu verstecken – und stolperten über einige Fußabdrücke.

Sofort fiel ihnen auf, dass die Abdrücke nicht an der Oberfläche waren, sondern in die Oberfläche der Gesteinsschicht unter dem Boden eingedrückt waren. Die Regenzeit, die die Rinne periodisch unter Wasser setzte, hatte die Bodendecke weggespült. Bei näherer Betrachtung meinten sie, eine Elefantenfährte zu sehen, und als sie mehr Erde wegräumten, konnten

Die Entdeckung eines unvollständigen Australopithecus-Skeletts in der Hadar-Region Äthiopiens durch Donald Johanson und sein Team 1974 war ein Durchbruch. Obwohl nur 25 Prozent des Skeletts erhalten sind, ist es sehr selten, dass so viele Knochen eines einzigen Individuums gefunden werden. Leider fehlte der Schädel. Erst 1978 erhielt das Fossil den Namen *Australopithecus afarensis.*

Laetoli – Die Fußabdrücke von Laetoli liegen südlich von Olduvai, aber immer noch in einer sehr aktiven vulkanischen Region des Äthiopischen Grabens.

1978 entdeckte Paul Abell aus Mary Leakeys Feldteam bei Laetoli in Tansania einige menschenähnliche Fußabdrücke, die in eine ausgehärtete Felsenoberfläche geprägt und von Erdreich bedeckt waren. Nachdem sie zuerst mutmaßlich nur Tierfährten entdeckt hatten, suchte das Team nach besser erhaltenen Spuren – und Abell fand sie. Das Gestein war ausgehärtete Vulkanasche, die von dem nahe gelegenen Vulkan Sadiman vor rund 3,6 Millionen Jahren ausgestoßen worden war.

sie erkennen, dass die Spuren unter der Decke aus Erde weitergingen und die Abdrücke von anderem Wild einschlossen. Die Paläontologen nennen solche alten Zugbahnen »Spurenfossilien«, da sie vielfältige Verhaltensformen aus der Vergangenheit belegen können, die ansonsten in den fossilen Zeugnissen fehlen. Mary Leakey war begeistert und setzte alles daran weitere Fährten aufzudecken. Sie wusste, dass die Gesteinsschicht, die die Abdrücke bewahrt hatte, spätpliozänen Alters war und dass jede Erkenntnis über die Tiere dieser Zeit wertvoll sein würde, da darunter viele ausgestorben waren. Aus einer genauen Untersuchung des Gesteins konnte Richard Hay, der Geologe des Teams, die Abfolge der Ereignisse rekonstruieren.

Die Tiere hatten eine frisch gefallene Schicht vulkanischer Asche durchquert, die von einem Ausbruch des nahe gelegenen Vulkans Sadiman stammte und die Landschaft ringsum bedeckte. Binnen Tagen nach dem Niederschlag verursachten Chemikalien in der Asche, dass sie aushärtete, wodurch sie die Details der verschiedenen in die Oberfläche geprägten Fußabdrücke konservierte. Zufällig begruben dann weitere Ascheniederschläge die Oberfläche und schützten die Abdrücke vor Verwitterung und Erosion. Die radiometrische Datierung der Asche bewies später, dass sie etwa 3,6 Millionen Jahre alt war.

Als das Team die Abdrücke freilegte, wurde ihnen bewusst, dass die Chance bestand, außer Tierspuren auch solche von Menschenverwandten zu finden, die damals hier gelebt haben könnten. Insgesamt fanden sie über 18 000 Abdrücke von etwa 20 Tierarten, vom Nashorn bis zum Strauß und sogar von Insekten. Dann, gegen Saisonende, fanden sie einige Abdrücke, die ziemlich menschlich aussahen, aber Mary Leakey blieb skeptisch. Doch bis zum Ende der nächsten Kampagne war sie davon überzeugt, dass es echte menschenverwandte Abdrücke waren – und mit Abstand die ältesten bekannten ihrer Art. Sie bezeugten, und das war das Wichtigste, dass sie von einem aufrecht gehenden Zweibeiner herrührten.

Mary Leakey gab den Fund im Februar 1978 auf einer Pressekonferenz in Washington bekannt, doch der britische Anatom Michael Day teilte ihr seine Bedenken mit. Daher sagte sie auf der Konferenz, sie sei zu 75 Prozent sicher und fest entschlossen, die Suche fortzusetzen. Am 27. Juli fand der junge Geochemiker Paul Abell, der im Feldteam arbeitete, einige neue Abdrücke und zeigte sie Richard Hay, der beeindruckt war. Als Mary Leakey im Lager von dem neuen Fund hörte, schickte sie Ndibo Mbuika, einen ihrer erfahrensten Assistenten, um den Fund zu bewerten. Es waren tatsächlich weitere Abdrücke der gleichen Art, die freigelegt werden konnten. Diesmal war jeder davon überzeugt, dass es zwei parallele Sätze gab, von denen die kleinere Spur verblüffend menschlich aussah. Der größere Satz war merkwürdig und nicht so deutlich eingeprägt, aber sogar Mary Leakey, die sonst recht kühl blieb war, da sie zu viele Enttäuschungen erlebt hatte, strahlte und wiederholte nur: »Oh, wir haben es gefunden, wir haben es gefunden.«

Und so war es. Bis zum Ende der Saison hatten sie 23 Meter der Doppelspur freigelegt, die über 20 fortlaufende Schritte bewahrte, die zwei Zweibeiner auf der weichen Asche hinterlassen hatten. Es bestand absolut kein Zweifel, dass die Wanderer, von denen

Es schien, als habe eines der Wesen einen Augenblick innegehalten und sich umgedreht ... ein Blick zurück in die Zeit.

Als die Fußabdrücke von Laetoli schließlich freigelegt wurden, konnte man zahlreiche Tierfährten und einen wunderbar parallelen Satz sehr menschenähnlicher Fußstapfen erkennen. Zwei zweibeinige Individuen, eines größer als das andere, wanderten langsam und vielleicht Seite an Seite über die weiche Asche. Die Abdrücke bewiesen endgültig, dass sich zu dieser Zeit aufrecht gehende Menschenverwandte entwickelt hatten, wie es die fossilen Knochen vermuten ließen.

Die Stätte wurde mit Sand und Steinen abgedeckt, aber durch den Sand wuchsen Pflanzen. Ein neuer und gründlicherer Konservierungsplan ist jetzt umgesetzt worden.

Das Bild sollte sich ändern, als weitere alte Verwandte entdeckt wurden.

die Spuren herrührten, Zweibeiner im modernen Sinn waren. Zwar können Schimpansen aufrecht gehen, wenn sie wollen, aber sie watscheln ähnlich einem menschlichen Kleinkind. Da sich vor 3,6 Millionen Jahren kein Angehöriger der Gattung *Homo* entwickelt hatte, mussten die Abdrücke von einem Australopithecus stammen. Wieder war erwiesen, dass Dart Recht gehabt hatte: Nicht nur »Lucys« Beinknochen bekräftigten dies, sondern die Fußabdrücke bestätigten es endgültig. Es ist kein menschenähnliches großes Gehirn notwendig, um aufrecht zu gehen. Also musste ein anderer Faktor die Anpassung an die Zweibeinigkeit gefördert haben.

Der Fund von Laetoli wurde 1979 in der Zeitschrift *Nature* veröffentlicht, und die Bilder der Fährten gingen rund um die Welt. Die National Geographic Society of America förderte Mary Leakey immer noch, und auf ihrer Pressekonferenz konnte sie der Versuchung nicht widerstehen, über die ursprünglichen Umstände zu spekulieren. Es schien, als wären zwei Australopithecinen, einer viel größer als der andere, Seite an Seite gewandert – und es sah sogar so aus, als hätte einer kurz gezögert und sich umgedreht, bevor er weiterging. Die öffentliche Aufmerksamkeit für diesen Fund brachte Mittel für weitere Forschungen ein, und Mary Leakey stellte ein Team für die nächste Feldsaison zusammen.

Die parallelen Spuren waren nicht nur im Gleichschritt, sondern sehr nah beieinander, und der größere Satz sah so aus, als gäbe es darin einen seltsamen zweiten Eindruck, als hätte ein drittes Individuum das große Individuum vorsichtig verfolgt. Diese Deutung führte zu allerhand romantischen Vorstellungen, wonach die Spuren von einer »Familie« gemacht worden waren – Männchen und Weibchen Arm in Arm, mit einem Kleinkind, das hinter ihnen in Vaters Fußstapfen trat. Wir wissen leider nicht, welches Geschlecht oder Alter die Individuen hatten, noch ob sie überhaupt alle zusammen waren, als die Abdrücke entstanden.

Um die Fährten zu konservieren, deckte man sie am Ende der Feldsaison 1979 zu. Eine erneute Freilegung 1995 zeigte, dass der Wuchs von Akaziengestrüpp Schäden verursacht hatte; deshalb schützte man die Spuren sorgfältiger, bevor man sie im August 1996, wenige Monate vor Mary Leakeys Tod, erneut bedeckte. Zuvor wurde ein Abguss angefertigt, der heute in einer Dauerausstellung in dem kleinen Museum von Olduvai an der Straße zum Ngorongoro-Krater zu sehen ist, von wo aus man die Schlucht überblickt, in der Louis Leakey 1931 seine Arbeit begonnen hatte.

Ein Name für »Lucy«

Der Fund von Laetoli war eine sensationelle Entdeckung, und die gerade berichtete Geschichte hat uns von der Entdeckung 1976 ins Jahr 1996 geführt. Mittlerweile hatte Don Johanson »Lucy« als eine neue Spezies von Australopithecinen benannt – *Australopithecus afarensis* –, damit aber Mary Leakey verärgert, weil er eines ihrer Exemplare aus Laetoli – einen Kieferknochen mit neun Zähnen – als Typusexemplar gewählt hatte.

Mary wollte dem Kiefer ungern einen neuen Namen geben, bevor sie nicht mehr und besseres Material für die Spezies hatte. Jetzt hatte Johanson genau das mit Skelettmaterial von »Lucy« getan, das tatsächlich aus dem über 1600 Kilometer entfernten Hadar in Äthiopien stammte. Das Exemplar von Laetoli ist mit 3,5 bis vier Millionen Jahren auch etwas älter. Johanson hatte angeboten, Mary Leakey zur Koautorin der neuen Spezies zu machen, aber sie hatte abgelehnt, da sie mit der Benennung einer neuen Spezies auf der Grundlage von Material aus so verschiedenen Fundstätten nicht einverstanden war. Sie war auch verärgert, dass der Speziesname *afarensis* sein sollte, was sich auf eine Region in Äthiopien bezog, während der entscheidende Kieferknochen aus Laetoli in Tansania stammte, aber sie konnte nichts dagegen tun.

Australopithecus afarensis ist älter als Darts A. *africanus*, war fast 20 Jahre lang der älteste bekannte Australopithecus und schien eine Schlüsselrolle in der Evolution aller folgenden Menschenverwandten zu spielen. Es schien, als müssten die robusten wie die grazilen Australopithecinen und die frühesten Angehörigen der Gattung *Homo*, die alle während der nächsten Million Jahre auftraten, irgendwie von »Lucy« und ihrer Verwandtschaft abgeleitet werden. Doch wie wir gesehen haben, sollte sich das Bild ändern, als noch weitere Vorfahren entdeckt wurden, sodass tatsächlich der Ursprung von *Homo* neu bewertet und hinterfragt wurde.

Innerhalb der Australopithecinen wurde »Lucy« aus ihrer »Vorfahren«-Stellung verdrängt, als 1995 Richard Leakeys Frau Meave, die mit einem Team in Kanapoi in Kenia gearbeitet hatte, eine neue und ältere Pithecanthropus-Art – *A. anamensis* (4,2–3,9 Millionen Jahre alt) bekanntgab. Die neue Spezies beruhte auf einem ausgewachsenen Kieferknochen und Zähnen, aber in jüngerer Zeit sind noch ein unvollständiger Schädel und einige Beinknochen entdeckt worden. Diese zeigen, dass auch dieser älteste bekannte *Australopithecus* wie »Lucy« fähig war, aufrecht zu gehen.

In ihrer »verzweigten« Evolution folgen die Australopithecinen einem wiederholten Muster, das nicht nur bei den Primaten zu beobachten ist, sondern bei allen Säugetieren und sogar in viel größerem Maßstab innerhalb der Evolution allen früheren Lebens. Diesen etwa ein Meter hohen ausgestorbenen Menschenverwandten war eine sehr erfolgreiche Anpassung gelungen – der zweibeinige Gang, der ihnen erlaubte, sich über einen beträchtlichen Teil Afrikas auszubreiten. Populationen wurden durch sich wandelnde geografische und umweltbedingte Barrieren voneinander getrennt und entwickelten sich isoliert zu einer Reihe verschiedener Spezies. Eine Gruppe, etwa die robuste Spezies *Paranthropus robustus*, passte sich an, indem sie sich von groben faserigen pflanzlichen Stoffen wie Wurzeln, Knollen und vielleicht Früchten und Blättern ernährte, während die grazileren Arten wie *A. afarensis* vermutlich eher Allesfresser wurden, aber noch weitgehend von pflanzlicher Nahrung, vielleicht Früchten, abhingen.

Eine Auswertung von Pflanzen und Tieren, die neben *A. afarensis* in der Region Hadar lebten, ergab, dass sich die Umwelt radikal von der heute trockenen Landschaft unterschied. Vor rund drei Millionen Jahren gab es an Seen und Flüssen üppiges Sumpfland mit einer wunderbaren Vielfalt von Wasser- und Landpflanzen und -tieren.

Es ist auch möglich, dass *A. afarensis* begann, verfügbares Fleischprotein zu sich zu nehmen, so wie es Schimpansen heute gelegentlich auch tun. Allerdings ist es unwahrscheinlich, dass sie etwas anderes jagten als kleines Wild; eher plünderten sie die Beute von größeren Raubtieren. Wie Hyänen mögen Australopithecinen in der Lage gewesen sein, eine Großkatze von ihrer Beute zu vertreiben, indem sie in einer Gruppe zusammenarbeiteten und sie belästigten. Der Vorteil des Fleischproteins war, dass es die erhöhte Energiemenge lieferte, die für das Laufen über große Strecken nötig war, und es ergänzte eine pflanzliche Ernährung in Dürrezeiten oder im offeneren Grasland der Savanne, wo pflanzliche Nahrung knapp ist.

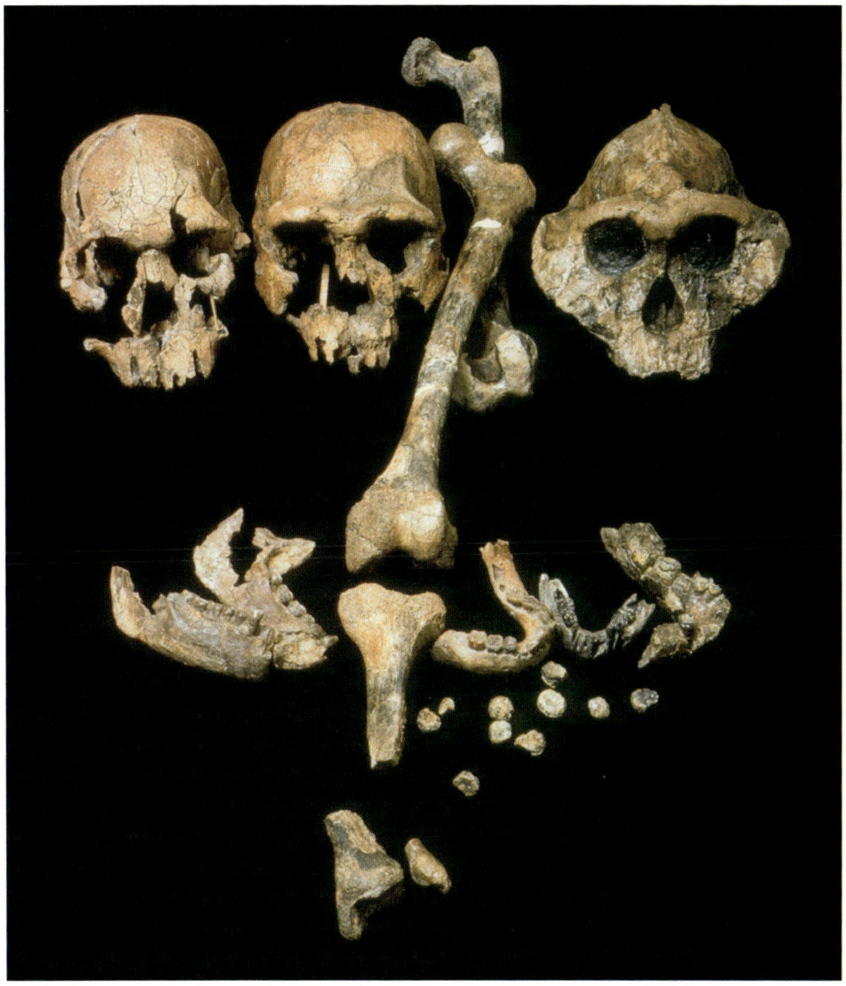

Diese Sammlung alter menschlicher Überreste kommt aus der Region um den Turkana-See und wurde von Richard Leakeys Team gefunden. Es sind (von rechts nach links) Schädel von *Australopithecus boisei, Homo ergaster* und *Homo rudolfensis.*

Außerdem hatten Fleischproteine noch andere Vorteile: Sie förderten die Entwicklung des Gehirns.

Zweibeinigkeit bringt mehrere Vorteile; vor allem befreit sie die Hände, die andere Tätigkeiten verrichten können, wie etwa Nahrung, Kleinkinder und Geräte zu tragen. Der Nachteil ist, dass für einen effizienten aufrechten Gang Füße, Knöchel, Beine, Knie und Hüftgelenke sich so verändern müssen, dass sie dadurch nicht mehr so gut zum Klettern auf Bäume geeignet sind. Dies ist ein typischer evolutionärer Kompromiss, der bedeutete für die Australopithecinen, dass sie im Gegenzug für die Fähigkeit, aufrecht durch offene Räume zu wandern, etwas von der Sicherheit verloren haben dürften, die geschicktes Klettern auf Bäume bot. Zwar bot ihre aufrechte Haltung gegenüber der eines Vierbeiners bessere Sicht, doch dürften die meisten ihrer Feinde sie im Freien mühelos eingeholt haben. Also wurde vermutlich eine andere Strategie eingesetzt, um größtmögliche Sicherheit zu erlangen, zum Beispiel Gruppenwachsamkeit und vielleicht der Gebrauch von Stöcken und Steinen als Waffen.

KAPITEL SIEBEN

Lückenfüller – die Suche nach den Wurzeln unseres Familien-»Buschs«

Den größten Durchbruch bei der Suche nach unseren Ursprüngen stellen die Funde einiger afrikanischer Fossilien dar, die am unteren Ende des Stammbaums des Menschen angesiedelt sind. Jahrzehntelang klaffte eine Riesenlücke zwischen den ältesten menschenverwandten Fossilien – den knapp drei Millionen Jahre alten Australopithecinen – und den Fossilien ihrer nächsten Primatenvorfahren – wie dem rund 23 Millionen Jahre alten *Proconsul.* Die molekulare Uhr lässt vermuten, dass sich unsere Evolutionslinie von der des Menschenaffen vor sieben bis fünf Millionen Jahren trennte. Wo blieben also die Fossilien, die die Anfänge, die »Wurzeln« unseres strauchartig verzweigten Familien-»Buschs« bilden?

Fünf Schädel, die Vorfahren und Verwandten des modernen Menschen gehören. Von links: *Australopithecus africanus*, Alter 3–1,8 Mio. Jahre; *Homo habilis* (oder *Homo rudolfensis*), Alter 2,1–1,6 Mio. Jahre; *Homo ergaster*, Alter 1,8–0,3 Mio. Jahre; *Homo sapiens*, Alter 92 000 Jahre; Cro-Magnon-Mensch (eine Spätform des *Homo sapiens*), 22 000 Jahre alt.

Wir haben gesehen, dass Charles Darwin und Thomas Henry Huxley, die Vorkämpfer der Theorie von der Evolution des Menschen, die enge biologische Verwandtschaft zwischen unserer Spezies und den Menschenaffen hervorhoben. Vor allem Darwin ging einen Schritt weiter und sagte voraus, dass unsere Ursprünge in Afrika liegen. Obwohl sein großer Bewunderer, der deutsche Biologe Ernst Haeckel, stets behauptete, die Gibbons stünden den Menschen näher, und der Garten Eden der Menschheit sei somit in Asien zu finden, wissen wir heute, dass Haeckel sich in beiden Punkten geirrt hatte.

Aus biologischer und genetischer Sicht sind die Schimpansen unsere nächsten lebenden Verwandten – trotz der Entdeckung des Javamenschen (heute *Homo erectus* genannt) durch Haeckels Schützling Eugene Dubois in den 1890er Jahren, die zunächst Haeckels Theorie von Asien als Wiege der Menschheit zu bestätigen schien. Es gibt jedoch einen nach wie vor ungeklärten Aspekt in Bezug auf die Geschichte des *Homo erectus* und seine Evolution in Asien. Er widerlegt aber keineswegs die erdrückenden Beweise dafür, dass *Homo sapiens* seine Wurzeln in Afrika hat.

Das schlagkräftigste Argument zugunsten unserer afrikanischen Herkunft lieferten Genanalysen und Genvergleiche zwischen lebenden Menschenaffen, vor allem Schimpansen, und uns. Die Tatsache, dass wir mit ihnen über 98 Prozent des Erbguts gemeinsam haben, belegt nicht nur die enge Verwandtschaft, sondern auch, dass die Trennung der Evolutionslinien zwischen beiden Gruppen sich ungewöhnlich spät vollzog, also noch sehr »frisch« ist. Der molekularen Uhr zufolge fand diese Trennung irgendwann im Zeitraum vor sieben bis fünf Millionen Jahren statt. Leider besaßen wir bis vor kurzem praktisch keine fossilen Belege für unsere frühesten menschenähnlichen Verwandten vor und nach dieser Trennung. Im letzten Jahrzehnt wurden wir jedoch Zeugen von bemerkenswerten Funden in Afrika, die entscheidend dazu beitrugen, die riesige Lücke an fossilen Nachweisen für den Zeitraum von vor vier bis sieben Millionen Jahren zu schließen, wodurch sich unser Bild von den Anfängen unserer Evolution grundlegend wandelte. Die neuen Grabungsstätten liegen teilweise 2500 Kilometer westlich des Ostafrikanischen Grabensystems; von dort stammten die meisten Belege für unsere frühesten Vorfahren.

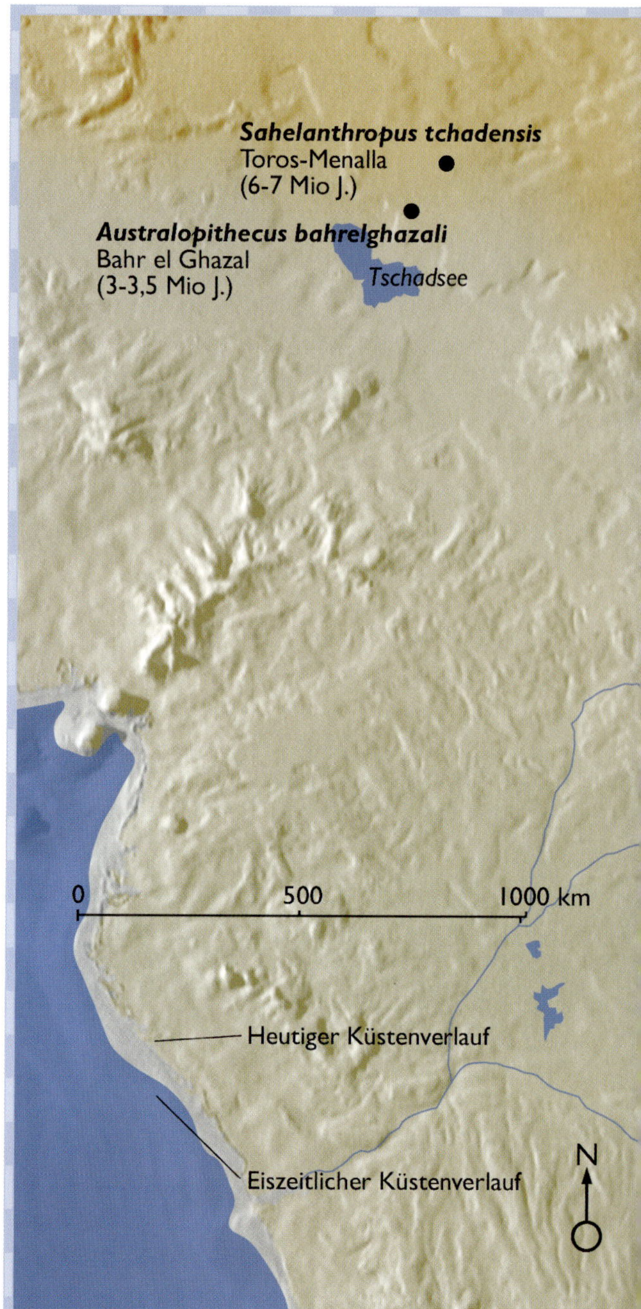

Ferne Wurzeln

Allmählich gibt Afrika die Geheimnisse von den tieferen Wurzeln unseres Stammbaums preis. Noch vor wenigen Jahrzehnten waren die ältesten Fossilien von Menschenverwandten knapp drei Millionen Jahre alt, sodass die weiter zurückliegende Zeit ein weißer Fleck war; Fossilien bis zu den Affen des Miozäns fehlten. Es klaffte eine zeitliche und anatomische Lücke jenseits dieser drei Millionen Jahre, und die Hoffnung, diese eines Tages zu füllen, schwand.

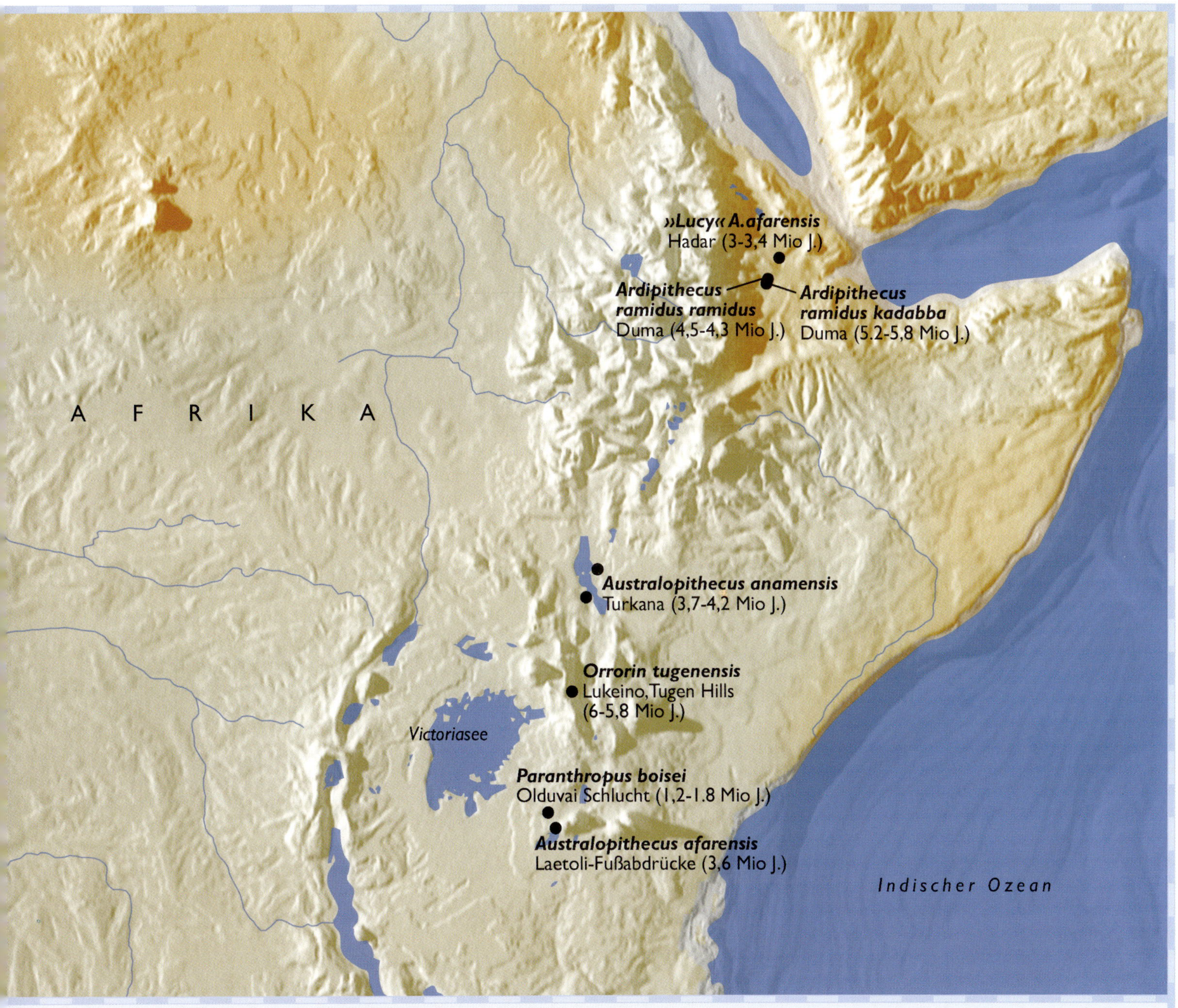

Zum einen war es schwierig, zugängliche, vier bis zehn Millionen Jahre alte Erdschichten zu finden. Als die geologische Kartierung Zentralafrikas vorlag, wies sie einige Schichten von geeignetem Alter aus; sie lagen vor allem in der Region Afar (Äthiopien) und in den Tugen Hills (Kenia), beide entlang dem Ostafrikanischen Grabensystem. Aus Afar stammt die neue Gattung *Ardipithecus* und aus den Tugen Hills die ebenfalls neue Gattung *Orronin*.

Man vermutete, dass die frühen Individuen sich auf diese fruchtbare, wasser- und wildreiche Waldlandschaft beschränkten. Es war jedoch klar, dass solche offenen, wildreichen Waldgebiete sich auch jenseits des Ostafrikanischen Grabens erstreckten. Die mühevolle Suche in der Wüste von Tschad, westlich des Rift Valley, erwies sich als lohnend: Hier barg man die Fossilien des ältesten Menschenverwandten, der den Namen *Sahelanthropus tchadensis* erhielt und dessen Alter auf sechs bis sieben Millionen Jahre datiert wurde. Nach der molekularen Uhr entspricht der Zeitpunkt, als sich die Entwicklungslinie in frühe Schimpansen und in Menschenverwandte gabelte, dieser Phase des Pliozäns. *Sahelanthropus* dürfte daher jenem gemeinsamen Urahn nahe stehen; dennoch meinen einige Experten, der *Sahelanthropus* stelle eine Stufe auf dem Entwicklungszweig der Menschenaffen dar.

Toumaï – *Sahelanthropus tchadensis*

Am dramatischsten erwies sich die Entdeckung eines ungewöhnlich gut erhaltenen Schädels, der *Sahelanthropus tchadensis* genannt wurde. Er erhielt den Spitznamen »Toumaï«, was in der lokalen Sprache Goran im Norden von Tschad, woher der Fund stammt, »Lebenshoffnung« bedeutet. Heute ist dieses unwirtliche Gebiet zwischen dem Wendekreis des Krebses und dem Äquator Teil der Sahara.

Der von Michel Brunet gefundene Schädel des *Sahelanthropus tchadensis* bestand aus zahllosen Bruchstücken. Die vorzügliche Rekonstruktion zeigte, dass er neben primitiven, affenähnlichen Merkmalen auch menschenähnliche Züge aufwies.

Rechts: Michel Brunet bewundert seinen neuesten Fund – den *Sahelanthropus*.

Ein französisch-tschadisches Forscherteam unter Leitung von Michel Brunet von der Université de Poitiers widmete sich über zehn Jahre lang der Suche nach fossilen Überresten unserer Vorfahren. In Sedimenten des oberen Miozäns, die aus dem Wüstensand hervorragen, fanden sie Tausende Knochen von über 44 ausgestorbenen Tierarten, die dieses Gebiet vor sieben Millionen Jahren besiedelten.

Die Fossilien – sie reichen von ausgestorbenen Fisch- und Krokodilarten bis zu Nagetieren und Elefanten – und die Ablagerungen, in denen sie eingeschlossen waren, belegen, dass im oberen Miozän hier Klima und Landschaft ganz anders waren als heute. Ausgedehnte Sümpfe sowie lichte Wälder und savannenähnliches Grasland, ähnlich etwa dem heutigen Okavango-Delta in Botswana, bedeckten das Gebiet. Dennoch rückte die Wüste immer näher und unübersehbar waren die ersten Anzeichen eines Klimawandels: Die zunehmende Dürre sollte die nachfolgende Evolution des Lebens in Afrika und vermutlich auch die Entwicklung unserer Vorfahren entscheidend beeinflussen.

Innerhalb der Abfolge von Sedimenten des oberen Miozäns findet sich eine Sandsteinschicht, die besonders reich an Landsäugerfossilien ist und als Anthrakotherien-Einheit bezeichnet wird. Der Name geht auf das heute ausgestorbene Anthrakotherium *Libycosaurus petrochii* zurück, dessen Überreste in dieser

Zwei Versionen einer *Sahelanthropus*-Rekonstruktion.

Schicht häufig vorkommen. Es handelt sich um ein teils im Wasser lebendes Säugetier, das ein wenig den Flusspferden ähnelte, jedoch eine ganz andere Kopfform aufwies und neben Pflanzenfressern wie primitiven Elefanten und Schweineartigen wie *Nyanzachoerus syrticus* lebte. Unter den Raubtieren und Aasverwertern fand man Knochen von Hyänen und Großkatzenartigen. In diesem artenreichen tropischen »Wildpark« lebte ein kleiner, knapp ein Meter hoher affenähnlicher Menschenverwandter – der *Sahelanthropus tchadensis*.

Die 2001 entdeckten Überreste bestehen aus einem fast vollständigen Schädel, Teilen des Kiefers und einzelnen Zähnen. Der Schädel war zwar in einem Stück erhalten, doch nach Eintritt des Todes zertrümmert worden. Brunet und seinem Team gelang es, weitere Details herauszulesen. Seiner Ansicht nach zeigt der Fund zwar eindeutig äffische Merkmale, enthält aber zugleich auch Charakteristika, die nicht nur eine Zuordnung zur Entwicklungslinie der Menschenartigen rechtfertigen, sondern auch nahe legen, dass er aufrecht gegangen war. Zu den äffischen Merkmalen zählen der flache, längliche, stark zurückspringende Schädel, ein kleines Gehirn (360–370 ccm) sowie der kräftige Brauenwulst, hinter dem eine deutliche Verengung verläuft. Für eine höhere Entwicklungsstufe sprechen die kleinen Zähne, vor allem die Eckzähne, sowie das flache Gesicht und die Ausrichtung der Augenhöhlen im Verhältnis zu den Schädelknochen. Insgesamt präsentiert sich der Fund als einzigartige Mischung von primitiven und höher entwickelten Merkmalen.

Einwände und Widerstände

Kaum, dass die Beschreibung des neuen Funds veröffentlicht wurde, meldeten sich die Kritiker zu Wort und behaupteten, der *Sahelanthropus tchadensis* sei lediglich eine frühe Affenform, möglicherweise ein Gorillaweibchen, und schlugen stattdessen die Bezeichnung *Sahelpithecus tchadensis* vor. Ähnliche Kritik hatte es 1925 gegeben, als Raymond Dart erstmals seine neue Gattung *Australopithecus* beschrieb. Nun aber wurden in den nachfolgenden Jahren weitere Kieferteile und Zähne gefunden.

Die neuen Fossilien stammen aus drei angrenzenden Fundstellen und bilden die Überreste von mindestens sechs, eher neun Individuen. Unter anderem barg man einen unteren Eckzahn ohne Abschliffspuren auf der Zahnoberfläche. Bei Schimpansen hingegen reiben sich beim Schließen von Ober- und Unterkiefer die Eckzähne der oberen und unteren Zahnreihe gegeneinander und sorgen so für Selbstschliff. Außerdem nimmt der Zahnschmelz des Eckzahns mit einer Dicke von 1,2 bis 1,9 Millimeter eine Mittelstellung zwischen den Werten bei Schimpansen und Australopithecinen ein.

Jüngst erfolgte eine 3-D-Rekonstruktion des *Sahelanthropus*-Schädels mittels Computertomographie, wobei im Abstand von 0,4 Millimeter gemachte Querschnittaufnahmen ein plastisches Gesamtbild ergeben. Die Rekonstruktion zeigt den Autoren zufolge einige Merkmale, die die Stellung dieses Fossils als ältester bekannter menschenartiger Vorfahre bestätigen. Gesicht und Schädelbasis wurden auch getrennt untersucht, denn sie liefern entscheidende Hinweise auf die Entwicklungsstufe innerhalb der Evolution vom Schimpansen zum Menschen und geben Aufschluss darüber, ob das Individuum zum aufrechten Gang fähig war oder sich nur, wie die heutigen Menschenaffen, im Knöchelgang fortbewegte. Anhand diverser Schädelmodelle wurde auch geprüft, zu welchem Gesichtstyp das Schädelfragment am ehesten passen würde: zum schimpansenähnlichen, gorillaähnlichen oder dem eines *Australopithecus*. Die

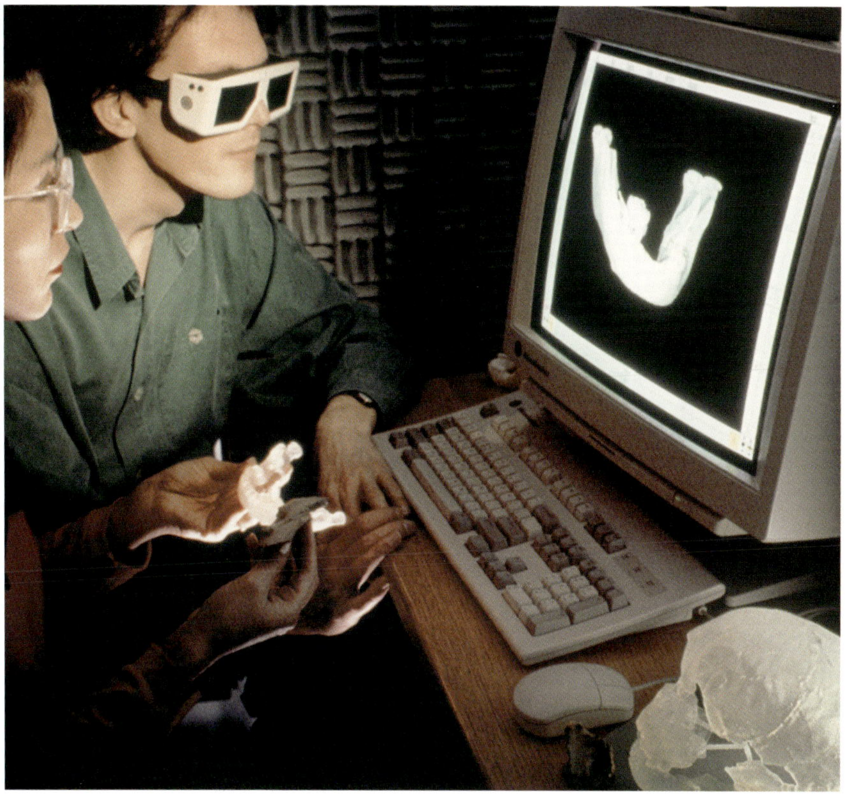

Mittels Computertomograph erstellte Schnittbilder werden zu einem dreidimensionalen Schädelmodell zusammengesetzt, das die nach dem Tod eingetretenen Verstümmelungen der Schädelknochen beseitigt.

Klimaveränderungen hatten oft einschneidende Auswirkungen auf unsere Entwicklung zu dem, was wir heute sind.

Neueste Forschungen scheinen zu bestätigen, dass *Sahelanthropus tchadensis* der älteste bekannte menschenverwandte Urahn ist.

Die schematische Darstellung des rekonstruierten *Sahelanthropus*-Schädels zeigt, dass der Winkel, den das Foramen magnum (FM; großes Hinterhauptsloch) mit der Schnittebene der Augenhöhlen (SA) bildet, dem des Menschen eher entspricht als dem des Menschenaffen. Dieses Merkmal deuten manche Forscher als Hinweis darauf, dass der *Sahelanthropus* die Fähigkeit zum aufrechten Gang besaß.

Autoren kamen zum Schluss, dass es Letzterer wäre, was sich auch durch statistische Daten bestätigen lässt.

Eine Seitenansicht zeigt, dass der Winkel, den die Schnittebene der Augenhöhlen und das große Hinterhauptsloch bilden, sich beim *Sahelanthropus* erheblich von dem des Schimpansen unterscheidet und dem des *Australopithecus* näher steht. In Form und Größe ist die Hirnschale nicht so »aufgebläht« wie bei den Australopithecinen. Obwohl der *Sahelanthropus* gut zwei Millionen Jahre älter ist als der früheste bekannte *Australopithecus*, wirkt sein Gesicht verblüffend »modern«, wo doch schon wegen seines Alters eher äffische Züge zu erwarten wären. Aufgrund seines Alters und der Nähe zum gemeinsamen Urahn von Schimpansen und Menschen hätte es nicht überrascht, wenn die Mundpartie viel stärker vorgestanden hätte und auf der Schädeldecke ein knöcherner Scheitelkamm als Ansatz für die Kaumuskulatur vorhanden gewesen wäre – diese anatomischen Merkmale fehlen jedoch.

Die Ausprägung des Winkels zwischen Foramen magnum (großem Hinterhauptsloch) und der fast

Die 3-D-Rekonstruktion des Schädels eines Neandertal-Kindes zeigt anschaulich die Größe der Hirnschale und dass in dieser Altersstufe der typische Brauenwulst noch nicht ausgebildet ist.

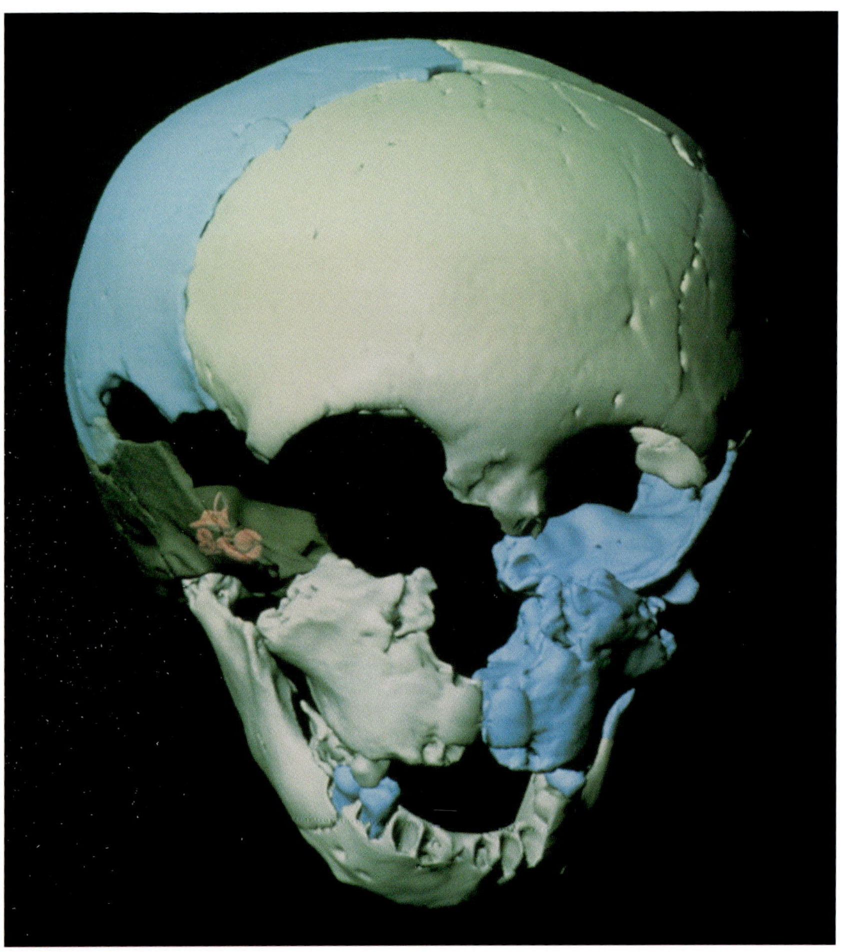

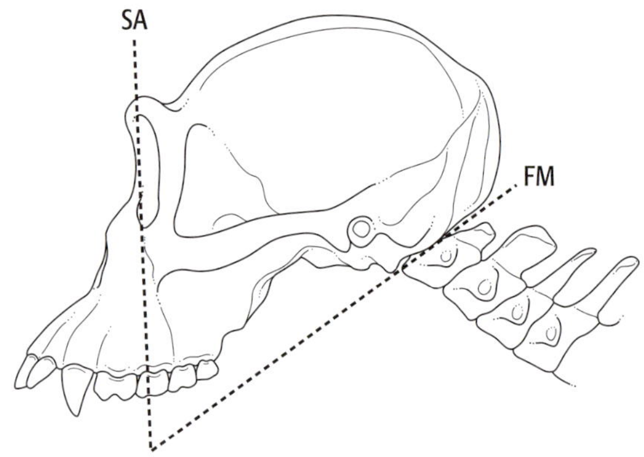

Schimpanse

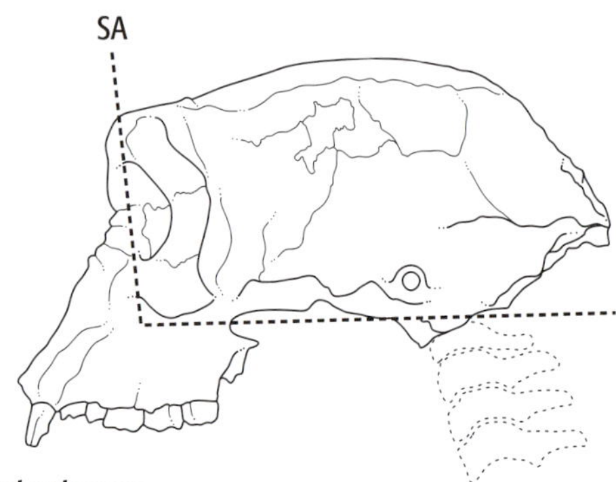

Sahelanthropus

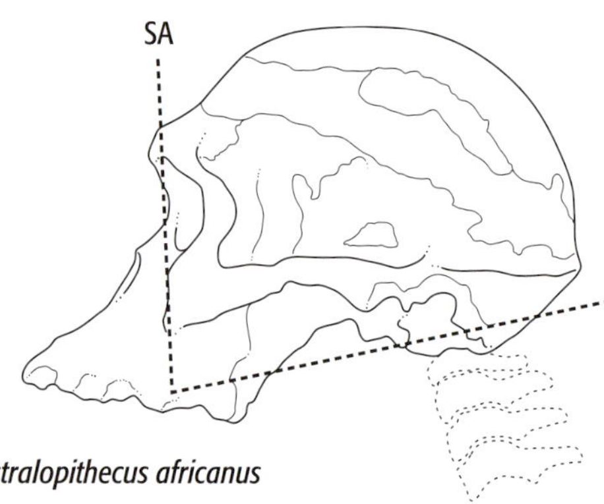

Australopithecus africanus

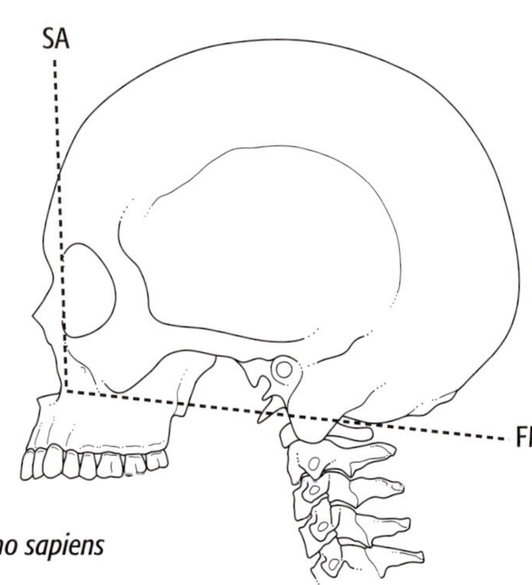

Homo sapiens

senkrechten Schnittebene, in der die Augenhöhlen liegen, ähnelt dem Winkel beim *Australopithecus.* Das große Hinterhauptsloch bezeichnet die Stelle, an der das Rückenmark in den Schädel eindringt. Bei aufrecht gehenden Individuen ist es nach vorn, unter die Schädelbasis verlegt und bildet mit der Schnittebene der Augenhöhlen einen fast rechten Winkel. Bei Schimpansen und anderen Vierbeinern, deren Wirbelsäule parallel zum Boden verläuft und deren Blick nach vorn, ebenfalls parallel zum Boden gerichtet ist, liegt das Hinterhauptsloch hinten am Schädel. Mit dem gleichen Nachweis hatte Raymond Dart vorausgesagt, dass Australopithecinen Zweibeiner seien.

Sahelanthropus bewahrt diese seltsame Mischung von primitiven, äffischen Merkmalen und solchen, die für eine höhere Entwicklungsstufe typisch sind, und könnte bereits Zweibeiner gewesen sein. Den endgültigen Beweis hierfür dürfte die Entdeckung von Knochenteilen der Beine, vornehmlich der Gelenke, liefern, deren Flächen Aufschluss über die Art der Fortbewegung geben, so wie dies auch 1980 mit der Entdeckung von »Lucy« (*Australopithecus afarensis*) durch Donald Johanson der Fall war.

Bislang sieht es aus, als sei *Sahelanthropus tchadensis* als eigenständiges Mitglied im Evolutionsstammbaum des Menschen akzeptiert, doch sollte sich künftig zeigen, dass die Knochen der Gliedmaßen nicht auf einen aufrechten Gang hinweisen, dürfte seine jetzige Stellung ins Wanken geraten. Im Augenblick ist »das Alter« von Toumaï eines seiner wichtigsten Merkmale. Wie kam man auf rund sieben Millionen Jahre?

Woher kennen wir Toumaïs Alter?

Als man Toumaïs Überreste freilegte, lag ihnen kein Altersnachweis bei, sodass deren Datierung Brunet verständlicherweise Kopfzerbrechen bereitete. Das Alter vieler, wenn nicht gar aller Knochen, die wir besprochen haben, wurde indirekt ermittelt, durch radiometrische Messungen bestimmter Gesteinsschichten aus der Umgebung der Funde. Die meisten der radiometrisch datierbaren Gesteine und besonders jene aus dem Ostafrikanischen Grabensystem sind vulkanischen Ursprungs. Die Schichten, in denen *Sahelanthropus* geborgen wurde, liegen aber weit entfernt von einem Vulkan, der im oberen Miozän aktiv gewesen sein könnte. Somit war eine radiometrische Datierung ausgeschlossen. Die Forscher mussten daher auf die herkömmliche indirekte stratigraphische Untersuchung zurückgreifen, indem sie die Fossilien zu den Sedimentschichten, in denen sie eingeschlossen waren, in Bezug setzten.

Indem man die umliegenden Knochen der ausgestorbenen Säugerarten zum Toumaï-Fund in Bezug setzt, erhält man den Schlüssel zu dessen relativer Altersbestimmung. Die Backenzähne der Schweinespezies *Nyanzachoerus syrticus* aus Tschad ähneln stark den Zahnfunden von Schweineartigen aus 5,2 bis 7,4 Millionen Jahre alten Sedimentschichten im ostafrikanischen Lothagam Nawra. Schweineartige mögen eine wenig schillernde Tierart sein, aber sie waren – und sind immer noch – eine überaus erfolgreiche Gruppe von Säugetieren, die sich im Lauf der letzten zehn Millionen Jahre recht schnell zu einer Vielzahl von Gattungen und Arten weiterentwickelten. Zwangsläufig kommen ihre fossilen Überreste häufig vor und glücklicherweise lassen sie sich einzelnen Spezies schon aufgrund ihrer Zahnform zuordnen. Hinzu kommt, dass ihre Knochen oft am besten erhalten sind, da sie, weil als Nahrungsquelle wertlos, für Aasverwerter uninteressant waren.

Wenn die Teile der Überreste zusammengefügt werden, entsteht ein vollständiges Bild.

Im Lauf der Zeit gelang es Paläontologen zu klären, wie sich miteinander verwandte Schweineartige und andere Säuger in einzelnen alten Sedimentschichten verteilten, was ihre zeitliche Einordnung und Abfolge ermöglichte. Man weiß heute, dass das Vorkommen bestimmter Spezies Rückschlüsse auf sukzessive Lebensräume erlaubt, die mancherorts, wie etwa in den Tugen Hills und in Lothagam in Kenia mit der radiometrisch ermittelten Zeitskala in Bezug gesetzt werden können. An diesen beiden Orten ist eine radiometrische Datierung möglich, weil zwischen den einzelnen Sedimentschichten radiometrisch datierbare Vulkanasche oder Lava eingeschlossen ist.

Indem Forscher bei der Freilegung von Überresten menschenverwandter Arten zugleich auch identifizierbare und biochronologisch signifikante Tierfossilien fanden, waren sie in der Lage festzustellen, dass ihr Fossil zu einem bestimmten bekannten Lebensraum gehörte. Durch Korrelation dieses Lebensraums aus dem Tschad mit einem gleichen Lebensraum an einem andren Ort innerhalb einer radiometrisch datierten Schichtfolge konnten die Forscher verlässlich feststellen, dass die Überreste der Menschenverwandten zu einem bestimmten Zeitfenster gehören. In diesem Fall lag es zwischen sechs und sieben Millionen Jahren.

Die Entdeckung von Fossilien menschenverwandter Spezies innerhalb einer besonderen Biozone erlaubt auch zwischen weit voneinander entfernten Fossilien eine Verbindung herzustellen.

Wie lebten sie?

Die affenähnlichen Sahelanthropen müssen gefährlich gelebt haben. Selbst wenn sie aufrecht gehen konnten, waren sie sicherlich unfähig zu laufen, sodass sie auf dem Boden, vor allem in offenem Gelände, für schnelle Raubtiere eine leichte Beute gewesen sein dürften. Wie die Schimpansen könnten sie sich im Knöchelgang rasch fortbewegt haben. Aber anders als diese scheinen sie nicht so scharfe Eckzähne als Waffe zur Selbstverteidigung besessen zu haben. Vermutlich verließen sie sich zur Wahrnehmung von Gefahren auf die Wachsamkeit der Gruppe und auf ihren entwickelten See-, Hör- und Geruchssinn.

Höchstwahrscheinlich waren sie Pflanzen- und Früchtefresser, verbrachten die meiste Zeit geschützt im Kronendach der Bäume und stiegen nur selten hinab auf den Boden. Wie sie sich hier fortbewegten, bleibt noch offen; ob sie sich von Baum zu Baum schwangen und ihre Arme und Hände dafür besonders angepasst waren, oder ob sie im Knöchelgang umhergingen, diese Fragen bleiben unbeantwortet, solange man nicht die entsprechenden Knochenpartien entdeckt hat. Ihr Hirnvolumen war nicht größer als das der Schimpansen, aber wir wissen, dass diese in einem sozialen Verband leben und über erhebliche geistige Fähigkeiten verfügen (vgl. S. 28).

Dadurch, dass Brunet das Toumaï-Fossil nicht einer vorhandenen, sondern einer neuen Gattung zuordnete, die er *Sahelanthropus* (»Mensch aus dem Sahel«) nannte, löste er einen Klassifikations-Streit aus. Er begründet seine Entscheidung mit dem Argument, dass sich sein menschenähnlicher Fund deutlich abhebt von allen bisher beschriebenen Exemplaren des buschartig verzweigten Stammbaums, und lässt damit zwangsläufig die Frage nach dem Verwandtschaftsgrad zu den bestehenden Vertretern offen.

Einer der wichtigsten Aspekte in Verbindung mit dem Toumaï-Fund ist die einzigartige Mischung von Merkmalen, wie sie so weder bei Schimpansen noch bei allen anderen bisherigen Menschenartigen vorkommt. Die Toumaï-Knochen erinnern uns daran, dass einzelne Merkmale oder Merkmalsgruppen sich unterschiedlich stark herausbilden können und dass jene, die besonders eng funktionsgebunden sind, sich zu verschiedenen Zeiten und in verschiedenen Gruppen entwickeln können, ohne dass diese zwangsläufig in einem direkten evolutionären Verwandtschaftsverhältnis stehen müssen.

Nun müssen wir auch die Rolle bewerten, die der nächste Kandidat in unserer Chronologie möglicher Vorfahren spielt: die bruchstückhaft erhaltene, aus Afrika stammende Spezies *Orrorin tugenensis.*

Experten sind sich weiterhin uneins darüber, wie die Merkmale des Oberschenkelkopfs des *Orrorin tugenensis* interpretiert werden müssen.

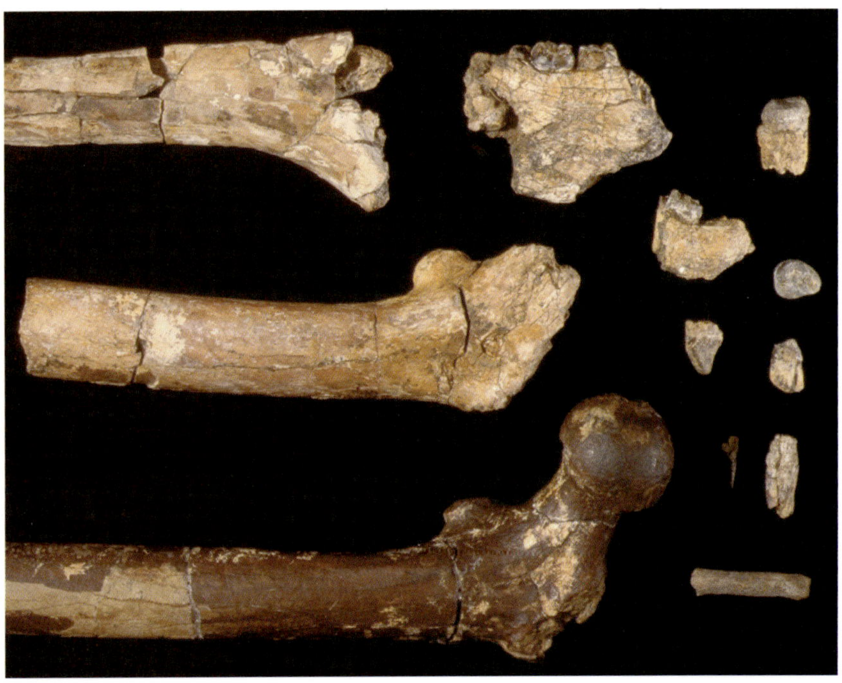

Die Bergung von fast sechs Millionen Jahre alten fossilen Beinknochen in den Tugen Hills von Nordkenia im Jahr 2000 löste unter Experten einen Streit aus. Brigitte Senut und Martin Pickford, die Entdecker dieser Überreste, vertreten die Ansicht, dass das Individuum ihrer neuen Spezies *Orrorin tugenensis* zum aufrechten Gang fähig war, aber nicht alle Experten teilen ihren Standpunkt.

Orrorin tugenensis (6 bis 5,8 Mio. Jahre)

Da der Fund im Jahr 2000 gemacht wurde, erhielt er den Beinamen »Millenium Man«, doch inzwischen wirkt der Name nicht mehr passend. Der Fund besteht aus einigen Bruchstücken von Beinknochen, einigen Zähnen und einem Kieferteil. Die Überreste wurden in den nordkenianischen Tugen Hills durch ein französisches Team unter Leitung von Brigitte Senut und Martin Pickford freigelegt. Sie behaupteten, dass Form und Struktur des Oberschenkelgelenks darauf hinweisen, dass das Individuum zum aufrechten Gang fähig war.

Der Fund erhielt den Namen *Orrorin tugenensis* (*Orrorin* bedeutet im Lokaldialekt »Ursprungsmensch« und tugenensis bezieht sich auf die Herkunft »von Tugen Hills«). Sein Alter wurde auf 5,8 bis 6 Millionen Jahre geschätzt, liegt also noch innerhalb des Miozäns. Wie bei *Sahelanthropus* besitzen auch bei *Orrorin tugenensis* die Zähne eine relativ dicke Zahnschmelzschicht, aber die Eckzähne sind deutlich affenähnlicher als bei Ersterem.

Eine heftige Debatte entbrannte rund um das Oberschenkelgelenk. Senut und Pickford sehen in dessen äußerer Form Hinweise auf Zweibeinigkeit. Ein weiteres Kriterium für einen aufrechten Gang ist die Wanddicke des Oberschenkelhalses. Aufschluss erhoffte man sich von CT-Aufnahmen, die von Experten unterschiedlich interpretiert wurden.

Ardipithecus (5,8 bis 4 Millionen Jahre)

Auf unserem Weg hin zu jüngeren Schichten verlassen wir das späte Miozän (vor 5,3 Millionen Jahren) und betreten das frühe Pleistozän; dabei gelangen wir zu zwei Funden aus dem Norden Äthiopiens, die besonders erwähnenswert sind. Beide wurden einer neuen Gattung zugeordnet, die den Namen *Ardipithecus* (»Bodenaffe«) erhielt.

Die Funde gehören zwei Spezies an: Der *Ardipithecus kadabba* ist mit 5,8 bis 5,2 Millionen Jahren das ältere Fossil, während *Ardipithecus ramidus* mit 4,4 Millionen Jahren das jüngere ist. Obwohl viel mehr Knochen und Zähnen geborgen wurden und es Hinweise gibt, dass auch dieses Wesen aufrecht gehen konnte, stimmen die Experten darüber nicht überein. *Ardipithecus ramidus* wurde vor über zehn Jahren freigelegt, doch hat man noch keine Details. Die Knochen waren in hartem Ton verbacken, und damit sie nicht zu Staub zerfielen, mussten aufwändige Konservierungsmaßnahmen vorgenommen werden, bevor man sie aus dem Boden löste. Die Auswertung der Überreste dürfte weitere Erkenntnisse über den möglichen aufrechten Gang dieses Hominiden liefern.

Obwohl diese drei bislang ältesten Hominiden in verschiedenen Gattungen eingeordnet wurden, weisen vor allem die Zähne bemerkenswerte Ähnlichkeiten auf. Es ist durchaus möglich, dass es sich um drei verschiedene Arten derselben Gattung handelt, aber solange keine weiteren und besser erhaltenen Fossilien gefunden werden, sollte man an der Zuordnung zu verschiedenen Gattungen nicht rütteln. Ihre Entdeckung zeigt, dass es möglich ist, so alte Fossilien auch innerhalb eines Zeitfensters zu finden, von dem man bis dahin annahm, dass es keine Hominidenfossilien enthalte. Außerdem belegen diese Funde, dass es so frühe Fossilien auch jenseits des Ostafrikanischen Grabensystems gibt.

Es könnte auch nur eine Frage der Zeit sein, bis die Suche nach neuen fossilienhaltigen Sedimentschichten mit entsprechenden Funden belohnt wird. Das Problem liegt auch darin, dass die Anzahl dieser frühen Hominiden-Populationen sehr gering war, sodass die Chance, dass Knochenmaterial erhalten blieb, äußerst klein ist.

Ardipithecus ramidus ist ein weiterer früher Hominide aus Ostafrika. Man vermutet, dass dieser über fünf Millionen Jahre alte Vorfahre auch zum aufrechten Gang fähig war. Manche Knochenreste sind aber so zerstört, dass aufwändige Rekonstruktionsarbeiten erforderlich sind, um sie weiter untersuchen zu können.

Dieses Unterkieferfragment zählt noch zu den größten Überresten des *Ardipithecus ramidus* aus Gona; die anderen gefundenen Knochenteile sind weitaus kleiner.

Menschen unterschiedlicher ethnischer Zugehörigkeit passen sich auch biologisch ihrer Umwelt an, zum Beispiel durch die Hautfarbe. Die Unterschiede sind dennoch nur »hautdünn«, denn wir gehören alle derselben Spezies an.

Teil III

Das erstaunlichste und rätselhafteste Kapitel unserer Geschichte ist das Wann, Wie und Warum unserer weltweiten Verbreitung außerhalb Afrikas vor knapp 100 000 Jahren. Die Minderheit unserer Vorfahren außerhalb Afrikas ist heute von besonderem Interesse, weil sie einerseits Klima- und Umweltveränderungen ausgesetzt war und andererseits die Frage aufwirft, wie unsere Ahnen selbst auf ihre Umwelt einwirkten.

KAPITEL ACHT

Die Verbreitung der Menschen und die Entwicklung der Sprachen

Die Weltbevölkerung von gut sechs Milliarden verteilt sich von Pol zu Pol über die Erde und hat sich über die Jahrtausende an die verschiedensten Lebensräume und Klimaverhältnisse, von heißen Wüsten und polaren Tundren bis zu tropischen Regenwäldern angepasst. Folglich ist es nicht überraschend, dass wir uns in einer Reihe augenfälliger Merkmale wie Größe, Körperbau und Hautfarbe sowie in weniger sichtbaren wie Blutgruppen voneinander unterscheiden. Geringfügige genetische Veränderungen führen bei isolierten Bevölkerungsgruppen zu Abweichungen von der globalen Norm; dies betrifft etwa ihre Widerstandsfähigkeit gegenüber unterschiedlichen Umweltbedingungen oder Krankheiten.

Die vollständige Anzahl der männlichen Chromosomen wird hier in einer lichtmikroskopischen Farbaufnahme gezeigt. Jede menschliche Zelle enthält 46 Chromosomen, 23 von der Mutter und 23 vom Vater.

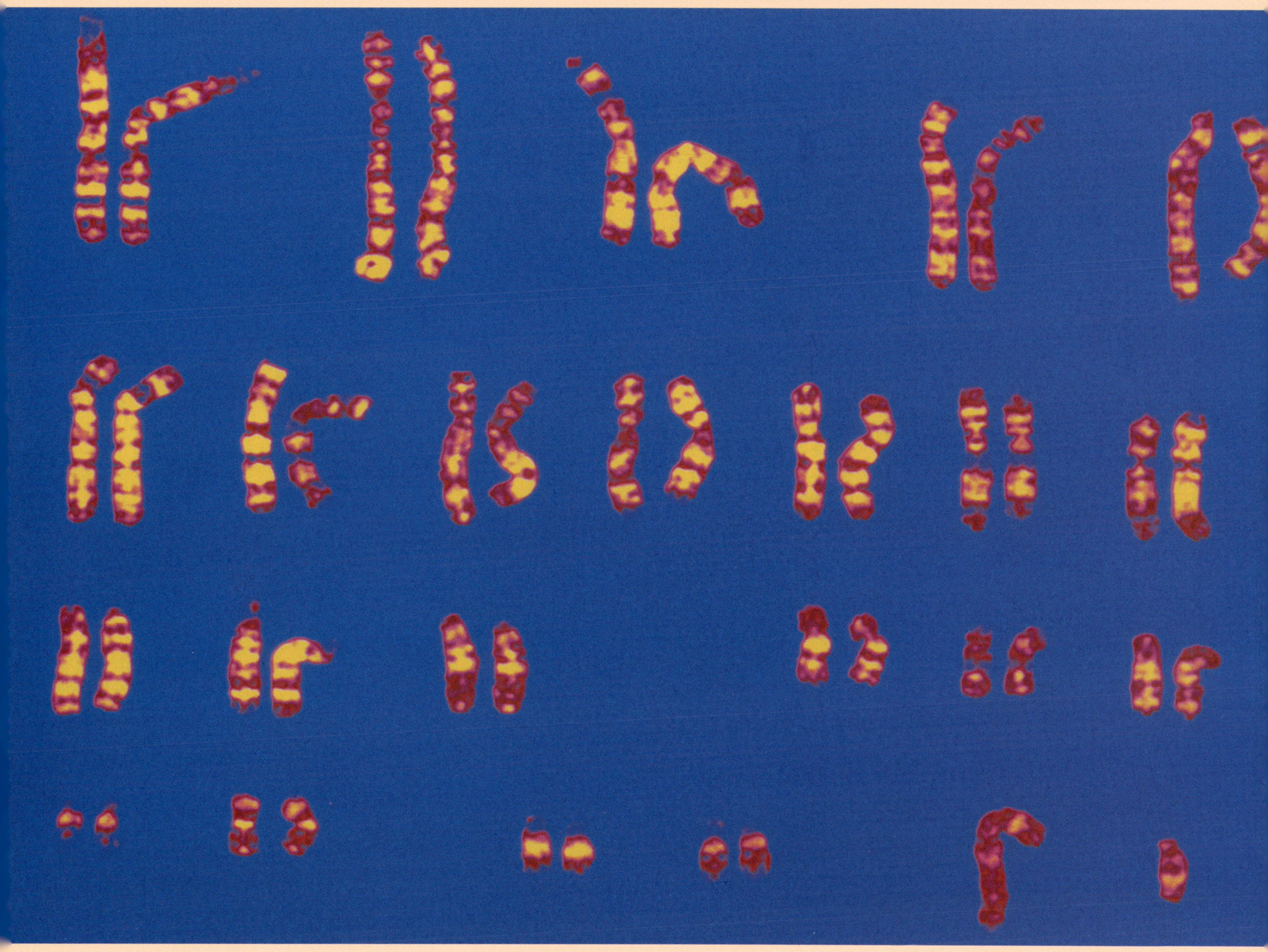

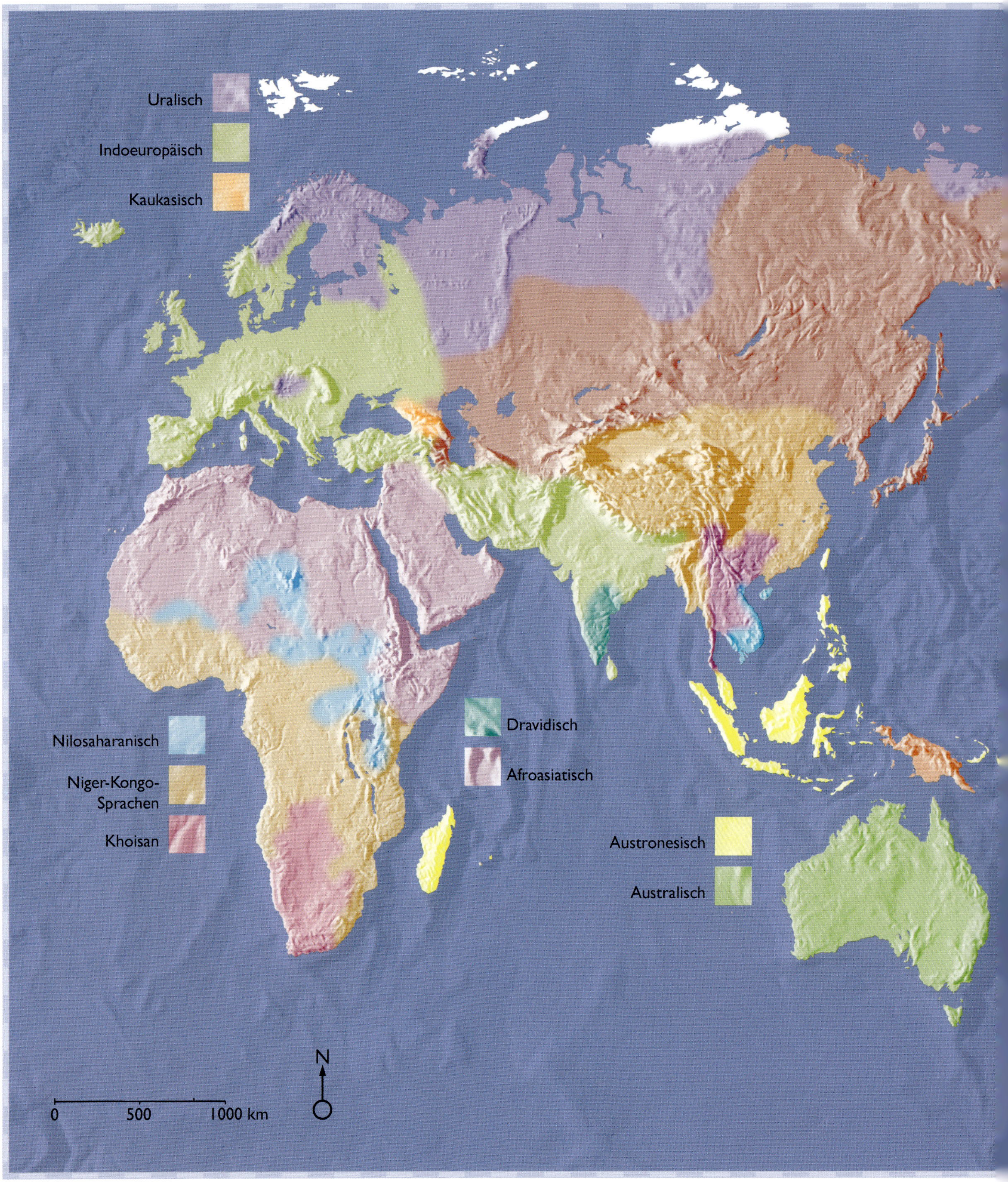
Uralisch
Indoeuropäisch
Kaukasisch
Nilosaharanisch
Niger-Kongo-Sprachen
Khoisan
Dravidisch
Afroasiatisch
Austronesisch
Australisch
0
500
1000 km
N

Die Sprachen der Welt

Die Kartierung der globalen Verteilung der Sprachen bekräftigt die archäologischen Beweise für die Herkunft der Menschen und die Siedlungsmuster. Die größte Vielfalt an Sprachtypen findet sich in Afrika, von wo die modernen Menschen ausgingen und sich vor über 100 000 Jahren unterschiedlich zu entwickeln begannen, und in Südostasien, das vor ungefähr 50 000 Jahren von modernen Menschen erreicht wurde. Die einfacheren Muster anderswo spiegeln nicht nur eine jüngere Besiedlung, sondern auch Wanderungswege wider. Zum Beispiel entstand der aleutisch-tschuktschische Sprachtyp von Nordamerika bei frühen Jägern aus Ostsibirien. Und der austronesische Sprachtyp in Neuseeland stammt nicht aus Australien, sondern aus Südostasien, das viel früher von modernen Menschen besiedelt wurde.

Wir züchten seit langem selektiv Pflanzen und Tiere, um ein bestimmtes Ergebnis zu erhalten.

Praktisch alle Individuen einer Spezies unterscheiden sich voneinander – aufgrund der Bedingungen der geschlechtlichen Fortpflanzung. Nur ungeschlechtliche Fortpflanzung hält die Abweichungen in einer Spezies gering. Außerdem gibt es Variationen auf anderen Ebenen innerhalb gesonderter Gruppen und sogar innerhalb Familien. Wir sind eine gesellige Art, die Unterschiede wie Ähnlichkeiten auf allen Ebenen betont und erkennt. So erwarten wir, dass Nachkommen wie ihre Eltern aussehen, und werden misstrauisch, wenn dies nicht der Fall ist. Die Menschen gehören trotz aller Abweichungen zu einer einzigen Art, die sich kreuzen und lebensfähige Nachkommen hervorbringen kann, die sich ihrerseits kreuzen können. Ungeachtet einiger Tausender Jahre körperlicher Trennung haben wir noch so viel genetisches Material gemeinsam, dass es kein biologisches Hindernis für Kreuzungen gibt.

In der Tat bildet das gemeinsame genetische Erbe die Hauptstütze für den paläoanthropologischen Beweis unseres jungen Ursprungs als Spezies – irgendwann vor 50 000 bis 120 000 Jahren in Afrika. Die Kartierung des menschlichen Genoms und der Vergleich mit bereits publizierten, etwa jenem der Maus, und, wichtiger noch, dem des Schimpansen, das zu rund 99 Prozent mit dem des Menschen identisch ist, bieten eine Basis für umfassende vergleichende Studien, die erhellen können, wie wir uns von den Schimpansen unterscheiden und wann diese Veränderungen eingetreten sein könnten. Die Isolierung alter Biomoleküle wie DNA von ausgestorbenen Verwandten wie den Neandertalern legt auch Zeugnis ab für vergangene verwandtschaftliche Zusammenhänge. In der Zukunft wird die Kartierung der Genome anderer höherer Affen, besonders des Gorillas, ein noch besseres Maß für den zeitlichen Rahmen und das Tempo jener Veränderungen liefern, die den Unterschied zwischen Affe und Mensch ausmachen.

Die Genetik ist einer der Schlüsselbereiche der modernen Wissenschaft, und das Studium der Humangenetik ist höchst relevant für unser Bemühen, uns als eine Spezies mit einer langen evolutionären Vergangenheit – und hoffentlich einer Zukunft – zu verstehen. Darwin konnte Mitte des 19. Jahrhunderts noch auf kein Genetikwissen bauen, aber er erkannte, dass ein Verständnis der Mechanismen und Formen der Vererbung den Schlüssel zur Evolution bilden würde. Wir Menschen greifen seit Jahrtausenden in die Vermehrung von Pflanzen und Tieren ein, indem wir viele Arten für die verschiedensten Zwecke domestizierten, vor allem für Nahrung und Kleidung, aber auch allein des sportlichen oder ästhetischen Vergnügens wegen.

Darwin kannte sich sehr gut aus in der Zucht von Haustieren; er wusste, was erreicht werden konnte, wenn man Paarungspartner auswählte, die mit besonderen Merkmalen wie besserer Wolle, besserem Fleisch oder bunterem Gefieder »prunkten«. Er züchtete Tauben, weil sie sich in Gefangenschaft leicht fortpflanzen; durch menschliche Eingriffe waren bereits einige deutlich verschiedene Rassen entstanden, etwa der Tümmler, der eine typische Flugbahn hat, und die Kropftaube. Er stellte fest, dass sie sich trotz aller exotischen Merkmale nicht immer innerhalb ihrer Rasse fortpflanzten und leicht in eine Form zurückgeführt werden konnten, die der gemeinen Taube nahe kam, aus der sie wenige hundert Jahre zuvor hervorgegangen waren.

Auch wir Menschen haben in unser Erbe eingegriffen, sowohl durch persönliche Partnerwahl als auch auf gesellschaftlicher und kultureller Ebene. Die wohlhabende Familie Darwin selbst veranschaulicht dies mit mehreren Heiraten von Vettern und Kusinen aus wenigen eng verwandten Familien, die einer ähnlichen Religion und Schicht angehörten und vergleichbare gesellschaftliche Ambitionen

Ethnische Unterschiede zwischen den modernen Menschen verhindern nicht die Zeugung gemeinsamer Kinder, da wir alle einer Spezies und zudem einer sehr jungen Spezies angehören.

Darwin interessierte sich besonders für die Haustierzucht, etwa die Taubenzucht. Er hoffte, durch das Studium nachfolgender Generationen und möglicher Veränderungen zwischen ihnen den Mechanismus der Vererbung zu entdecken, doch ohne Erfolg. Er konnte kaum wissen, dass ein österreichischer Mönch, Gregor Mendel, einen Teil des Problems durch Zuchtexperimente mit Erbsen bereits gelöst hatte.

Neue Fragen aus Asien

Während der genetische Beweis für den Ursprung der modernen Menschen in Afrika immer noch überwältigend ist, zeichnen sich Probleme ab, die mit dem Ausdruck »Out of Africa I« umschrieben wurden. Der übereinstimmenden Meinung nach verbreiteten sich *Homo ergaster/erectus*-Individuen vor rund zwei Millionen Jahren innerhalb und jenseits von Afrika. Nach der heute vorherrschenden Ansicht zogen sie vor etwa 1,7 Millionen Jahren Richtung Norden in eurasische Gegenden wie Dmanisi in Georgien. Aber dank der Neudatierung einiger Funde wissen wir auch, dass der klassische *Homo erectus* bereits vor 1,8 Millionen Jahren auf Java vorkam.

Außerdem wurde 1995 ein in Longgupo in der zentralchinesischen Provinz Chongqing gefundenes Kieferfragment einer neuen Spezies *Homo wushanensis* mit dem beträchtlichen Alter von etwa 1,9 Millionen Jahren zugeschrieben, das sich aber inzwischen als Fragment eines Affenkiefers erwiesen hat. Weitere Ausgrabungen am Fundort durch ein französisch-chinesisches Team haben einen Bereich freigelegt, der zahlreiche Rinder- und Hirschknochen enthielt, die mindestens 1,6 Millionen Jahre alt sind. Das Team vertritt die These, dass die Tiere von alten, aber noch unbekannten Menschenverwandten selektiv getötet wurden, und führen an, dass am Ort gefundene ältere Steingeräte echte menschliche Artefakte seien.

Ein ähnlich hohes Alter wurde von in Renzidong (Renzi-Höhle) im Osten Chinas gefundenen Geräten behauptet, deren Alter auf 2,6 bis 2,2 Millionen Jahre geschätzt wurden. Wieder ist die Zuverlässigkeit dieser Daten angezweifelt worden. Doch sind verlässlicher datierte Steingeräte, rund 1,7 Millionen Jahre alt und im Alter vergleichbar mit den in Olduvai in Afrika gefundenen, vor kurzem in Majuangou im Nihewan-Becken in Nordchina entdeckt worden. Außerdem gibt es Beweise, dass die Steingeräte für die Bearbeitung von tierischem Gewebe gebraucht wurden, und dies ist der älteste Beleg hierfür in Ostasien.

Der Fundort bewahrt Seeufer- und Feuchtgebiete, in denen Steingeräte auf vier aufeinander folgenden Horizonten gefunden wurden, die 1,66 bis 1,32 Millionen Jahre alt und durch magnetostratigrafische Polaritätsdatenmessungen eingegrenzt sind. Eine Fülle von Geräten wurde gefunden – nacheinander 95, 111, 226 und 443 Stück, insgesamt fast 900 – stellenweise mit einer Dichte von 620 Geräten pro Kubikmeter Sediment. Zugeordnete Tierknochen stammen von Elefant, Pferd, Hyäne, Nashorn, Hirsch, Rind, Strauß und unbestimmten Fleischfressern. Manche Knochen haben Schlag- und Kratzspuren, aber es ist schwierig zu sagen, ob diese von Tritten der größeren Tiere oder von menschlichen Tätigkeiten herrühren. Doch wurden einige Beinknochen von Hirsch und Pferd aufgebrochen, um das Mark freizulegen, was auf menschenverwandtes Tun hinweist.

Insgesamt deuten die Erkenntnisse auf eine starke Verbreitung von Menschenverwandten in der Region Ostasien vor wenigstens 1,7 Millionen Jahren hin. Dieses Alter lässt vermuten, dass der Wegzug aus Afrika vor wenigstens 1,8 Millionen Jahren stattfand. Und falls es sich um *Homo ergaster/-erectus*-Menschen handelte, waren diese gerade erst in Afrika entstanden, es sei denn, sie gehörten zu einer älteren Spezies wie *Homo habilis* oder *Homo rudolfensis.*

Außerdem datiert der Wegzug aus Afrika vor dem Beginn erheblicher Klimaschwankungen, die Mitte des Pleistozäns stattfanden. Einige Fachleute sehen all diese asiatischen Daten als guten Grund für eine Neubewertung der »Out of Africa I«-Geschichte und verweisen darauf, dass fossile Zeugnisse entsprechenden Alters auf dem Weg von Afrika nach Asien bisher fehlen.

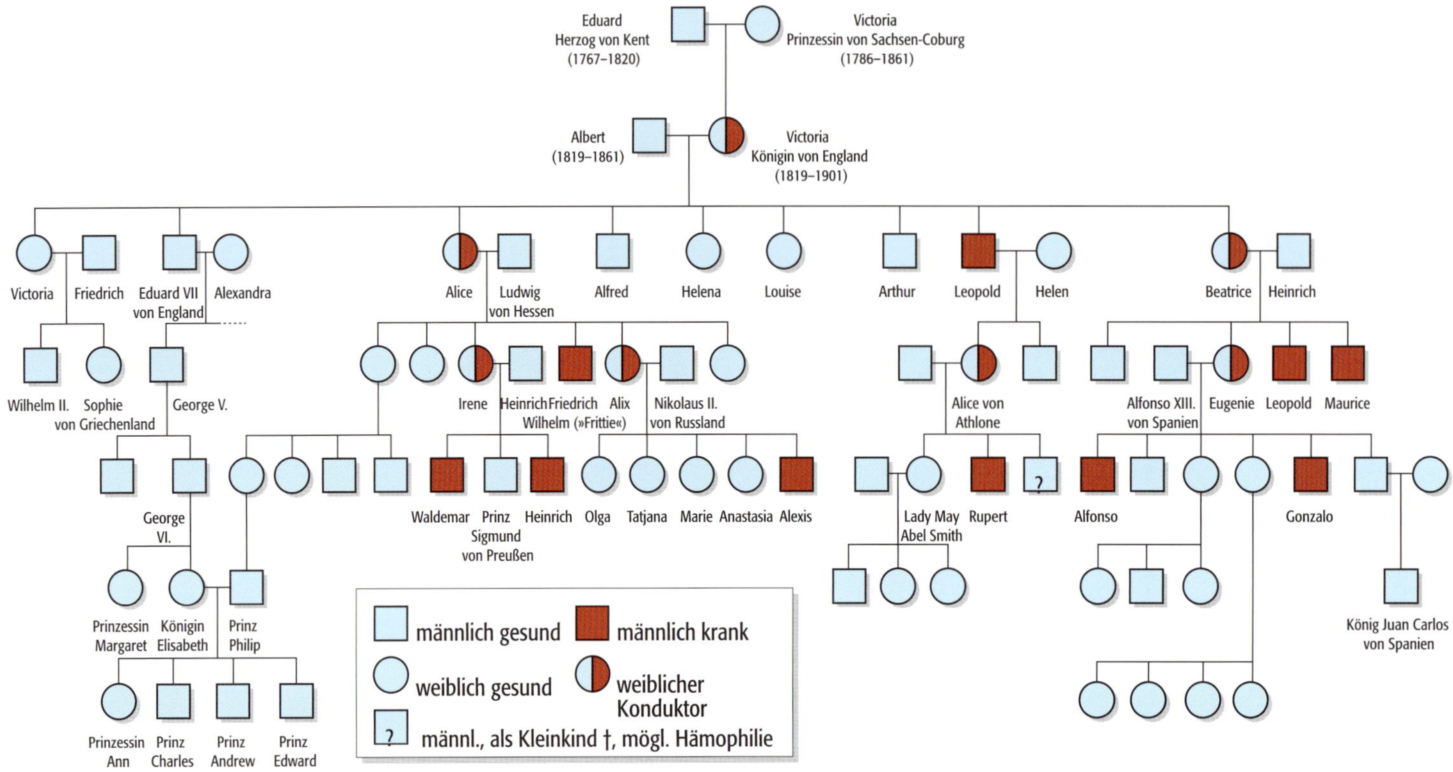

Stammbäume von Menschen, besonders von Königshäusern, die größtes Interesse an Primogenitur, dem Erbfolgerecht des Erstgeborenen, und Thronfolge haben, zeigen oft die Übertragung erblicher Merkmale, zum Beispiel die potenziell tödliche Hämophilie (Bluterkrankheit) durch aufeinander folgende Generationen von Königin Victorias weiterem Familienkreis.

besaßen. Charles Darwin selbst machte eine »gute Partie« mit einer Kusine aus der Familie Wedgwood, den weltberühmten Keramikerzeugern, wurde dadurch finanziell unabhängig und konnte sich der Wissenschaft widmen, während seine Kapitalanlagen ihm und seiner großen Familie ein gutes Einkommen sicherten. Über viele Jahrhunderte haben europäische Königshäuser aus politischen, ökonomischen und dynastischen Gründen die selektive Heirat gebraucht, die auch bei berühmten intellektuellen »Dynastien« wie den Darwins und Huxleys vorkam. Manchmal erwies sich jedoch die familiäre und dynastische Inzucht als unklug, da so schädliche genetische Merkmale erhalten blieben, etwa die Hämophilie (Bluterkrankheit), die in europäischen Königshäusern seit dem 19. Jahrhundert über mehrere Generationen auftrat.

Genetische Maße des Unterschieds

Die Sehschärfe, die Fähigkeit, Farbe zu erkennen und die Absicht anderer durch »Lesen« der Körpersprache zu deuten und die Gedanken anderer abzuschätzen, hat Vor- und Nachteile. Wir sind sehr gut im Entdecken von Verschiedenheit bei anderen und fördern lebenslang aktiv Ähnlichkeit durch die Wahl des Sexualpartners und durch andere kulturelle und soziale Entscheidungen. Ängste und Verdächtigungen gegenüber anderen Menschen oder unserer Umwelt können uns lähmen, ohne dass diese Gefühle in der Realität begründet sein müssen.

Der Jahrtausende dauernde Auszug der Menschen aus Afrika und die Besiedlung unterschiedlichster Landschaften und Lebensräume führten einige Populationen in stärkere Isolation als andere. Die Entdeckung der Wanderbewegung der Menschen um die Erde und die daraus resultierenden Unterschiede zwischen Populationen faszinierten bereits frühe europäische Forscher. Zum Beispiel stellte der europäische Hochadel über Jahrhunderte seinen Reichtum und Einfluss heraus, indem er sich exotische Diener und Sklaven hielt. Im 19. Jahrhundert zeigten Weltausstellungen in London und Paris »Tableaus« von entlegenen Orten. Diese kulturellen und biologischen Exponate umfassten Pflanzen, lebende Tiere und sogar Menschen. Gewöhnliche Menschen bestaunten diesen menschlichen »Zoo«. Experten untersuchten, beschrieben und erörterten die intimen Details.

Saartjie Baartman (1789–1815) ist vielleicht das berühmteste – oder unrühmlichste – Beispiel hierfür.

Diese Khoisan-Frau wurde im Osten der heutigen Kapprovinz in Südafrika geboren und fuhr 1810 in der Erwartung, reich zu werden, nach England. Sie reiste durch das Land und zeigte den Einheimischen, was diese für ihre »ungewöhnlichen« Merkmale hielten – besonders das sehr große Gesäß –, das sie gegen Aufpreis berühren durften. Auch ihre Genitalien waren ungewöhnlich, aber Saartjie ließ nicht zu, dass diese präsentiert wurden, solange sie lebte. Ihre Ausstellung löste in London einen Skandal aus, und sie zog später nach Paris, wo sie 15 Monate lang gezeigt wurde – von einem Dompteur. Saartjie starb 1815 an einer Entzündung, aber erst 2002 wurden nach juristischen Kämpfen ihre Überreste an ihren Geburtsort übergeführt und bestattet.

Dem Begriff der Rasse, der sich über Jahrhunderte entwickelt hat, haften heute die unsäglichen Tendenzen von fatalem Rassismus an. Bezeichnungen wie »Population« sind neutraler, aber nicht so präzise, weshalb heute »ethnische Gruppe« als Ersatzbegriff für Rasse Verwendung findet.

In den 1960er Jahren leitete der italo-amerikanische Genetiker L. Luca Cavalli-Sforza einen der ersten Versuche, auf globaler Basis genetische Unterschiede zwischen ethnischen Gruppen zu messen. Er maß den genetischen Unterschied zwischen zwölf Genorten, die meist Blutgruppen-Antigene codierten und einzelnen Repräsentanten von sieben größeren Populationen entnommen waren. Er fand heraus, dass von den messbaren Unterschieden weniger als 15 Prozent zwischen den ethnischen Gruppen, die übrigen und viel größeren 85 Prozent innerhalb ethnischer Gruppen vorkamen.

In den 1970ern führte der US-Genetiker Richard Lewontin eine ähnliche, aber umfassendere Untersuchung durch. Er teilte die Weltbevölkerung in sieben ethnische Gruppen (er nannte sie Rassen), von denen die meisten seit langem anerkannt waren – nämlich Schwarzafrikaner, Mongolide, Weiße, südasiatische Ureinwohner, amerikanische Indianer, Ozeanier und australische Ureinwohner. Dann wurde jede ethnische Gruppe in Populationen unterteilt. Die Weißen zum Beispiel wurden in Araber, Armenier, Basken, Bulgaren und so weiter unterteilt und nach sprachlichen, kulturellen, historischen und morphologischen Unterschieden abgegrenzt. Lewontin stellte dann eine gewaltige Datenbank zusammen, gewonnen aus neun Blutgruppen, vier Serumproteinen und vier anderen Enzymen.

Die tragische Gestalt einer Khoisan-Frau aus Südafrika, die Anfang des 19. Jahrhunderts mit der Verheißung, reich zu werden, überredet wurde, sich in Europa zur Schau zu stellen. Damals waren Unwissenheit und rassistische Ideologien weit verbreitet.

Wieder zeigte die Studie, dass über 85 Prozent der genetischen Abweichungen, die es bei lebenden Menschen gibt, innerhalb einzelner Populationen vorkommen und sich nur etwa 14 Prozent auf Unterschiede beziehen, die Populationen trennen. Weniger als die Hälfte der 14 Prozent bezieht sich auf Unterschiede zwischen ethnischen Gruppen.

Unsere genetische Verbundenheit heute

Wie wir gesehen haben, teilen wir 98,5 Prozent unseres Erbguts mit den Schimpansen, und dieser Prozentsatz steigt auf 99,4 Prozent, wenn wir nur solche DNA-Abschnitte betrachten, die Informationen für Proteinsynthese enthalten. Nur ein winziger prozentualer Unterschied scheint für das verantwortlich zu sein, was wir typischerweise als die anatomische, verhaltensmäßige und kognitive »Kluft« wahrnehmen, die uns von den Schimpansen trennt. Doch gibt es viele Fachleute, die die Schimpansen als eine weitere Spezies in unsere Gattung *Homo* stellen und dies damit begründen, dass viele andere Gattungen Arten enthalten, die genauso viele biologische Unterschiede aufweisen wie Menschen und Schimpansen.

Dennoch muss dieser anscheinend geringe Unterschied in einen Kontext gestellt werden. Obwohl das Schimpansengenom derzeit noch kartiert, nummeriert und analysiert wird, gibt es einen Hinweis, dass es Regionen des menschlichen Genoms gibt, die im

Ist der Schimpanse einfach eine andere menschliche Spezies?

Genom der Schimpansen oder anderer höherer Affen nicht vertreten sind, und dies könnte eine Folge von Einfügungen in den genomischen Stammbaum der Homininen (Menschen und unsere ausgestorbenen Verwandten vor fünf bis sechs Millionen Jahren seit der Trennung von den Schimpansen) oder von Tilgungen im Stammbaum der Schimpansen sein.

Durch Vergleich mit dem Mäusestammbaum sind solche Duplikate zu erwarten. Es sind nun 75 Millionen Jahre seit der Verzweigung des Säugetierstammbaums in der späten Kreidezeit vergangen, als Mäuse und Menschen einen gemeinsamen Vorfahren hatten. Über diese lange Periode sind mehrere Cluster von mäusespezifischen Genen entstanden, die im menschlichen Stammbaum nur durch einzelne Gene vertreten sind. Sie haben mit Merkmalen zu tun, die für Mäuse wichtig sind, etwa Geruchssinn, Immunität und Fortpflanzung, und verweisen auf die wichtige Rolle, die etwa Krankheitserreger und sexuelle Selektion bei der genetischen Ausstattung verschiedener Säugetiergruppen spielen. Doch bis heute haben rund 80 Prozent der Mäusegene ein direktes Gegenstück im menschlichen Genom und über 99 Prozent besitzen sogar ein ähnliches Gegenstück.

Die Genetiker haben sich entschieden, nach adaptiven genetischen Veränderungen unter Proteinen und ihren codierenden Sequenzen zu suchen. Da ein Protein etwa 400 Aminosäuren lang ist, hat man

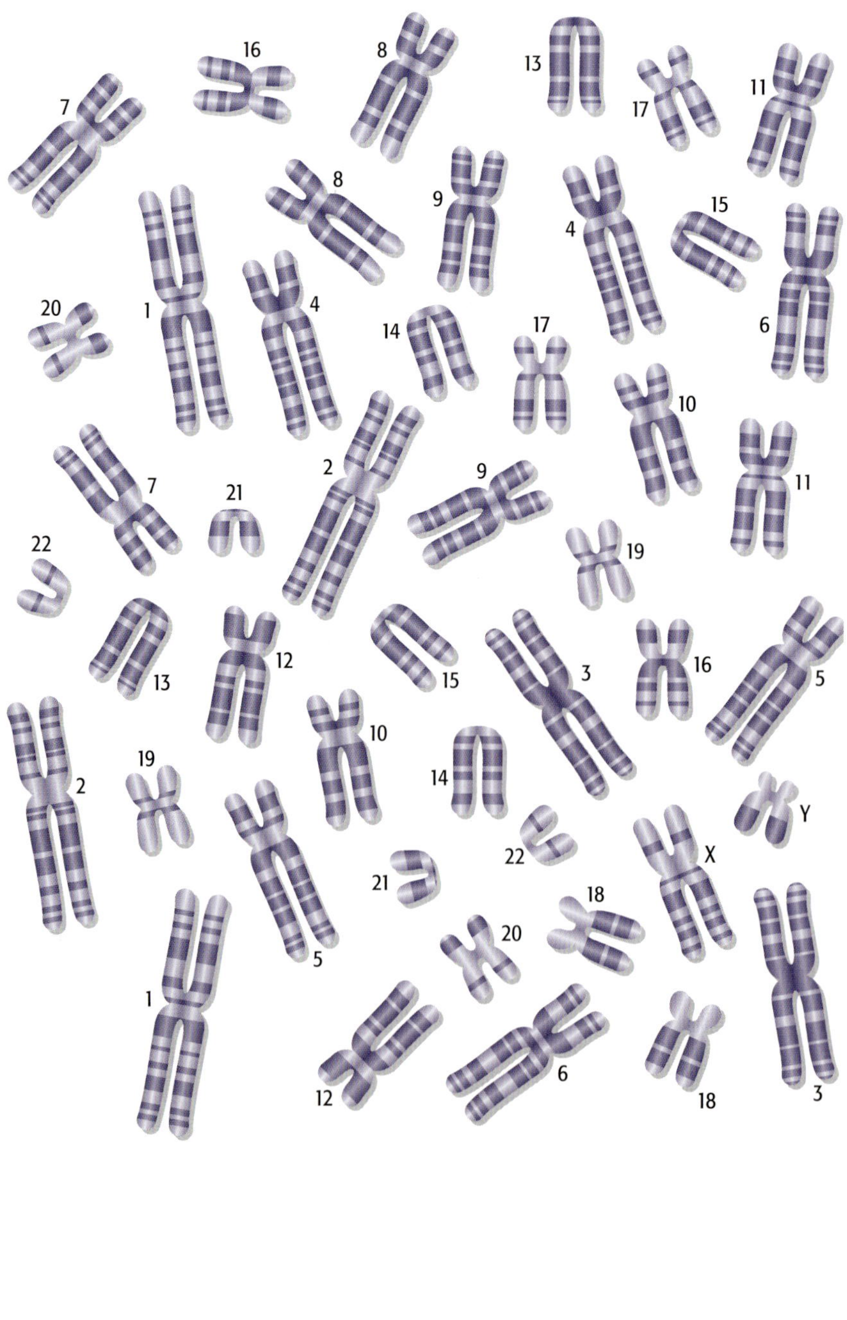

Die menschliche Zelle enthält 22 Chromosomenpaare, die sich in Größe und Form gleichen, und zwei weitere, das Geschlecht festlegende Chromosomen, X und Y, die sich nicht gleichen, was zusammen 46 Chromosomen ausmacht.

geschätzt, dass die Gesamtzahl der Aminosäureersetzungen im menschlichen Stammbaum nicht geringer als 200 000 sein könnte. Davon wird weniger als die Hälfte für ein Ergebnis positiver Selektion gehalten, und das bedeutet, dass es seit der Verzweigung von Schimpansen und Menschen rund 70 000 positive adaptive Ersetzungen von Aminosäuren im menschlichen Stammbaum gegeben haben könnte. Falls diese Schätzung einigermaßen richtig ist, heißt dies, dass es seit der Spaltung von Schimpansen und Menschen vor fünf bis sechs Millionen Jahren eine oder zwei adaptive Ersetzungen in jedem menschlichen Protein gegeben haben kann. Es ist eine gewaltige Herausforderung, spezifische Veränderungen, die biologisch bedeutsam sind, aus der Fülle derer, die es nicht sind, zu identifizieren.

Wie viele Gene machen den Unterschied zwischen Affen und uns aus? Sind es zehn, Hunderte oder Tausende? Und welche Gene haben die wesentlichsten Unterschiede verursacht und welcher Art waren die Veränderungen – Veränderungen in regulativen Sequenzen, Genverdopplungen usw.? Zurzeit bevorzugen die Fachleute Veränderungen in regulativen Sequenzen: den Vorgang, bei dem die Entwicklung durch Gene kontrolliert wird, die sich zur richtigen Zeit und am richtigen Ort an- und ausschalten.

Es gibt wegweisende Studien über die genetische Grundlage der Verzweigung von Schimpanse und Mensch. Sie lassen selektive Veränderungen vermuten, die den neueren Verlauf der menschlichen Evolution gesteuert haben könnten. Doch um ein bestimmtes Gen in die menschliche Evolution einzubeziehen, muss es einen Beweis dafür geben, dass das Gen an dem besonderen Merkmal funktionell beteiligt ist, und dies kann von Mutationen an einem bestimmten Ort hergeleitet werden. Dieser Ort muss auf Beweise der natürlichen Auslese durch Populationsgenetik und molekulare Evolution hin untersucht werden. In jüngster Zeit sind einige Gene durch ihre Rolle bei menschlichen Mutationen, die morphologische und verhaltensmäßige Merkmale beeinflussen, identifiziert worden.

Über die letzten 65 Millionen Jahre des Känozoikums entwickelten sich die Primaten und fächerten sich in mehrere Zweige auf, die ausstarben und durch neue ersetzt wurden. Selbst in der Rückschau ist es schwierig, irgendeinen Augenblick genau zu bestimmen, zu dem der weitere Erfolg der menschlichen Entwicklungslinie hätte vorausgesagt werden können.

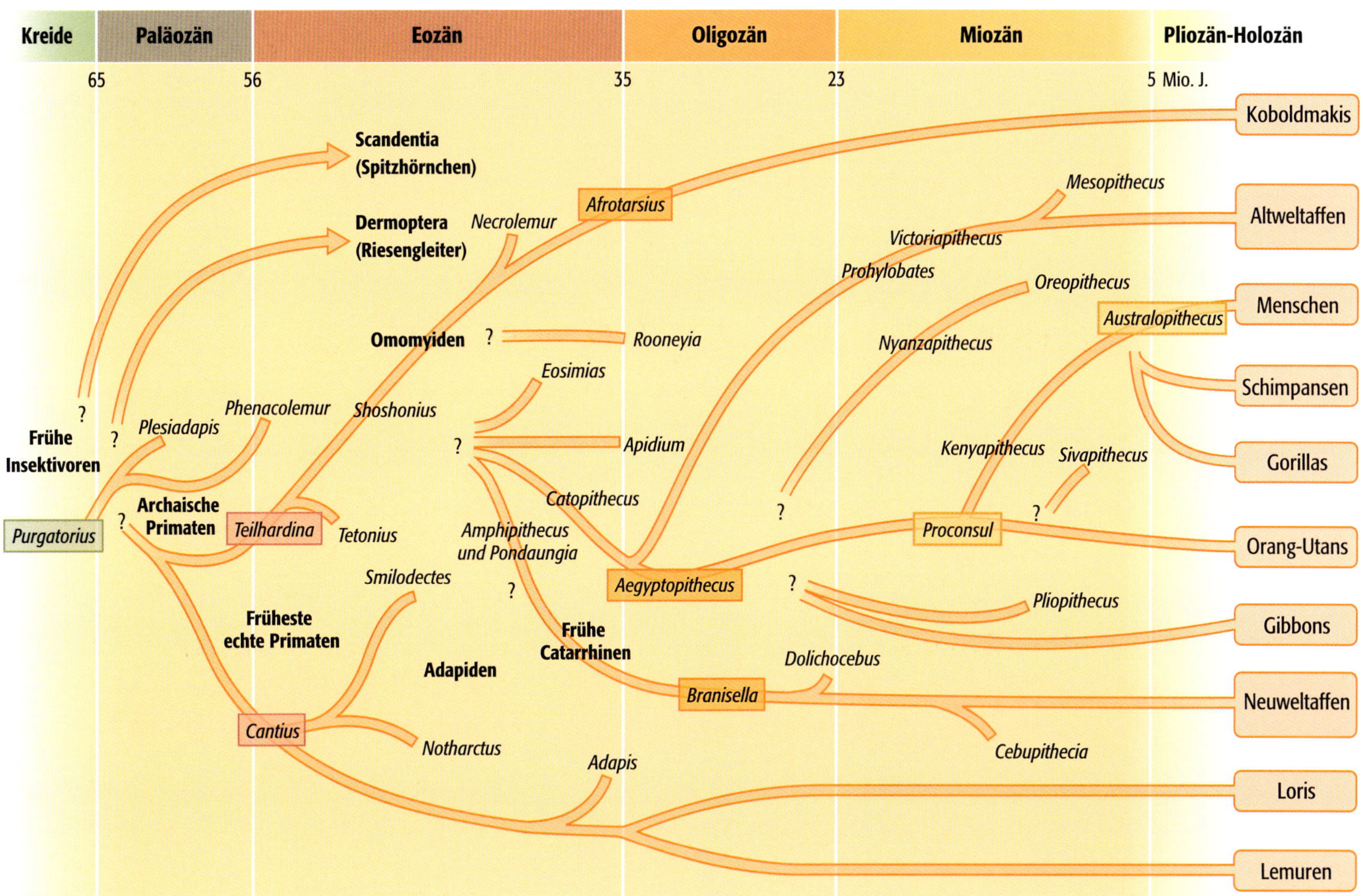

Wahrscheinlich gibt es neben FOXP2 noch andere Gene, die für unsere Fähigkeit, mittels Sprache zu kommunizieren, verantwortlich sind.

Ein Gen für Sprache?

Zu den jüngsten Fortschritten der Genetik zählt die Identifizierung eines Gens namens FOXP2 (engl. Forkhead-box-P2). Mutationen von FOXP2 sind mit einer äußerst seltenen, aber spezifischen erblichen Sprech- und Sprachstörung in Verbindung gebracht worden. Das Gen tritt nicht nur beim Menschen auf, sondern auch bei anderen Säugern. Das menschliche FOXP2-Protein unterscheidet sich von dem der Gorillas und Schimpansen nur durch zwei Aminosäuren und von dem des Orang-Utans und der Maus durch drei bzw. vier Aminosäuren. Man schätzt, dass die Fixierung der zwei Aminosäuren in den letzten 200 000 Jahren eintrat, was mit der Entstehung von *Homo sapiens* und vielleicht auch mit der Entstehung von Sprache zusammenfällt. Daher liegt nahe, dass das Gen ein Ziel positiver Selektion gewesen ist, aber bisher gibt es noch keinen biologischen Beweis, dass diese Aminosäurenersetzungen irgendeine funktionelle Bedeutung haben. Wenn die Datierung stimmt, dann war es für die Neandertaler allerdings zu spät, von dieser überaus wichtigen Neuerung, der Sprache, zu profitieren, es sei denn, sie hätten diese unabhängig davon selbst entwickelt, was jedoch unwahrscheinlich ist.

Das FOXP2-Gen wirkt als »Hauptschalter«, der ein Protein codiert, das die Aktivierung anderer Gene fördert und einen Bereich der Entwicklung steuert. Dies kann man an menschlichen Föten sehen, wo FOXP2 in besonderen, für feinmotorische Steuerung verantwortlichen Gehirnzentren wie Nucleus caudatus und Kleinhirn vorhanden ist. Aufnahmen des Gehirns von Menschen mit mangelhaftem FOXP2 zeigen, dass diese Regionen ungewöhnlich klein sind. Es ist möglich, dass die einzigartige menschliche Version die spezialisierte und synchrone Zungen- und Mundbewegungen zulässt, die für das Sprechen notwendig sind. Doch darf man nicht vergessen, dass es unwahrscheinlich ist, dass FOXP2 das einzige mit der Entwicklung von Sprache befasste Gen ist.

Gene für Gehirnwachstum und Kieferkontraktion?

Wir wissen, dass Entwicklung und Wachstum des Gehirns ein anhaltender, aber nicht stetiger Prozess über die letzten sechs Millionen Jahre war. Es gab lange Phasen sehr langsamen Wachstums, besonders anfangs, als aufeinander folgende Australopithecinen nur sehr geringes Hirnwachstum zeigten. Vor rund zwei Millionen Jahren beschleunigte sich das Tempo bei Arten wie *Homo rudolfensis.*

Der »Baucode« unseres Körpers

Gene codieren alle für den Bau und das Funktionieren eines Organismus notwendigen Informationen, ob von Mikrobe oder Mensch. Aufgebaut sind die Gene aus Desoxyribonukleinsäure (engl. deoxyribonucleic acid, kurz DNA) in Form von zwei langen schneckenförmig gedrehten Strängen, die die Chromosome bilden. Jeder der beiden spiralig gewundenen Stränge besteht aus Sequenzen von vier Typen kleiner Moleküle: Adenin, Guanin, Zytosin und Thymin (kurz A, G, C und T). Ihr Sequenzmuster codiert und trägt alle genetischen Informationen, die bei der Fortpflanzung von den Eltern auf die Kinder übertragen werden. 46 Chromosomenpaare finden sich in jedem Zellkern der ungefähr 100 Billionen Zellen des menschlichen Körpers; die DNA, die sie enthalten, wird als nukleare DNA (nDNA) bezeichnet. Die nDNA des Y-Chromosoms ist besonders nützlich, da sie die männliche Sexualität bestimmt und deshalb benutzt werden kann, um männliche Vorfahren durch die Zeit zurückzuverfolgen.

Aber Gene machen nur etwa zehn Prozent, der Rest wird oft als »Junk-DNA« (»unnütze DNA«) bezeichnet und besteht aus repetitiven DNA-Sequenzen, langen und kurzen, wobei Letztere »Mikrosatelliten« genannt werden. Es gibt auch »Pseudogene«, Segmente der DNA, die einmal Gene waren, aber inaktiviert oder »abgeschaltet« wurden, sowie »Introns«, Segmente, die in die Mitte von Genen eingefügt sind. Da diese »Junk-DNA« aber ebenfalls mit der Zeit mutiert und zusammen mit der codierenden DNA kopiert wird, kann sie dennoch wichtige Informationen über evolutionäre Beziehungen liefern.

DNA findet sich auch außerhalb des Zellkerns, aber noch im Zytoplasma der Zelle. Sie ist in zahllosen kleinen Mitochondrien enthalten, die die Energie für den

Mammut-DNA

Die Gewinnung und Analyse alter DNA ist problematisch, und obgleich die Methode viel versprechend ist, findet man nur schwer geeignetes Material, das mehr als einige tausend Jahre alt ist. Aber zum Glück gibt es engagierte und beharrliche Teams von Molekularbiologen und ausgeklügelte, äußerst präzise Techniken, mit deren Hilfe man replizierbare Resultate erzielen kann. Vor kurzem wurde Mammut- und Neandertaler-DNA isoliert, die interessante neue Informationen liefert. An das Wollmammut, *Mammuthus primigenius* knüpfen sich von allen Tieren der Eiszeit die größten Hoffnungen, alte DNA zu gewinnen, weil so viele Knochen und sogar Fleisch im Dauerfrostboden konserviert wurden, seit die Tiere vor Zehntausenden von Jahren starben. Zuvor war sehr fragmentarische Mammut-DNA gewonnen worden, doch reichte die Menge nicht aus, um endgültig zu bestimmen, ob Mammuts näher mit den afrikanischen oder den asiatischen Elefanten verwandt waren, die zwei verschiedenen Gattungen angehören – *Loxodonta africanus* bzw. *Elephas maximus*. Es gibt fossile Beweise, dass diese ganze Gruppe von »Elefanten« (Rüsseltiere) sich vor rund 6 Millionen Jahren in Afrika verzweigte, aber der relative Zeitpunkt der Abspaltung des Mammuts war nicht klar. Heute wissen wir, dass das Mammut näher mit dem asiatischen Elefanten verwandt ist, aber erst dank neuer Proben und neuer Techniken. Gut erhaltene Mammutknochen vom »Mammutfriedhof« von Berelech im arktischen Russland und neue Vergrößerungstechniken haben die Analyse des vollständigen Mitochondrien-Genoms eines Mammuts erlaubt. Die neue Analyse zeigt, dass die Linie des afrikanischen Elefanten sich zuerst abspaltete, gefolgt von der Trennung zwischen Mammut und asiatischem Elefanten rund 440 000 Jahre später.
Die Mammut-DNA von Berelech ist nur etwa 13 000 Jahre alt, aber jetzt wurde eine rund 100 000 Jahre alte Neandertaler-DNA aus dem Zahn eines kleinen Neandertaler-Mädchens gewonnen, das im Maastal (Sciadina-Höhle) im heutigen Belgien lebte und starb. Zuvor war die älteste Neandertaler-DNA rund 50 000 Jahre alt und scheint, verglichen mit rund 28 000 Jahre alter Neandertaler-DNA, auf einen über einen beträchtlichen Zeitraum recht beständigen Neandertaler-Genpool in Eurasien hinzuweisen. Die neuen Daten zeigen einige größere Abweichungen von diesem Genpool und von dem der modernen Menschen.

Stoffwechsel des Körpers liefern. Diese Mitochondrien-DNA (mtDNA) wird ausschließlich von unseren Müttern geerbt, so dass man die weibliche Abstammungslinie eines Individuums und ihre Entwicklung über die Zeit hinweg verfolgen kann. Da sie sich durch Mutationen viel schneller als nDNA verändert, liefert ihre Veränderung wichtige Informationen über den Zeitpunkt der Artenbildung und identifiziert zugleich evolutionäre Beziehungen. Die Annahme, dass sowohl nDNA als auch mtDNA eine konstante Mutationsrate haben, liefert die Grundlage für die so genannte »molekulare Uhr«.

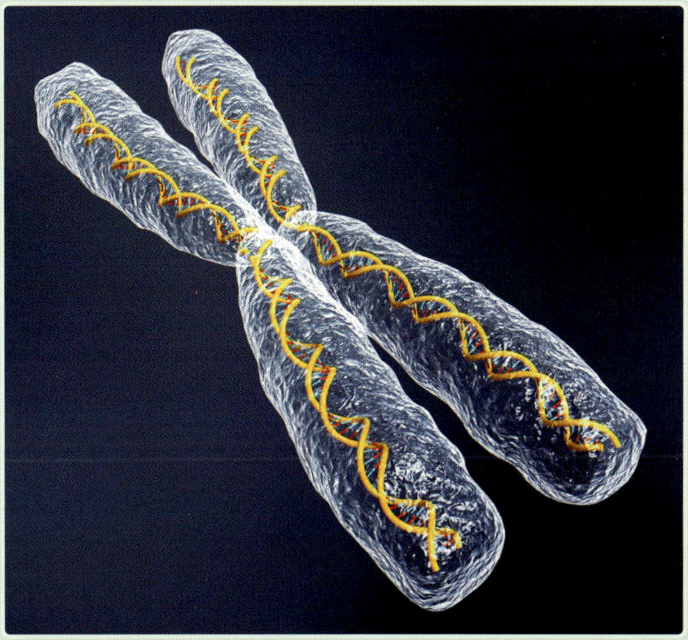

Unsere »molekulare Uhr«

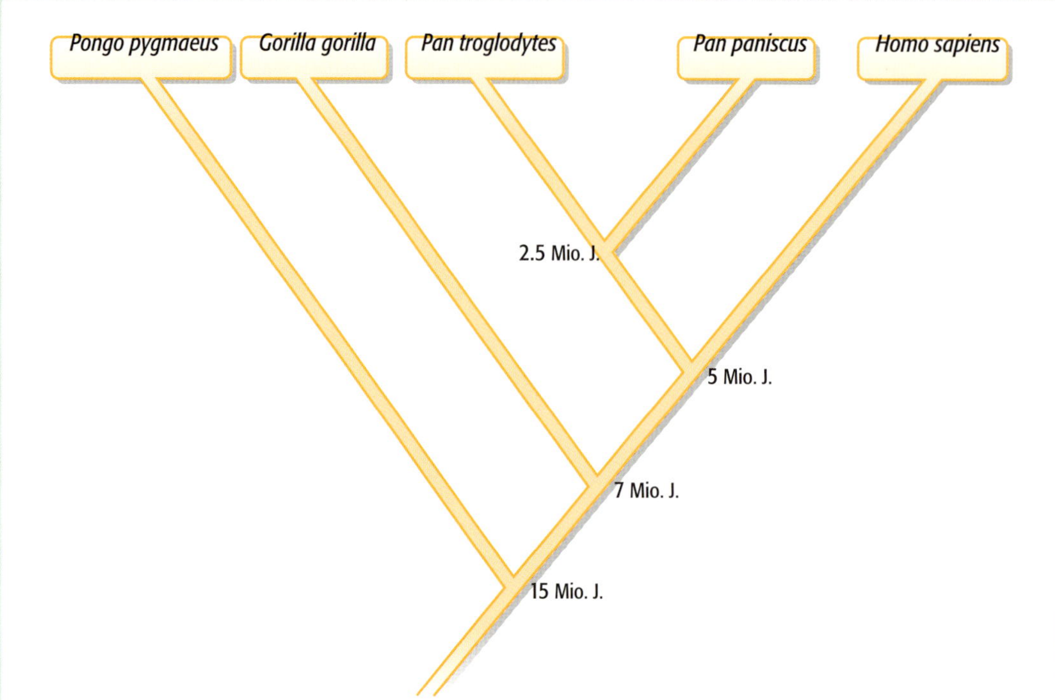

Der »Mechanismus« der so genannten »molekularen Uhr« wird von der Annahme angetrieben, dass die Mutationsrate in mtDNA durch die Zeiten konstant ist. Indem man also die Zahl der einmaligen und gemeinsamen Basen entlang einem Strang mtDNA in einer bestimmten Population zählt, ist es möglich, dann die »molekulare Distanz« zwischen Populationen zu berechnen. Desgleichen sollte sich eine gemessene molekulare Distanz zwischen Spezies proportional zur Zeitspanne des Getrenntseins verhalten, seit sie zuletzt einen gemeinsamen Vorfahren besaßen. Doch sollte man bedenken, dass die Maße nicht identisch sein werden, da DNA vor den Populationen differenziert wird.
So besteht bei den Affen die größte mtDNA-Distanz (5 Prozent) zwischen den Gibbons und den Menschenaffen (Orang-Utans, Gorillas und Schimpansen) einerseits und den Menschen andererseits; also liegt hier die früheste Verzweigung vor. Darauf folgte zeitlich der Orang-Utan, der 3,6 Prozent mtDNA-Distanz von den übrigen Gorillas, Schimpansen und Menschen hat. Die mtDNA-Distanz zwischen Gorilla und Schimpansen beträgt 2,6 Prozent, und der Schimpanse hat 1,6 Prozent mtDNA-Distanz von Menschen. Der gewöhnliche Schimpanse und der Bonobo unterscheiden sich nur durch 0,7 Prozent. Da die gemessene Schimpanse-Mensch-Distanz ungefähr die Hälfte der Orang-Utan–Schimpanse-Distanz beträgt und die fossilen Beweise zeigen, dass der Orang-Utan irgendwann vor 12 bis 16 Millionen Jahren von anderen Affen abzweigte, ergibt sich daraus nach der molekularen Uhr, dass die Spaltung zwischen Schimpanse und Mensch irgendwann vor 4,2 bis 6,2 Millionen Jahren stattfand, die Gorillas sich vor 6,2 bis 8,4 Millionen Jahren und die Gibbons vor rund 18 Millionen Jahren abzweigten.

Kürzlich wurde eine Mutation eines Gens namens ASPM gefunden, die das Gehirn ungewöhnlich klein macht, was darauf hinweist, dass dieses Gen das Hirnvolumen steuert. Wie bei FOXP2 wird vermutet, dass das Gen über lange Zeit positiv selektiert wurde, vielleicht sogar bevor sich die Evolution des Schimpansen von der des Menschen trennte, weil es eine ähnliche Funktion bei den Menschenaffen erfüllt. Die biologische Funktion des Gens kann die Steuerung der Zellteilung im sich entwickelnden Gehirn sein, aber es gibt einen einschränkenden Faktor. Die Größe der Hirnschale des Affen ist durch die Notwendigkeit einer kräftigen Kiefermuskulatur beschränkt, um die pflanzliche Nahrung kauen zu können – wiederum ein typischer evolutionärer Kompromiss. Damit der Schädel wächst und ein größeres Gehirn aufnehmen kann, mussten sich Kaumuskulatur und Kiefer verkleinern, und dies konnte nur durch Umstellung der Ernährungsgewohnheiten auf eine leichter zu verarbeitende Kost als Pflanzenfasern geschehen, nämlich Fleisch.

Ein anderes Gen – MYH16 – steuert ein entscheidendes Muskelprotein, das bei nichtmenschlichen Primaten vorkommt, aber bei Menschen fehlt. Man glaubt, dass das Gen vor rund zwei Millionen Jahren »ausgeschaltet« (unterdrückt) wurde, als Frühmenschen der Spezies *Homo rudolfensis* und *Homo ergaster/-erectus* entstanden.

Schon in den 1980er-Jahren konnte die DNA-Analyse viel schneller und billiger durchgeführt werden. Die erste Untersuchung von Abweichungen in der menschlichen Population unter Verwendung von mtDNA führte Wesley Brown an einer kleinen Testgruppe von 21 Personen durch. Die geringen Unterschiede erklärte man durch die seit der Verzweigung der menschlichen Population von ihrer Ahnenpopulation angesammelten Mutationen. Da die Quote der Veränderung (des Nukleotidaustauschs) in menschlicher mtDNA auf 1 Prozent pro Millionen Jahren geschätzt wird und die entdeckten Varianten sich nur um 0,18 Prozent von der Vorfahrensequenz unterschieden, errechnete Brown, dass sie nur 180 000 Jahre zum Akkumulieren gebraucht hatten. Seine Testpersonen ließen sich in drei ethnische Gruppen unterteilen, bei denen die gemessenen Varianten zeigten, dass die afroamerikanische Population am frühesten ausscherte, gefolgt von der mongolischen und dann der weißen Gruppe.

»Lucky Mother« – die mitochondriale »Eva«

Eine viel berühmtere Studie der späten 1980er Jahre regte weltweit die öffentliche Fantasie an, da sie von den Medien als »Afrikanische-Eva«- oder »Lucky-Mother«-Hypothese bezeichnet wurde. Ein kalifornisches Team mit Rebecca L. Cann, Mark Stoneking und Allan C. Wilson analysierte mtDNA von 147 Personen aus fünf globalen Populationen – afrikanisch, asiatisch, weiß, australisch und neuguineisch. Geprüft wurden 467 Stellen in jeder einzelnen Probe, wobei man etwa 11 Prozent der 16569

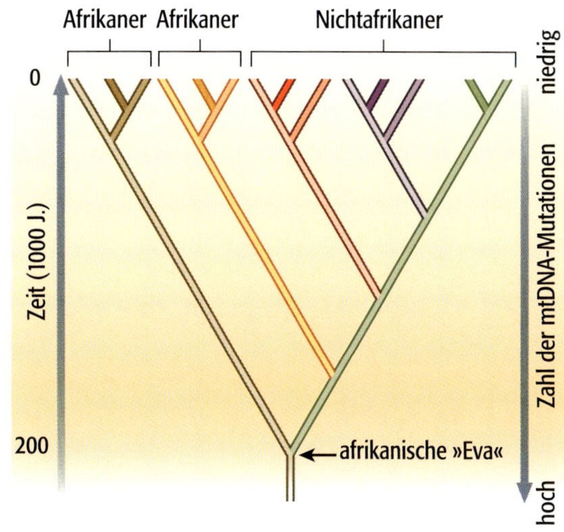

Nukleotidpaare erfasste, die das menschliche mtDNA-Molekül bilden. Fast die Hälfte der Stellen wies Abweichungen auf, woraus sich 134 Typen mtDNA ergaben, die sich eindeutig in zwei Äste gabelten, zum einen mit afrikanischen Individuen, zum anderen mit den anderen Gruppen und einigen Afrikanern.

Die Autoren kamen zu den gleichen Schlussfolgerungen wie die frühere Studie von Brown, nämlich dass die ganze mtDNA-Vielfalt von einer einzigen afrikanischen Frau herstammte, die vor rund 200 000 Jahren lebte, und dass alle Populationen außer der afrikanischen mehrfache Ursprünge hatten, was darauf hindeutete, dass jede Region wiederholt besiedelt worden war.

Die Ergebnisse wurden als Leitartikel im renommierten *Magazin Nature* (1987, Bd. 325, S. 25) mit dem Satz eingeleitet: »Eine Arbeit von R. L. Cann, M. Stoneking und A. C. Wilson ... berichtet, dass Eva existierte und sehr wahrscheinlich vor rund 200 000 Jahren in Afrika lebte.« Die Medien griffen diesen journalistischen Happen sofort auf, und bald wurde die »Afrikanische Eva« ein globales Marketing-Phänomen. Doch ist die Eva-Metapher mehr als irreführend, denn »Eva« war keine einzelne Frau, sondern eine von mehreren Tausend, die einen Teil jener Vorfahrenpopulation vor 200 000 Jahren bildeten. Die Ergebnisse wurden einer strengen wissenschaftlichen Prüfung unterzogen, und bald zeigten sich erste Risse. Wie die Autoren den Stammbaum konstruiert hatten, wurde nicht als »zuverlässig« befunden; er erwies sich als nicht der »sparsamste« (die »Natur« neigt dazu »ökonomisch« zu sein), da die Trennung der Afrikaner vom Rest nicht so eindeutig war wie behauptet. Außerdem erwiesen sich

Afrika besitzt weltweit die größte Vielfalt an modernen menschlichen Populationen. Daraus folgert man, dass die Populationen in Afrika die ersten gewesen sein müssen, die sich verzweigten und Zeit hatten, solche Abweichungen zu entfalten. Also müssen sich alle modernen Menschen aus einer ursprünglichen Population in Afrika entwickelt haben.

Technologische Fortschritte im Verlauf der letzten 25 Jahre brachten es mit sich, dass die DNA-Analyse schneller und billiger als früher verfügbar ist.

die »Afrikaner« als Amerikaner afrokaribischer Herkunft und der geschätzte Zeitpunkt hätte aufgrund der errechneten Fehlerspanne auch bis zu 800 000 Jahren zurückliegen können. Zum Glück erhöhten weitere Tests die Datenbasis und bezogen Schimpansen-DNA ein, aber die allgemeinen Schlussfolgerungen waren genau die gleichen wie bei den älteren Studien, nur mit der geringeren Zeitdifferenz von 238 000 Jahren. Um die Fehlerspanne weiter zu verringern, analysierte ein japanisches Team unter Satoshi Horai das vollständige mtDNA-Genom eines Afrikaners, eines Asiaten und eines Europäers sowie das von vier Menschenaffen – einem Schimpansen, einem Bonobo, einem Gorilla und einem Orang-Utan. Indem sie den Zeitpunkt, zu dem sich der Orang-Utan von den afrikanischen Menschenaffen und dem menschlichen Stammbaum abzweigte, vor 13 Millionen Jahren ansetzten, folgerten sie, dass die Mensch-Schimpanse-Verzweigung vor 4,9 Millionen Jahren und die Verzweigung zwischen afrikanischen und nichtafrikanischen Angehörigen unserer Spezies vor 143 000 – plus/minus 18 000 – Jahren stattgefunden hatte.

Die mtDNA der Darwins

So wie Charles Darwin und seine fünf Geschwister ihre mtDNA von ihrer Mutter erbten, erbten Susannah Darwin (geborene Wedgwood) und alle zehn Kinder Darwins ihre mtDNA von ihrer Mutter Emma (geborene Wedgwood – Emma war Charles' Kusine); keiner von Darwins Enkelkindern erbte Emmas mtDNA, weil nur Darwins Söhne Kinder hatten und nicht seine Töchter. Doch lebt heute eine Mutter, deren mtDNA dereinst, in ferner Zukunft, Vorfahre aller mtDNA sein wird. Deshalb ist der Spitzname »Lucky Mother« passender – aber er ist nicht so populär geworden.

Nukleare DNA stützt die »Out of Africa«-Hypothese

Dieser DNA-Typ codiert die meisten unserer Körperstrukturen, den wir von beiden Eltern erben, aber enthält große Brocken »Junk-DNA« (vgl. S. 174), die jedoch mutieren und Informationen über evolutionäre Beziehungen liefern kann. Eine neuere Analyse eines bestimmten Genabschnitts auf Chromosom 12 zeigt, dass afrikanische Populationen dort viele erheblich voneinander abweichende Muster aufweisen, wogegen Nichtafrikaner nur ein Muster haben. Erneut scheint es, dass alle nichtafrikanischen Populationen von einer afrikanischen abstammen, die vermutlich vor 90 000 Jahren in Nordostafrika lebte.

Genanalysen lebender Hundepopulationen zeigen, dass sie alle aus einem Wolfsvorfahren, der vor ungefähr 6000 Jahren lebte, hervorgegangen sind.

Wie steht es um das Y?

Hinsichtlich der Weitergabe ist das Y-Chromosom das männliche Gegenstück zur mtDNA und rekombiniert fast nicht. Folglich kann es als »Reisebericht« durch die Zeit dienen, der die Anhäufung kleiner Veränderungen, die Polymorphismen, im Chromosom registriert. Anders als mtDNA wird es vom Vater auf den Sohn übertragen und kommt in einer kleineren »Population« vor. Dieses rührt daher, dass Frauen zwei X-Chromosomen haben, aber kein Y, während Männer ein X und ein Y haben. Die Kombination in der geschlechtlichen Fortpflanzung ergibt ein Verhältnis von drei X- zu einem Y-Chromosom besitzen – das Mengenverhältnis von X zu Y beträgt also 3:1.

In den späten 1990ern nahm ein US-Team unter Michael Hammer Stichproben von 1544 Männern aus 35 Populationen an acht Stellen innerhalb einer Region des Y-Chromosoms. Die Allele (alternative Formen eines bestimmten Gens) an den acht Stellen traten in zehn Kombinationen oder Haplotypen auf. Fünf der Haplotypen sind auf einen einzigen Kontinent beschränkt – drei auf Afrika, einer auf Asien und einer auf Australien. Afrikaner und Europäer haben zwei Haplotypen gemeinsam, Afrikaner, Europäer und Asiaten einen, und zwei kommen in allen Regionen vor. Alles in allem kommen acht Haplotypen in Afrika, fünf in Europa, vier in Asien, drei in Australien/Ozeanien und zwei in der Neuen Welt vor. Vernetzt man die Daten, zeigt sich, dass der Ur-Haplotyp auf Afrika beschränkt auftritt, jedoch seltener, als man erwarten würde, wenn Afrika der Ausgangspunkt wäre, von dem alle spätere Differenzierung ausging. Afrikanische Populationen südlich der Sahara haben die höchste Zahl von Haplotypen, die auf einen Kontinent beschränkt sind, und die höchste Zahl insgesamt (acht), was von der ältesten Y-Chromosomen-Population mit der längsten Zeit, die meisten Mutationen zu akkumulieren, zu erwarten ist.

Das Team verwendete seine Daten auch, um den Zeitpunkt der Entstehung der neun Haplotypen aus dem Ur-Haplotyp zu schätzen und kam auf rund 147 000 ± 51 000 Jahre. Vor 110 000 bis vor 1000 Jahren erfolgten weitere Mutationen, von denen jene vor 110 000 Jahren zum häufigsten und verbreitetesten Y-Chromosomen-Haplotyp führte und die Ausbreitung des *Homo sapiens* außerhalb Afrikas widerspiegelt. Diesen genetischen Beleg tragen die meisten Männer immer noch in sich. Seine zeitliche Einordnung stimmt mit dem der Knochen und Steine überein, die von unseren afrikanischen Vorfahren hinterlassen wurden.

Insgesamt sind die Beweise für unsere afrikanische Herkunft beeindruckend, was auch für den Zeitpunkt gilt, zu dem die Ausbreitung der modernen Menschen über Afrika hinaus vor rund 100 000 Jahren begann. Der molekulare Beweis kann auch mit anderen Methoden kombiniert werden, um Einzelaspekte dieser Verbreitung zu untersuchen, etwa die Besiedlung Nord- und Südamerikas.

Polymorphismen wurden erst in den vergangenen Jahren entdeckt und bis heute nur relativ selten beschrieben.

Neue Populationen, neue Sprachen

Es gibt heute mehr als 6900 lebende Sprachen auf der Welt, von denen allerdings viele vom Aussterben bedroht sind. Sie reichen von Aari in Nordäthiopien bis Zyphe, einer Sprache in Myanmar. Allein in Afrika werden über 1000 und in Australien rund 600 Sprachen gesprochen. Diese Sprachen und Sprachgruppen scheinen eng mit bestimmten Populationen und Kulturen korreliert zu sein. Folglich nahm man an, dass die Verteilung und Auffächerung der Sprachen auf der Welt die Entwicklung und Aufsplitterung einer wachsenden menschlichen Population aus einer kleinen Gründerpopulation mit Sprachgruppen und Genpools, die eine gemeinsame Struktur haben, widerspiegelt. Der Gedanke, dass Sprachen und Kulturen genetische Populationen darstellen, beruht auf der Beobachtung, dass Sprachen wie Gene von Eltern an Kinder weitergegeben werden und »Heirat« der Eltern im Allgemeinen auf dieselbe Sprachgruppe beschränkt ist.

Deshalb sollte die weltweite Zahl der Sprachen uns etwas über Geschichte und Alter der menschlichen Population sagen. Falls die historische Verknüpfung zwischen verschiedenen Sprachen festgestellt und geografisch verfolgt werden könnte, böte dies eine unabhängige Überprüfung der alten Wanderbewegungen der Menschheit. Außerdem sollte es, mit diesem Modell im Sinn, innerhalb aller Sprachen vielleicht einige gemeinsame Elemente geben, die sie mit der »Ursprache« verknüpfen, von der sie sich alle ableiten. Trotz vieler Versuche festzustellen, wie diese Sprache gewesen sein könnte, ließ sich diese bislang kaum fassen.

Dass Afrika so viele Sprachen hat, kann nicht überraschen, da es alle anderen Beweise für einen afrikanischen Ursprung aller modernen Menschen stützt.

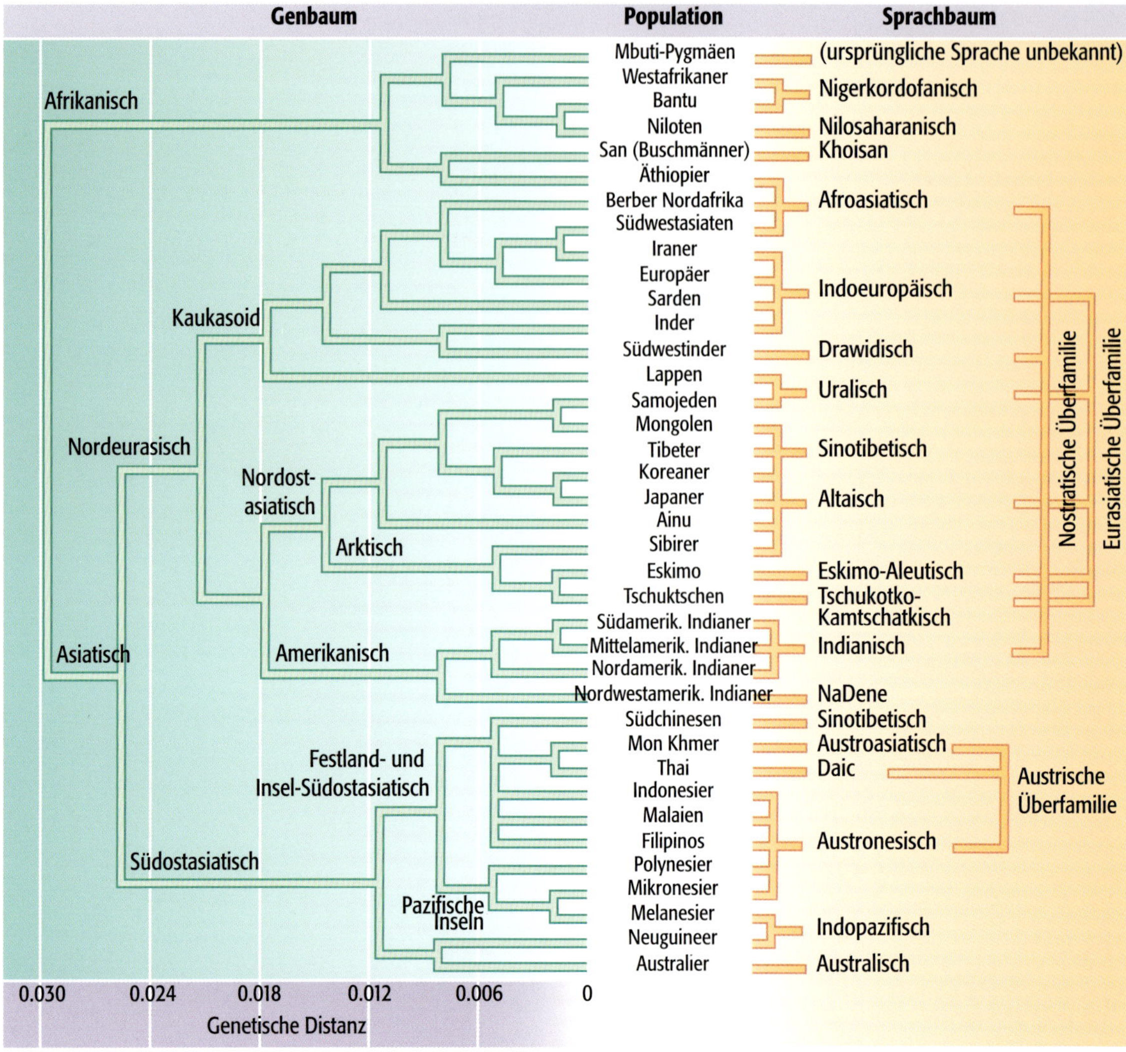

Der Vergleich von Sprach- und Genverwandtschaft zeigt wesentliche Übereinstimmung und stärkt die fossilen Beweise für die Ausbreitung und Trennung der verschiedenen ethnischen Gruppen moderner Menschen während der letzten 100 000 Jahre.

Und ebenso spiegelt die erstaunliche Zahl der australischen Sprachen nur die frühe Besiedlung dieses großen Kontinents durch eine Gründerpopulation wider. Den Prozess stellt man sich folgendermaßen vor: Eine kleine »Gründerpopulation« betritt ein neues Territorium, und während sie wächst und Gefahr läuft, örtliche Ressourcen zu erschöpfen, splittern kleine Gruppen von der Elterngruppe ab und ziehen in neue, geografisch getrennte Gebiete. Die Isolation fördert in der neuen Population kulturelle, sprachliche und genetische Veränderungen. Folglich entwickelt sich eine baumartige Struktur vom Urstamm zu den abzweigenden Ästen, was sich in Genen, Kultur und Sprache spiegelt. Je größer der räumliche und der zeitliche Abstand zwischen den Populationen, desto größer auch die Unterschiede. So zumindest stellen wir uns den Vorgang vor.

Mithilfe der Genanalyse und der bewährten linguistischen Forschung und Analyse der Sprachenvielfalt der Welt sollten wir die Wahrheit dieser Hypothese überprüfen können. Tatsächlich hat es schon eine Reihe von »Probeläufen« in verschiedenen Teilen der Welt gegeben, aber sie haben gemischte positive und negative Resultate und keine allgemeine Synthese ergeben, weil mehrere verschiedene Methoden von Datenerhebung- und vergleich ausprobiert wurden – und sich die Fachwelt noch einigen muss, welche die geeignetste ist.

Eine neue Studie prüfte diese Theorie in Nordamerika. Die Entwicklung der Sprachen auf diesem Kontinent ist aufgrund der relativen geografischen Isoliertheit Nordamerikas und seiner Besiedlung von Asien aus von besonderem Interesse. Wie Australien hat Nordamerika nur einen brauchbaren und dazu noch eingeschränkten Zugangsweg: die Beringstraße zwischen Asien und Nordamerika – ein schmaler und flacher Seeweg, der als Landbrücke auftauchte, wann immer die Meeresspiegel während früherer Eiszeiten sanken.

Derzeit deuten die archäologischen und genetischen Beweise auf eine einzige asiatischen Gründerpopulation hin, die vor wenigstens 15 000 Jahren von Sibirien nach Nordamerika eingewandert ist – wahrscheinlich sogar erheblich früher, vielleicht vor 40 000 Jahren. Die Bering-Landbrücke, bekannt als Beringia, diente als Flaschenhals und zeitweilige »Autobahn« für Wandertiere wie Mammuts und Pferde und auch für moderne Menschen. Wir wissen, dass diese menschlichen Wanderer sich schnell nach Süden ausbreiteten und vor rund 14 500 Jahren Südchile erreichten. Wegen dieser ausgedehnten geografischen Verbreitung über mehrere klimatische und geografische Barrieren ist es sehr wahrscheinlich, dass stabile Populationen, wenn sie aus Gründergruppen hervorgingen, einige bedeutsame kulturelle und sprachliche sowie vielleicht einige genetische Unterschiede aufweisen würden.

Als Europäer Amerika »wiederentdeckten«, gab es eine große Vielfalt der Sprachen. Und als die ersten Studien zu möglichen Verbindungen zwischen sprachlichen und genetischen Gruppen durchgeführt wurden, schien sich in der Tat die Erwartung zu bestätigen, dass der durchschnittliche genetische Abstand zwischen Populationen verschiedene Sprachfamilien größer war als die durchschnittlichen genetischen Abstände innerhalb der Sprachfamilien.

Doch als die mtDNA von 17 einheimischen nordamerikanischen Populationen wie den Aleuten und Cherokee in diesem Zusammenhang mit Sprachgruppen verglichen wurde, musste diese Hypothese verworfen werden. Die genetischen Daten ließen sich selten mit den sprachlichen in Einklang bringen, was zeigt, dass es einen bedeutenden Genfluss über die Sprachbarrieren gegeben hat.

Dies beweist, dass zumindest in Nordamerika die Sprache einer Population schneller als ihre Gene ersetzt werden kann, weil Sprache sowohl vertikal von Eltern auf Kinder als auch horizontal an nicht verwandte Menschen übertragen werden kann, während Gene nur an verwandte Menschen weitergegeben werden können. Paradoxerweise gibt es oft starken kulturellen Druck, der eine Sprache bewahrt, während Gene in bestimmten Situationen »freier« über sprachliche und kulturelle Barrieren fließen können, besonders in unserer überfüllten modernen Welt mit weiten und schnellen Reisen.

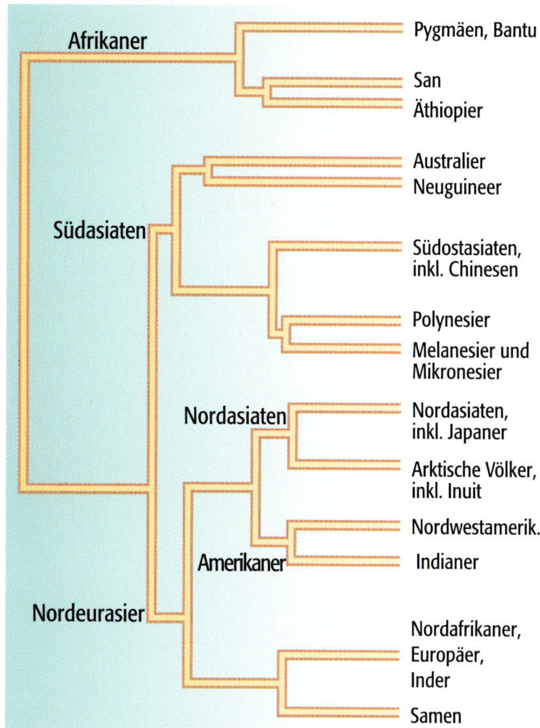

Die Wanderungen moderner Völker während der letzten wenigen Jahrhunderte haben dazu geführt, dass viele Menschen außerhalb der Regionen ihres ethnischen Ursprungs wohnen. Zum Beispiel schließen die Populationen des heutigen Amerika Menschen europäischen und afrokaribischen Ursprungs wie auch einheimische Amerikaner ein, die ihrerseits aus Asien stammen. Englische Populationen schließen Menschen keltischen Ursprungs sowie solche aus vielen anderen Orten rund um die Welt ein.

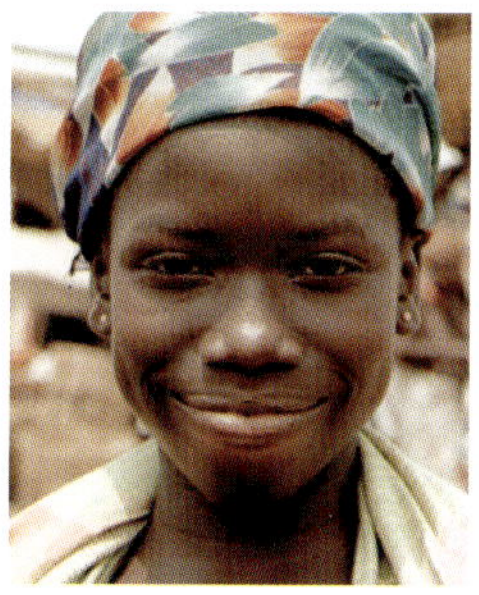

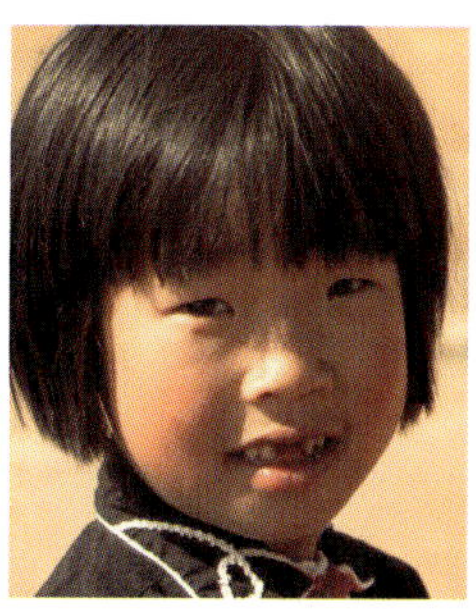

Wir mögen auf den ersten Blick verschieden aussehen, aber das ist nur oberflächlich, genetisch gehören wir einer einzigen Spezies an. Zwar können sprachliche und kulturelle Unterschiede in Konfliktsituationen über Leben und Tod entscheiden, aber in wenigen Generationen überwunden werden.

Oft bewahrt starker kultureller Druck eine Sprache, während Gene sprachliche und kulturelle Barrieren »freier« überwinden können.

Wie alt ist es? Wann geschah es? … Die Datierung der Menschheitsgeschichte durch die Zeit

Bis zur Mitte des 20. Jahrhunderts war es nur möglich, archäologisches und paläontologisches Material durch relative Methoden zu datieren (vgl. S. 86). Aber nach dem Zweiten Weltkrieg und dank technologischer Fortschritte im Aufspüren und Messen von Radionukleiden wurde es möglich, radiometrische Methoden anzuwenden, die es erlaubten, die Zeit zu messen, die seit der Bildung bestimmter natürlich vorkommender Materialien verstrichen war.

Diese reichten von tierischem und pflanzlichem Gewebe auf Kohlenstoffbasis wie Knochen und Holz (Radiokarbon- oder C-14-Methode) bis zur Bildung bestimmter Mineralien in anorganischem Gestein wie Lava und vulkanischer Asche.

Namhafte Wissenschaftler wie der in Neuseeland geborene Ernest Rutherford (1871–1934) und der britische Chemiker Frederick Soddy (1877–1937) begründeten Anfang des 20. Jahrhunderts die Prinzipien der radiometrischen Datierung. In den frühen 1900ern entdeckten sie, dass es möglich war, für bestimmte chemische Elemente radioaktive Zerfallsraten vorherzusagen, und sie vermuteten, dass das Gas Helium ein Produkt eines solchen Zerfalls sein könnte. Vom Moment ihrer Bildung an zerfallen bestimmte gewöhnliche radioaktive Elemente in bekannten gleich bleibenden Raten vom »Eltern«-Isotop zu einem oder mehreren »Tochter«-Isotopen. Durch Messen des Verhältnisses des »Eltern«-Isotops zu übrig bleibenden »Tochter«-Isotopen lässt sich, wenn man die Zerfallsrate kennt, die Zeit der Bildung errechnen. Aber es war der amerikanische Radiochemiker Bertram Boltwood (1879–1927), der als Erster die Uran-Zerfallsreihe verstand und die analytischen Techniken zur Messung der Resultate entwickelte. Er gewann Daten aus Gesteinen, die radioaktive Mineralien enthielten, einschließlich einem aus Ceylon (heute Sri Lanka), das 2,2 Milliarden Jahre alt war. Damit erhöhte er das vorausgesagte Alter der Erde um eine Zehnerpotenz.

Bis 1910 hatte der britische Geologe Arthur Holmes (1890–1965) Gesteinschichten chronologisch datiert, die zu einer Abfolge von geologischen Einheiten gehörten. Das Ergebnis war die erste geologische Zeittafel. Als mehr Daten verfügbar wurden, verfeinerte er die Zeittafel, sodass er fortschreitend eine immer vollständigere Bestandsaufnahme erhielt.

Bis 1973 konnte man davon ausgehen, dass die ältesten fossilienhaltigen Gesteine über 450 Millionen Jahre alt waren und miozäne Schichten mit Primatenfossilien höchstens 32 Millionen Jahre alt sind (heute weiß man, dass es 23 Millionen Jahre sind). Die Basis des jüngeren Pliozäns datierte man auf etwa 13 Millionen Jahre. Heute weiß man, dass das jüngere Pliozän vor fünf Millionen begann, und dass die Basis des Pleistozäns rund 1,8 Millionen Jahre alt ist.

Das Problem bei dieser Art radiometrischer Datierung ist, dass sie sich nicht auf paläoanthropologisches Material beziehen lässt, denn es ist leider nicht möglich, sie direkt zur Datierung organischen Materials wie Knochen zu verwenden. Auch hat es keinen Sinn, das Alter eines Steins zu messen, aus dem ein Werkzeug gemacht ist, weil das Alter des Steins eigentlich nichts mit dem Datum zu tun hat, an dem er von einer menschlichen oder menschenverwandten Hand ausgewählt und zu einem Werkzeug bearbeitet wurde. Dennoch ist die Methode bedeutsam als indirekte Datierungsmethode. Sie ist dort nützlich, wo radiometrisch datierbare Gesteine wie vulkanische Lava und Aschen in Gebieten ausgeworfen wurden, in denen unsere alten Vorfahren lebten.

Glücklicherweise sind das Ostafrikanische Grabensystem und die Inseln Indonesiens seit mehreren Millionen Jahren aktive vulkanische Regionen. Ihre zahlreichen Vulkane haben große Mengen vulkanischen Materials in Form von Lava und Asche über ihre Umgebung verteilt.

Diese vulkanischen Gesteine enthalten oft Mineralien und radioaktive Isotope – Kalium 40, das zum Gas Argon zerfällt –, die sich radiometrisch datieren lassen. Diese Gesteine werden im Wechsel mit Sedimenten und mit den potenziellen Überresten unserer frühen menschlichen Verwandten, ihren Werkzeugen und den Überresten der Tiere und Pflanzen, die beispielsweise dieselbe Umwelt wie sie besetzten, gelagert. Daher beziehen sich die meisten radiometrischen Daten auf Gesteine, die relativ nahe bei den Fossilien liegen, die datiert werden sollen.

So akkurat diese Methode auch sein mag, sie hat dennoch eine messbare Fehlerspanne, die bei Proben, die über eine Million Jahre alt sind, Tausende von Jahren ausmachen.

In dem berühmten Teil der Olduvai-Schlucht in Tansania, wo die Grabungen der Leakeys stattfanden, bot das Vorkommen von Lava und Schichten vulkanischer Asche die Möglichkeit, die Schichten und die darin eingeschlossenen Fossilien und Artefakte zu datieren. Die Kalium-Argon-Datierung der Lava am Boden der freigelegten Schichtenfolge ergab ein Alter von fast 1,9 Millionen Jahren. Dies lag sehr nah am Beginn des Pleistozäns und lieferte eine wichtige Verbindung zu einer Periode normaler Polarität im Magnetfeld der Erde, die als »Olduvai-Ereignis« bekannt ist (vgl. S. 120). Also konnte man den nahe der Basis entdeckten Fossilien, einschließlich *Homo habilis*, und groben Steingeräten ein Höchstalter von 1,9 Millionen Jahren zuweisen.

Leider besteht bei den Kohlenstoff-Isotopen das Problem, dass ihre Zerfallsrate (Halbwertzeit) relativ schnell ist, sodass normalerweise nach 40 000 Jahren nicht mehr genügend Elternmaterial zum Messen übrig ist. Aber mit der Entwicklung der Beschleuniger-Massenspektroskopie (AMS) wurde es möglich, viel kleinere Mengen zu messen, und die Methode kann heute für bis zu 80 000 Jahre altes Material angewandt werden. Doch selbst das ist für das meiste paläoanthropologische Material wie die Knochen unserer ausgestorbenen menschlichen Verwandten zu wenig.

Ein erst kürzlich aufgetauchtes Problem der C-14-Datierung ist, dass die Aufnahme von radioaktivem Kohlenstoff in die Gewebe

von Tieren und Pflanzen komplexer ist als bisher angenommen, sodass keine einfache lineare Beziehung besteht. Folglich gibt es eine messbare Differenz zwischen Kohlenstoff- und Kalenderjahren, die sich bei Daten von mehreren Zehntausend Jahren auf über 1000 Jahre belaufen kann. Gegenwärtig arbeiten die Wissenschaftler daran, diese Unstimmigkeiten messbar zu machen.
In den letzten Jahrzehnten sind glücklicherweise mehrere neue radiogene Datierungsmethoden – zum Beispiel Thermolumineszenz (TL), Elektronenspinresonanz (ESR) und Fission-Track-Datierung – verfügbar geworden, die besonders in bestimmten Situationen und bei besonderen Materialien nützlich sein können. Sie beruhen im Wesentlichen auf der Erzeugung radioaktiver Strahlung, die sich in die Umgebung fortpflanzt. So nutzt die TL-Datierung den Zerfall von Radioisotopen, die Energie in Form von Elektronen freisetzen, welche in den Kristallgittern von angrenzenden Mineralien gespeichert werden und sich mit der Zeit akkumulieren. Wenn solche Mineralien später als Probe erhitzt werden, werden die Elektronen freigesetzt und geben ihre gespeicherte Energie als Licht (Lumineszenz) ab. Die Intensität der Lumineszenz lässt auf die ursprüngliche Isotropenmenge schließen und kann so als Anzeige dafür dienen, wieviel Zeit verstrich seit das Mineral der ionisierenden Strahlung ausgesetzt war. Vom archäologischen Standpunkt ist diese Methode besonders brauchbar zur Datierung von Keramik, die seit dem Brennvorgang Strahlung akkumuliert. In unserem prähistorischen Kontext (bevor Keramik hergestellt wurde) können bestimmte Sedimente mit dieser Methode datiert werden.
ESR ist eine andere radiogene Datierungsmethode, die die Auswirkungen natürlicher Bestrahlung von Materialien wie Knochen, Zähnen, Sediment, Muscheln, Höhlenablagerungen (Travertin, Stalaktiten usw.) und gebranntem Stein (Feuerstein usw.) misst. Die Methode ist auf Materialien begrenzt, die sich über die letzten ungefähr zwei Millionen Jahre angesammelt haben, und hat eine Fehlerspanne in einer Größenordnung von Hunderten von Jahren. Die Technik wird oft verwendet, wenn andere Datierungsmethoden nicht möglich sind, und um andere Methoden zu überprüfen.
Die Fission-Track-Datierung nutzt die Spaltung des radioaktiven Uran 238, die natürlich und spontan stattfindet. Die Spaltprodukte haben genügend Energie, um physikalische Spuren (Tracks) ihrer Bahnen durch umgebendes Material, besonders Mineralkristalle, zu hinterlassen. Kennt man die Rate des Zerfalls und den verbleibenden Urangehalt, ist es durch Zählen der Spaltungsspuren möglich, die akkumulierte Zeit zu berechnen, in der die Aktivität stattgefunden hat. Besonders brauchbar ist die Methode für die Datierung vulkanischer Produkte, in denen das radioaktive Material gebildet wurde und seine Spuren in Gesteinsmaterialien wie Obsidian (vulkanisches Glas) und in Zirkonkristallen hinterlässt.

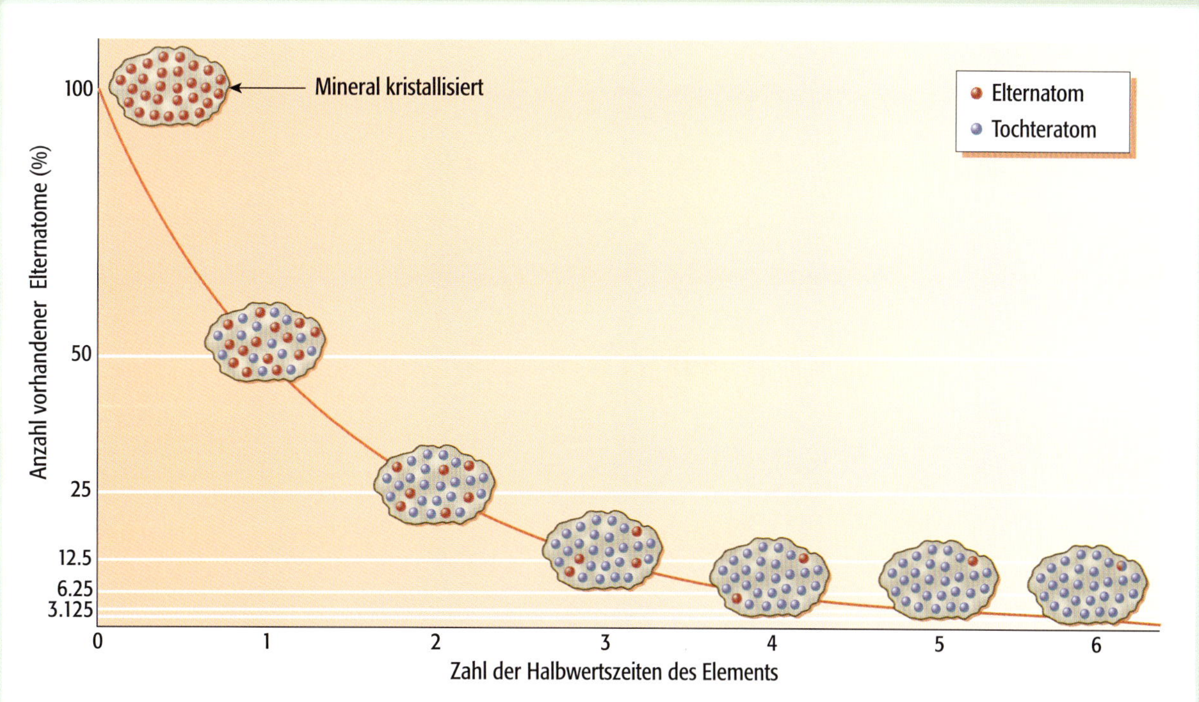

Der menschliche »Stammbaum« heute

Während wir uns dem 150. Jahrestag (2008) des Entwurfs der Evolutionstheorie von Darwin und Wallace nähern, lohnt es sich, zum Schluss einen Blick auf unseren »Stammbaum« zu werfen, wie er sich heute darstellt. Obwohl Metapher und Bild des »Baums« inzwischen eng mit der traditionellen Darstellung der evolutionären Abstammung verknüpft sind, gleicht das Bild viel stärker dem, das Darwin in seiner berühmten Notizbuchskizze von 1837 zeichnete und dann in seinem Buch *Über den Ursprung der Arten durch natürliche Selektion* wiedergab. Das Bild ist sehr buschig mit vielen Verzweigungsknoten und kurzen Zweigen, die blind enden. Fossile Belege zeigen, wie recht Darwin mit dieser Art der Darstellung hatte. Die Geschichte des Lebens folgt im Allgemeinen auf allen Ebenen diesem Muster, von großen Gruppierungen wie der Ordnung (z. B. Weichtiere und Stachelhäuter) bis zu feineren Unterteilungen, mit denen wir (im taxonomischen Sinn) auf Familienebene zu tun haben.

In der Frage, wer genau von unseren ausgestorbenen Verwandten der direkte Vorfahre unserer Gattung war, gehen die Meinungen auseinander.

Unser kleiner, menschenverwandter Haufen von rund 20 über die letzten sieben Millionen Jahre verstreuten Spezies scheint anfangs eine schmale Basis gehabt zu haben – vertreten nur durch die Spezies *Sahelanthropus tchadensis*. Es ist eine erst jüngst entdeckte Spezies, deren einsame Position sicherlich auf die dürftigen fossilen Belege im frühen Pliozän (vor sieben bis vier Millionen Jahren) zurückzuführen ist. Wenn wir etwas weiter zurückblicken, ins Miozän, gibt es viel bessere Belege von fossilen Affen sowohl in Afrika als auch in Teilen Asiens und Europas.

Wir wissen heute, dass es für das Intervall von vor sechs bis vier Millionen Jahren in Afrika nur vereinzelte Fossilien gibt, die zu drei Gattungen gehören (*Orrorin tugenensis, Ardipithecus ramidus kadabba* und *Australopithecus anamensis*), die alle nur durch einige Knochen vertreten sind. Zudem ist die Interpretation dieser Überreste problematisch; es gibt mehrere widerstreitende Behauptungen darüber, ob diese Arten zum aufrechten Gehen fähig waren und wie sie sich in die spätere Evolution einfügten. Im Augenblick besteht kein Konsens in der Frage, welcher dieser ausgestorbenen Verwandten tatsächlich Vorfahre unserer Gattung war. Sie alle zeigen ein Mosaik primitiver und fortgeschrittenerer Merkmale in verschiedenen Kombinationen, was andeutet, dass es damals erhebliche Vielfalt und vermutlich Anpassung an verschiedene Lebensweisen gab, ohne dass irgendeine Spezies vorherrschte. Dieses Muster wiederholte sich bis in die jüngste Zeit, als unsere Gruppe, *Homo sapiens*, zur dominanten menschlichen Spezies wurde.

Bis vor kurzem glaubte man, dass das späte Pliozän von vor 3,5 bis ungefähr 2,3 Millionen Jahren allein von Angehörigen der kleinen zweibeinigen, aber immer noch mit kleinem Gehirn ausgestatteten, affenähnlichen Gattung *Australopithecus* beherrscht wurde. Die Gattung schließt einige pflanzenfressende Arten mit sehr kräftigem Schädel ein, die immer als evolutionäre Sackgasse betrachtet wurden, obgleich sie damals sehr erfolgreich waren und von denen einige sogar den Gebrauch von Steinwerkzeugen »erfunden« haben können. Deshalb nahm man wegen des allgemeinen Erfolgs der Gattung an, dass die spätere menschliche Evolution aus dieser Gruppe hervorging. Die »Ehre«, unser mutmaßlicher Ahn zu sein, wurde einstimmig der kleinen »Lucy« zugestanden (*Australopithecus afarensis*). Doch die Entdeckung und Beschreibung einer neuen Gattung und Spezies – *Kenyanthropus platyops* (»Flachgesicht«) – drohte, »Lucy« zu entthronen, da der Schädel von »Flachgesicht« eindeutig menschlicher aussehende Merkmale zeigt. Da diese Spezies rund 3,5 Millionen Jahre alt und damit gleichaltrig mit »Lucy« ist, scheint es nun möglich, dass die Evolution die Australopithecinen völlig umging.

Meave Leakey und ihre Mitarbeiter glauben zu erkennen, dass von der Entwicklung von *Kenyanthropus platyops* eine Linie zu einer Spezies *rudolfensis* verläuft, die sie ebenfalls in die Gattung *Platyops* stellen, die dann zu *Homo ergaster* und so weiter führt. Viele Fachleute ziehen jedoch die Vorstellung vor, dass *Homo habilis* die erste Spezies der Gattung war und aus einem Australopithecinen wie *Australopithecus africanus* hervorging.

Mehr Einigkeit herrscht jedoch darin, dass es seit Beginn des Pleistozäns vor rund zwei Millionen Jahren eine sehr erfolgreiche und lange lebende menschliche Spezies namens *Homo erectus* gab, die in Afrika entstand, wahrscheinlich aus der eng verwandten Spezies *Homo ergaster*. Es war *Homo erectus*, der sich als Erster jenseits von Afrika nach Eurasien und Südostasien ausbreitete, wo er vielleicht die neu entdeckte sehr kleine Spezies *Homo floresiensis* hervorbrachte. Das darauf folgende Evolutionsmuster bei *Homo* wird

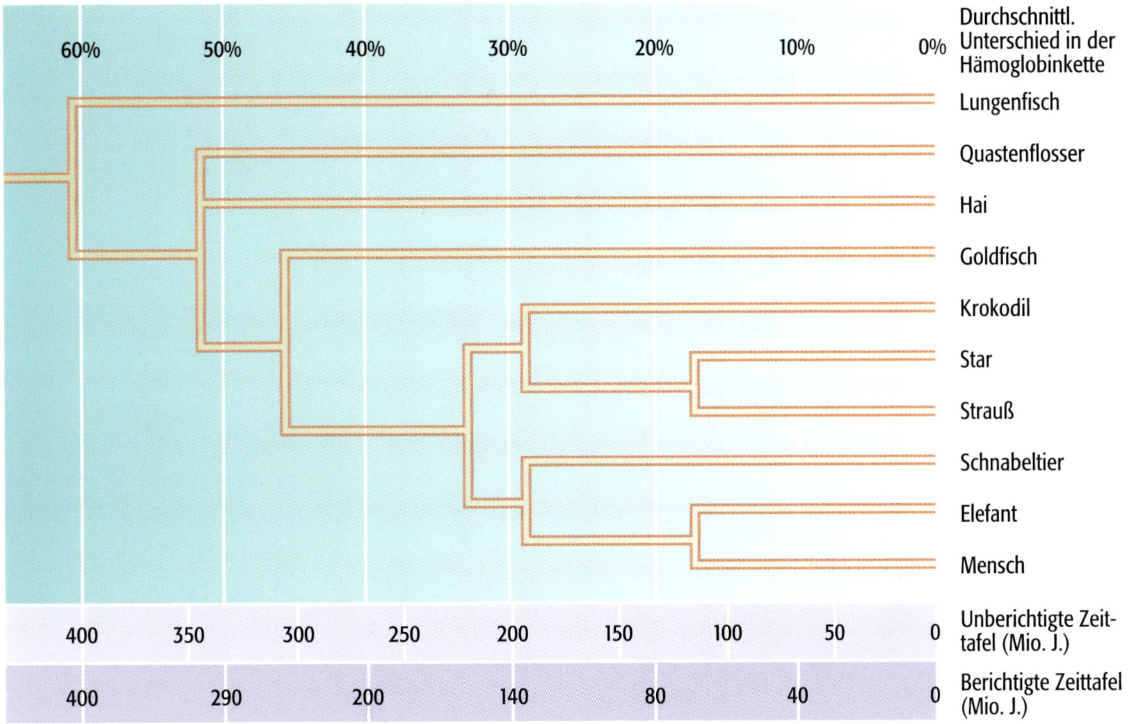

Die Evolution des Lebens auf der Erde ist ein erstaunliches Phänomen. Über die letzten 200 Jahre haben Zehntausende von Wissenschaftlern ihr Leben dem Studium lebender Organismen und der Frage gewidmet, wie sie ihre gegenwärtige Zahl, Vielfalt und Komplexität erreichten. Jede Möglichkeit, die erforscht wurde, von Anatomie und allgemeiner Biologie bis zur Genetik – nebenstehend ist die Verwandtschaft durch Messungen des Unterschieds im Hämoglobin dargestellt –, sowie die fossilen Belege weisen unabhängig auf eine evolutionäre Verwandtschaft hin, die über Hunderte von Millionen Jahren tief in die Geschichte zurückreicht.

zunehmend fraglich, da eine Reihe von Arten aus Afrika und Europa bekannt wurden, deren Zusammenhang aber alles andere als klar ist. Es ist wohl verwirrend zu sehen, dass Spezies anscheinend kommen und gehen können, aber man muss bedenken, dass eine fossile Spezies nicht das Gleiche ist wie eine biologische. Eine fossile Spezies ist bloß das Konstrukt von Paläontologen, die einer Gruppe von Fossilien einen Namen geben, von denen sie glauben, dass sie über eine bestimmte Zeitspanne zu einer sich kreuzenden Folge von Populationen gehörten. Wie wir gesehen haben, ist dies ein sehr umstrittenes Gebiet mit vielen Diskussionen unter Fachleuten, und ständig verändern neue Entdeckungen die Bewertung von Spezies und Gattung.

Es gibt eine besonders interessante und problematische Spezies in unserer Gattung – den Heidelbergmenschen –, die ursprünglich in Deutschland beschrieben wurde, heute aber um einige afrikanische Fossilien erweitert wurde und vor ungefähr 500 000 bis 250 000 Jahren lebte. Zeitlich und chronologisch fügt sich die Spezies gut ein als mögliches Bindeglied zwischen afrikanischen Populationen von *Homo ergaster*, der vor rund 1,5 Millionen Jahren lebte, und frühen Angehörigen von *Homo sapiens,* der vor über 200 000 Jahren in Afrika lebte. Doch gibt es noch eine erhebliche Lücke von rund einer Million Jahren zwischen dem letzten Beleg für *Homo ergaster* und dem ersten Beleg für *Homo antecessor* von vor rund 800 000 Jahren, der die Lücke füllt. Es müssen also unbedingt mehr Fossilien aus diesem Zeitraum gefunden werden.

Neue Entdeckungen sind eine ständige Quelle von Diskussionen in der Fachwelt.

Zurzeit stützen fossile und genetische Beweise stark die Theorie, wonach alle Jetztmenschen vor rund 200 000 Jahren aus einer afrikanischen Population hervorgingen, die dem *Homo heidelbergensis* ähnlich war. Aber erst vor ungefähr 100 000 Jahren zog eine kleine Gründerpopulation aus Afrika nach Norden in den Vorderen Orient. Aus dieser genetisch ähnlichen Population sind alle modernen Menschen entstanden. Der andere berühmte, in diesem Überblick bisher nicht erwähnte Verwandte ist *Homo neanderthalensis,* eine Spezies ohne Zukunft, die wahrscheinlich von einer europäischen Population von *Homo heidelbergensis* vor ungefähr 350 000 Jahren abstammte.

Erst im Nachhinein können wir diese Art von »Familienbusch« konstruieren. Ich glaube nicht, dass es zu irgendeinem Zeitpunkt dieser Evolutionsgeschichte möglich gewesen wäre, den Erkenntnisstand, den wir heute haben, vorauszusagen. Ebenso wenig glaube ich an die Möglichkeit, die ferne Zukunft unserer Spezies vorauszusagen. Eines ist gewiss: Keine Spezies bleibt unendlich lange die gleiche. Alle sind entweder ausgestorben oder haben sich in neue Spezies verzweigt. Allerdings ist keine Spezies in der Lage gewesen, ihr eigenes Schicksal in der Weise zu manipulieren, wie wir es können.

Was macht uns also zu Menschen? Die neuesten Entwicklungen

Wie wir gesehen haben, zeigen fossile Belege von Knochen und Steinen überzeugend, dass sich unser weiterer Familienkreis aus 20 oder mehr verwandten Arten über die letzten sieben Millionen Jahre zu einer Vielfalt mehr oder weniger menschenähnlicher Formen verzweigt und verändert hat. Die meisten davon unterscheiden sich auf die eine oder andere wesentliche Art von unseren nächsten lebenden Verwandten, den Schimpansen. Zum Beispiel erwarben die meisten die Fähigkeit, aufrecht zu gehen, und waren nicht mehr nur Pflanzenfresser, sondern bezogen Fleisch in ihre Nahrung ein. Als Folge entwickelten sie eine menschenähnlichere Körperform, vor allem innerhalb unserer engen Familie, der Gattung *Homo.* So wie sich die Ernährungsweise änderte, wurden auch Werkzeuge eingesetzt, deren Fertigung rasche Fortschritte machte.

Doch die wichtigsten evolutionären Veränderungen, die die menschliche Familie von unseren »Vettern«, den höheren Affen, unterscheiden, sind mit dem Gehirn und unserer kognitiven Überlegenheit verknüpft. Nach intensiver Forschung über mehr als 150 Jahre stellt sich heraus, dass die Anatomie und Struktur unserer Gehirne jenen der Schimpansen erstaunlich ähnlich zu sein scheinen. Der augenfälligste Unterschied ist die Größe. In den letzten rund zwei Millionen Jahren wuchs das Hirnvolumen um das Dreifache gegenüber unseren affenähnlichen Vorfahren. Zweifellos zählt auch die Größe, aber die evolutionäre Ausdehnung des Gehirns muss von Entwicklungen auf Zellebene begleitet gewesen sein, die zu unseren kognitiven Unterschieden beitragen. Da diese Veränderungen erblich sind, müssen sie irgendeine Signatur auf dem menschlichen Genom hinterlassen haben.

Die Sequenzierung des menschlichen Genoms und die neuere Sequenzierung des Schimpansengenoms haben erstmals ermöglicht, nach den entscheidenden genetischen Innovationen zu suchen, die die überaus wichtigen kognitiven Unterschiede verursacht haben. Aber bisher erwiesen diese sich erstaunlicherweise als schwer fassbar, und es ließen sich nur wenige Beweise finden, die Unterschiede in der DNA direkt mit anatomischen und Verhaltensunterschieden zwischen Menschen und Schimpansen verbinden. Was geht also vor sich?

Es wurde immer angenommen, man könne eine adaptive Veränderung in DNA-Sequenzen finden, die Proteine codieren. Aber vergleichende Analysen zur Auffindung solcher Sequenzen bei Genomen von Schimpansen und Menschen haben keine bedeutsamen Unterschiede erkennen lassen. Doch hat man nun festgestellt, dass ein wesentlicher Anteil der funktionalen DNA-Sequenz nicht innerhalb der Protein codierenden Sequenz liegt, sondern vielmehr außerhalb davon in dem großen nicht-codierenden Anteil (rund 98,5 Prozent) des Genoms, der so genannten »dunklen Materie«.

In jüngster Zeit richteten sich große Anstrengungen darauf, bekannte Säugetiergenome nach nicht-codierende Genomregionen zu durchsuchen, die bis vor rund sieben Millionen Jahren, als sich die Abstammungslinien von Schimpansen und Menschen trennten, weitgehend unverändert waren. Dies Mühe wurde belohnt und ein so genanntes HAR-Gen (von *human accelerated region* = menschliche beschleunigte Region) entdeckt, das sehr wohl mit dem Erwerb des Menschlichen verknüpft sein kann. Es scheint, dass HAR1F es auf 18 Veränderungen über die letzen sieben Millionen Jahre gebracht hat, während die normale Quote der Ersetzung eine oder zwei über denselben Zeitraum wäre.

Dieses HAR1F genannte RNA-Gen ist in der frühen embryonalen Entwicklung aktiv, wenn viele der Nervenzellen der Neocortex-Region ihre Rolle im entstehenden Gehirn festlegen. Viele der kompliziertesten Vorgänge unseres Gehirns sind im Neocortex angesiedelt. Interessanterweise kommt HAR1F auch in erwachsenen menschlichen Eierstöcken und Hoden zum Ausdruck, und sexuelle Selektion könnte ebenfalls an dem Vorgang beteiligt sein, der wahrscheinlich ein komplexer Rekombinationsprozess ist, bei dem ein Nachkomme eine Mischung elterlicher Gene erhält.

Obgleich HARs auch in nicht Protein-codierenden Regionen des Genoms vorkommen, finden sie sich oft in der Nähe solcher Protein codierenden Gensequenzen, die verantwortlich für die Nervenentwicklung sind, und besonders solcher, die bestimmen, welche dieser Gene wann eingeschaltet werden. Somit könnte die schnelle Evolution von Gehirn und arttypischem Verhalten des Menschen also mehr mit kleinen Veränderungen in der Position und der zeitlichen Aktivierung Protein codierender Gene verbunden sein. Die Suche nach weiteren HARs in der funktionalen, aber nicht-codierenden »dunklen Materie« geht weiter ...

Gute Nachricht – Lucys »Tochter« in Äthiopien gefunden

Die Entdeckung des Skeletts eines drei Jahre alten Australopithecus-Mädchens verspricht, einer der wichtigen Funde des Jahrzehnts zu werden. Kindliche fossile Überreste unserer Menschenverwandten sind äußerst selten, und diese sind drei Millionen Jahre alt und bei weitem die ältesten, die wir kennen. Ungewöhnlich gut erhalten und zu fast 50 Prozent vollständig, gehört das Skelett zu *Australopithecus afarensis,* derselben Spezies wie die 3,2 Millionen Jahre alte »Lucy«. Der Fund wurde im Jahr 2000 nur 10 Kilometer entfernt in Dikika in Äthiopien gemacht; es dauerte sechs Jahre, bis er aus der harten Gesteinsmasse herausgelöst war.

Zum ersten Mal bekommen wir jetzt eine Vorstellung von der frühen Entwicklung dieser ausgestorbenen Vorfahren und wie sie sich von den Affen und von modernen Menschen unterschieden haben könnten. Hoffentlich wird uns dies erlauben, jene entscheidenden anatomischen Faktoren zu bestimmen, die schließlich den Unterschied zwischen affenähnlicherem und menschenähnlicherem Zustand ausmachen. Der Kinderschädel zeigt Schlüsselmerkmale, die noch affenähnlich und symptomatisch für seine Spezies sind. Die Größe des Gehirns ist affenähnlich, aber seine Entwicklung scheint langsamer gewesen zu sein als bei lebenden Affen. Interessant ist, dass es in dieser Hinsicht zu einem menschlicheren Entwicklungstempo tendiert. Das Alter ist durch das Entwicklungsstadium der Zähne bestimmbar, und der volle Satz der Milchzähne lässt auf ein Alter von drei Jahren schließen. Aber der Rest des Skeletts, besonders die Fuß- und Knieknochen, bestätigt die Fähigkeit zum aufrechten Gang, wenngleich das Kind nicht rennen konnte wie menschenähnlichere Spezies.

Am interessantesten ist, dass der neue Fund ein gorillaartiges Schulterblatt und gekrümmte Fingerknochen aufweist. Gorillas gehen typischerweise auf den Knöcheln, aber sie können auch auf Bäume klettern. Diese Merkmale erhärten die Vermutung, dass auch Lucy und ihre Verwandtschaft noch auf Bäume klettern konnten. Diese Anpassung war vorteilhaft in einer bewaldeten Umgebung mit zunehmend offenem Grasland, Flüssen und Seen, wo heute ausgestorbene Spezies des Pferdes, Streifengnus, Nashörner neben Elefanten, Schweinen, Giraffen, Gazellen, Riesenschildkröten sowie Süßwasserspezies wie Flusspferde, Krokodile und Fische lebten.

Unser Wissen um die Vielfalt unserer menschenverwandten Vorfahren ist über die letzten Jahrzehnte enorm gewachsen, allerdings sind die meisten Spezies nur durch die sehr fragmentarischen Überreste weniger erwachsener Individuen bekannt. Bei den Prozessen, durch die Skelettreste als fossile Zeugnisse erhalten bleiben, sind kleine Knochen und kindliche Skelette benachteiligt. Dieses Kind wurde vermutlich von einer Sturzflut überrascht und weggerissen. Es ertrank und wurde in den Sedimenten des Flussbetts begraben. Wenigstens erlaubt uns sein tragisches Ende, mehr über seine Verwandtschaft und die Art ihrer Beziehung zu uns zu erfassen.

Weiterführende Literatur (Auswahl)

Auffermann, Bärbel; **Orschiedt,** Jörg, *Die Neandertaler. Eine Spurensuche,* Sonderheft Archäologie in Deutschland 2002, Konrad Theiss Verlag, 2002.

Darwin, C., *Die Abstammung des Menschen*, Wiesbaden 1996.

Fleckinger, Angelika, *Ötzi, der Mann aus dem Eis. Alles Wissenswerte zum Nachschlagen und Staunen,* 2002.

Haeseler, Arndt von; **Liebers,** Dorit, *Molekulare Evolution,* Frankfurt 2003.

Hay, Richard; **Leakey**, Mary, *Die versteinerten Fußspuren von Laetoli.* In: Spektrum der Wissenschaft, April 1982.

Henke, Winfried; **Rothe**, Hartmut, *Menschwerdung,* Frankfurt, 2003.

Johanson, Donald, *Lucy und ihre Kinder*, Spektrum, Akademischer Verlag, 1998.

Leakey, Richard, *Die ersten Spuren. Über den Ursprung des Menschen*, Goldmann, 1999.

Leakey, Richard; **Lewin**, Roger, *Wie der Mensch zum Menschen wurde. Neue Erkenntnisse über den Ursprung und die Zukunft des Menschen*, Hofmann und Campe, 1978

Lewin, Roger, *Die Herkunft des Menschen. 200000 Jahre Evolution*, Spektrum, Akademischer Verlag, 1995

Müller-Beck, Hansjürgen, *Die Eiszeiten. Naturgeschichte und Menschheitsgeschichte*, Beck, 2005.

Pinker, Steven, *Der Sprachinstinkt. Wie der Geist die Sprache bildet*, München, 1996.

Reader, John, *Die Jagd nach den ersten Menschen*, Birkhäuser Verlag, 1982.

Schrenk, Friedemann, *Die Frühzeit des Menschen. Der Weg zum Homo sapiens*, Beck, 2003.

Spindler, Konrad, *Der Mann im Eis. Die Ötztaler Mumie verrät die Geheimnisse der Steinzeit*, München, 1993.

Stringer, Chris; **McKie**, Robin, *Afrika – Wiege der Menschheit: die Entstehung, Entwicklung und Ausbreitung des Homo sapiens, Limes*, 1996.

Tattersall, Ian, *Puzzle Menschwerdung. Auf der Spur der menschlichen Evolution*, Heidelberg 1997

Wills, Christopher, *Das vorauseilende Gehirn: Die Evolution der menschlichen Sonderstellung*, München, 1996.

Internet-Links zum Thema Menschheitsentwicklung

www.archaeologie-online.de
Zeitschrift für Archäologie im Internet; dt.

www.bbc.co.uk/science/apeman
(Übersicht zum Thema Menschheitsentwicklg.; engl.)

www.becominghuman.org/
(Links zum Thema Menschwerdung; engl.)

http://www.zum.de/geo/
(Artikel zum Thema Menschwerdung, dt.)

www.neanderthal.de (Das Neanderthal-Museum; dt)

www.talkorigins.org (engl.)

www.wissenschaft-online.de
(Allgemeines Wissenschaftsportal)

Glossar der Fachbegriffe

Begriffe mit vorangestelltem Sternchen (*) erscheinen auch als eigenes Stichwort.

Absolute Datierung: Altersangabe, die durch eine meist *radiometrische Messung des Alters eines Sediments oder Fundmaterials gewonnen wurde (vgl. auch *relative Datierung).

Acheuléen: Bezeichnung für eine Kulturstufe der Altsteinzeit, die sich durch große, sorgfältig bearbeitete zweischneidige Werkzeuge, wie z.B. *Faustkeile, auszeichnet. Erster Fund in Saint-Acheul (Frankreich) zu Beginn des 19. Jh., seither zahlreiche Fundstellen in Eurasien und Afrika. Das A. begann vor etwa 1,5 Mio. Jahren in Afrika und dauerte bis vor etwa 200 000 Jahren.

Alluvium: veraltete Bezeichnung des Holozäns für Oberflächensedimente über dem *Diluvium; jüngster Abschnitt des *Quartärs.

Altpaläolithikum: frühester Abschnitt der Altsteinzeit, begann vor rund 2,4 Millionen Jahren mit der Olduvai-Technik der Steinwerkzeuge in Afrika. Das A. umfasst das *Acheuléen und endet mit den mittelpaläolithischen Klingen und Spitzen vor rund 350 000 Jahren. Für manche Experten setzt das Mittelapaläolithikum mit dem Beginn der Levalloistechnik ein.

Altsteinzeit: siehe Altpaläolithikum

Anatomisch moderner Mensch: Individuen, deren anatomische Merkmale denen der heute lebenden Menschen weitgehend ähneln und die vor rund 130 000 Jahren erstmals auftraten. Es bestehen signifikante Unterschiede zwischen ihnen und den *archaischen (frühen) modernen Menschen, die vor 300 000 bis 100 000 Jahren lebten.

Anpassung (Adaptation): Fähigkeit eines Organismus, sich auf bestimmte Umweltbedingungen einzustellen; bezeichnet auch den evolutionären Prozess, durch den ein Lebewesen für seine Umwelt tauglich wird, indem es bestimmte Eigenschaften und auch Fähigkeiten herausbildet.

Anthropoiden: Gruppe der *Primaten, umfasst die Alt- und Neuweltaffen und damit auch die großen afrikanischen Menschenaffen und die Menschen. Bildeten sich vor rund 40 Mio. Jahren heraus.

Archaische moderne Menschen: Frühe moderne Menschen, die vor 300 000 bis 100 000 Jahren lebten und weder dem *Homo erectus* noch dem *Homo sapiens* zugeordnet werden. Entwickelten sich vermutlich aus einer evolutionären Zwischenform der beiden wie etwa dem *Homo heidelbergensis.*

Artefakt: Allgemeine Bezeichnung für jedes von Menschenhand geschaffene Produkt; in der Vorgeschichte Bezeichnung v. a. für die Steine, die durch Bearbeitung und Verwendung Werkzeugcharakter erhielten.

Auerochse: 1627 ausgestorbenes Wildrind (*Ur, Bos primigenius*), das in der Höhlenkunst häufig als Felsmalerei dargestellt wurde. Vorfahre des heutigen Rinds, das vor etwa 8000 Jahren (C-14-Datierung: 6000 Jahre) domestiziert wurde.

Aurignacien: Erste große Kulturstufe des Jungpaläolithikums in Europa vor etwa ?40 000/ 37 000–31 000 Jahren (C-14-Datierung: 34 000–28 000 Jahre). Typisch für das A. sind scharfe, überarbeitete Klingen, Speerspitzen aus Knochen sowie vereinzelte Schmuckbeigaben und Tierdarstellungen als Höhlenkunst. Erster Fundort war Aurignac (Dep. Haute-Garonne, Frankreich), wo Édouard Lartet Überreste anatomisch moderner Menschen und Knochen ausgestorbener Tierspezies freilegte.

Australopithecinen (»Südliche Affenartige«): Gruppe früher afrikanischer Hominiden aus der Gattung *Australopithecus*, mit mindestens sieben Arten, die vor vier bis eine Mio. Jahren lebten. Nach ihrem Körperbau unterscheidet man *robuste A. mit kräftigen Kiefern und Zähnen (auch *Paranthropine) und grazile A., die kleinwüchsig waren und grazile Formen hatten.

Biospezies: Gruppe von Individuen oder eine Population, die durch Kreuzung fortpflanzungsfähige Nachkommen hervorbringen kann. Die »Art« wird danach als potenzielle Fortpflanzungsgemeinschaft angesehen.

Bipedie: Aufrechter Gang auf den beiden Hinterbeinen, wie bei der für den Menschen typischen Fortbewegung.

Brauenwulst: Knöcherner Wulst über den Augen; daher auch als Überaugenwulst bekannt.

C-14-Datierung: siehe *Radiocarbonmethode

Châtelperronien: Jungpaläolithische Stufe der Gerätekultur in Mittel- und Südwestfrankreich sowie in Nordspanien am Übergang vom Mittelpaläolithikum zum Jungpaläolithikum vor 38 000–34 000 Jahren (C-14-Datierung: 36 000–32 000 Jahre). Es weist Merkmale sowohl des Moustérien als auch des Aurignacien auf. Ins C. fallen einige der frühesten aus Knochen, Elfenbein und Geweih hergestellten Objekte. Das C. wird mit den späten *Neandertalern in Bezug gesetzt.

Computertomographie (CT): Bildgebendes Verfahren der Röntgenuntersuchung, das die Darstellung von Weichteilstrukturen des menschlichen Körpers auf dem Bildschirm ermöglicht. Dabei wird die zu untersuchende Körperpartie in wenige Millimeter dicken Schichten abgetastet (»gescannt«); die Messdaten werden zu einem Computer weitergeleitet, der die Schichtbilder zu einem 3-D-Bild zusammenfügt.

Cro-Magnon-Menschen: Früheste anatomisch moderne Menschen in Europa, so bezeichnet nach einem Felsüberhang unweit der französischen Stadt Les Eyzies (Dept. Dordogne).

Diastema: Lücke zwischen dem seitlichen Schneidezahn und dem Eckzahn, insbesondere im Oberkiefer.

Diluvium: (lat. »Überschwemmung«), Sedimente über tertiären Ablagerungen und unter denen des *Alluviums, von denen man annahm, sie stammten von der biblischen Sintflut; auch veraltete Bezeichnung für das Pleistozän.

Dimorphismus (Geschlechtsdimorphismus): Merkmale, die je nach Geschlecht deutlich unterscheidbare Formen aufweisen, etwa in der Körpergröße, im Körpergewicht oder in der Ausbildung der Eckzähne. Zum Beispiel sind Männchen meist größer und schwerer als die Weibchen. D. kommt auch beim Menschen vor, allerdings sind bei manchen Populationen die Gewichtsunterschiede zwischen den Geschlechtern weitgehend verschwunden.

DNA: Abkürzende Bezeichnung für engl. Deoxyribonucleic acid (Desoxyribonukleinsäure, Abk. DNS), die in jeder Zelle eines Organismus vorhandene sich selbst replizierende genetische Substanz. Die genetische Information ist in der DNA als Sequenz der vier verschiedenen Basen Adenin, Thymin, Guanin und Cytosin verschlüsselt.

Eiszeit: Abschnitt der Erdgeschichte, der durch mehrfache Abfolge von Kalt- und Warmzeiten geprägt ist. Allgemein wird als E. das quartäre Eiszeitalter, die letzte der insgesamt etwa 9 Kaltzeiten in der Erdgeschichte bezeichnet. Sie begann vor etwa 2,5 Millionen Jahren und endete vor rund 11 000 Jahren. Sie war durch rund 24 Abfolgen von Kalt- und Warm- (Interglazial-)zeiten gekennzeichnet, von denen jede mehrere tausend Jahre dauerte.

Faustkeil: Vorgeschichtliches, meist aus Feuerstein gefertigtes, keilförmiges, beidseitig bearbeitetes Werkzeug, das zu vielerlei Zwecken eingesetzt wurde. Der F. bildet den kennzeichnenden Werkzeugtypus mehrerer Kulturstufen der Altsteinzeit.

Feuerstein (Flint): Dichtes, hartes Gestein, das in Europa in bestimmten kalksteinhaltigen Schichten, vor allem aus der Kreidezeit, vorkommt. Durch Abschlagen entstehen scharfkantige Stücke. F. ist der älteste Rohstoff, der vom Menschen zur Herstellung von Geräten verwendet wurde.

Gattung: (lat. genus), systematische Kategorie, in der verwandtschaftlich einander sehr nahe stehende Arten zusammengefasst werden, die dann denselben Gattungsnamen tragen. Mehrere Gattungen bilden eine Familie.

Genus: siehe Gattung

Glazial: siehe Kaltzeit

Grazil: Klein, leicht gebaut. Merkmal einer Gruppe von Australopithecinen, die sich durch einen relativ feineren Knochenbau und dünnere Schädelwand auszeichnen und sich dadurch von den *robusten Australopithecinen (oder Paranthropinen) mit kräftigeren Zähnen, Kiefer- und Schädelknochen unterscheiden.

Holozän: Geologische Periode und letzter Abschnitt des Quartärs. Das H., das klimatisch dem Interglazial (Warmzeit) entspricht, begann mit dem Ende des pleistozänen Eiszeitalters vor etwa 11 000 Jahren und reicht bis in die Gegenwart.

Hominiden: Der Begriff bezeichnet die Familie der Menschen und menschenähnlichen Arten. Hierzu gehören die Vertreter der Gattungen *Homo* und *Australopithecus* sowie die großen Menschenaffen.

Homininen: Mitglieder der Menschenfamilie, einschließlich der ausgestorbenen Vorfahren, der Australopithecinen.

Homo: Gattung der Jetztmenschen, vertreten durch die Art Mensch, der alle lebenden sowie die 5–8 bisher identifizierten ausgestorbenen Arten angehören. Sie kommen seit etwa 2,5 Millionen Jahren vor und reichen bis zum *Homo sapiens* der Gegenwart.

Industrie: Begriff, der die Gesamtheit der Artefakte beschreibt, die von einer bestimmten Population innerhalb einer bestimmten Zeitspanne und geographischen Region hergestellt werden.

Innenabdruck: Natürlich entstehender oder künstlich erzeugter Abdruck des Gehirns auf der Innenfläche der Schädelkapsel, auch als Endocast bezeichnet.

Interglazial: Das I. (auch Interglazialzeit, Warmzeit genannt) bezeichnet eine wärmere Klimaperiode zwischen zwei Kaltzeiten und ist mit einem Rückgang der Vergletscherung verbunden.

Jungpaläolithikum: Letzter und damit jüngster Abschnitt der Altsteinzeit in Europa, Nordafrika und Teilen Asiens, der vor ?40000/35 000 Jahren begann und vor 12 000 Jahren (nach C- 14-Datierung: 33 000–10 000 Jahre) endete. Kennzeichnend sind die große Vielfalt an Geräten und Werkzeugen aus Stein, Knochen, Geweih, Elfenbein, darunter Speerspitzen, Klingen, Stichel, Schmuckbeigaben sowie Wand- und Kleinkunst.

Jungsteinzeit: siehe Neolithikum

Kaltzeit: Geologische Periode mit kühlerem Klima als in Warmzeiten; in höheren Breitengraden gleichbedeutend mit Eiszeit.

Klassifikation: Methode, Arten aufgrund von Ähnlichkeiten ihren systematischen Verwandtschaftskategorien zuzuordnen.

Knöchelgang: Vierfüßige Fortbewegungsart der Schimpansen und Gorillas auf den Knöcheln der vorderen Gliedmaßen, bei der die »Hand« mit der Rückenfläche der mittleren Fingerglieder aufgesetzt wird.

Kultur: Allgemein die Gesamtheit menschlichen Verhaltens, einschließlich technischer, mythologischer, ästhetischer und institutioneller Aktivitäten. Als archäologischer Begriff bezeichnet K. eine umfassende oder weit verbreitete Ansammlung von materiellen Zeugnissen, wie z.B. Stein- und Knochenwerkzeugen, die bestimmte gemeinsame Merkmale aufweisen und demselben geografischen Raum und zeitlichen Rahmen angehören.

Levalloistechnik: Typische mittelpaläolithische Steinbearbeitungstechnik, deren Anfänge etwa 400 000 Jahre zurückliegen und vor etwa 350 000 Jahre größte Verbreitung fand. Die L. setzt eine aufwändige Präparierung des Kernsteins voraus, bevor durch einen gezielten Schlag ein Abschlag gewonnen wird, der oft sehr dünn und groß ist. Erster Fundort war Levallois, ein Vorort von Paris. Die L. wird oft mit den *Neandertalern in Bezug gesetzt.

Magdalénien: Wichtigste Stufe des Jungpaläolithikums in Mittel- und Westeuropa, benannt nach der französischen Fundstätte La Madeleine, einem Felsüberhang in der Dordogne. Das M. erreichte seinen Höhepunkt vor 21 000 – 14 000 Jahren (C-14-Datierung: 18 000 – 12 000 Jahre) und umfasst Werkzeuge und Kleinkunst aus Stein, Knochen und Geweih sowie zahlreiche Felsbilder, wie in Altamira (Spanien) und Lascaux (Frankreich).

Magnetostratigraphie: Studium der Abfolgen der Polumkehrung im Erdmagnetfeld im Verlauf der Erdgeschichte.

Mittelpaläolithikum: Abschnitt der Altsteinzeit in Afrika und Europa, der vor etwa 350 000 Jahren begann und vor 35 000 Jahren (C-14-Datierung: 33 000 Jahren) endete und durch den Gebrauch von Geräten und Werkzeugen der *Moustérien-Kultur geprägt ist.

Molekulare Uhr: In der Genetik benutzte Technik, um den Zeitpunkt der Aufspaltung zweier Arten von einem gemeinsamen Vorfahren zu bestimmen und die Evolutionsdauer abzuschätzen; Ausgangspunkt ist die Feststellung, dass je mehr Mutationen (Unterschiede in der DNA-Sequenz) vorhanden sind, desto länger die Entwicklungszeit gedauert hat. Schwierig ist es, die Mutationsrate zu bestimmen und damit die Ganggeschwindigkeit der m. U. zu kalibrieren. Wichtig, um die Organismen zu klassifizieren und Evolutionsereignisse zu datieren.

Moustérien: Nach dem Fundort Le Moustier (Dept. Dordogne) benannte Kulturstufe der Altsteinzeit, die dem Acheuléen folgt und dem Aurignacien vorausgeht. Kennzeichnend sind u. a. Schaber, zugespitzte Faustkeile und scharfe Hand- und Blattspitzen. Das M., das vor etwa 350 000 Jahren begann und vor rund 28 000 Jahren (nach C-14-Datierung: 26 000 Jahren) endete, wird vor allem mit dem *Neandertaler in Verbindung gebracht.

Neandertaler: Jüngste ausgestorbene Menschenspezies (*Homo neanderthalensis*), die vor 200 000 bis vor 28 000 Jahren (nach C-14-Datierung: 26 000 Jahren) in Europa und Eurasien lebte, besonders gut an die eiszeitlichen Lebensbedingungen angepasst war und vor etwa 400 000 Jahren einen gemeinsamen Vorfahren mit dem modernen Menschen teilte. Jüngste DNA-Analysen bestätigten die Trennung vom modernen Menschen und legen nahe, dass sich der N. nicht mit dem *Cro-Magnon-Menschen kreuzte, mit dem er einige tausend Jahre lang im gleichen Zeitraum lebte und von dem er schließlich verdrängt wurde.

Neolithikum: Auf die Mittelsteinzeit folgender, letzter Abschnitt der vorgeschichtlichen Steinzeit in Europa, der gekennzeichnet ist durch den Beginn des Anbaus von Kulturpflanzen, Haustierhaltung infolge der Domestikation von Tieren, Töpferei, zunehmende Sesshaftigkeit, dörfliches Leben und die Verwendung von Pfeil und Bogen sowie geschliffenen Steinwerkzeugen (v. a. Beil, Axt, Keule).

Olduvai-Technik: Älteste bekannte Stufe der Werkzeugherstellung, die in Afrika vor rund 2,4 Millionen Jahren begann und vor allem aus Geröllgeräten (»Pebble-tools«) wie Spaltkeil (»cleaver«) und Hackbeil oder Haumesser (»chopper«) besteht, die nur grob behauen sind. Der Name geht auf den ersten Fundort, die Olduvai-Schlucht in Tansania, zurück, mittlerweile wurden aber ähnliche Funde sogar in China und Georgien geborgen.

Paläolithikum: Längste und älteste Epoche der Menschheitsgeschichte. Sie begann vor etwa 2,4 Millionen Jahren in Afrika mit der Olduvai-Technik und dauerte in Europa bis etwa zum Ende des Eiszeitalters (vor etwa 11 000 Jahren (nach C-14-Datierung: 10 000 Jahre). Das P. wird in die Hauptabschnitte Alt-, Mittel- und Jungpaläolithikum untergliedert.

Paläomagnetismus: Die in bestimmten eisenhaltigen Gesteinen zum Zeitpunkt ihrer Entstehung fixierte (»eingefrorene«) Ausrichtung des Erdmagnetfeldes. Da sich im Laufe der Erdgeschichte die Magnetpole periodisch umgepolt haben, dient der P. als Hilfsmittel der stratigrafischen Bestimmung und zur Rekonstruktion tektonischer Prozesse.

Paranthropinen: Gruppe robuster Australopithecinen, die in der Gattung *Paranthropus* zusammengefasst werden. Ursprünglich hatte man angenommen, bei den P. handele es sich aufgrund eines sehr ausgeprägten Geschlechtsdimorphismus um Männchen, während man in den grazilen Australopithecinen Weibchen sah.

Permafrost: Der auch Dauerfrostboden genannte P. kommt heute in nördlichen Breiten sowie in alpinen Regionen vor. Er erreicht eine Dicke von mehreren hundert Metern und beträgt in Sibirien im Durchschnitt 300 bis 600 Meter (maximal 1500 Meter) und in Kanada und Alaska maximal 600 Meter. Die oberste Schicht kann im Sommer bis in etwa 2 Meter Tiefe auftauen, sodass sich Tundrenvegetation und sogar Wald entwickeln kann.

Pleistozän: Erste Periode des quartären Eiszeitalters, deren Anfänge etwa 2,5 Millionen zurückliegen und die vor rund 11 000 Jahren endete, als die geologische Gegenwart begann. Das P., das von einer mehrfachen Folge von Warm- und Kaltzeiten geprägt ist, wird unterteilt in Alt-, Mittel- und Jungpleistozän.

Primaten: Ordnung von Säugetieren. Sie umfasst Halbaffen (Lemuren, Makis, Tarsier u. a.), Affen (einschl. Menschenaffen) und Menschen sowie ihre ausgestorbenen Vertreter, die sich vor mindestens 65 Millionen Jahren herauszubilden begannen.

Quartär: Jüngstes, bis in die Gegenwart reichende geologische Periode der Erdneuzeit, bestehend aus (dem älteren) *Pleistozän und (dem jüngeren) *Holozän.

Radiocarbonmethode: Verfahren zur Altersbestimmung geologischer und historischer Gegenstände organischen Ursprungs durch Ermittlung ihre Gehalts an dem radioaktiven Kohlenstoffisotop 14C. Dieses stammt aus dem in der Luft enthaltenen Kohlendioxid und verringert sich in toten Organismen gesetzmäßig durch radioaktiven Zerfall entsprechend seiner Halbwertszeit.

Radiometrische Datierung: Methode zur absoluten Altersbestimmung, die auf dem Zerfall radioaktiver Isotope beruht. Hierzu gehören die Kalium- Argon-Datierung und die *C-14-Datierung.

Relative Datierung: Verfahren zur Altersbestimmung von Artefakten, Fossilien und Fundstätten, bei dem diese relativ zu anderen Fossilien, Artefakten, Stätten oder sonstigen Informationen zeitlich eingeordnet werden. Dazu zählen u. a. Stratigraphie, Kernproben aus Tiefseesedimenten, Eiskernproben, Pollenanalyse, Faunendatierung.

Solutréen: Wichtige Kulturstufe des Jungpaläolithikums, die sich vor 23 000–21 000 Jahren (nach C-14-Datierung: 21 000–18 000 Jahre) in Spanien und Frankreich entwickelte und nach dem franz. Fundort Solutré benannt wurde. Kennzeichnende Artefakte sind dünne, sorgfältig bearbeitete Blattspitzen.

Stratigrafie: Studium der schichtenweise Ablagerung von Sedimenten. Die so gewonnenen Erkenntnisse helfen bei der relativen Datierung.

Tertiär: Ältere Periode der Erdneuzeit (Känozoikum oder Neozoikum), die in zeitlich aufsteigender Abfolge Paläozän, Eozän, Oligozän, Miozän und Pliozän umfasst und vom Quartär abgelöst wird. Das T. begann vor rund 65 Millionen Jahren und endete vor etwa 2,5 Millionen Jahren.

Register

Kursiv gedruckte Seitenzahlen verweisen auf Abbildungen.

Bildnachweis

Alle Fotos © Science Photo Library außer für die folgenden: Umschlag vorne, S. 162 und 164: UNESCO (13); Umschlag hinten (l), S. 18, S. 22, S. 141 NHPA; Umschlag hinten (r) S. 4-5, S. 6, S. 88, S. 90, S. 90-91, S. 97, S. 98, S. 99, S. 100, S. 101, S. 103 Stephen Morley; S. 10 abgeb. mit Erlaubnis der British Geological Survey. © NERC. All rights reserved. IPR/76-34 C; S.11, S.12 (o.), S.13 (u.), S.33 (o.), S. 53 (o. u.), S. 64, S. 69, S. 70, S. 71, S. 75, S. 79, S. 81 Douglas Palmer; S. 13 (o.) Skullsunlimited.com; S. 40 Natural; S. 42 Newspix; S. 54, S. 56 South Tyrol Museum of Archaeology www.iceman.it; S. 71 (u.) Teylers Museum, Haarlem, Niederlande; S. 73 Bridgeman Images; S. 85 Thomas Stephan © Ulmer Museum, Deutschland; S. 87 Universität von Bergen; S. 105 (u.) mit Genehmigung der Univ. of Southern California; S. 113 (o.) NASA/GSFC/METI/ERSDAC/JAROS und U.S./Japan ASTER Science Team; S. 115 Illustrated London News; S. 48, S. 117 (o.) English Heritage/University College London; S. 117 (u.) John Sibbick; S. 113 Boneclones; S. 156 (u.) Professor Michel Brunet; S. 160 Camera Press Ltd; S. 171 City of Westminster Archives.

Es wurde alles unternommen, um die Rechteinhaber zu benachrichtigen.

Karten auf dem Umschlag vorne und hinten: S. 20-21, S. 44, S. 50-51, S. 66-67, S. 92-93, S. 106-107, S. 124, S. 136, S. 154-155, S. 166-167 © Martin Sanders. Karten auf S. 38 (o., u.), S. 39, S. 42, S. 43, S. 55, S. 59, S. 83, S. 87, S. 105, S. 111, S. 114, S. 116, S. 129, S. 132, S. 140, S. 145, S. 147 © Bill Smuts.

Illustrationen und Diagramme auf S. 23, S. 25, S. 26, S. 27, S. 30, S. 35, S. 58, S. 61, S. 86, S. 95, S. 101, S. 120, S. 126, S. 130, S. 131, S. 146, S. 156, S. 158, S. 170, S. 172, S. 173, S. 176, S. 177, S. 180, S. 181, S. 183, S. 185 © Debbie Maizels.

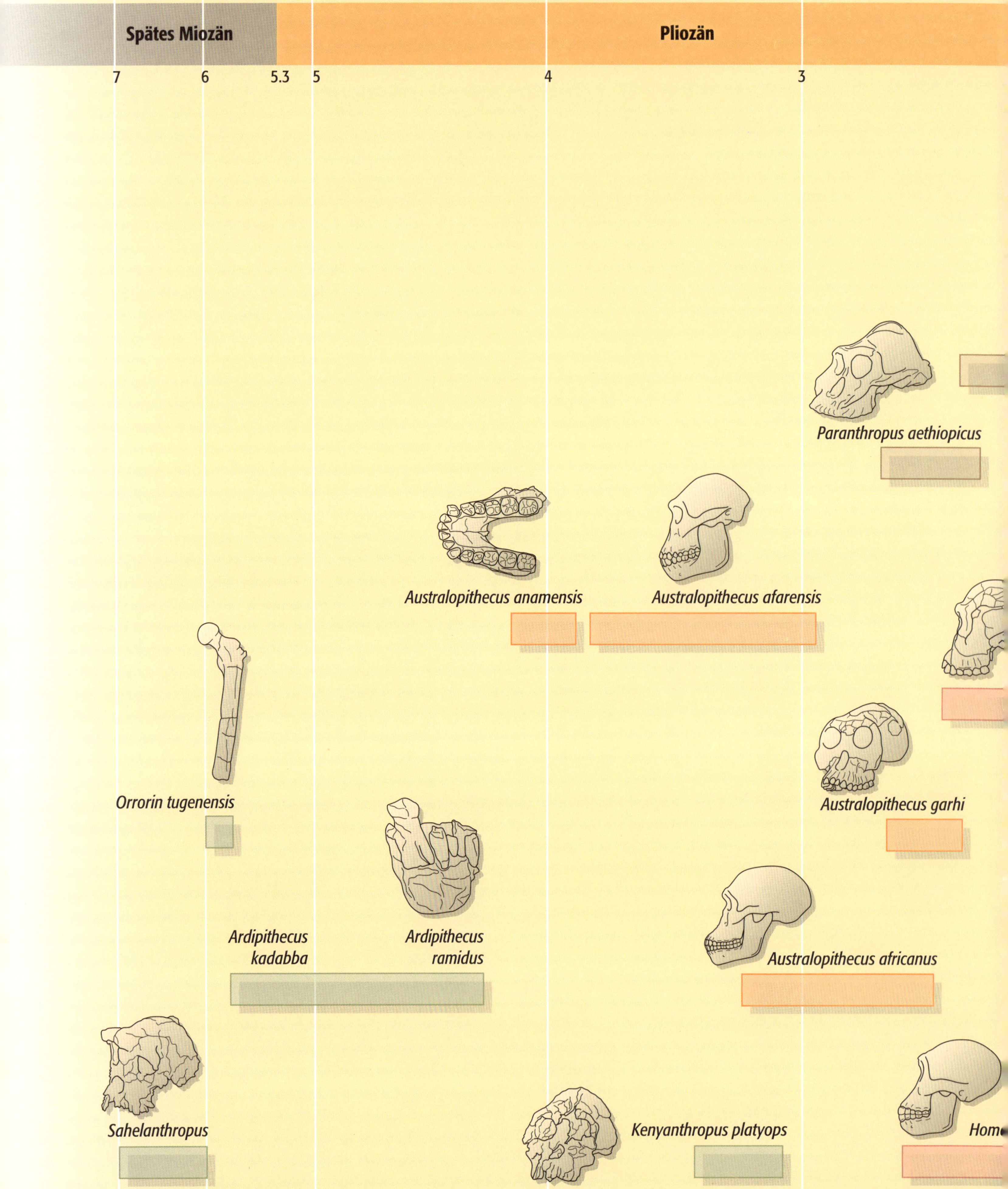

Spätes Miozän
Pliozän
7
6
5.3
5
4
3
Paranthropus aethiopicus
Australopithecus anamensis
Australopithecus afarensis
Orrorin tugenensis
Australopithecus garhi
Ardipithecus kadabba
Ardipithecus ramidus
Australopithecus africanus
Sahelanthropus
Kenyanthropus platyops